“十四五”国家重点出版物
出版规划项目

中国肥料研究与应用全书
Books of Fertilizer Research and Application in China

绿肥种植与利用

曹卫东　徐昌旭　柴 强　主编

Plantation and Utilization of Green Manure

化学工业出版社
·北京·

内容简介

本书是对我国绿肥领域近 70 年来的一次系统性总结，既突出绿肥种植与利用技术实操性，也总结了形成有关技术的研究支撑。全书共分为 10 章，全面介绍了我国及世界绿肥发展、绿肥品种资源、绿肥种植与管理、绿肥作物合理利用等内容，并以果园、茶园及我国主要农区为例，详细介绍了果园、茶园及主要农区的生产模式、绿肥种植与利用技术等方面。

本书适用于肥料研究、生产、应用及推广等领域的科技工作者、管理人员、农化服务人员及相关专业的高校师生，对读者了解中国绿肥发展的总体状况，掌握绿肥领域的技术进步，指导农业生产一线的农业技术人员和用户的生产实践，有较高的参考价值。

图书在版编目（CIP）数据

绿肥种植与利用 / 曹卫东，徐昌旭，柴强主编．
北京 ：化学工业出版社，2025．9．--（中国肥料研究与应用全书）．-- ISBN 978-7-122-48603-5

Ⅰ．S55

中国国家版本馆CIP数据核字第20253L826A号

责任编辑：刘　军　陈思逸　冉海滢　孙高洁
责任校对：李　爽
装帧设计：王晓宇

出版发行：化学工业出版社
（北京市东城区青年湖南街 13 号　邮政编码 100011）
印　　装：北京建宏印刷有限公司
787mm×1092mm　1/16　印张 21¾　字数 499 千字
2025 年 11 月北京第 1 版第 1 次印刷

购书咨询：010-64518888　　售后服务：010-64518899
网　　址：http://www.cip.com.cn
凡购买本书，如有缺损质量问题，本社销售中心负责调换。

定　　价：188.00元

《中国肥料研究与应用全书》编辑委员会

本书编写人员名单

主　　编：曹卫东　徐昌旭　柴　强

副 主 编：聂　军　耿明建　付利波　赵　秋　张宇亭　樊志龙

编写人员：（按姓名汉语拼音排序）

卜容燕　曹巨峰　曹卫东　柴　强　常单娜　车宗贤
程永钢　崔　恒　邓素芳　杜若楠　段廷玉　樊志龙
冯　伟　付利波　高宏艳　高嵩涓　高学梅　高亚军
高　宇　耿明建　郭建国　韩　梅　韩　上　何铁光
郇恒福　黄冬琳　黄毅斌　江幸福　金　慧　金社林
黎　鹏　李　顺　梁　海　梁　婷　廖结安　廖育林
刘春增　刘　佳　刘小月　刘悦秋　鲁艳红　吕玉虎
聂　军　聂良鹏　宁晓光　任永峰　孙振宇　唐　杉
唐友云　王建红　王　宇　吴惠昌　武　际　徐昌旭
薛龙海　杨　璐　杨有泉　应朝阳　张成兰　张达斌
张济世　张江林　张久东　张举梅　张　蕾　张　鹏
张　钦　张　睿　张新建　张宇亭　赵海滨　赵沛义
赵　秋　郑春风　周国朋　朱国梁　朱　强　宗晓波

序言

肥料是粮食的“粮食”，是保障国家粮食安全、人类营养健康和生态环境安全的重要的战略物资。肥料产业是关乎“粮食－资源－能源－环境”乃至经济社会绿色可持续发展的巨大产业。

进入新时代，绿色低碳发展成为高质量发展的主旋律。国家在“十二五”至“十四五”期间不断出台政策来优化肥料产业结构，其中2015年工业和信息化部下发了《推进化肥行业转型发展的指导意见》，农业部出台《到2020年化肥使用量零增长行动方案》，从肥料生产端和消费端同时推动肥料产业升级以及产品结构调整，加之不断优化的肥料施用技术以及不断改进的农化服务技术体系实现了我国化肥消费总量在2015年达到峰值后连续10年持续下降。

当前，我国提出了2030年实现“碳达峰”、2060年实现“碳中和”的战略目标，在环境保护的高压态势下，新的肥料产品标准不断出台，肥料行业准入条件和环保标准不断提升，肥料产品质量逐渐提高，推动着肥料产业结构向着绿色低碳转型。因此，系统梳理中国肥料工业进步、分析肥料产业结构演变、了解行业技术现状等情况，对推动行业转型升级、提升国际竞争力、保障国家粮食安全、促进农业绿色发展以及提供国家政策制定依据都具有重要意义。基于此，受化学工业出版社的委托，我们组织了国内肥料领域的一线专家学者，编写了这套《中国肥料研究与应用全书》(以下简称《全书》)。

《全书》由十一个分卷组成，在强调历史性、阶段性、创新性的前提下，全面系统介绍了近年来我国肥料研究与应用领域，包括肥料创制、肥料产业、各大类肥料生产与加工、有机肥料制造、肥料生态环境效应、肥料精准科学施用技术等领域所取得的成果，充分反映了当前国内外肥料创新、生产与精准科学施用技术的最新进展。《全书》还通过成功案例分享和经验总结，结合国际前沿研究，细致分析了国家“十四五”

“十五五”肥料领域的研究现状、趋势和对策，针对农业可持续发展和行业绿色低碳转型的需要，对中国肥料发展方向和产品创新做了深入思考，提出了建议。

《全书》以独特的论述体系、编排方法和新颖丰富的内容，进一步开阔相关专业师生和肥料产业领域研发、管理人员的视野，提高科研工作者的系统思维和创新能力，创新绿色、清洁、可持续发展的肥料生产工艺，有助于高效率地发挥现有肥料品种的特长，提高现有肥料的应用效率，对我国新肥料的创制与科学施用具有重要的参考价值。

《全书》已顺利入选“十四五”国家重点出版物出版规划项目，这是对本书系的最大肯定与鼓励。

《全书》的编写得到了全国农业技术推广服务中心、中国氮肥工业协会、中国磷复肥工业协会、中国无机盐工业协会、中国化肥信息中心、中国农业科学院农业资源与农业区划研究所、中国科学院南京土壤研究所、北京市农林科学院、中国农业大学、南京农业大学、四川大学、西南大学、华东理工大学等单位的鼎力支持，这里表示衷心的感谢。

张福锁

2025 年 1 月

前言

习近平总书记指出，没有农业强国就没有整个现代化强国；没有农业农村现代化，社会主义现代化就是不全面的。中国共产党第二十届中央委员会第三次全体会议通过了《中共中央关于进一步全面深化改革　推进中国式现代化的决定》，党的二十大报告明确提出要加快建设农业强国。耕地质量和粮食安全是实现中国式现代化的基础保障。

耕地是粮食生产的命根子，粮食安全是“国之大者”，保障粮食和重要农产品稳定安全供给是建设农业强国的头等大事。我国耕地资源不仅十分紧缺，而且耕地土壤退化趋势明显。普遍认为，合理的有机无机养分配合，是保持地力可持续发展的根本措施。但是，一方面，在如何增加有机肥源方面，没有找到很好的解决途径；另一方面，40多年来的生产实践表明，单纯的有机肥和无机肥配合，并未有效遏制我国农田土壤问题的发生，在种植业大规模提质增效中也没有真正显示有力支撑。

绿肥具有高效的“藏粮于地”效能。“一年种绿肥，三年田不瘦。”“绿肥种三年，瘦田变肥田。”2000多年前，我国开始种植绿肥，建立了特色的用地与养地相结合种植制度，维持了土壤“常新壮”，推动了农耕文明的发展。绿肥来源广、成本低、纯绿色、全天然，同时生物耕作能力强，是养育耕地最便捷、最高效、最安全、最经济的手段之一，具有明显的内源驱动效应。综合多年研究实践，我们提出了“绿肥内源驱动土壤健康”的新观点。充分发挥绿肥的养地功能、提升农田土壤的内源驱动能力，才是破解农田土壤退化的关键招数。由此，未来我国农田地力可持续发展的根本出路在于构建有绿肥参与的养地型农作制，并在此基础上，走“养地制度＋有机＋无机”三结合的道路。

近年来，国家更加重视“经济社会发展全面绿色转型”“生产、生活、生态协调发展”“增加绿色优质农产品供给”，对耕地质量、重要农产品提质增效提出了更高要求。绿肥是提升土壤质量、作物产量、产品品质的有效手段。同时，我国发展绿肥的空间巨大，全国每年可以用来发展绿肥种植的农田及经济林园面积超过6.3亿亩，而目前绿肥实际种植面积不足12%，绿肥对现代农业的贡献远低于新时代的需求。大力推动用户了解绿肥、主动应用绿肥，是一项长期的艰巨任务。

回顾过往，还没有一本适应时代、覆盖全国的绿肥应用基础类专业著作。为解决当前生产实际需要，特组织全国绿肥专家撰写《绿肥种植与利用》一书。本书突出实操性，涵盖了各地的生产模式、绿肥品种、绿肥种植与利用技术等内容，但本书又不同于一般的技术手册类书籍，编者尽力把形成单项技术的研究支撑整理出来，一并呈现给读者。

全书共分10章，按总括、分区的形式编写。其中：

第1章为绿肥概述，由徐昌旭、曹卫东、高嵩涓编写；

第2章为绿肥品种资源，由徐昌旭、曹卫东、常单娜编写；

第3章为绿肥种植与管理，由耿明建、徐昌旭、曹卫东、聂军、柴强、刘春增、吴惠昌、江幸福、段廷玉、樊志龙、张宇亭、郑春风、朱强、刘悦秋、张蕾、薛龙海、郭建国、孙振宇、金社林编写；

第4章为绿肥作物合理利用，由徐昌旭、曹卫东、梁婷编写；

第5章为果园、茶园绿肥种植与利用，由张宇亭、曹卫东、黄毅斌、郇恒福、廖结安、张久东、赵秋、朱国梁、冯伟、张钦、杨璐、周国朋编写；

第6章为南方稻田绿肥种植与利用，由曹卫东、徐昌旭、应朝阳、刘春增、聂军、耿明建、武际、王建红、吕玉虎、廖育林、鲁艳红、张江林、唐友云、邓素芳、高嵩涓、周国朋、郑春风、张济世、张成兰、卜容燕、唐杉、韩上、聂良鹏、高学梅、杨有泉、李顺、黎鹏、王宇编写；

第7章为南方旱地绿肥种植与利用，由徐昌旭、何铁光、耿明建、曹卫东、刘佳、张钦、张达斌、张江林编写；

第8章为西南旱地绿肥种植与利用，由付利波、曹卫东、宗晓波、张宇亭、梁海编写；

第9章为西北旱地绿肥种植与利用，由柴强、韩梅、张久东、樊志龙、张达斌、曹卫东、高亚军、周国朋、黄冬琳、车宗贤、崔恒编写；

第10章为华北、东北农区绿肥种植与利用，由赵秋、赵沛义、程永钢、冯伟、曹卫东、张举梅、张新建、宁晓光、张鹏、任永峰、张睿、赵海滨、金慧、高宏艳、杜若楠、高宇、刘小月、曹巨峰、杨璐编写。

本书的编写，特别感谢张福锁院士的统筹组织和化学工业出版社的鼎力支持！本书采用了公益性行业（农业）科研专项经费项目“绿肥作物生产与利用技术集成研究及示范”的部分研究结果，向参加绿肥项目研发工作的各位同行表示衷心感谢！

限于编者水平，书中难免存在不足，恳请读者提出批评意见和建议。

编者

2025 年 3 月 31 日

目录

中国肥料研究与应用全书

Books of Fertilizer Research and Application in China

FERTILIZER

第 1 章

绿肥概述

中国农业肇始于原始社会后期，距今一万年有余，历经“刀耕、火耕”撂荒耕作的原始农业、“菑、新、畬、莱、易”轮荒耕作农业，逐渐形成精耕细作的连作和轮作农业，再发展到当今的现代农业。精耕细作是中国传统农业生产的主导方式，是随着生产工具进步、满足人口发展需要的必然选择。在培育良种、开辟肥源和实施多熟种植提高单位面积产量的同时，因地制宜实行轮作换茬、农牧结合、资源循环利用，保证土壤质量的“常新壮”和耕地可持续利用，完全有别于西方国家长期实行的休闲农业和单一种植制度。

绿肥的利用，是从野生绿色植物体的利用演化而来。人们很早就认识到绿色植物体腐烂后的肥效，在长期的利用过程中，逐步选择一些品种进行人工栽培[1]。绿肥是伴随着土地耕种制度的变革而逐渐发展，从野草肥田至养草肥田，再至人工栽培，至今已逾3000年。

1.1 中国绿肥发展历程

中国绿肥发展历程，是从野草利用演变至栽培利用，即从生草、养草发展到有目的地种草。其利用历史，可远溯3000年前的西周初期。《诗 · 周颂 · 良耜》就记载了“以薅荼蓼。”其栽培史料，可远溯到2100多年前的西汉前期。《史记 · 大宛列传》写道：“汉使取其实来，于是天子始种苜蓿”。现在常用的几种绿肥作物在古代已有记载。《诗·陈风·防有鹊巢》中“邛有旨苕”可能是苕子的最早记载；《尔雅》中“柱夫，摇车。”是紫云英的最早记载；据《齐民要术》所载，在1500多年前的中原地区，绿豆作绿肥栽培已成惯例[2]。

1.1.1 先秦时期除草肥田

先秦时期，土地利用从最原始的“刀耕火种”撂荒耕作，再经“菑、新、畬”及“莱、易”轮荒耕作，逐渐演变为土地连作制，单位面积土地生产力不断提高。

撂荒、轮荒耕作方式，依赖自然休耕恢复地力，维持农作物产量。在夏、商或西周早期，通常烧荒耕种土地，当时并没有意识到烧荒产生的草木灰具有肥田效果。在东周后期的春秋战国时代，随着生产工具由石器发展至铁制工具，人们在长期的生产实践中发现腐烂的杂草具有养地肥田的功效，以草肥田开始运用到农业生产，才认识到施肥对作物产量的重要性。《诗经 · 周颂 · 良耜》：“其镈斯赵，以薅荼蓼。荼蓼朽止，黍稷茂止。”《荀子 · 富国》：“掩地表亩，刺草殖谷，多粪肥田，是农夫众庶之事也。”“树落则粪本。”就是说，清除杂草、将杂草堆沤肥田，已是农夫重要的农事活动[3]，凋落的树叶腐烂也可以做肥料。《礼记 · 月令》：“季夏之月，土润溽暑，大雨时行，烧薙行水，利以杀草，如以热汤，可以粪田畴，可以美土疆。”说明早在周代或是更早时期，人们就懂得利用清除的杂草沤肥，既能为作物提供肥料（粪田畴），又能培肥土壤（美土疆）。可以说，中国最早施肥及培肥土壤是从以草肥田开始。

1.1.2　秦汉时期养草肥田及始种绿肥

至西汉前期，人们就已经开始有意识养草，等待草长茂盛即耕翻用作肥料。《氾胜之书》写道："须草生，至可耕时，有雨即耕，土相亲，苗独生，草秽烂，皆成良田。"意思是等到田地杂草生长到一定时期，在适合耕翻的季节，遇雨即耕地，播下的种子与土能紧密接触，有利于出苗，草腐烂后，地也就成为良田。

中国现存的文献最早明确记录栽培绿肥作物的应追溯到《史记·大宛列传》，其记载"汉使取其实来，于是天子始种苜蓿，蒲陶肥大饶地。"汉使从大宛（今费尔干纳盆地）带回苜蓿种子后，汉武帝在离宫园林种植苜蓿，种植苜蓿不仅能促进葡萄（蒲陶）肥大，而且能使土壤肥饶。苜蓿是肥饲兼用作物，在汉代苜蓿主要用于饲养马等牲畜。东汉崔寔《四民月令》中也有苜蓿种植相关记载。

1.1.3　魏晋南北朝绿肥作物种植初成体系

至魏、晋、南北朝时期，中原内乱导致战争频繁，中原文明和经济中心南迁，促进了南方社会经济的发展。同时，黄河流域人口众多，耕地面积扩大，肥料需求增加，但粪肥有限，在长期的实践中人们已经认识到绿肥是解决肥源问题的重要途径之一。绿肥在南北逐渐被广泛种植，不仅在旱地、稻田，甚至菜地和桑园均有绿肥种植。绿肥作物种类有苜蓿、苕子、紫云英、绿豆、小豆、胡麻、大豆等，尤其以绿豆栽培最为普遍。郭义恭著《广志》记载了可在稻田种植"苕"，并介绍了其外观和农用价值。但"苕"是指紫云英还是蓝花苕子，尚难以确定。但不管如何，早在晋代稻田种植绿肥是不争的事实。在绿肥种植范围广泛、品种增多的背景下，北魏贾思勰经过长期总结，在其所著《齐民要术》中着重提及绿肥，并系统梳理出绿肥种植模式、适宜的绿肥品种、绿肥种植方法、适宜的绿肥翻压时间、不同绿肥种类的肥效、与粪肥比较效果，以及绿肥对土壤肥力的影响，由此绿肥种植利用体系初步形成。

1.1.4　唐宋元时期绿肥传承发展

唐宋元时期，肥料来源逐渐增多，但绿肥种植利用技术在《齐民要术》的基础上仍然得以传承和发展。

唐代，绿肥种植利用方法仍沿袭传统并有所发展。唐末韩鄂所著的《四时纂要》写到了耕翻绿肥为明年春播谷子提供好地，并在小豆种植方面进一步明确不同种植时间的适宜播种量及其田间管理方法。种植小豆的最佳时间是五月，其次是六月上伏期，播种前需要深耕细土，推迟到六月中伏播种则播种量需要增加。同时，明确豌豆的种植适宜时间是十月。

宋代，稻田绿肥得到较快的发展。苏轼、陆游均提及了稻田绿肥，即今天的野豌豆和蓝花苕子。南宋陈旉通过长期积累提出了土壤"常新壮"学说，并在其所撰的《陈旉农书》中写到了早稻收获后，再种植豆麦蔬茹。

元代，绿肥种类区域分布明显。北方旱地绿肥主要是绿豆、小豆、大豆、豌豆等，南方主要是紫云英、苕子等。既有栽培利用绿肥，同时也充分收集利用野生绿肥，将栽培绿肥称之为"苗粪"，将野生绿肥称之为"草粪"，大大促进了绿肥的发展。《务本新书》记载了黄河流域粮食和绿肥的种植时间及耕作方式。《王祯农书》中提到利用“草粪”提升土壤肥力，绿豆是较好的绿肥品种。江淮地区普遍种植利用绿肥。元代鲁明善编撰的《农桑衣食撮要》主要记录江淮之间的农事活动，其中记载在麦地中种植绿豆，将豆秧翻耕至土中，其肥效优于用粪，使麦苗生长茂盛。元代诗人张昱在其所作的《翘摇花》中生动描述了清明赏紫云英的盛况。江南地区在种植绿肥的基础上，由于三月草长茂盛，漕运发达，常常刈割野生绿肥施入稻田做基肥。

1.1.5 明清时期绿肥全方位发展

明代绿肥生产在继承了前人的种植制度和生产模式基础上，进一步发展了稻田绿肥、棉田绿肥等实践。

一是稻田绿肥得到迅速发展。绿肥种类更为丰富，既有栽培绿肥，也利用野生绿肥。栽培绿肥种类除传统的绿豆、小豆、胡麻、苜蓿外，还有蚕豆、小麦、大麦、紫云英（翘摇、红花草）、蓝花苕子、大豆，紫云英成为稻田的主要绿肥种类。明代刊刻的《四川志》记载了巢菜，也就是蓝花苕子，在四川稻田普遍种植，作为下茬水稻的肥料。《农政全书》《天工开物》及《沈氏农书》均记载了肥料对农业生产的重要作用，农户种植绿豆、小豆、胡麻等绿肥作物，用来提升地力，从而提高粮食产量。

二是稻田紫云英高产种植技术渐趋完善。有关情况在《沈氏农书》中有明确记载。农历八月适时播种紫云英，一亩（1 亩 ≈667m^2）鲜草可供三亩稻田的基肥。“花草亩不过三升……一亩草可壅三亩田，今时肥壅艰难，此项最属便利。”明确冬前撒施草木灰有利于紫云英生长发育。“灰宜壅田，取其松泛。……又取撒于花草田中，一取松田，二取护草。”合理翻压作绿肥，干耕水沤，待绿肥腐烂后栽插水稻。“垦花草田，窖花草。”“天晴，倒花草田。”

三是显现绿肥与秸秆联合利用雏形。《沈氏农书》载：“俗亦有下豆于麦稜，种田时连豆之结叶拆倒作壅，实觉省便。但恐田迟，故多不为耳。”在麦子行间套种豆子，在麦收后，豆子与麦秸一同翻压用作水稻基肥，但并不常用。

四是提出利用绿肥制作厩肥。利用绿肥与其他有机物料，如塘泥，一并在田间制作厩肥是开辟和积造有机肥源的重要途径。《沈氏农书》记录三月“窖花草”。“窖花草”是利用紫云英与塘泥等混合制作厩肥，当紫云英鲜草产量较高时，可以利用一部分在田间挖窖制厩肥，作水稻基肥利用。

五是棉田绿肥广泛应用。确立棉田绿肥种类及种植模式，明确绿肥能提升棉花的抗寒能力，但要谨慎实施棉与豆间作，用之不当则影响棉花生长。适宜棉田种植的绿肥种类有金花菜（黄花草子）、紫云英、蚕豆、大麦等。

在清代的农业生产实践中，栽培或利用野生绿肥仍然得到传承发扬，北方旱地绿肥、南方稻田绿肥同步发展，油菜、萝卜也开始用作绿肥。杨屾在《知本提纲》中不仅记录了野生绿肥的积造方法，也确定了栽培绿肥生产与利用方法，且提出了绿肥的适用季节、土壤及作物种类。人们也总结利用水生绿肥的经验。

此时期，一方面北方旱地绿肥多元化发展。丁宜曾在其记载山东南部农业生产活动的《农圃便览》中明确提出黍穄与麦接茬的间隙期种植一茬绿豆作绿肥，其肥效胜于粪肥。专载山西寿阳地区农业生产的著作《马首农言》明确记录了谷田、黍田、麦田、高粱地、莜麦地绿肥的种植方法，并提出了荞麦田不适宜种植黑豆。

另一方面，南方稻区绿肥种类日益增多，紫云英种植技术基本成熟，首次出现肥田萝卜。黑豆、绿豆、小豆、芝麻、葫芦巴、紫云英、蚕豆、豌豆、大麦、白菜、肥田萝卜均用作绿肥栽培。包世臣著《安吴四种》不仅记录了稻区绿肥种类、种植模式及种植方式，还提出了具体的种植时间、栽培密度、翻压期、接茬作物种植前的整地方法及综合利用途径等。姜皋所著《浦泖农咨》更是用精简扼要的文字记述了稻田紫云英生长特性、种植方法及其利用效果。清末何刚德所著《抚郡农产考略》中有专篇介绍紫云英特征特性及种植利用方法，并首次明确了肥田萝卜与萝卜的区别。杨巩编《农学合编》[4] 记录了湖南地区种植紫云英的时间和方法。

1.1.6　民国时期绿肥种植继续拓展

20 世纪 40 年代，我国绿肥种植面积大约在 2000 万亩，多种植在粮食产区，苏南太湖流域、浙江宁绍地区、上海松嘉地区、两湖平原、成都平原、华北平原等地绿肥种植面积较大。Buck L J 于 20 世纪 30 年代在中国主持开展农村经济调查 [4]，在其所著《中国土地利用》中绘有中国紫云英分布图，记录了紫云英用作绿肥的用途和产地。德国人 Wagner 根据其于 1912 ～ 1914 年在中国的调查成果著有《中国农书》（*Die chinesische handwirtshaft*），其中记载了当时我国农民种植苜蓿、豌豆及大豆用作绿肥 [4]。

全国性的紫云英种植面积统计数据，最早见于《农情报告》。该报告显示 1934 ～ 1937 年，全国紫云英种植面积均超过 1000 万亩，其中浙江省种植紫云英面积最大，其次是江西、江苏、湖南三省 [5]。

另据《经济旬刊》和《经济月报》资料，自 1936 ～ 1939 年，江西每年种植绿肥面积均在 350 万亩左右；到 1948 年，全省冬季绿肥面积为 420 万亩，占耕地面积的 11.34%，不仅面积小，鲜草和种子产量也不高。

根据有关资料记载，四川栽培的绿肥作物，以苕子为主，苜蓿、紫云英多野生而鲜人工种植。四川省绿肥栽培以成都平原最多。

1.2　国外绿肥发展历程

1.2.1　欧洲

欧洲国家利用绿肥最早要追溯至古代罗马时期。农业是古罗马人最早和最普遍的职业，耕作栽培技术较为发达，先后有专业著述出现，种植豆科作物也多有记载。加图（Marcus Porcius Cato Censorius）、瓦罗（Marcus Terentius Varro）和科路美拉（Lucius Junius Moderatus Columella）的著作提供了古罗马时期的农业和土地制度的重要文献史料。Marcus

Porcius Cato Censorius（前 234—前 149 年）在其著作《农业志》（*De Agri Cultura*）中记叙农业生产肥料除积集动物粪便外，还提及用豆类作物改善土壤肥力，指出能肥沃土地的作物有羽扇豆、蚕豆、野豌豆[6]。相当于在中国西汉早期，古罗马人就利用豆科绿肥作肥料。公元前 1 世纪，古罗马农业耕作技术、经营管理及土地所有制发生了明显的变化，土地集约耕作，推行休耕或轮作、合理施肥，改良土壤。Marcus Terentius Varro（前 116—前 27 年）在其著作《论农业》中提出因地制宜，选择适当的作物（谷物、牧草、葡萄、饲料、野豌豆、苜蓿、羽扇豆等），收获谷物后播种豆科作物（野豌豆、扁豆等）[7]。Cato 和 Varro 的著作明确记载了古罗马人利用豆科作物作绿肥替代人畜粪便，但没有记录将豆科作物用于轮作以提供肥料或改良土壤。直到 Lucius Junius Moderatus Columella 所著的《农业论》（*De Re Rustica*）一书中才记载有作物轮作和间作。

德国著作 *Regensburg* 中记载了野豌豆利用方法[8]。德国人通过种植羽扇豆使北部的砂质土壤得到改善并变得肥沃，这种改良土壤的方法在许多地区得到广泛推广。后来，豆科植物根瘤的固氮作用被证明，绿肥可带来土壤氮和有机质的积累很自然地受到人们的关注。

“草田轮作制”是苏联科学发展的果实，在前人研究基础上创新提出。“草田轮作制”是根据生物之间、生物与环境之间的复杂关系，将农作物、畜牧、土壤、森林等有机结合构建成农业体系，既能提高土壤的肥沃性，获得高而稳定的产量，又能发展饲料生产[9]。“草田轮作制”首要环节就是正确地配合作物和牧草轮作。通过草田轮作，土壤中保存大量的有机质，形成土壤团粒结构，提高土壤肥沃力，保证作物稳产，实现农牧结合。

1.2.2 日本、朝鲜

日本农业既有说起源于弥生时代的稻作农业，也有说起源于绳文时代后半期的旱作农业。日本在太古时期有用绿草为肥的记载，至庆云、延历时代栽培豌豆等用作绿肥；德川幕府之际广泛种植紫云英，其后更用刈割大豆、苜蓿等用作绿肥。江户时代是日本历史上武家封建时代最后一个时期，幕藩体制的政治制度，保证了社会安定，经济也随之得到发展。“一地一作人”的农民土地所有制度和小农经济模式，促进了小农广泛自立和农业精耕细作技术的全面发展，耕地面积与粮食产量得到空前增长，是近代以前农业最为发达的历史时期。

江户时代日本农业的发展，也得益于明清时期中日两国的通商与交流。自江户时代起，以水稻为中心的轮作复种逐渐成为典型的耕作制度。这一时期，主要轮作复种方式有：稻-麦、稻-棉、稻-烟-草、稻-麦-棉、稻-麦-粟、稻-麦-豆等。在施肥方面，广泛开辟肥源，稻田肥料的种类主要有粪肥、绿肥、草肥、灰肥、泥肥和杂肥。绿肥也称苗肥，主要是绿豆、大豆、小豆和芝麻的绿色生物体，而草肥则是山林原野的青草及河川海洋的水草及海草。绿肥通常是在前一年秋翻时施入田中，强调“秋耕宜深、春夏耕宜浅”的原则。“秋耕宜深”有利于加速土壤熟化过程，能够有效翻压绿肥，增加土壤有机质。在绿肥积制方面，日本首部农书《清良记 · 亲民鉴月集》已有记载在水稻虫害控制方面，利用药草直接作为绿肥在冬闲耕翻时翻入土壤中，从而帮助杀灭土壤中的虫卵。在小麦施肥方面，种肥的种类主要是草木灰、人粪、马尿、米糠和绿肥等，通常在播种时一同施入。在改良盐碱地上，利用绿肥治盐[10]。

紫云英原产中国，由日本遣隋使从中国引入。1760 年，日本岐阜一些地区就将紫云英作水田复种作物栽培，用于绿肥和家畜饲草。但紫云英在日本广泛作为绿肥栽培，较为明确的记载始于大藏永常之著作《农稼肥培篇》。自江户时代末期开始，日本对各地紫云英生产有着较为详细的记载。

1934 ～ 1953 年，日本绿肥及青饲料播种面积由 752 万亩减少至 546 万亩，绿肥产量由 1934 年的 961 万吨上升至 1953 年的 991 万吨。在耕作制度改革上，在一年收稻-麦制度中混合紫云英是一种新的耕作法，由水稻旱（直）播、麦类特别是小麦不耕地直播、麦类与紫云英混作等三部分组成，其生产过程为：在水稻收割前套种紫云英，然后撒施氰氨化钙，不耕地直播小麦等麦类，收割水稻后追施堆肥，再经 20d 后施用化肥，第二年春天再施肥，5 月底收割紫云英后，旱播水稻，6 月初收割小麦。耕作制度的改革，改变了水稻插秧法和小麦整地播种的方法，提高了生产效率；小麦与紫云英混播，提高了耕地利用率，避免了单种饲草对耕地资源的浪费。该技术 1951 年在熊本、山行、宫城等地示范后，1952 年在日本全国各地推广应用[11]。

朝鲜半岛古代农业主要受中国影响。高丽时期没有独创性农书。从朝鲜时代的农书看，当时受《齐民要术》《四时纂要》和《农桑辑要》等影响很大[12]。朝鲜时代初期的农书《农事直说》大豆小豆绿豆篇中，也记载在麦收之后直接耕种（轮作复种）大豆、小豆，主要农作制度有麦-豆、粟-麦和粟-豆-麦，所施肥料包括草粪、苗粪、火粪、人畜粪等。草粪、苗粪分别为野生绿肥和栽培绿肥。

1.2.3 美洲

自 1620 年之后的 200 年间，北美大陆农作物生产一直依靠“天然地力”也就是耕地土壤本底肥力维持产量，肥料投入少，土壤肥力在经过连续不断的耕种后逐渐耗尽。另外，在单位面积产量不断下降的同时，人口逐渐增加，尽管可以通过不断开垦土地以满足粮食需求，但终归难以持续。自 1865 年美国内战结束后至 1900 年前，美国农业施肥进入就地取材、就地积造的“有机肥料”时期，包括植物腐烂后产生的绿肥、人畜粪便有机肥及草木灰等。德国化学家李比希提出“最低因子定律”，奠定了化学肥料理论基础，从 1900 年开始，美国农业施肥进入“化学肥料”时代，农作物产量迅速提高，但从 1980 年开始，美国政府和种植户纷纷意识到化肥施用带来的副作用，逐渐降低化肥施用而重新重视“有机肥料”。

1.3 中国绿肥种质资源演变

中国绿肥最早是从利用野草开始，逐渐发展到人工种植利用。在长期的生产实践当中，不断挖掘和丰富新的绿肥种类，以适应不同栽培条件和农作制度的需求。同时经过漫长的自然选择，部分种类绿肥形成多种多样的地方品种。新中国成立后，各地教学科研单位通过系统选择、诱变育种、杂交育种等方法育成了系列绿肥新品种和中间材料，加之新中国成立前后与国外交流引进大量的绿肥种类或品种，使中国成为全世界绿肥种质资源最多的国家之一。根据《中国绿肥》，20 世纪 80 年代初期，通过资源的收集、整理，我国栽培面积较大的绿肥资源有 7 科 20 属 32 种，栽培面积较小但在局部地区较为普遍栽培的资源有 6 科 24 属 28 种，试种示范成功在一定区域具有发展潜力的资源有 5 科 28 属 38 种 [3]。

1.3.1 我国原产绿肥种质资源

在现有的栽培绿肥种类中，紫云英、蓝花苕子、金花菜、大豆、豇豆、绿豆、小豆、沙打旺、葛藤、肥田萝卜、满江红、香豆子等是原产中国的绿肥资源。

先秦时期，最早利用野草作绿肥。《尔雅·释草》载有“柱夫，摇车。”晋郭璞注：“蔓生，细叶，紫华，可食。今俗呼曰翘摇车。”“柱夫，摇车。”为紫云英是无疑问的，但先秦时期没有栽培紫云英作绿肥。

秦朝，仍然主要利用野草作绿肥利用。最早有明文记录栽培绿肥的种类是西汉时期从境外引入的苜蓿，但主要还是用作饲草。汉朝时期，大豆、小豆、豍豆等豆科作物普遍种植，至东汉《四民月令》记载了豍豆、大豆、春麦等作物的种植时间，但未有明确表述用大豆、小豆、豍豆作绿肥种植。

魏晋南北朝时期，栽培绿肥的种类逐渐增多。《广志》记录了中国原产绿肥的栽培历史。“苕，草色青黄，紫华，十二月稻下种之，蔓延殷盛，可以美田，叶可食。”无论后人释“苕”是蓝花苕子，还是紫云英，但稻田栽培利用绿肥确证无疑。《齐民要术》也记载绿肥作物有绿豆、小豆、黍、胡麻、芜菁、大豆。稻田栽培绿肥的种类已经有蓝花苕子、紫云英，旱地栽培的绿肥种类有苜蓿、绿豆、小豆、大豆、黍、胡麻、芜菁等。

唐宋元时期，绿肥资源主要记录于唐末韩鄂所著的《四时纂要》，包括绿豆、小豆、胡麻、苜蓿、豌豆等，在沿袭传统绿肥基础上增加了豌豆。宋代时期，大巢菜（野豌豆）、麦类开始被用作绿肥，尤其是小巢菜（蓝花苕子）种植较为广泛。元代，农学家王祯对前人的农业生产技术进行了梳理总结，在其著作《王祯农书》中首次将栽培绿肥称为“苗粪”、野生绿肥称为“草粪”。江淮及以北的旱地主要绿肥种类是绿豆、小豆，而在南方稻田的主要绿肥是紫云英。

明清时期，在传统绿肥种类基础上，蚕豆、小麦、大麦、葫芦巴、油菜、白菜、萝卜、肥田萝卜等也被用作绿肥，至此，中国原产绿肥种类被基本确定。

1.3.2 国外绿肥种质资源引进与利用

在栽培绿肥种类中，苜蓿、毛叶苕子、光叶紫花苕子、蚕豆、豌豆、箭筈豌豆、山黧豆、草木樨、紫穗槐、白三叶草、红三叶草、绛三叶草、田菁、柽麻、猪屎豆、木豆、印度豇豆、小冠花、大绿豆、柱花草、细满江红、蝴蝶豆、水花生、黑麦草、鼠茅草等是在不同历史阶段从域外或境外引进的种质资源。

中国最早记录栽培绿肥种类是苜蓿。汉武帝时代，汉使从西域大宛国带回苜蓿种子并在汉离宫种植。

豌豆、蚕豆是典型食肥兼用绿肥种类。豌豆可能在公元1世纪的东汉初期由中亚或西亚传入中国种植。蚕豆在中国栽培历史也较久远，亦称“佛豆”“胡豆”。蚕豆之名，始见于北宋苏颂《图经本草》：“蚕豆，方茎，中空。叶状如匙，……荚状若老蚕形，故名蚕豆。”在南宋之前，蚕豆主要种植在四川益州一带的菜圃，并没有大范围地在农田种植。按《太平御览》，张骞使西域“得胡豆种归”，且后魏张揖撰《广雅》亦有“胡豆”记载。据游修龄考证后认为张骞使西域带来的胡豆应为豌豆，是将佛豆混淆为胡豆[13]。

苕子是目前中国主要的栽培绿肥种类，包括毛叶苕子、光叶紫花苕子和蓝花苕子，前两种为国外引进的种类。中国最早于1946年自美国引入毛叶苕子，1959年多次从苏联引入毛叶苕子品种。光叶紫花苕子是毛叶苕子变种，最早在美国俄勒冈州种植，以后在其东南部诸州均有栽培，于20世纪40年代引入我国江苏，之后在河南、山东、安徽、湖北、云南、四川等省推广栽培。

箭筈豌豆原产欧洲南部和亚洲西部，现已广泛栽培利用。中国也有箭筈豌豆野生种分布，现有的箭筈豌豆栽培种基本源于引进的品种。20世纪40年代，从国外引种在甘肃和江苏南京试种。20世纪50年代我国从苏联、罗马尼亚等国引进10多个品种，后又从澳大利亚引进一些品种。近几年西北、华北种植较多，内蒙古、东北也有种植。

草木樨是豆科一年或二年生草本植物，一般认为草木樨起源于小亚细亚，后来传播至整个欧洲温带。1922年，中国在山东、陕西、甘肃等地试种一年生野生草木樨，用作水土保持植物和牧草。1943年，叶培忠在甘肃、青海采集到细齿草木樨和香甜草木樨[14]。1944年，当时的美国副总统华莱士借访华之机赠送牧草品种92个，其中有6个草木樨品种。1950年天水地区草木樨种植面积达1万亩，1952年形成了“一年草、三年粮”的粮草轮作。1952年农业部将2.5万公斤种子发给黑龙江、辽宁、内蒙古、河北、山东、河南、江苏、江西、广东等地试种，20世纪70年代在广西、云南、江苏等地大面积种植。

山黧豆有普通山黧豆和扁荚山黧豆两类。普通山黧豆于20世纪50年代自苏联引入，甘肃自60年代推广应用。扁荚山黧豆于1973年自德国引入江苏南京试种，1979年后在四川、陕西等地推广，当前栽培面积较大的是四川省南充市。

1.4　中国绿肥生产制度演变

中国的农业有近万年的发展史，农作制度也经历由低级到高级的发展历程，绿肥生产制度演变是伴随着农作制度的进步而发展的。

1.4.1　刀耕火耕时期的野草肥田

中国土地耕作制度从最原始的“刀耕、火耕”撂荒耕种开始。最初的农业生产工具是简单的石制刀斧及木棒，只能通过砍伐、火烧灌木草丛才能耕种土地，农作物产量完全依赖最原始的基础地力贡献。耕种一年后，土壤肥力下降，基础地力消耗殆尽，只好撂荒，重新开垦新荒，原已耕种的土地依赖自然恢复地力。

夏、商、周时期，土地耕种由撂荒发展到“菑、新、畬”方式的轮荒。《尔雅·释地》：“田，一岁曰菑，二岁曰新田，三岁曰畬。”菑、新田、畬，分别为第一、二、三年的田地。西周初期或更早期，人们在农业生产中，一是在已垦种的土地上耕作和收获，即“耕获”；二是在原已撂荒的土地上复垦耕种，即“菑畬”，表明已有意识地在撂荒和耕种土地进行轮换耕种[15]。

生产工具的发展推动农业生产。《诗·周颂·良耜》载：“其镈斯赵，以薅荼蓼。荼蓼朽止，黍稷茂止。”锄草农具“镈”的应用，促进了中耕除草技术的进步，在中耕除草当中发现腐朽的杂草具有养地肥田的作用，能使黍稷生长茂盛而提高产量，逐渐开始有意识地养草肥田，由此摆脱了长期依赖自然休耕恢复地力的状况，开启了利用野草作绿肥的养地培肥耕作制度。《礼记·月令》《氾胜之书》均记载了利用野草作绿肥提升土壤肥力。

1.4.2 复种形成时期的绿肥雏形

进入春秋战国时期后，社会制度也由奴隶制向封建制转变，随着铁制农具的广泛应用、牛耕动力的推行，农业生产力有了显著的提高，土地耕种制度由轮荒逐渐向连种演变。秦商鞅变法，“废井田，制阡陌”，提倡“垦草”和“治莱”。垦草治莱，是废弃轮荒耕种，推动土地连种，促进土地利用，提高土地利用强度的方法。至汉代，土地连种制度已定型。土地连种，势必增加对地力的消耗，因此需要用地养地结合和广辟肥源。东汉经学家郑玄注《周礼·地官》时引郑司农曰：“今时谓禾下麦为荑下麦，言芟刈其禾，于下种麦也。”“又今俗间谓麦下为荑下，言芟刈其麦，以其下种禾豆也。”《氾胜之书》《僮约》也记载了轮作复种。表明在汉代，为提高土壤肥力和土地生产力，已有“禾-麦”复种和“麦-禾、豆”轮作复种。

魏晋时期，战乱频繁，南方耕地复种兴起，出现双季稻复种。为开辟肥源，人工栽培绿肥肇始。《广志》记载了绿肥苕草已在水稻收获后种植，并且这种肥稻种植制度与稻后复种绿肥方式延续至今。

1.4.3 一载数收时期的粮肥复种

（1）复种轮作，绿肥制度初建

魏晋时期是轮作复种，绿肥发展的时期，贾思勰在《齐民要术》中收集记载了丰富的轮作复种方式，并将中国的轮作复种理论与技术推进到一个新的阶段，影响深远。不仅肯定了豆类作物与绿肥作物在农田轮作换茬中的重要地位，确立谷豆轮作与粮肥轮作的生物养地格局，也初步建立了绿肥种植利用技术体系。主要采取夏闲地复种短期绿肥，五六月种，七八月翻压利用。涉及的绿肥复种轮作方式包括：苕-水稻、绿豆-谷、小豆-谷、胡麻-谷、绿豆-葵、绿豆-葱、绿豆-瓜、小豆-麻。绿肥生物养地格局的建立，对中国农耕文明的发展起着重要推动作用。

（2）间作套种，绿肥制度发展

唐宋时期不仅继承了前朝的绿肥栽培利用技术，且进一步明确了绿肥的播种期和播种量。南宋《陈旉农书》中已有记载，元代绿肥制度不仅在南北地区广泛应用，而且南方地区连年利用野生绿肥肥田，土壤肥力常盛。此时期的《王祯农书》首次将栽培绿肥定为“苗粪”，将野生绿肥定为“草粪”。

（3）广辟肥源，绿肥制度兴旺

明清时代，人口益增，种植业必须广辟肥源，绿肥最为便利，迈入绿肥兴旺发展时期。绿肥种植范围覆盖主要作物，稻田绿肥、旱地绿肥、棉田绿肥等广泛发展，绿肥种类涉及多个科属。旱地绿肥制度有：豆（黑豆、小豆）-麦、豆-高粱、豆-黍穄、豆-莜麦等。稻田绿肥制度有：莱子（蚕豆）-稻、萝卜（白菜）-稻，大麦 / 蚕豆-稻、紫云英-稻等。

1.5　绿肥与中国农耕文明

农耕文明是在长期农业生产中形成的一种适应农业生产、生活需要的国家制度、礼俗制度、文化教育等文化的集合。

1.5.1　中国特色的用地养地制度

美国土壤学家 King F H 在其著作 *Farmers of Forty Centuries—Permanent Agriculture in China Korea and Japan* 中指出，美国在不到百年的时间就将地力耗尽，而东方中国土壤历经四千年而不衰，且养活了数倍于美国的人口，原因是中国很早就建立了豆科作物与其他作物轮作复种制度以保持土壤的肥沃。英国人 Albert Howard 在 *An Agricultural Testament* 中提出，人类唯一建立的人工生态系统，也就是东方农业，在长期的实践过程中建立了种植豆科作物的混合种植法则，在有限的土地上养活了众多的人口，历经四千年管理后土壤肥力仍无损失。

自夏、商、周以后历代王朝，大多以农为立国之本，充分认识到用地与养地的重要性，很早就建立了用地与养地制度。3000 多年前，中国最早认识到野草肥田对肥料的重要性。2000 年前的西晋《广志》记载栽培绿肥，由此开启了人工栽培绿肥作物以养地肥田。北魏《齐民要术》不仅确定了粮肥复种模式、适宜的栽培绿肥品种、播种时间、播种密度、翻压利用时间，也明确了绿肥对主作物产量的影响，而且比较了绿肥与其他有机肥的作用效果，中国的绿肥栽培与利用技术体系基本形成，生物养地制度基本建立。从北魏至唐宋，中国的农作制度基本采取粮豆、粮肥轮作复种。至元代，《王祯农书》创新提出“苗粪”“草粪”，指出“苗粪”在江淮及以北的地区是常用的方法，南方地区在发展“苗粪”的同时将“草粪”提升至新的高度。明清时代，绿肥更是得到大力发展，绿肥种植模式多样，稻田、旱地、菜地、果园、桑园绿肥多途径利用；绿肥品种繁多，覆盖豆科、十字花科、禾本科及其他科属植物。不同时期绿肥生产的发展，推进了中国用地与养地制度的构建，丰富了用地养地制度的内涵。

1.5.2 土壤地力“常新壮”学说

中国农耕历经万年，土地利用强度不断提高。在每个历史阶段，随着人口的增加，提高单位面积农作物产量，同时要实现土地的可持续利用，是永恒不变的追求。《礼记》中“烧薙行水，利以杀草，如以热汤，可以粪田畴，可以美土疆。”“草秽烂，皆成良田。”意思是野生的杂草，沤制腐烂后，既能做肥料利用，还能改良土壤，使农田成为良田。《吕氏春秋》明确提出“地可使肥，又可使棘。”告诫民众，不合理的用地，势必导致土壤地力下降，必须增加肥料的施用，才能使作物生长良好、土壤地力得以提升。

南宋陈旉在系统总结前人经验的基础上，提出土壤地力“常新壮”学说。一是推崇稻田粮豆复种、水旱轮作有益于培肥地力和增产增收。二是充分肯定草腐烂后可以肥田并促进作物生长。三是尽管土壤优劣不一，只要治理得宜，就能获得好的收益。四是通过用养结合、合理施肥与改良，能保持土壤肥力常新常壮，永续利用。

土壤地力“常新壮”学说，尽管出于陈旉，实际是其对秦至南宋土壤耕作与施肥技术的梳理与凝练，不仅被宋元后世农家传承和发展，其无论科学性或时间性，也远非国外同类学说所能媲美，对建立具有中国特点的土壤耕作与施肥理论及实践具有重要的指导作用。Jethro Tull 于 1733 年提出的中耕农法，Albrecht Thaer 于 1809 ～ 1812 年提倡的轮栽式农业，以及 Justus Von Liebig 提出的矿质营养学说，无论是系统性还是时间上均不及“常新壮”。李比希更是对中国传统农业给予赞叹[16]。

参考文献

[1] 江西省农业科学院作物研究所. 绿肥栽培与利用. 上海：上海科学技术出版社，1982.
[2] 萧道庸. 中国古代耕作与施肥辑要. 北京：中国农业出版社，2014.
[3] 焦彬. 中国绿肥. 北京：农业出版社，1986.
[4] 林多胡，顾荣申. 中国紫云英. 福州：福建科学技术出版社，2000.
[5] 中央农业实验所. 农情报告. 农报，1936（3）:1491-1492,1937（4）:1143, 1938（5）: 616-617.
[6] 范秀林. 西汉与古罗马农书之比较—以《氾胜之书》与《农业志》为例. 辽宁师范大学学报（社会科学版）, 2021:44（5）:132-138.
[7] 王阁森. 瓦罗农学与公元前一世纪意大利的农业经济—古罗马经济史研究（之二）. 齐鲁学刊，1986（3）:3-11.
[8] 徐方幹. 绿肥作物. 上海：中华书局，1948.
[9] 孙醒东. 草田耕作制度及其在我国的试行的情况. 生物学通报，1954, 5:1-5.
[10] 叶磊. 日本江户时期的农学成就研究. 南京：南京农业大学，2013.
[11] 沈佩麟. 关于日本农业生产的资料. 经济研究，1958, 89-103.
[12] 崔得卿. 古代韩国旱田耕作法和农耕制度的考察（续）. 中国农史，2003（4）:3-10.
[13] 游修龄. 蚕豆的起源和传播问题. 自然科学史研究，1993,12（2）:166-173.
[14] 莫世鳌. 我国草木樨的引种推广经过. 草业科学，1991, 8（3）:66-71.
[15] 郭文韬. 中国古代的农作制. 中国农史，1982, 55-59.
[16] 董恺忱. 西欧近代主要农书述评. 世界农业，1980（11）:24-29，33.

中国肥料研究与应用全书

Books of Fertilizer Research and Application in China

FERTILIZER

第2章

绿肥品种资源

2.1 绿肥资源分类

绿肥资源种类划分的方法有多种。一是按照其来源划分为栽培绿肥和野生绿肥，二是按照其种植季节划分为冬季绿肥、夏季绿肥、春季绿肥、秋季绿肥，三是按照其生命周期划分为一年生绿肥和多年生绿肥，四是按照其植物学分类划分为豆科绿肥、非豆科绿肥，五是根据其栽培地划分为稻田绿肥、旱地绿肥、果园绿肥等，同时还可以按照其用途划分为肥用和兼用绿肥[1]。

2.1.1 按绿肥来源划分

绿肥的栽培，是从利用野生绿肥植物演化而来。人们在认识到绿色植物的肥效后，在长期利用过程中，逐步选择一些品种进行人工栽培[2]。野生绿肥是指刈割自然生长的青草、水草和幼嫩枝条，或者打捞水面的浮游植物作肥料利用，在《王祯农书》中称之为“草粪”。利用野生绿肥是开辟农田有机肥源的重要途径，在20世纪70年代以前江南农村普遍采用。栽培绿肥，又称绿肥作物，是绿肥生产的主体，例如今天普遍种植的紫云英、毛叶苕子、光叶紫花苕子、箭筈豌豆、田菁、肥田萝卜等均属于栽培绿肥，是按照种植制度的需求进行栽培利用。

栽培绿肥根据其原产地不同，分为原产绿肥或引进绿肥。原产中国绿肥的种类主要有：紫云英、蓝花苕子、金花菜、大豆、豇豆、绿豆、小豆、沙打旺、葛藤、肥田萝卜、满江红、香豆子等。从境外引进的绿肥种类有：苜蓿、毛叶苕子、光叶紫花苕子、蚕豆、豌豆、箭筈豌豆、山黧豆、草木樨、紫穗槐、白三叶草、红三叶草、绛三叶草、田菁、柽麻、猪屎豆、木豆、印度豇豆、小冠花、大绿豆、柱花草、蝴蝶豆、黑麦草、鼠茅草、水葫芦、水花生、细叶满江红等。

2.1.2 按绿肥科属划分

绿肥主要有豆科绿肥、十字花科绿肥、禾本科绿肥、菊科绿肥及其他科属绿肥，以豆科绿肥为主。目前广泛种植的紫云英、毛叶苕子、光叶紫花苕子、箭筈豌豆、田菁、苜蓿等均属于豆科绿肥，肥田萝卜、油菜、二月兰等属于十字花科绿肥，黑麦草、鼠茅草等属于禾本科绿肥。

豆科绿肥与根瘤菌共生固定空气中的游离氮，以丰富土壤氮素供应。满江红是蕨类植物，与鱼腥藻共生，也能共生固氮。十字花科的肥田萝卜和油菜根系具有较强的活化土壤磷的能力，能提高土壤磷养分的有效性。部分水生绿肥和菊科绿肥具有较强的富集土壤钾的作用。禾本科绿肥根系发达，碳含量高，有益于土壤团聚体的形成。利用豆科绿肥与禾本科、十字花科绿肥混合种植，能充分发挥各自的优势，实现固氮、活化养分、培肥土壤等多重功能。

2.1.3 按种植季节划分

根据绿肥适宜生长季节，将绿肥划分为冬季绿肥、春季绿肥、夏季绿肥和秋季绿肥。冬季绿肥，也称冬绿肥，在秋季或初冬季播种，翌年春季或初夏利用，其整个生育期有一半以上在冬季。例如南方地区普遍种植的紫云英、光叶紫花苕子、肥田萝卜等。春季绿肥，也称春绿肥，为早春播种，在仲夏前翻压利用，其有大部分的生育期在春季。例如华北地区种植的油菜、二月兰、箭筈豌豆等。夏季绿肥，也称夏绿肥，为春季或夏季播种，夏末或初秋翻压利用，如南方旱地或果园种植的豇豆、田菁、柽麻、猪屎豆等，北方春麦区套种或复种的毛叶苕子、箭筈豌豆等。秋季绿肥，也称秋绿肥，在夏季或早秋播种，冬前翻压利用，如江南地区秋播的柽麻、豇豆等，西北春麦区夏播的箭筈豌豆、香豆子等。

对某些种类而言，难以做严格的划分，例如毛叶苕子、箭筈豌豆，在西北早春种，夏季利用，划分为春季绿肥；在夏季播种，秋季利用时，可划分为秋季绿肥；但在南方地区以及华北偏南地区，可以秋播越冬，又可以作冬季绿肥栽培。

有一类绿肥，栽培利用在一年以上，短期多年生或多年生，称之为多年生绿肥或长期绿肥，如白三叶草、红三叶草、紫花苜蓿、二年生黄花草木樨、沙打旺、多年生黑麦草等。这一类的绿肥可以一年栽培利用，也可以多年生覆盖在果园种植，还可以用于边际土地的覆盖保土、防风固沙或治理盐碱等。

2.1.4 按绿肥用途划分

尽管从绿肥用途上分为肥用和兼用，但严格意义上绿肥有多种用途，均可兼用。特别是，绝大多数绿肥是良好的饲草作物，相当一部分绿肥作物可以作为菜用、食用、蜜源用。有些特定的绿肥，例如猪屎豆、商陆等种类，由于其地上部或根系有毒，不能作饲草利用，主要作绿肥利用，还可以作药物原料利用。

一般情况下，按照绿肥用途划分为肥用、肥饲兼用、肥粮兼用、肥油兼用、肥菜兼用等。兼用绿肥比单一肥用具有更好的经济价值，有的称其为经济绿肥，如蚕豆、豌豆、鹰嘴豆、油菜等。又可以根据其服务对象不同，将绿肥资源划分为稻田绿肥、旱地绿肥、果园绿肥、茶园绿肥、水生绿肥等。

本章将以绿肥科属划分为重点，详细阐述绿肥品种资源。

2.2 豆科绿肥资源

2.2.1 紫云英

紫云英（*Astragalus sinicus*），豆科（Fabaceae）黄芪属（*Astragalus*）越年生或一年生

草本植物。古籍称柱夫、摇车、苕饶、翘饶、翘摇、翘荛、翘尧、春翘、翘摇车、荷花紫草、碎米荠，俗称红花草、花草、草子、红草、红花草子、红花菜、荷花郎、野蚕豆、翘翘花、铁马豆、小马豆、灯笼花。紫云英是中国南方稻区最主要的绿肥作物。

2.2.1.1 起源与分布

紫云英原产中国，起源地可能在秦岭以南的中部山间河谷地带，然后向南向东扩展。日本《日本植物》一书认定紫云英原产中国，且已传到日本和欧洲[3]。《秦岭植物志》记载[4]，紫云英产于秦岭南坡陕西的宁陕、石泉等地，生于海拔 400 ～ 3000m 的山坡路旁林下及河旁，其地理位置处于 33° N ～ 34° N。

紫云英于宋元时期已在太湖地区种植，明清两代盛于长江中下游各省栽培。20 世纪初，中国的紫云英主要分布在 27° N ～ 32° N，包括江苏和安徽南部以及浙江、江西、湖南和湖北等地。20 世纪 40 年代，分布地域逐渐扩大，北至长江、南界五岭、西延四川平原、东抵沿海。20 世纪 60 年代，应用接种根瘤菌并改进栽培技术，向南扩种至福建、广东、广西、贵州、云南等地，向北越过长江至淮河两岸，西扩至河南南部和陕西汉中。20 世纪 70 年代，紫云英种植北缘越过淮河沿陇海铁路至黄河边，南抵广东湛江，西进关中渭河流域，纬度范围为 22° N ～ 35° N，种植面积达 1 亿亩左右，成为中国最主要的冬季绿肥种类。

2.2.1.2 主要特征特性

（1）植物学特征

直根系，主根较粗大，一般入土 30 ～ 40cm，在疏松的土壤中其根系可伸长到 100cm 左右。当主根生长至 3 ～ 4cm 长时，主根上发生侧根和次生侧根，可达五、六级以上。侧根、次生侧根主要分布在土壤耕层，以 0 ～ 10cm 居多，占根系总量的 70% ～ 80%。当春天紫云英生长茂密时，在地面可见密集侧根。主根、侧根及地面侧根上均着生根瘤，以侧根居多。根瘤呈圆球状、长圆状、叉状或指状，浅红色，直径 2 ～ 3mm；根瘤生长中，先端分叉，后形成鸡冠状或掌状复瘤。

茎呈圆柱形，中空，幼嫩时有白色疏柔毛，成长后老化脱落，色淡绿、紫红或绿中带红紫。野生紫云英的茎呈直立态，高 10 ～ 30cm。栽培紫云英幼时茎直立，后期因生长快、负载大而呈半直立半匍匐态，呈 2 ～ 4 次弯曲，长度 80 ～ 120cm。茎粗 0.2 ～ 0.9cm。茎枝一般有 8 ～ 12 节，最多可达 20 节，每节通常长 1 片复叶，少数可长 2 片或以上复叶。

羽状复叶，多数为奇数，互生，少数为对生或轮生。有长叶柄，复叶长 10 ～ 20cm、宽 5 ～ 10cm。复叶有 7 ～ 13 枚小叶，小叶全缘，倒卵形或椭圆形，长 10 ～ 15mm、宽 4 ～ 10mm；顶部有浅缺刻，基部楔形，具短柄，叶面有光泽，绿色、黄绿色，部分品种紫色或绿色上有紫色花纹；叶背呈灰白色，稍有白色短柔毛。复叶基部有托叶，长 3 ～ 6mm，离生，楔形，缘有深缺刻，尖端圆或凹入或先端稍尖，色淡绿、微紫或淡绿带紫。小叶和托叶的大小、颜色、形状，以及柔毛多少是识别紫云英品种特征的重要参考。

总状花序，一般为腋生，也有顶生。每花序有小花 3 ～ 14 朵，通常为 8 ～ 10 朵，顶生花序小花最多可达 30 朵，簇生于花梗，排列成伞状。花序总梗一般长 5 ～ 15cm，长的可达

25cm；小花柄短。花萼5片，上呈三角形，下面连合呈倒钟形，外被长柔毛，色绿或绿中带紫。花冠蝶形，花色随开花时间延长由淡紫色转为紫红色，偶有白色花出现，但白花受隐性基因控制，性状难以稳定表达。旗瓣倒卵形，未开放前包裹翼瓣和龙骨瓣，开放时两侧外卷，中部有条纹；翼瓣两片，斜截形，色淡；龙骨瓣两片连于一体。

荚果两列连合成三角形，稍弯，无毛，顶端有喙，基部有短柄。果瓣有隆起的网状脉，成熟时黑色，易裂，长1～3cm、宽约0.4cm，每荚含种子4～10粒。种子肾形，种皮光滑，栗褐色，少数为黄褐色、青褐色、黄色或墨黑色，有光泽。收获或贮藏不当，种子变为红色或黑褐色，无光泽。千粒重3.0～3.6g，高可达4.0g，受气候条件和栽培管理影响较大。

（2）生物学特性

紫云英幼苗耐阴能力较强，但有一定的限度。稻底套种时，当水稻基部光照＜3000lx时，幼苗生长瘦弱。种子发芽、出苗适宜温度为15～25℃。幼苗期，日均温度8℃以下，生长缓慢；日均温度3℃以下，地上部停止生长，但根系能缓慢生长。温度为−10～−5℃时，叶片可见冻害；冬前健壮的幼苗能耐受−19～−17℃的短期低温。早春，日均气温达到6℃以上时，生长速率明显加快；气温上升慢、雨水多，现蕾和开花期推迟。开花结荚最适温度为13～20℃；日均气温10℃以下，开花少、结实率低；但日均温度在22℃以上时，结荚差，种子千粒重低。喜湿润但怕渍。幼苗期最适土壤水分为30%～35%，当土壤水分低于10%、大气相对湿度低于70%时，叶片发生凋萎。渍水4d以上，幼苗生长严重受阻。春季枝茎伸长期的土壤含水量一般保持在20%～22%为宜，盛花期以土壤水分含量20%～25%为宜。对土壤要求不严，以轻质、肥沃的砂质壤土或黏壤土为宜。耐瘠薄性能较弱，在瘠薄的红壤稻田或旱地，以及淀浆白土上种植，应适当施用肥料。适宜的土壤pH值为5.5～7.5，在土壤pH值4.5以下或高于8.0时，一般生长不良。不耐盐碱。

2.2.1.3　种质资源

紫云英品种资源丰富。农业生产上多以紫云英开花迟早作为绿肥翻压的主要依据，按照开花期的迟早划分为4个类型：特早熟、早熟、中熟和迟熟。特早熟类型原产华南气候温暖地区，春性强、苗期生长快、抗寒性弱，含氮量高，但鲜草产量和种子产量较低。早熟类型，植株较矮小，茎较细，鲜草产量相对较低，但花期较长，种子产量高。中熟品种，植株高大，茎较粗，小叶大，鲜草产量和种子产量高。迟熟品种，营养生长期长，植株高大，茎粗壮，小叶大，结荚节位较高，鲜草产量高，但含氮量较低，种子产量不高。

新中国成立后，多次调查、收集、整理出一批地方品种资源。1980～1983年，在全国绿肥试验网的组织下，由湖南省农业科学院土壤肥料研究所负责，在全国征集到地方品种、选育的新品种（品系）及野生种等共计100份，经整理后归并为90份[5]。此后，陆续又收集到部分资源，并采用系统选育、辐射育种和杂交育种等方式选育出部分紫云英新品种。

（1）地方品种

中国紫云英地方品种多样（表2-1），引进品种仅有日本兵库紫云英一种。

在紫云英地方品种的命名方面，一直难以统一，有的在地方名后加上种，如宁波大桥种；有的则在地方名后加上籽，如余江大叶籽。由于紫云英地方品种的原产地不同，物候期的变化受原产地气候影响较大。原产于气温较高、纬度较低地区的紫云英品种，北移表现为开花、成熟延迟；原产于气温较低、纬度较高地区的品种，南移则表现为开花提早，但成熟期变化较小。

紫云英品种的盛花期在地区之间差异较大[3]，例如，早、中、迟熟类型品种在广西和安徽之间分别相距54d、40d和33d。在同一地区，紫云英不同熟期类型之间的盛花期间隔仅为3d左右。据20世纪80年代中期在浙江杭州观测，特早熟类型平均盛花期为4月5日，早熟类型平均盛花期为4月8日，中熟品种平均盛花期为4月11日，迟熟品种平均盛花期为4月14日。同一熟期内不同品种之间盛花期，特早熟类型中的最早熟与最迟熟品种之间相距3～4d，早熟类型中最早熟与最迟熟品种之间相距4～5d，中熟类型中的最早熟与最迟熟品种之间相距2～3d，迟熟类型中最早熟与最迟熟品种之间相距3～4d。同一紫云英品种的盛花期，年度之间的变异与年度间早春气温回升迟早关系较大，年度之间的盛花期可相差5～7d。

紫云英抗寒性强弱因原产地的气候条件而异。原产地纬度偏高的紫云英品种，抗寒性相对较强，而原产于粤、闽、桂等地的品种抗寒性较弱。抗寒性也受栽培地区环境的影响，抗寒性较弱的品种在较寒冷的地区经过2～3年的抗寒性锻炼，抗寒能力也有所增强。

表2-1 紫云英主要地方品种

名称	来源	熟期
吉田紫云英	广东省连山壮族瑶族自治县吉田镇	特早熟
光泽紫云英	福建省光泽县	特早熟
马溪紫云英	广东省广州市花都区	特早熟
醴陵紫云英	湖南省醴陵市	早熟
岳阳紫云英	湖南省岳阳县	早熟
大悟紫云英	湖北省大悟县	早熟
信阳紫云英	河南省信阳市	早熟
咸宁紫云英	湖北省咸宁市咸安区	早熟
崇仁紫云英	江西省崇仁县	早熟
石首紫云英	湖北省石首市	早熟
温江紫云英	四川省成都市温江区	早熟
湘乡紫云英	湖南省湘乡市	早熟
永新紫云英	江西省永新县	早熟
修水紫云英	江西省修水县	早熟
临川紫云英	江西省抚州市临川区	早熟
宜都紫云英	湖北省宜都市	早熟
清江紫云英	江西省樟树市	中熟
萍乡紫云英	江西省萍乡市	中熟

续表

名称	来源	熟期
宁乡紫云英	湖南省宁乡市	中熟
宜春紫云英	江西省宜春市袁州区	中熟
余干紫云英	江西省余干县	中熟
青浦紫云英	上海市青浦区	中熟
南京芦庄紫云英	江苏省南京市浦口区	中熟
南桥紫云英	上海市奉贤区南桥镇	中熟
南充紫云英	四川省南充市高坪区	中熟
金沙紫云英	贵州省金沙县	中熟
常山紫云英	浙江省常山县	中熟
株良紫云英	江西省南城县株良镇	中熟
澧县紫云英	湖南省常德市澧县	中熟
永修紫云英	江西省永修县马口镇	中熟
全州紫云英	广西壮族自治区全州县	中熟
余江紫云英	江西省鹰潭市余江区	中熟
弋江紫云英	安徽省南陵县弋江镇	中熟
苏州紫云英	江苏省苏州市	中熟
乐平紫云英	江西省乐平市	中熟
宁波大桥紫云英	浙江省宁波市鄞州区	迟熟
斜塘紫云英	江苏省苏州市斜塘	迟熟
南昌紫云英	江西省南昌县八一乡	迟熟
茅山紫云英	浙江省宁波市鄞州区茅山	迟熟
茜墩紫云英	江苏省昆山市千灯镇	迟熟
当涂紫云英	安徽省当涂县	迟熟
平湖紫云英	浙江省平湖市	迟熟
长沙紫云英	湖南省长沙市雨花区黎托街道	迟熟
昆阳紫云英	江苏省昆山市	—
隆西紫云英	湖南省华容县注滋口镇	—
华容紫云英	湖南省华容县	—
丰城青秆紫云英	江西省丰城市	中熟
寻乌野生紫云英	江西省寻乌县	迟熟
兵库紫云英	日本国兵库县	中熟

（2）育成品种

20 世纪 60 ～ 80 年代，我国育成了当时各地主栽的紫云英品种。2008 年以来，公益性行业（农业）科研专项实施以及国家绿肥产业技术体系的成立，又有部分新品种通过审定或认定。这些品种列于表 2-2。

表2-2 紫云英主要育成品种

名称	育种单位	育成年份	主要特征特性
连选 2 号	广东省农业科学院	1974 年	特早熟品种。苗期早发，株型高大。抗寒性弱，耐湿性强，耐瘠薄能力中等，不耐阴，抗病虫能力中等
广绿种	广东省农业科学院	1978 年	早熟品种。苗期早发。苗期耐湿性强，耐瘠薄能力中等，耐寒、耐旱、耐阴及耐盐性弱。抗病性强，抗虫害能力中等
湘肥 2 号	湖南省农业科学院	1966 年	中熟品种。分枝能力强。早发性较弱，中后期枝叶繁茂。耐湿性强，较耐寒，不耐阴、不耐盐碱，抗病性弱
萍宁 72	广西壮族自治区农业科学院	1985 年	中熟品种。幼苗期生长较快。植株高大。抗寒能力弱，较抗白粉病
萍宁 3 号	广西壮族自治区农业科学院	1985 年	原名杂 74-3。中熟品种。苗期生长快，植株高大。抗寒能力较差，较抗白粉病，耐湿性强，较耐旱
湘肥 3 号	湖南省农业科学院	1976 年	中熟品种。植株较高大。耐湿性强，苗期耐寒及耐瘠薄能力中等，耐旱、耐阴能力弱
湘肥 1 号	湖南省农业科学院	1966 年	中熟品种。分枝能力强。早发性较弱，中后期枝叶繁茂。耐湿性强，较耐寒，不耐阴、不耐盐碱，抗病性弱
赣紫 2 号	江西省农业科学院	1991 年	早熟偏迟品种。植株高大。抗旱能力和抗病能力较强，抗寒能力中等，耐湿性强，耐阴性强，不耐盐碱
闽紫 1 号	福建省农业科学院	1992 年	早熟偏迟品种。植株较高大。苗期生长快，抗旱能力强，抗寒性中等，耐湿性中等，较易感菌核病
宁绿 2 号	浙江省宁波市农业科学研究院	1981 年	迟熟品种。茎秆粗壮，叶片大，分枝性强，结荚部位高，种子黄绿有少量褐色。抗菌核病，抗寒性较强
宁绿 1 号	浙江省宁波市农业科学研究院	1981 年	迟熟偏早品种。苗期冬发性较差，株型高大，茎秆粗壮，种子淡黄绿色。抗寒，耐湿性强，不耐阴，不耐盐碱
浙紫 5 号	浙江省农业科学院	1985 年	迟熟品种。茎粗壮，分枝发达。成熟较一致。抗寒能力强，较抗菌核病
闽紫 2 号	福建省农业科学院	1992 年	迟熟品种。株型高大，苗期生长匍匐。苗期早发性中等，抗旱和抗寒能力强，较抗菌核病
闽紫 3 号	福建省农业科学院	1992 年	早熟偏迟品种。早发性好。苗期抗寒性中等，抗旱性较强，耐湿性中等，抗病性强
闽紫 4 号	福建省农业科学院	1992 年	迟熟品种。植株高大。抗寒力和耐渍力较强，较抗菌核病

续表

名称	育种单位	育成年份	主要特征特性
赣紫 1 号	江西省鹰潭市余江区农业农村局	1991 年	中熟偏早品种。茎较粗。耐寒及耐瘠薄能力中等，耐阴性强，耐旱性强
信紫 1 号	河南省农业科学院、信阳市农业科学院等	2009 年	早熟品种。株型较矮。苗期茎叶均为紫红色。苗期生长势强，抗寒、抗旱及抗病力强
信白 1 号	河南省农业科学院、信阳市农业科学院等	2009 年	早熟品种。株型较矮。花纯白色。抗寒、抗旱及抗病力强
湘紫 1 号	湖南省土壤肥料研究所	2014 年	原名湘肥 4 号。早熟品种。小叶宽大。苗期生长势强。适产适期的优质品种
湘紫 2 号	湖南省土壤肥料研究所	2014 年	原名湘肥 5 号。早熟品种。苗期生长势强。适产适期的优质品种
湘紫 3 号	湖南省土壤肥料研究所等	2015 年	早熟品种。苗期生长势强，抗寒、耐渍性及抗病力强
湘紫 4 号	湖南省土壤肥料研究所等	2015 年	早熟品种，生育期略长于湘紫 3 号。苗期生长势强，抗寒、耐渍及抗病力强
皖紫 1 号	安徽省农业科学院	2010 年	早熟品种。苗期生长势强，抗寒、抗旱，产草量适中，感病率低
皖紫 2 号	安徽省农业科学院	2010 年	中熟偏迟品种。茎秆较粗壮，茎枝色青紫；小叶大小一般
皖紫 3 号	安徽省农业科学院	2011 年	迟熟品种。分枝能力较强。耐寒性和抗病力较强
皖紫 4 号	安徽省农业科学院	2011 年	中熟偏迟品种。耐寒性、抗病力较强。对硒及钾的富集能力较强
闽紫 5 号	福建省农业科学院	2011 年	中熟品种。株型高大
闽紫 6 号	福建省农业科学院	2012 年	中熟偏迟品种。分枝力中等。早发性较好，适应性广
闽紫 7 号	福建省农业科学院	2012 年	中熟偏迟品种。叶片较耐阴性较好
闽紫 8 号	福建省农业科学院	2023 年	中熟品种。耐阴性较好

注：育成年份以文献或发证年份为准。

2.2.2 苕子

豆科（Fabaceae）野豌豆属（*Vicia*）一年生或越年生草本绿肥。全世界野豌豆属的植物约有 200 种，为一年生、越年生或多年生，中国包括原产和引进的约 40 种。苕子栽培种被广泛用于绿肥、饲草或覆盖作物。中国种植利用苕子历史悠久。目前，用作绿肥栽培的苕子种类有毛叶苕子（*Vicia villosa*）、光叶苕子（*Vicia villosa* var.）和蓝花苕子（*Vicia cracca*），其特征特性存在较大差异。此外，有一定应用价值的苕子种类还有欧洲苕子（*Vicia villosa* subsp. *varia*）、深紫花苕子（*Vicia atropurpurea*）、苦苕子（*Vicia ervilia*）、大马野豌豆（*Vicia dalmalica*)、褐毛野豌豆(*Vicia pannonica*)和歪头菜(*Vicia unijuga*)等。1980 年,江苏省农业科学院土壤肥料研究所和四川省农业科学院土壤肥料研究所合作,共征集到毛叶苕子、光叶紫花苕子和蓝花苕子资源 50 份 [6],整理编目 39 份。

2.2.2.1 毛叶苕子

毛叶苕子(*Vicia villosa*),豆科(Fabaceae)野豌豆属(*Vicia*)一年生或越年生草本植物,又称长柔毛野豌豆、毛叶紫花苕子、柔毛苕子、毛巢菜、假扁豆等。原产欧洲、中亚、伊朗,是欧洲主要的牧草及填闲作物。中国于 20 世纪 40 年代从美国引进,60 年代又陆续从苏联和罗马尼亚引种。毛叶苕子抗寒性强、尤喜凉爽气候,能在西北、华北地区春季及秋季种植利用,也可在黄淮之间及南方秋季种植利用,目前主要分布在中国除华南以外的大多数地区。

(1)主要特征特性

根系发达,主根粗壮,入土 1 ~ 2m 甚至更深,侧根较多;根部多姜块状或扇状根瘤。茎方形、有棱,柔软中空,生长后期上部直立而下部平卧,攀援或蔓生,长可达 2.5 ~ 3m。茎上柔毛明显,在生长点位置密集灰白色柔毛。分枝能力强,在地表 10cm 左右的一级分枝 15 ~ 25 个,二级分枝可达 10 ~ 100 个。叶为偶数羽状复叶,每一复叶有小叶 5 ~ 10 对;小叶先端渐尖、基部楔形,长 2 ~ 2.5cm、宽 0.8 ~ 1.2cm,有柔毛,叶背面多于叶表面,叶色深绿;复叶顶端有卷须 5 枚。托叶戟形,叶缘有柔毛。

总状花序,由叶腋抽生花梗,花梗长 10 ~ 18cm,每一花序有小花 10 ~ 35 朵,着生于花轴一侧。花萼斜钟形、有柔毛,长约 0.7cm ;萼齿 5 个,近锥形,长约 0.4cm,下面三枚稍长。花冠紫色、淡紫色、蓝紫色或白色;旗瓣长圆形,长约 0.5cm,先端微凹;翼瓣短于旗瓣,龙骨瓣短于翼瓣。

荚果长圆状菱形,长2.5 ~ 3cm、宽 0.7 ~ 1.2cm,侧扁,先端具喙。成熟后荚果淡黄色,易爆裂。每荚有种子 2 ~ 5 粒;种子球形、直径约 0.3cm,表皮黄褐色至黑褐色,一般千粒重 25 ~ 40g。

(2)种质资源

目前,常见的毛叶苕子资源有 17 份 [6](表 2-3)。

表2-3 主要毛叶苕子种质资源

名称	来源	主要特征特性	熟期
土库曼毛叶苕子	江苏省农业科学院引自苏联	茎叶披柔毛,苗期及冬后早发,再生性强,耐旱、耐寒、耐盐碱,虫害少,有叶斑病	中晚熟
罗马尼亚毛叶苕子	江苏省农业科学院引自苏联	茎叶披柔毛,苗期及冬后早发,再生性强,耐旱、耐寒、耐盐碱,虫害少,有叶斑病	晚熟
葡萄牙毛叶苕子	江苏南京中山植物园引种	株型稍直立,茎叶披柔毛,再生性强,耐旱、耐寒、耐瘠薄,耐盐碱中等	早熟
徐苕 1 号	徐州市农业科学院从苏联苕子中选育	茎叶密披柔毛,冬后早发,耐旱、耐瘠薄,耐酸、耐盐碱,虫害少,不耐渍	中熟

续表

名称	来源	主要特征特性	熟期
徐苕2号	徐州市农业科学院从苏联苕子中选育	茎叶密披柔毛，荚果大，苗期及冬后早发，耐旱、耐瘠薄，耐酸、耐盐碱，不耐渍，抗蚜虫	早熟
徐苕3号	徐州市农业科学院从徐苕2号中选育	茎叶密披柔毛，苗期及冬后早发，耐旱、耐瘠薄，耐酸、耐盐碱，不耐渍，高抗蚜虫，有叶斑病	早熟
南阳早一毛叶苕子	南阳市农业科学院选育	茎叶披柔毛，返青早，结荚整齐，再生性强，耐旱、耐寒，不耐渍，耐盐碱，稍抗蚜虫	早熟
早熟毛苕27904	江苏省农业科学院系统选育	茎叶披柔毛，苗期及冬后早发，耐旱、不耐渍，耐瘠薄，耐酸，耐盐碱，抗蚜虫，不抗病	早熟
特早熟毛苕早2a4	江苏省农业科学院系统选育	茎叶披柔毛，结荚集中，苗期及冬后早发，抗蚜虫	早熟
78-61毛苕	江苏省农业科学院引自丹麦	茎叶披柔毛，苗期及冬后早发，再生性强，耐旱、耐寒，耐盐碱，较抗虫，有叶斑病	中熟
81-243毛苕	原产伊朗，引自美国	茎叶披柔毛，苗期早发，再生性强，耐旱、耐寒、耐盐碱，高抗蚜虫，有叶斑病	晚熟
81-244毛苕	原产土耳其，引自美国	茎叶披柔毛，苗期生长慢，中后期生长旺，耐旱、耐寒，耐盐碱，抗蚜虫，有叶斑病	晚熟
81-245毛苕	原产苏联，引自美国	茎叶披柔毛，中后期生长旺，耐旱、耐寒，耐盐碱，较抗蚜虫，有叶斑病	晚熟
郑州7408毛叶苕子	河南省农业科学院系统选育	匍匐性强，茎叶披柔毛，再生性强，耐旱、耐瘠薄，耐寒及耐盐碱能力中等	中晚熟
青苕1号	青海省农林科学院从苏联毛苕中选育	匍匐性强，茎叶披柔毛，分枝多，鲜草高产稳产，耐旱、耐寒	早熟
皖苕1号	安徽省农业科学院从肥东野生苕子中选育	茎叶披柔毛，适应性广，耐寒、耐旱、耐瘠薄，不耐渍，不耐高温，对土壤要求不严	晚熟
皖苕2号	安徽科技学院从皖北固镇野生苕子中选育	茎叶披柔毛，适应性广，耐寒、耐旱、耐瘠薄，不耐渍，不耐高温，长江以南地区难结实	晚熟

（3）绿肥栽培利用

毛叶苕子是优良的绿肥作物。一般用于稻田复种或麦田套种，也可以在玉米生长前期或林果园间种植。苕子养分含量高，例如，苏南地区稻田种植毛叶苕子，盛花期干物质含氮（N）3.29%、磷（P）0.26%、钾（K）3.61%。根系和根瘤能给土壤提供大量的有机质和氮素肥料，改土肥田、增产效果明显。毛叶苕子是重要的饲草作物之一，干草的干物质含量达88.0%，含粗蛋白19.3%、粗纤维24.5%。

耐寒性较强。一般能耐短时间 −20℃的低温。在山西同朔地区，秋季 −5℃的霜冻下仍能正常生长。在晋北右玉一带4月上旬播种，5月下旬分枝，6月下旬现蕾，7月上旬开花、下旬结实，8月上旬荚果成熟，从播种到荚果成熟约需140d。华北南部至长江中下游地区，秋播可越冬，且生物量大、覆盖度高。对土壤要求不严，适宜土壤pH 5～8.5，砂土、壤土和黏土均可种植，在红壤及含盐0.15%以下的轻盐化土壤均可正常生长。耐旱不耐渍，在年降雨量不少于350mm地区均可栽培。耐瘠薄能力强，在较瘠薄的土壤上一般也有较高的鲜草和种子产量。适应性较广，是改良南方红壤、西北砂土的良好绿肥种类。再生能力强，生长期能分次刈割。

2.2.2.2 光叶苕子

光叶苕子（*Vicia villosa* var.），豆科（Fabaceae）野豌豆属（*Vicia*）一年生或越年生草本植物，也称光叶紫花苕子、稀毛苕子、野豌豆、肥田草等。光叶苕子是毛叶苕子的变种，由美国从毛叶苕子选育而成，是一种稍耐热、柔毛稀疏的生态类型。于1946年引种中国，后经华东农业科学研究所（现江苏省农业科学院）试验示范后，在江苏、安徽、山东、河南、湖北、云南等地种植，是西南旱地主要绿肥种类之一。

（1）主要特征特性

根系发达，主根粗壮，入土深1～1.5m，侧根较多。茎方形中空、有棱，长1.5～2.5m，较粗，有稀疏短柔毛。分枝能力较强，距离地表10cm左右有一级分枝20～30个，二级分枝可达10～100个。偶数羽状复叶，每一复叶有小叶5～10对，小叶长2～3cm、宽0.6～1.0cm，叶上柔毛稀疏，叶色深绿，复叶顶端有卷须4～5枚。托叶戟形。

总状花序，花梗自叶腋间抽出，花梗长8～16cm，每一花序有小花20～40朵，花色红紫，萼斜钟状有柔毛。荚果短矩形，长2.3～2.8cm、宽0.7～1.0cm；成熟后荚果淡黄色，较易爆裂。每荚有种子2～8粒，一般为2～4粒。种子圆形，多为黑褐色，千粒重20～35g。

种子发芽适温为20～25℃，气温3～5℃时地上部停止生长，20℃左右生长最快，也最有利于开花、结荚，阴雨会影响开花授粉。耐寒性较强，在山东南部能安全越冬。耐旱性强，但不及毛叶苕子，现蕾期之前较耐湿，故在江淮间产量往往超过毛叶苕子。适应性广，自平原至海拔2000m的山区均可种植，在红壤坡地以及黄淮间的碱砂土均生长良好。耐瘠薄及抑制杂草的能力均强，可以在pH 4.5～8.5、质地为砂土至重黏土、含盐量低于0.2%的各种土壤上种植。

（2）种质资源

目前，主要光叶苕子资源有9份（表2-4）。

表2-4 主要光叶苕子种质资源

名称	来源	主要特征特性	熟期
早熟光苕	江苏省农业科学院1965年从普通光叶紫花苕子选育	茎叶披稀柔毛，苗期及冬后早发，耐酸、耐瘠薄、耐盐碱，不抗蚜虫，有叶斑病	早熟
小凉山光叶苕子（云光早苕74-2）	云南省农业科学院1974年从普通光叶紫花苕子中选育	茎叶披稀柔毛，苗期早发，耐旱、耐瘠薄，不抗蚜虫，有叶斑病	早熟

续表

名称	来源	主要特征特性	熟期
云光早苕 79-13	云南省农业科学院 1979 年从普通光叶紫花苕子中选育	茎叶披稀柔毛，苗期早发，耐旱、耐瘠薄，不抗蚜虫，有叶斑病	早熟
泌阳光叶苕子	河南省泌阳县	苗期小叶排列紧密，茎叶披稀柔毛，耐瘠薄、耐酸、耐盐碱	中熟
66-26 光叶苕子	江苏省农业科学院 1966 年从澳大利亚引进	苗期叶色深绿，茎叶披稀柔毛，耐瘠薄、耐酸、耐盐碱，不抗蚜虫，有叶斑病	中熟
66-100 光叶苕子	江苏省农业科学院 1966 年从日本引进	苗期叶色深绿，茎叶披稀柔毛，耐瘠薄、耐酸、耐盐碱，不耐渍，有蚜虫，有叶斑病	中熟
81-91 光叶苕子	江苏省农业科学院 1961 年从美国引进	茎叶披稀柔毛，苗期生长旺，再生性强，耐瘠薄、耐酸，不抗蚜虫，有叶斑病	晚熟
普通光叶紫花苕子	1946 年从美国引进	茎叶披稀柔毛，再生性强，耐旱、耐瘠薄、耐酸、耐盐碱，不抗虫，不抗病	晚熟
九叶光苕	湖北省农业科学院	再生性好，耐旱、耐湿、耐阴	中熟

（3）绿肥栽培利用

20 世纪 70 年代后，由于光叶苕子抗性较弱，在淮河以北地区逐渐被毛叶苕子替代，现在主要分布在长江流域及西南云贵川等地。近些年来，在北方各地有良好表现。据测定，光叶苕子枝茎伸长期鲜草含氮（N）0.58%、磷（P）0.06%、钾（K）0.42%；初花期鲜草含氮（N）0.50%、磷（P）0.18%、钾（K）0.35%。

在江淮之间秋播的光叶苕子，全生育期为 250 ～ 260d，早熟类型为 235 ～ 245d。在南京，播种后 5 ～ 6d 出苗，再经 10 ～ 15d 后开始分枝，分枝盛期在 2 月，3 月上旬伸长，初花期前后伸长最快。花期早晚受春季温度所影响，一般初花在 5 月上旬，盛花在 5 月中旬，种子成熟在 6 月 10 日至 16 日左右。

2.2.2.3 蓝花苕子

蓝花苕子（*Vicia cracca*），豆科（Fabaceae）野豌豆属（*Vicia*）越年生或一年生草本植物。湖南称其蓝花草，湖北称其草藤，广西称其肥田草，江西称其苕豆，四川称其苕子或大苕。广泛分布于中国各地，欧洲和北美也有分布。中国栽培利用蓝花苕子历史悠久，作为绿肥栽培始见西晋《广志》，是南方稻田冬季绿肥栽培的始源。

（1）主要特征特性

根系不发达，主根较浅，入土深约 0.3 ～ 0.4m，侧根、支根较少。茎方形中空较细，有稀疏柔毛，半匍匐生长，茎长 1.5 ～ 2m。茎分枝能力不强，基部一级分枝 1 ～ 10 个，二级分枝较少。偶数羽状复叶，有 5 ～ 10 对小叶，小叶长 2 ～ 3cm、宽 0.5 ～ 1.0cm，叶色淡绿，叶背面有短柔毛，托叶戟形，叶柄顶端有卷须 3 枚。

总状花序，由叶腋间抽出花梗，花梗长 10 ～ 16cm，每一花序有小花 10 ～ 20 朵，花色蓝紫。萼斜钟状，有稀短柔毛，雄蕊二体，一枚单生，九枚合生。雌蕊一枚，柱头周缘长有柔毛。荚果短矩形，两侧稍扁，荚长 2 ～ 2.5cm、宽 0.4 ～ 0.6cm。每荚有种子 3 ～ 8 粒；种子圆形，种皮深褐色，有光泽，千粒重 15 ～ 20g。

蓝花苕子耐湿性强，生育期短。在江南、华南、西南等地有较高的鲜草产量，但在长江以北因抗寒性较弱而不容易越冬。

（2）种质资源

目前，主要的蓝花苕子资源有 15 份（表 2-5），以地方品种为主。

表2-5　主要蓝花苕子种质资源

名称	来源	主要特征特性	熟期
夹江花苕	四川省夹江县	植株无柔毛，花蓝紫色，分枝前期其茎枝紫褐色，年后转绿，不抗旱，不抗虫	早熟
全州苕子	广西壮族自治区全州县	茎叶荚均无柔毛，不抗旱，易受蚜虫为害	早熟
盐源苕子	四川省盐源县	冬前茎枝褐紫色，开春转绿，茎叶荚均无柔毛，较抗寒，不抗旱，有蚜虫为害	早熟
兴义苕子	贵州省兴义市	茎叶荚均无柔毛，种皮多暗褐，不抗旱，不抗虫	早熟
藤苕选	广西壮族自治区农业科学院	茎叶荚均无柔毛，种皮暗褐，抗旱性弱，有蚜虫	早熟
藤湖苕 1 号	广西壮族自治区农业科学院	茎叶荚均无柔毛，荚喙明显，种皮暗褐，不抗旱	早熟
桂早苕	广西壮族自治区农业科学院	茎叶荚均无柔毛，荚喙明显，冬后早发，不抗旱	早熟
畹町	云南省瑞丽市畹町农场	花蓝紫色，种皮暗褐，冬后早发，不抗旱	早熟
花苕	四川省成都市龙泉驿区	叶较小，花蓝紫色，荚果较大，冬后早发，不抗旱	早熟
二花苕	四川省彭州市	叶片较短，小叶数少，籽粒较大，不抗旱，有蚜虫	早熟
东安苕子	湖南省东安县	茎叶荚均无柔毛，花紫蓝色，不抗旱，有蚜虫	迟熟
川西油苕	四川省成都市温江区	茎叶荚均无柔毛，花紫蓝色，较耐瘠薄，抗寒，不抗旱	迟熟
宿松苕子	安徽省宿松县	茎叶荚均无柔毛，较抗寒，不抗寒，有蚜虫	迟熟
嘉鱼苕子	湖北省嘉鱼县	茎叶荚均无柔毛，花紫蓝色，抗病性强，早发性差	迟熟
瑞昌苕子	江西省瑞昌市	苗期及冬后早发性差，茎叶荚均无柔毛，花紫蓝色，抗病性强	迟熟

（3）绿肥栽培利用

蓝花苕子作绿肥栽培利用，江南地区一般是秋播，为翌年的早稻、中稻或春玉米前茬作物。秋播蓝花苕子，适宜播种期在 9 月初至 10 月初。晚稻稻底套播，晚稻后期田间因需要保持一定的水层，如果播种较早，烂种死苗严重；推迟至晚稻乳熟期播种，则生长良好，鲜草产量能够达到 1000 ～ 1500kg/ 亩。单季稻田种植，可采用稻底套播，也可以在水稻收割后播种。适当提高播种量也是增加绿肥鲜草产量的重要措施。播种量 5kg/ 亩，鲜草产量达 1000kg/ 亩；播种量提高至 6kg/ 亩，鲜草产量能达到 1350 ～ 1500kg/ 亩。

2.2.3 箭筈豌豆

箭筈豌豆（*Vicia sativa*），中国植物分类名为救荒野豌豆，豆科（Fabaceae）野豌豆属（*Vicia*）一年生或越年生草本植物，又名大巢菜、春巢菜、普通巢菜、野豌豆等，是野豌豆属中主要栽培品种，也是中国栽培利用范围最广的绿肥饲草作物之一。

2.2.3.1 起源与分布

原产地中海沿岸和中东地区，在南北纬30°～40°之间分布较多。种植历史悠久，适应性广，全世界各地普遍种植。约在公元前60年，欧洲就开始种植用作饲料，其中白色种皮的种子也可供食用。18世纪末，美国开始应用，除用作饲料外，也用作改良瘠薄土壤的绿肥。中国各地有野生种分布。

箭筈豌豆栽培种于20世纪40年代中期引入中国甘肃，用作饲草种植，根茬用于肥田。20世纪60年代中期，箭筈豌豆在甘肃省开始大面积应用于生产，而后在陕西、山西、河南、江苏以及南方一些省份推广；至70年代种植面积不断扩大，主要用于棉田、稻田及果林园的冬季覆盖绿肥；80年代，西至新疆、青海，北至黑龙江，东至闽浙，南至五岭，均有箭筈豌豆种植。

2.2.3.2 主要特征特性

（1）植物学特征

主根明显，长20～40cm，侧根不够发达，根幅20～25cm，有根瘤，根瘤粉红色。茎柔嫩有棱，半攀援性，茎长80～150cm；当主茎有3～4片叶时即开始分枝，有一级分枝和二级分枝，分枝数20～40个。

羽状复叶，有小叶6～10对，对生、互生或二者并存，顶端有卷须。小叶椭圆形、长椭圆形、卵形或倒卵形，基部楔形。小叶前端中央有突尖，形似箭筈（箭之尾端），故而得名。托叶半箭形，有1～3枚披针形齿，具有一个腺点。箭筈豌豆原产地不同，品种之间的上部叶片存在明显差异，大致可分为长阔叶型和窄叶型。长阔叶型品种，叶长20～31mm、宽8～12mm；窄叶型品种，叶长31～37mm、宽5～7mm。窄叶型品种早熟，有效分枝少。

花序腋生，花梗短或无，每花序着生小花2～4朵。约90%的品种每花序着小花2朵，10%的品种（主要是中、晚熟品种）着小花3～4朵。花冠紫红、粉白或白色，紫红色花冠品种约占94%、粉红色花冠占3%、白色花冠占3%。旗瓣长倒卵形，先端圆、微凹，翼瓣短于旗瓣、长于龙骨瓣。

果荚长扁圆形，长4～6cm、宽5～8mm。成熟荚色黄或褐，内含种子一般3～9粒。种子扁圆或钝圆形，种皮色粉红、灰、清、褐、暗红或有斑纹，千粒重40～80g。

（2）生物学特性

适应性广，在土壤pH 5.5～8.5的砂土或黏土上均能生长，适合在中国北方瘠薄旱地、肥力较高的川水地以及南方稻田、旱坡地和果茶园种植。

喜凉、耐寒、怕热。在幼苗期，能耐受短期的霜冻，在-6℃的低温下不受冻害，气温3.5℃时仍然缓慢生长，当日平均温度25℃以上时生长受到抑制。品种间的耐寒能力有差异，抗寒性强的品种能耐 -12℃的低温。从出苗至开花，对温度的要求也因品种而异，一般要求平均气温 15 ～ 17℃。开花至成熟，有随温度提高而熟期缩短的趋势。一般晚熟品种对温度反应敏感，温度低则成熟期明显延长。

抗旱、耐瘠薄。在西北干旱瘠薄地区，遇到干旱时，箭筈豌豆能保持生机，获水后又可抽生新枝继续生长。在新平整的瘠薄土壤上种植也可获得较好的生物产量。

不耐渍水。苗期渍水后苗弱发黄，生长停滞；现蕾开花期遇渍水，茎叶发黄枯萎，严重时出现根腐，造成减产或死亡。

不耐盐碱。在以氯盐为主的盐土上，当全盐含量达到 0.1% 时即受害死亡；在以硫酸盐为主的盐土上，0.09% ～ 0.16% 含盐量能正常生长，但当含盐量超过 0.3% 时植株死亡。

2.2.3.3 种质资源

中国于 20 世纪 40 年代中期引种箭筈豌豆在西北地区和江苏省试种。20 世纪 50 年代，中国农业科学院西北畜牧兽医所（现兰州畜牧与兽药研究所）从引进的箭筈豌豆品种中筛选出“西牧 324”“西牧 333”“西牧 879”“西牧 880”“西牧 881”等优良品种。中国箭筈豌豆的新品种选育工作始于 20 世纪 60 年代中期。20 世纪 80 年代中期，江苏省农业科学院先后从国内外征集、保存了 140 份箭筈豌豆种质资源，主要引自澳大利亚、美国、伊朗、塞浦路斯、法国、土耳其、葡萄牙、保加利亚、德国、匈牙利、罗马尼亚等国，也有少部分引进地不详[7]。后期，全国各地通过引种和新品种选育，陆续增加品种资源。在种质命名方面，从国外直接引进的，有的只有学名，有的仅写引入国名，有的只有代号编码。国内收集的，因交互引种，统称春箭筈或箭豌，从而导致同种异名的情况较为突出。

箭筈豌豆为自花授粉二倍体植物，品种遗传性较为稳定。由于收集保存的种质较多，品种来源不同，各品种在叶片宽窄、叶尖性状、叶色深浅、花冠颜色、荚果长宽及硬度、每荚种子数、种子大小、种皮颜色及花纹等性状存在一定差异。箭筈豌豆种皮颜色、斑纹大小及疏密等性状是鉴定品种的重要特征之一。根据种皮颜色分为麻斑型和单一色型。麻斑型品种即种皮颜色以青灰、黄、棕、棕绿等为底色，其上有大小疏密不等的黑色、褐色和棕色斑纹；单一色型品种即种皮颜色为肉白、青灰、淡绿和纯黑等单一颜色，其上无斑纹。不同品种之间的生育期也存在显著的差异。甘肃省农业科学院经过鉴定，将箭筈豌豆种质资源按照种皮颜色分成 11 个类型[1]（表 2-6）。

表2-6　箭筈豌豆主要种质资源

种皮类型	代表性品种（品系）	株形	茎基部颜色	茎叶柔毛	花色	春播生育期 /d
粉红	西牧 881、粉红箭筈豌豆、波哥 880、白箭筈豌豆、新疆白箭筈豌豆、葡 2105-8	半直立	紫	无	深红	100 ～ 120
青灰	324、1740 箭筈豌豆、山西箭筈豌豆、冬箭筈豌豆、罗 135、青箭筈豌豆	半直立	紫红	叶面、叶背有柔毛	紫红	101 ～ 120
淡绿	白花箭筈豌豆、310 冬箭筈豌豆	直立	绿	茎有柔毛	白	106 ～ 120

续表

种皮类型	代表性品种（品系）	株形	茎基部颜色	茎叶柔毛	花色	春播生育期 /d
纯墨	206 野豌豆	半直立	淡紫	无	紫红	120 ～ 123
绛红	新疆箭筈豌豆、喀什箭筈豌豆、882 箭筈豌豆、维卡豆	半直立	淡红	茎有柔毛	淡紫红	117 ～ 122
灰麻	苏联箭筈豌豆、哈尔柯夫箭筈豌豆、西牧 878	半直立	淡红	无	深紫红	118 ～ 123
灰麻	罗 24、西牧 325	半直立	紫红	叶背有柔毛	紫红	115 ～ 128
灰棕麻	791、879 箭筈豌豆	直立	紫红	茎有柔毛	紫红	90 ～ 95
淡紫	西牧 826、326、820 箭筈豌豆	直立	淡紫	茎、叶有柔毛	紫红	114 ～ 120
青底黑色斑纹	66-25 箭筈豌豆	直立	淡紫	无	紫红	87 ～ 100
棕绿麻	327 箭筈豌豆、罗 61	半直立	紫红	叶背有柔毛	紫红	120

2.2.3.4 绿肥栽培利用

在西北地区常采用麦后复种或早春顶凌播种。华北以南地区，秋播可越冬。在江淮地区，9 月下旬至 10 月上旬播种，至来年 4 月中旬测产，鲜草产量一般能达到 2500kg/ 亩；在长江以南地区的冬闲田种植、三峡库区柑橘园套种，鲜草产量达 3300kg/ 亩。

箭筈豌豆根系易结瘤且结瘤早，在苗期就有一定的固氮能力。鲜草养分含量随品种、生长环境和生育阶段的不同而有差异，尤其以氮素含量变幅较大。据测定，箭筈豌豆干草含氮（N）3.57%、磷（P）0.32%、钾（K）2.68%。在甘肃，翻压箭筈豌豆作绿肥后，小麦、玉米明显增产，土壤有机质、全氮和速效氮含量有所增加；麦后复种箭筈豌豆，刈割鲜草作饲草后，根茬还田也能增加后茬作物产量。

2.2.4 蚕豆

蚕豆（*Vicia faba*），豆科（Fabaceae）野豌豆属（*Vicia*）一年生或越年生草本植物，又名胡豆、佛豆、川豆、倭豆、罗汉豆等。营养价值丰富，籽粒可食用，茎叶可作饲料、绿肥，同时又是蜜源植物，为粮食、蔬菜、饲料和绿肥多用型作物。中国蚕豆的种植记录始见于北宋时期。目前蚕豆栽培面积广，遍于全国各地，其茎叶肥效高于紫云英。

2.2.4.1 起源与分布

蚕豆是古老的栽培作物之一。一般认为蚕豆起源于亚洲西南和非洲北部。现已发现的蚕豆野生种与蚕豆栽培种杂交不亲和，故其原产地及野生种问题尚未有公认的结果。目前，原产地存在二源说，一是以阿尔及利亚为中心的北非野生型，为大粒蚕豆的祖先；二是黑海南岸野生型，为小粒蚕豆的祖先。在古代印度北部喜马拉雅山地区已广泛种植蚕豆。

蚕豆在中国栽培历史悠久，最早称之为佛豆、胡豆，但蚕豆何时何地传入中国未见有直接文献证实。胡豆之名最早文献见于三国时期《广雅》，但经后世考证并非如此。佛豆则始记于北宋年间宋祁《益部方物略记》。真正的蚕豆一词，最先见于北宋苏颂《图经本草》："蚕豆，方茎，中空。叶状如匙，……荚状若老蚕形，故名蚕豆。"元代《王祯农书》则谓"豆于蚕财成熟，其义亦通。"

蚕豆称之为佛豆，可能与从云南传入有关。明代周文华《汝南圃史》记载蚕豆"种出云南。"清代吴其濬《植物名实图考》解释佛豆为"滇为佛国，名曰佛豆。"由于印度自缅甸进入中国云南的通道自古就有，故蚕豆很有可能由印度通过缅甸进入云南，由云南传入四川，再传播至外地。

中国是世界上栽培蚕豆面积较大的国家之一。在中国大多数地区都可种植，长江以南地区以秋播冬种为主，长江以北以早春播为主。

2.2.4.2 主要特征特性

（1）植物学特征

根系较发达，圆锥状根系，主根粗壮，可入土层 60 ～ 100cm，支根和侧根伸展在表土层内，根群分布范围广。根瘤形成较早，主根和支根均附着较多的大型根瘤。单瘤长圆形，先端渐尖，常数个根瘤连接一体。

直立型生长，株高 60 ～ 120cm。茎方形、中空，四棱，柔软，表面光滑无毛。幼时一般为绿色，部分品种基部略带红色，老熟时茎黄褐色，最后干枯变成黑色。

偶数羽状复叶，2 ～ 6 片小叶互生。复叶基部有 2 片托叶，托叶半箭头状，边缘白色膜质，具疏锯齿，无毛。小叶椭圆形至长形，全缘，光滑无毛，长 4 ～ 8cm、宽 2.5 ～ 4cm，先端圆形或钝，具细尖，基部楔形。叶面深绿，叶背浅绿，叶质柔软肥厚，叶轴顶端具退化卷须。

总状花序，腋生或单生，一般从第十片复叶的叶腋间抽出，总花梗极短。每花序有 2 ～ 9 朵小花。萼钟状，长约 1.3cm，5 裂，裂片披针形，上面 2 裂片稍短。花冠蝶形，白色、紫白色或具红紫色斑纹。旗瓣倒卵形，先端钝，向基部渐狭；翼瓣椭圆形，先端圆，基部作耳状三角形，一侧有爪，两翼瓣中央各有黑色大斑一块；龙骨瓣两片在下方边缘联合成杯状。自花授粉，但异交结实率高，属常异交植物。

荚果扁圆形，肥厚，多数长 5 ～ 10cm、宽约 2cm，表面密被短茸毛。幼荚为绿色肉质，成熟时逐渐转黄，最后变为黑色。小花虽多，但成荚率较低，一般每个花序只有 1 ～ 2 朵小花能结荚，最高只有 4 个荚。每荚有种子 2 ～ 4 粒，少数能达到 6 ～ 7 粒；种子椭圆形，略扁平；种皮有黄白、青绿、紫红等色，种脐有黑色或白色。种子大小与品种有关，大粒品种百粒重为 110g 以上，中粒品种 70 ～ 110g，小粒品种则小于 70g。

（2）生物学特性

蚕豆属长日照作物，适合较温暖而略带湿润的气候环境。种植时，需要选择开阔向阳的地块。蚕豆具有较强的耐寒性，但不及豌豆。在中国干旱冷凉地区，蚕豆宜春播秋收；在温暖湿润的南方地区，则宜秋冬种植春夏收获。蚕豆对温度要求随生育时期的变化而不同。种子在 5 ～ 6℃时即能开始发芽，但最适发芽温度为 16℃。幼苗能忍耐 −5℃左右的低温，−6℃时易冻死。营养生长所需温度较低，最低温度为 14 ～ 16℃；开花结实期要求 16 ～ 22℃。如遇 −4℃以下低温，其地上部会遭受冻害。对土壤的适应性较广，砂壤土、黏土、盐碱地、稻田或旱地均能栽培。对土壤水分要求较高，但又不耐渍水，渍水容易诱发各种病害，导致根系腐烂而死亡。

2.2.4.3 种质资源

蚕豆品种较多，分类方法不一。按籽实大小分，有大粒、中粒和小粒品种；按颜色分则有青粒、白粒、红粒品种；按照熟期类型分为早熟与迟熟两大类型。生产上应用的品种中，有地方农家品种，有育成的新品种，也有国外引进的良种。1981 年开始，广东省农业科学院土壤肥料研究所从国内外收集蚕豆资源 96 份，其中国外资源 7 份[8]。目前，国家农作物种质资源长期保存库中保存的绿肥用蚕豆种质有 42 份，其主要特征特性见表 2-7。

表2-7 部分蚕豆种质资源

名称	来源	熟期	主要特征特性	生育期 /d	百粒重 /g
兴宁	广东省兴宁市	早熟	花浅紫，小粒，较抗旱耐寒	128	62.0
兴宁大蚕豆	广东省兴宁市	早熟	花浅紫，中粒，较抗旱耐寒	128	68.8
兴宁钩豆	广东省兴宁市	早熟	花浅紫，中粒，较抗旱耐寒	126	68.2
兴宁青豆	广东省兴宁市	早熟	茎青绿，花浅紫，中粒，较抗旱耐寒	128	73.1
兴宁铁夹子	广东省兴宁市	早熟	花浅紫，小粒色浅绿，较抗旱耐寒	128	63.7
兴宁白咀青	广东省兴宁市	早熟	茎紫绿，花浅紫，中粒色浅黄，较抗旱耐寒	127	66.9
潮安东州	广东省潮安区	早熟	花紫白，小粒色黄白，较抗旱耐寒	127	65.5
莆田沁后本	福建省莆田市	早熟	花浅紫，中粒，较抗旱耐寒	128	71.7
莆田土豆仔	福建省莆田市	早熟	花紫白，中粒，较抗旱耐寒	128	72.7
莆田一莲花	福建省莆田市	早熟	花紫白，小粒，较抗旱耐寒	128	67.5
莆田半花	福建省莆田市	早熟	花浅紫，大粒色浅绿，较抗旱耐寒	125	82.6
四川蚕豆	四川省	早熟	花浅紫，中粒，较抗旱耐寒	127	69.4
四川青胡豆	四川省	早熟	花浅紫，中粒，较抗旱耐寒	126	71.0
四川大白蚕	四川省	早熟	花浅紫，中粒，较抗旱耐寒	127	71.7
成都二板子	四川省	早熟	花浅紫，中粒，较抗旱耐寒	127	76.6
云南胡豆	云南省	早熟	花浅紫，中粒，较抗旱耐寒	128	74.6
云南大蚕豆	云南省	早熟	花浅紫，中粒，较抗旱耐寒	128	71.7
青选 1 号	广东省农业科学院	早熟	花紫色，中粒，较抗旱耐寒	127	73.8

续表

名称	来源	熟期	主要特征特性	生育期 /d	百粒重 /g
广成 2 号	广东省农业科学院	早熟	花紫色，中粒，较抗旱耐寒	126	72.2
广莆 3 号	广东省农业科学院	早熟	花紫白，中粒色暗绿，较抗旱耐寒，抗病虫	128	67.7
拉兴 73	广东省农业科学院	早熟	花紫白，中粒，较抗旱耐寒	128	74.9
玉溪大蚕豆	云南省玉溪市	中熟	花浅紫，大粒，较抗旱耐寒	137	88.5
宜良蚕豆	云南省宜良县	中熟	花紫白，中粒，较抗旱耐寒	136	76.8
马牙蚕豆	青海省	中熟	花紫白，大粒，较抗旱耐寒	137	80.6
仙米豆	青海省	中熟	花紫白，大粒，较抗旱耐寒	135	92.5
牛角豆	青海省	中熟	花紫白，大粒，较抗旱耐寒	136	83.2
湖南蚕豆	湖南省	中熟	花紫色，大粒，较抗旱耐寒	134	81.0
江西蚕豆	江西省	中熟	茎紫色，花浅紫，大粒，较抗旱耐寒	135	91.6
百色蚕豆	广西百色	中熟	茎色绿，花浅紫，中粒，较抗旱耐寒	131	70.0
拉萨 1 号	西藏	中熟	茎色绿，花浅紫，大粒，较抗旱耐寒	136	81.7
白绿豆	云南省	中熟	花浅紫，中粒，较抗旱耐寒	131	73.5
拉米豆	云南省	中熟	花紫白，大粒，较抗旱耐寒	137	83.2
英国 4-176	英国	中熟	花紫白，大粒，较抗旱耐寒	134	80.8
法国蚕豆	法国	中熟	花紫白，大粒，较抗旱耐寒	138	93.9
新西兰蚕豆	新西兰	中熟	花紫白，中粒，较抗旱耐寒	133	76.8
石屏蚕豆	云南石屏	中熟	花紫白，大粒，较抗旱耐寒	131	113.8
射洪蚕豆	四川射洪	中熟	花紫色，小粒，较抗旱耐寒	134	62.1
广安红	四川广安	中熟	花紫白，中粒，较抗旱耐寒	137	72.5
英国 3-175	英国	中熟	花紫白，中粒，较抗旱耐寒	132	79.6
英国蚕豆	英国	迟熟	茎绿色，花紫白，大粒，较抗旱耐寒	144	87.4
兴饲	广东省农业科学院	迟熟	花浅紫，小粒，较抗旱耐寒，抗虫性强	142	56.4
饲用蚕豆	苏联	迟熟	茎绿色，花浅紫，小粒色微紫，较抗旱耐寒	149	51.2

2.2.4.4 绿肥栽培利用

蚕豆生长迅速，据四川省农业科学院试验，9 月上旬播种，适当密植，生长 47d 可产鲜草约 900kg/ 亩，生长 67 ～ 68d 的鲜草产量能达 1350 ～ 1500kg/ 亩。蚕豆采摘青荚及收获籽实后的茎多数仍保持一定青嫩，可以作绿肥利用，对增肥改土、合理轮作换茬均有良好的效果。多点采样分析表明，新鲜蚕豆茎叶含氮（N）0.59%、磷（P）0.06%、钾（K）0.43%。浙江省农业科学院研究结果表明，鲜荚采收后的新鲜秸秆用作绿肥翻压还田，一般鲜秸秆产量 1500kg/ 亩，后作单季晚稻减施化肥 20% 仍可保持较高稻谷产量。

2.2.5 豌豆

豌豆（*Pisum sativum*），豆科（Fabaceae）豌豆属（*Pisum*）一年生或越年生草本植物。又称雪豆、麦豆、耳朵豆、荷兰豆，古籍称戎菽、毕豆、回鹘豆。豌豆作为世界重要的栽培豆类作物之一，广泛分布于亚洲和欧洲，是中国传统的粮、菜兼用作物，也是很好的绿肥作物。其生育期短，是用于轮作换茬的重要豆科作物。

2.2.5.1 起源与分布

豌豆是古老作物之一，起源于欧洲南部地中海沿岸地区，也有人认为其起源于高加索南部直至伊朗附近，还有人认为伊朗和土库曼斯坦是其次生起源中心。在近东新石器时代（公元前 7000 年）和瑞士湖居人遗址中发掘出碳化小粒豌豆种子，表面光滑，近似现今栽培类型。在中亚、近东和非洲北部发现有豌豆属的野生种——地中海豌豆（*Pisum elatius*）分布，能与现代栽培豌豆杂交可育，疑为栽培豌豆的原始类型。最早的豌豆有近东的耐干燥型和地中海沿岸的湿润型两类，前者可能为栽培品种的祖先。古希腊和罗马人在公元前就栽培褐色小粒豌豆，16 世纪欧洲开始分化出粒用、蔓生和矮生型等豌豆类型，并较早普及菜用豌豆。豌豆由原产地向东首先传入印度北部、经中亚细亚到中国，16 世纪传入日本，后引入美国。

中国最迟在汉朝引入小粒豌豆。按《太平御览》，张骞通西域“得胡豆种归。”据游修龄考证，张骞出使西域带来的胡豆应为豌豆。《尔雅》载“戎菽豆”，实际上是豌豆。东汉崔寔《四民月令》中记录有栽培豌豆。唐代汉中地区就有豌豆种植。目前，中国南北各地均有豌豆种植，是世界上豌豆栽培面积最大的国家之一。

2.2.5.2 主要特征特性

（1）植物学特征

直根系并有细长的侧根。主根与侧根上部着生小圆形根瘤。主根发育较早，在幼苗尚未出土时就长达 6 ～ 8cm，待有 4 片复叶时，其根长已达 16cm。

一年生攀援草本，茎长 50 ～ 200cm。早熟品种矮小，中晚熟品种植株高大。茎圆形中空，光滑无毛，被粉霜；茎基部 1 ～ 3 节均能产生分枝。偶数羽状复叶，小叶 1 ～ 3 对，呈卵形或椭圆形，全缘或下部稍有锯齿，光滑无毛，顶端 1 ～ 3 片小叶退化为卷须；叶柄基部生有 1 对宽大的托叶将茎包裹，托叶比小叶大、心形，下缘具细齿。半无叶型品种，羽状复叶突变成卷须以适应干旱环境。

总状花序，腋生，单生或数朵花序排列，具花梗，每花梗上着生小花 1 ～ 3 朵。花萼钟状，深 5 裂，裂片披针形。花冠颜色多为白色和紫色。荚果光滑无毛，长椭圆形，多数长 5 ～ 8cm、宽 0.7 ～ 1.4cm，顶端斜急尖，背部近于伸直；每荚有种子 4 ～ 8 粒；种子圆球形，青绿色，有或无皱纹；种皮黄色、浅黄、白色和褐色。种子千粒重 125 ～ 250g。

（2）生物学特性

豌豆喜冷凉而湿润的环境。种子发芽的起始温度较低，圆粒种为 1 ～ 2℃，皱粒种为 3 ～ 5℃。半冬性品种能耐 −4 ～ −8℃低温。营养生长期，幼苗能耐 5℃低温，生长期适温 12 ～ 16℃，开花最低温度为 8 ～ 12℃，结荚期适温 15 ～ 20℃，超过 25℃后结荚结实率低。高温干旱时荚果过早老熟，产量和品质下降。豌豆是长日照作物，大多数品种在延长光照时可提早开花。在华南早熟品种生育期 180d，长江流域秋播豌豆生育期 200 ～ 240d，华北春播生育期为 90 ～ 100d，东北黑龙江省春播生育期仅需 80d。

豌豆稍耐旱但不耐湿，播种或幼苗期如遇排水不良则易烂根，地上部也早枯致死。半无叶型豌豆（俗称针叶豌豆）耐旱能力较强。对土壤要求不严，在排水良好的砂壤上或新垦地均可栽植，以质地疏松且肥力较高的中性土壤为宜。适宜土壤 pH 5.5 ～ 8.5，土壤 pH 低于 5.5 时易发生病害、结荚率低。

2.2.5.3 种质资源

中国各地均有一些适合当地种植的地方品种、人工选育的新品种以及从国外引进的品种。南方春播以福建地方品种“福清豌豆”“长乐豌豆”和“霞浦豌豆”表现较好；秋播则以“官镇豌豆”表现早发高产。在北方地区，早熟小粒豌豆品种“民豌豆”可用于水稻插秧前和春小麦收获后填闲种植。在西北冷凉、干旱地区，从美国引种栽培的半无叶型豌豆表现出色。

2.2.5.4 绿肥栽培利用

豌豆生育期短，便于在多种种植制度中进行换茬和间作套种。在江苏南京春播“福清豌豆”，2 月 8 日播种，3 月 2 日出苗，5 月 4 日刈割，其鲜草产量能达 1000kg/ 亩。在甘肃春播“5-7-8”豌豆，全生育期 80 ～ 90d，较抗旱、抗病，丰产，种子产量平均能至 260kg/ 亩。在南方红壤地种植，耐酸、耐瘠薄、耐迟播，初度熟化的红壤上也能生长，但豌豆用种量大，繁殖系数低，鲜草产量不如紫云英和苕子高。豌豆作绿肥种植，采用多品种混播能提高鲜草产量。在江苏徐州地区，利用豌豆与苕子、紫云英、大麦等混播，各组合的鲜草产量均显著高于各品种的单播产量。

2.2.6 金花菜

金花菜（*Medicago polymorpha*），豆科（Fabaceae）苜蓿属（*Medicago*）一年生或越年生草本植物，中国植物分类名为南苜蓿。别名首齐头、黄花草子、草头、苜心菜、磨盘草子、母齐头、秧草刺苜蓿等。因其开黄花又可作蔬菜食用，故称其为金花菜。《名医别录》记载了野生与栽培金花菜。金花菜原产地中海地区和印度，在澳大利亚东南部也较常见。中国主要分布于南方沿江、沿海和沿湖等平原地区，有野生也有栽培。目前，主要在江、浙、沪一带种植。

2.2.6.1 主要特征特性

（1）植物学特征

半直立草本植物。在苗期和密度较稀疏、光照充足的情况下，株型成盆状铺开，密植时则向上斜生。根系圆锥形，主根细小，侧根发达，密集在表土层。茎近四棱形，平卧或丛生向上，长 30 ～ 100cm、粗 2.5mm 左右，光滑，绿色或紫红，早期为海绵组织，伸长后中空。第一次分枝从主茎下部叶腋抽出，一般 4 ～ 8 个；第二次分枝较发达，从第一次分枝基部叶腋抽出。

三出复叶，中间小叶有短柄，且较两侧小叶略大。小叶倒卵形或心形，叶端稍圆或凹入，叶前缘有浅锯齿，下端楔形，长 2 ～ 3cm，叶面绿色，叶背稍带白色，有不明显的紫红细条斑。托叶大，贴生在叶柄基部，卵状长圆形，有细裂锯齿。幼嫩植株的叶片昼开夜闭。

无限开花结荚习性。总状花序，腋生，有总花梗，纤细无毛，长 3 ～ 15mm，每花序具小花 3 ～ 6 朵。花冠黄色，小花长 5 ～ 6mm。旗瓣倒卵形，先端凹缺，基部阔楔形，比翼瓣和龙骨瓣长。翼瓣长圆形，基部具耳和稍阔的瓣柄，齿突发达。龙骨瓣比翼瓣稍短，基部具小耳，成钩状。萼钟形，萼齿披针形。

荚果盘形，暗绿褐色；顺时针方向紧旋 1.5 ～ 2.5 圈，多的达 6 圈；直径（不含刺）4 ～ 10mm。螺面平坦无毛，有多条辐射状脉纹，近边缘处环结。每圈具棘刺或瘤突 15 枚，刺毛有钩、长 1.5 ～ 2.0mm。每圈种子 1 ～ 2 粒，每荚种子 3 ～ 7 粒。种子长肾形，种皮黄色，千粒重 2.4 ～ 2.5g。

（2）生物学特性

喜温暖湿润气候，多分布在 1 月平均气温 1.5℃以南的地区。种子发芽适宜温度为 20℃左右。气温 −5℃，地上部会有冻害；气温 −10℃以下时，易冻死。开花适宜的旬均气温为 13 ～ 18℃ ；旬均气温达 20℃以上，荚果开始成熟，植株逐渐枯死。

耐阴、耐旱、耐瘠薄能力较弱，喜潮湿但不耐渍。在土壤最大持水量 60% ～ 70% 时，生长良好。对土壤适应性广，在土壤 pH 5.5 ～ 8.5 之间均可种植，能耐含盐量（NaCl）0.2% 以下的盐碱地，在沿海的轻度盐碱地上生长良好。有一定的耐酸能力，在红壤上也能种植。初荚期后，土壤过湿或雨后骤热，易感染炭疽病，导致茎叶枯萎死亡。

2.2.6.2　种质资源

中国金花菜地方品种较多（表 2-8）。各地方品种，依其特征特性，可分为大叶和小叶两种类型 [1]。大叶类型，如顾山金花菜、温岭金花菜，生长直立，茎较粗长，叶片较大，叶色稍浅，荚果果盘较大，或盘数较多，荚硬刺尖。小叶类型，如南京金花菜，生长较匍匐，茎枝较短，分枝能力强，小叶略小，叶色较深，荚盘略小，耐旱耐寒性较强。

表2-8　主要金花菜种质资源

名称	来源	熟期	主要特征特性
镇海金花菜	浙江省宁波市	早熟	茎半匍匐，叶片大，苗期早发，抗旱，抗寒，耐盐，不耐酸，不耐阴
岱山金花菜	浙江省岱山县	早熟	茎半匍匐，中后期旺盛，盛花期植株高大，抗旱，耐盐，耐酸，耐阴性差
温岭金花菜	浙江省温岭市	早熟	苗期早发，茎直立粗壮，冬后生长较差，抗旱，耐盐碱，不耐酸，不耐阴

续表

名称	来源	熟期	主要特征特性
余姚金花菜	浙江省余姚市	早熟	茎半匍匐，苗期早发，中后期株型高大，抗旱，耐酸，耐盐碱，耐阴性差
玉环金花菜	浙江省玉环市	中熟	茎半匍匐，苗期生长弱，茎秆细软易衰老，抗旱，抗寒，耐盐碱，不耐酸，不耐阴
坎山金花菜	浙江省杭州市	中熟	茎半匍匐，茎红色，苗期生长差，分枝多而细短，易早衰，抗旱，耐盐碱，耐酸耐阴差
乔司金花菜	浙江省杭州市	中熟	茎半匍匐，茎红色，苗期长势旺，分枝多，叶脉明显，易早衰，抗旱，耐盐碱，不耐寒
顾山金花菜	江苏省江阴市	迟熟	茎半匍匐，中后期旺长，株型高大，分枝多，抗旱，抗寒，耐盐，耐酸，耐瘠薄，耐阴差
东台金花菜	江苏省东台市	迟熟	茎半匍匐，分枝茎斜生，叶小而厚，春发性好，荚小，抗旱，抗寒，耐盐，耐酸，耐瘠薄
南汇金花菜	上海市	迟熟	茎半匍匐，分枝多，中后期茎叶青绿，抗旱，耐寒，耐盐，耐瘠薄、耐酸及耐阴性差
宁引金花菜	江苏省农业科学院	特迟熟	茎铺散，茎粗壮，茎节横生，有不定根，分枝多且斜生，叶小厚、色绿浓，叶面有白色斑纹，花小，抗旱，抗寒，耐盐，抗病，不耐酸，不耐阴，再生性强

2.2.6.3 绿肥栽培利用

金花菜早发、早熟、养分含量高、病虫害少、易留种，在中国华东地区种植利用历史悠久。20 世纪 60 年代以前，金花菜在沿海地区棉田种植，让其自然落荚，秋天再生。20 世纪 60 年代后，普及人工播种。由于果荚携带炭疽病病菌，脱粒可去除，以脱粒播种为主。

目前，江浙沪一带主要做蔬菜栽培，主要是秋季栽培，亦有春季栽培。秋季栽培从 8 月至 9 月下旬分期播种，10 月和翌年 3 月下旬陆续采收上市。春季栽培从 2 月下旬至 5 月上旬陆续播种，4 月后视长势陆续采收。刈割金花菜时，留茬要短而整齐，以利后期再采收。

金花菜是菜、肥、饲兼用作物，可在水稻等作物收获后复种、冬麦行间间作、与油菜混播、果茶园间作。秋天种植，翌年春天盛花期翻压或收割作蔬菜后翻压用作绿肥。盛花期鲜草产量 1900 ～ 2300kg/ 亩，干物质含氮（N）2.77% ～ 3.23%、磷（P）0.32% ～ 0.45%、钾（K）1.46% ～ 4.00%。氮积累量以结荚期最高，C/N 值 15 ～ 16，此时翻压用作绿肥较适宜。

2.2.7 田菁

田菁（*Sesbania* Spp.），豆科（Fabaceae）田菁属（*Sesbania*），多为草本、灌木，少有小乔木，一年生或多年生植物，又称碱菁、涝豆等，是典型的传统夏季绿肥和改良盐碱地的先锋绿肥作物。全世界的田菁属植物约有 50 种，其中最主要的种类有 20 余种，广泛分布于东半球的热带至亚热带地区。中国引种栽培田菁以福建、台湾、广东最早，后发展到江苏、山东、河北、山西、河南和辽宁等地，分布最为广泛的田菁栽培种是普通田菁。

2.2.7.1　主要特征特性

（1）植物学特征

一年生或多年生草本、灌木或小乔木状草本，株高 1 ～ 4.5m，株高与种类及熟期有关。根系发达，侧根多且发达；结瘤多，一般着生在主根和侧根交界处。茎直立，圆柱形，绿色，有时带褐色或红色，微被白粉，有不明显淡绿色线纹。幼枝疏被白色绢毛，后秃净平滑，部分种类有细弱刺。茎基部有多数不定根。淹水后茎基部形成通气的海绵组织，在接近水面出现水生根，并能结瘤和固氮。

偶数羽状复叶，叶轴长 15 ～ 25cm，叶柄及叶轴上面具沟槽，幼时疏被绢毛，后几乎无毛。小叶 10 ～ 40 对，对生或近对生，不同的种类差异较大，线状矩圆形，全缘，长 10 ～ 50mm、宽 2 ～ 10mm，位于叶轴两端者较短小；叶面无毛，叶背幼时疏被绢毛，后秃净，两面被紫色小腺点，下面尤密。小叶柄长约 1mm，疏被毛。托叶钻形，短于或几乎等于小叶柄。

总状花序，腋生或顶生，长 3 ～ 10cm，具 2 ～ 6 朵花，疏松排列。花梗纤细，下垂，疏被绢毛。苞片线状披针形，小苞片 2 枚。花萼斜钟状，长 3 ～ 4mm，无毛；萼齿短三角形，先端锐齿。花冠黄色。旗瓣横椭圆形至近圆形，长 9 ～ 10mm，先端微凹至圆形，基部近圆形，上有紫斑或无，瓣柄长约 2mm。翼瓣倒卵状长圆形，与旗瓣近等长，宽约 3.5mm，基部具短耳，中部具较深色的斑块。龙骨瓣较翼瓣短，三角状阔卵形，长宽近相等，先端圆钝，瓣柄长约 4.5mm。

荚果圆柱形，细长，长 10 ～ 20cm、直径 2.5 ～ 3.5mm，微弯，外面具黑褐色斑纹，喙尖，长 5 ～ 10mm。每荚有种子 20 ～ 35 粒。种子短圆矩形，近方形或近球形，长约 4mm、直径 2 ～ 3mm，种皮绿褐色、褐色、淡青色或上有黑色斑纹，种子千粒重 12 ～ 18g。

（2）生物学特性

田菁为短日照植物，对光照的反应较敏感。南方品种引入北方种植，表现为营养生长旺盛而生殖生长推迟。幼苗期耐阴性不强，如光照太弱，幼苗生长受到抑制，植株纤弱。随着生育时期的推进，耐阴性逐渐增强。

种子发芽最适温度 15 ～ 25℃。当气温低于 12℃时，种子发芽缓慢。生长最适温度为 20 ～ 30℃，当气温在 25℃以上时，生长最为迅速；气温降至 12℃以下，则生长缓慢，遇霜冻则叶片凋萎而逐渐死亡。

种子发芽及生长期需要较多的水分，种子吸水量约为其自身重量的 1.2 ～ 1.5 倍。生长过程的蒸腾耗水量大，据在山东禹城观察，生长 40d 左右的田菁，每天每株耗水约 21mL，高于玉米耗水 2 倍以上。幼苗期的抗旱能力较差，在干旱情况下，生长缓慢。当苗龄超过 40d 以上，根系深入土壤，则抗旱能力逐渐增强。田菁原产于低洼潮湿地区，耐涝性强。受淹茎部形成通气的海绵组织，在接近水面处长出水生根，以适应淹水环境。苗期受水淹时，只要不没过顶部，仍可存活生长；到生长后期，即使是淹水 1 个月以上，仍然正常生长。

田菁根瘤多、固氮能力强，耐瘠薄。对土壤要求不严。在盐碱地、砂性土、黄泥土、河淤土或滨海滩地均能生长良好。适宜土壤 pH 5.8 ～ 7.5，在土壤 pH 5.5 ～ 9.0 范围内能正常生长。耐盐是田菁重要的特性。耐盐能力随着苗龄的增长而增强。苗期能耐 0.25% ～ 0.30% 的土壤全盐含量，40d 苗龄能耐 0.35%、花期能耐 0.4% 的全盐含量。一般情况下，土壤耕层全盐含量在 0.5% 左右时可以立苗，全盐含量在 0.3% 时生长良好。小麦-棉花两熟制中，在小麦后期套种，棉花大小行种植，4 月下旬播种，7 月上旬翻压田菁作追肥。

2.2.7.2 种质资源

《中国植物志》收录中国田菁属有 5 个种、1 个变种（元江田菁），其中 2 个种为引进栽培。《中国绿肥》记录田菁种类有：普通田菁（*Sesbania cannabina*）、多刺田菁（刺田菁）（*Sesbania bispinosa*）、埃及田菁（印度田菁）（*Sesbania sesban*）、沼生田菁（*Sesbania javanica*）、大花田菁（木田菁）（*Sesbania grandiflora*）、美丽田菁（*Sesbania speciosa*）。

在 20 世纪 80 年代后期，中国收集引进的田菁品种（系）有 58 份，经归并整理编目的为 44 份 [9]，其中以普通田菁最多（表 2-9）。常用、性状较为优良的资源列于表 2-10。依生育期长短和植株形态，普通田菁大致分为早、中、晚熟三种熟型和低、中、高三种株型；从茎皮、枝条颜色上区分为青茎（白茎）与红茎两类 [10]。

早熟矮株型（部分中株型）品种，生育期较短，开花早，花荚期长；一般在齐苗后 40 ～ 50d 左右现蕾，45 ～ 55d 始花，60 ～ 70d 盛花，全生育期多为 100 ～ 130d；株型矮小，主茎高度多在 200cm 以下，茎细弱，茎节和复叶柄数较少，叶片少而疏。

中熟高株型品种，熟期适中，齐苗后至现蕾需 70d 以上，至盛花需 100d 左右，全生育期多为 140 ～ 160d；营养生长期与生殖生长期在一段时间内重叠，因此株型高大，主茎高度在 300cm 以上，茎粗壮，茎节、分枝数及小叶柄数也较多，小叶较大。

晚熟高株型品种，生育期长，全生育期多在 200d 以上，较短的也在 180d 以上，开花晚、花期短；株型高大，主茎高度在 350cm 以上，个别品种能达 400cm，叶片厚大，分枝少；花荚期晚，种子产量较低，有的品种留种困难。

表2-9 部分田菁种质资源名录及分类种归类

生物种	熟期	株型	种质名录
普通田菁	早熟	中等偏矮	花籽田菁，泸早田菁，庆丰田菁，泸选田菁，丰收田菁，上海早熟田菁，京选 1 号，盐选 5 号，苏农 8 号，德农 9 号，山东惠民田菁，北农 9 号，淮阴田菁，宁河 1 号，辽菁 1 号，辽菁 2 号，淮北田菁，封丘田菁，阜城早田菁，河南田菁，盐城 73-36，豫 7701
	中晚熟	高大	海南田菁，台湾田菁，青茎田菁，中南田菁，湖北田菁，华东田菁，大膨青，江西白茎田菁，上海多枝田菁，溪泉头田菁，宁德 9 号，海南红茎田菁，阜城晚田菁，川 78-1，福清田菁，睢宁田菁，如东田菁，成胡 9 号，江 73-24，定海田菁，田选 10 号

续表

生物种	熟期	株型	种质名录
刺田菁	中晚熟	高大	印尼多刺田菁，几内亚田菁，红秆有刺田菁，惠东野田菁，南宁田菁
美丽田菁	晚熟	高大	广西大田菁，印度大田菁
毛萼田菁	晚熟	高大	毛里塔尼亚田菁
沼生田菁	中熟偏晚	高大	三亚田菁，三亚野生田菁
大花田菁	晚熟、极晚熟	小乔木、灌木	海南大花田菁，海南木田菁，云南大花田菁

表2-10 常用、优良田菁品种及其性状优点

生物种	熟期与株型	品种名称	性状优点
普通田菁	早熟矮株型	泸早田菁，丰收田菁，庆丰田菁，京选1号，苏农8号	前期生长快，茎叶柔嫩，养分含量均衡
	早熟中矮株型	北农9号，德农9号，上海早熟田菁	鲜草产量和养分含量高，种子产量稳定，种子内胚乳比例及胶液黏度较高
	中熟高株型	大膨青，上海多枝田菁，海南田菁，台湾田菁，中南田菁，湖北田菁，宁德9号	鲜草产量高，熟期适中，种子产量较稳定，种子内胚乳比例及胶液黏度较高，经济价值高
沼生田菁	中熟高株型	三亚田菁	茎节数、小叶数和结荚数多，鲜草及种子产量高，质量好
刺田菁	中晚熟高株型	印尼多刺田菁，几内亚田菁，南宁田菁，惠东野田菁	茎粗、节密、分枝多、小叶多且大，结荚数多，绿肥鲜草产量高，肥效好，种子内胚乳比例及胶液黏度较高

2.2.7.3 绿肥栽培利用

田菁是一种优质的夏季绿肥和饲料。作绿肥栽培，种植方式有麦后复种、玉米间作、棉花套种、稻后复种、稻底套种等，也可以在盐碱地、红壤旱地等种植。在天津，麦后复种田菁，鲜草产量能达到2500～3000kg/亩。在较重的盐碱地种植田菁，鲜草产量也能达到1000kg/亩。在一年两熟制玉米行间套种或间作田菁，玉米采取大小行种植，对玉米生长没有影响。一熟制棉田套种田菁，5月上旬播种，6月下旬翻压作棉花追肥，鲜草产量能够达到500kg/亩。

2.2.8 柽麻

柽麻（*Crotalaria juncea*），又名菽麻、印度麻、太阳麻，豆科（Fabaceae）猪屎豆属（*Crotalaria*）一年生草本。原产于印度和巴基斯坦，在马来西亚、缅甸、越南、澳大利亚北

部、美国南部及非洲等地均有栽培。中国以台湾引种栽培最早。福建省同安区于1940年从台湾引入柽麻，以后广东、广西和江苏相继引入栽培。1949年以后，浙江、安徽和湖南开始试种，20世纪60年代逐步扩大到山东、湖北和河南等省，70年代全国多数地区陆续种植和利用柽麻。

2.2.8.1 主要特征特性

（1）植物学特征

根系发达，直根系，呈圆锥形，主根上部肥大，侧根较多；侧根从地表以下10～15cm处的主根膨大处呈四、五纵列横向生长，分布较广，根长100～130cm。在轻质砂壤土种植，出苗后5d，主根就长达14～15cm；出苗后60d，主根入土深达80～100cm。

株型较高，直立，成熟株高150～250cm。茎绿色，茎周自下而上有13条平行状的条沟纹；外皮纤维化组织发达，富有韧性，密生短柔毛，茎内中心组织为白色海绵状；生长约30d后，茎下端开始木质化。分枝较多，一般有3～4级分枝，多者达5～6级，分枝总数5～25个。单叶互生，近无叶柄，叶片矩圆形或披针形，长5～15cm、宽1～3cm，上部叶大、下部叶略小，叶正面、背面均密生短茸毛。托叶细小，呈刚毛状。

总状花序，着生在主茎及分枝的上端部，花序长40～60cm；每花序有小花10～15朵，互生，花冠黄色；花萼包住花瓣，萼5裂，萼长1.2～2.0cm，密被淡褐色绢质短柔毛；旗瓣长圆形，长1.5～2.5cm，翼瓣倒卵状长圆形，龙骨瓣与翼瓣近等长，中部以上变狭形成长喙，伸出萼外。柽麻为异花授粉植物，自花授粉率一般为3%左右。

无限结荚习性。荚果圆筒形，长约2～4cm，密被短柔毛。荚未成熟时淡绿色，成熟时灰黄色，内部光滑。每荚含种子8～15粒，多为8～10粒，无隔膜。种子扁肾形，黄褐色至深褐色，表面有光泽，千粒重为22～35g。

（2）生物学特性

柽麻是典型的夏季绿肥，生育期短，速生早发。播种至出苗最适温度为20～30℃；营养期生长速率随气温高低而异，25～30℃时每日株高可伸长5～10cm。现蕾、开花和结荚的适宜温度为25～35℃。

柽麻需水量较低，具有较强的抗旱能力。在砂性土上种植，苗期6～7片真叶时，0～20cm土层含水量为3.4%～3.7%时，生长受到抑制；当土壤含水量为2.5%时，植株凋萎。在黏土上生长近30d，在土壤含水量10%～11%时植株凋萎，土壤含水量下降至9.8%时则植株濒临死亡。不耐渍，地面淹水1d，叶片开始发黄脱落，淹水3～4d则植株死亡。

对土壤要求不严，适宜土壤pH 4.5～9.0。耐瘠薄，在瘠薄的土壤上只要播期适宜和增施磷肥，即可获得一定的生物产量。有一定的耐盐能力，表层土壤含盐量不超过0.3%时能正常生长。

2.2.8.2 种质资源

20世纪80年代，中国征集到柽麻种质资源39份，整理后为35份[11]。不同种质按照熟期划分为早熟、中熟和晚熟类型。同一品种，播种早生育期延长，播种晚则生育期缩短；种植地点往南移其生育期延长，北移则生育期缩短。各种质在形态上基本类似，无本质区别，仅在植株高低、茎粗细、叶片大小及厚薄等性状有所差异。

在安徽合肥观察，4月下旬播种，早熟类型柽麻70%的荚果在9月底成熟，全生育期140～160d，植株较矮、茎较细、叶片小，但叶密度较大；中熟类型柽麻全生育期160～170d；晚熟类型柽麻全生育期170～190d，植株高大，小叶大、叶量多，但叶密度较小。在河南郑州观察，5月上旬播种，早熟类型柽麻全生育期130～140d，中熟类型柽麻全生育期140～150d，晚熟类型柽麻全生育期160d左右或者不能完成生育期。

2.2.8.3 绿肥栽培利用

柽麻作绿肥栽培方式主要有冬麦后复种、春玉米复种、夏玉米套种、棉田间作等。柽麻于夏、秋高温季节播种，苗期生长快，一般出苗后40～50d就有较高的生物量，加之其株型紧凑直立，适合与夏秋各种旱作物间作套种，为本季作物追肥，或为下茬作物提供基肥。河南省商城县，在中稻收获后播种柽麻，9月初齐苗，生长35d压青作冬小麦绿肥，鲜草产量能达1550kg/亩，小麦增产显著。

2.2.9 猪屎豆

猪屎豆（*Crotalaria* Spp.），豆科（Fabaceae）猪屎豆属（*Crotalaria*）约有550种，草本、亚灌木或灌木，分布于美洲、非洲、大洋洲和亚洲热带及亚热带地区。中国有42种。该属植物适应性强、耐瘠薄能力强，是一类良好的水土保持植物，许多种为热带和亚热带改良红壤常用的绿肥。

2.2.9.1 大猪屎豆

大猪屎豆（*Crotalaria assamica*），猪屎豆属一年生直立型草本植物，主要分布在长江以南、南岭以北地区，是一种优良的夏季绿肥，为改良红壤的先锋绿肥，20世纪50年代在南方各地试种。又称大叶猪屎豆、单叶猪屎豆、单叶野百合、大猪屎青、响铃豆等。

（1）主要特征特性

株型直立，株高1～2m。根系发达，主根入土深50～60cm，侧根、支根平展伸张。茎圆柱形，中空有髓，直径约2cm，被银白色柔毛；分枝发达，距地面15cm以上的叶腋间抽出，下部枝长而稀，上部枝短而密。单叶互生，叶片质薄肥大，倒披针形或长椭圆形，先端钝圆，具细小短尖，基部楔形，长5～15cm、宽2～4cm，叶表面深绿无毛，叶背密被银白色短柔毛；叶柄长2～3mm。托叶细小，三角线形，贴伏于叶柄两旁。

总状花序，顶生或腋生，花轴长30～50cm，有小花20～30朵。花冠蝶形，金黄色。苞片线形，长2～3mm。小苞片与苞片的形状相似，通常稍短。花萼二唇形，长10～15mm，萼齿披针状三角形，被短柔毛。旗瓣圆形或椭圆形，长15～20mm，先端微凹或圆。翼瓣长圆形，长15～18mm。龙骨瓣弯曲接近90°，中部以上变狭形成长喙，伸出萼外。荚果矩形，长约4cm，直径约1cm；幼时色灰绿，渐老膨大呈黄色透明状。每荚含种子8～20粒。种子肾形，长3～5mm、宽2～3mm，成熟种子具蜡质光泽，千粒重15～20g。

喜温暖湿润气候，耐旱、耐瘠薄、耐酸性土壤。用作绿肥种植利用的大猪屎豆有早熟、晚熟两个类型。早熟类型株型较矮，春末夏初播种，7 ～ 8 月开花，10 月间种子成熟，种子产量高，但鲜草产量略低。晚熟类型株型高大，与早熟类型同期播种，10 月中下旬盛花，12 月以后种子才陆续成熟，遇低温后期荚果难以成熟，鲜草产量高，产种量不及早熟类型。

（2）绿肥栽培利用

大猪屎豆是南方红黄壤地区优良的夏季绿肥作物。在浙江、江西、福建、广西一带于 4 ～ 6 月均可播种，生长期间可刈割 2 ～ 3 次，能产鲜草 2000 ～ 3300kg/ 亩。鲜草含干物质 19.5%、氮（N）0.59%、磷（P）0.03%、钾（K）0.14%。茎叶和种子有毒，不能用作饲料。

2.2.9.2 光萼猪屎豆

光萼猪屎豆（*Crotalaria trichotoma*），是猪屎豆属亚灌木植物。原产南美洲，分布于非洲、亚洲、大洋洲、美洲热带及亚热带地区。中国现栽培或逸生于南方地区。又称南美猪屎豆、光萼野百合。

（1）主要特征特性

直立亚灌木，株高 2m 左右。根系发达。茎枝圆柱形，具小沟纹，被短柔毛。托叶极细小，钻状，长约 1mm。三出复叶，互生；小叶长椭圆形，两端渐尖，长 6 ～ 10cm、宽 1 ～ 3cm，先端具短尖，上面绿色、光滑无毛，下面青灰色、被短柔毛；小叶柄长约 2mm。

总状花序，顶生或腋生，长约 20cm，有小花 10 ～ 20 朵。苞片线形，长 2 ～ 3mm，小苞片与苞片同形，稍短小。花梗长 3 ～ 6mm，在花蕾时挺直向上，开花时屈曲向下，结果时下垂。花萼近钟形，长 4 ～ 5mm，五裂，萼齿三角形，约与萼筒等长。花冠黄色，伸出萼外。旗瓣圆形，直径约 12mm。翼瓣长圆形，约与旗瓣等长。龙骨瓣最长，约 15mm，稍弯曲，中部以上形成长喙。荚果长圆柱形，长 3 ～ 4cm，幼时被茸毛，成熟后脱落，果皮常呈黑色。每荚有种子 20 ～ 30 粒，种子肾形，成熟时种皮朱红色。

（2）绿肥栽培利用

鲜草产量高，适应性强，耐酸、耐旱和耐瘠薄能力强，刈割后再生能力强，茎叶富含氮、磷、钾等养分，是很好的夏季绿肥，在中国南方常作为橡胶园的覆盖植物。茎叶和种子有毒，不能用作饲料，可供药用。

2.2.10 绿豆

绿豆（*Vigna radiata*），豆科（Fabaceae）豇豆属（*Vigna*）一年生草本植物，古称菉豆，又名植豆、文豆、青小豆，是中国传统的肥豆兼用作物之一。

2.2.10.1 起源与分布

中国是绿豆的起源中心之一。公元前 5 世纪，中国的北方地区就开始种植利用绿豆。

在公元 6 世纪前叶北魏时期，中国古代先民就明确了绿豆纳入农作物种植制度后的肥效及对后茬作物的增产效果，在很长一段时间，北方旱地绿肥主要是绿豆。《齐民要术》《四时纂要》《农桑衣食撮要》均记载了绿豆的肥效。

2.2.10.2　主要特征特性

（1）植物学特征

直根系，主根不发达，侧支根细长。茎直立，有分枝，或顶端微缠绕，高约 60cm，被短褐硬毛。三出复叶，互生；叶柄长 9 ～ 12cm ；小叶 3 片，中间小叶阔卵形至菱状卵形，侧生小叶偏斜，顶端尖，全缘或有缺刻，长 6 ～ 10cm、宽 2.5 ～ 7.5cm，两面疏被长硬毛；托叶阔卵形，小托叶线形。

总状花序，腋生，总花梗短于叶柄或近等长，每花序有小花 4 ～ 6 朵，花冠淡黄色。荚果圆柱形，长 6 ～ 8cm、直径约 6mm，成熟时黑色，被淡褐色粗毛。每荚含种子 4 ～ 17 粒。种子短矩圆形，长 4 ～ 6mm，种皮通常为绿色，也有黄绿、蓝绿、墨绿等；百粒重 3 ～ 4g。

（2）生物学特性

生育期短，早熟绿豆在 4 月播种，7 月上旬即可陆续收获，生育期 70 ～ 80d ；晚熟绿豆 8 月上中旬播种，10 月间收获。适应性强，喜温暖湿润环境，耐干旱，不耐涝。气温在 8 ～ 12℃时，条件适宜即可发芽，生长期间最适温度 20 ～ 35℃。

2.2.10.3　种质资源

中国绿豆品种繁多，类型丰富。明代《本草纲目》记载了绿豆种植范围、种植时间、农艺性状及类型。然而，从绿肥或肥粮兼用的角度确定不同地区适宜的绿豆品种，还需要进一步研究。用作绿肥栽培的绿豆品种，应当是抗病、耐瘠薄、生长迅速、枝叶繁茂、鲜草产量高、种子产量高的品种。现有的研究结果显示，目前作绿肥栽培利用较好的绿豆品种有：安徽宿州二季绿豆、铜山冬绿豆、安徽滁州小槐花绿豆、长垣绿豆、卢氏绿豆，以及引进的印尼大绿豆等。

2.2.10.4　绿肥栽培利用

绿豆生育期短，便于间作，最适宜作短期填闲绿肥栽培利用。春玉米茬种植绿豆，8 月 2 日播种，9 月 14 日压青作绿肥，鲜草产量 950kg/ 亩，接茬种植冬小麦，小麦产量较不种绿肥的对照增产显著。在山东莒县，玉米采用宽窄行种植，宽行前期间作绿豆，压青作玉米追肥，玉米产量较对照增产 16%。

2.2.11　大豆

大豆原产于中国，自古就有栽培。《诗经》记载：“中原有菽，庶民采之。”“七月亨葵及菽。”菽，即大豆也。中国大豆经过长期的自然和人工选择，形成了表型性状丰富的种质资源。在野生大豆演变成今天的栽培大豆过程中，有许多进化程度较低、野生型较强的原始大豆种类，如东北地区的秣食豆、长江流域的泥豆等地方大豆种类，其籽粒产量较低，但生物量大，可用作绿肥。

2.2.11.1　秣食豆

秣食豆（*Glycine max*），豆科（Fabaceae）大豆属（*Glycine*）一年生草本植物。又名马

料豆，是大豆的原始栽培类型，原产于中国。在东北、华北、西北地区均有分布，以东北地区栽培最多，是地方粮肥兼用的绿肥种类。

（1）主要特征特性

主根粗壮发达，根长30～50cm，圆锥形，侧根较多，主侧根着生圆形根瘤。茎稍呈圆形，高100cm以上，初直立，后上部蔓生缠绕，密被黄色长硬毛。分枝能力强，一般有一级分枝4～5个，一级分枝上再生小枝。三出复叶，具长叶柄，小叶大而较厚，色绿，顶生小叶卵形或椭圆形，侧生小叶卵圆形，顶端尖，全缘；托叶披针形。

总状花序，腋生，通常有花2～10朵。花冠蝶形，紫花或白花。无限结荚习性，自花授粉，异交结实率低。荚果矩圆形、被毛，成熟时为黄褐色或深褐色，荚长3～5cm，每荚含种子2～3粒。种子扁椭圆形，长约8.5～9mm、宽约6mm；种皮光滑，有茶色、褐色、黑色、白色、黄色和紫色等。

秣食豆是喜温短日照作物，对日照反应敏感，缩短光照可促使其提早开花结实，反之则延迟。发芽最低温度为7℃，最适温度为18～22℃，幼苗抗寒性强，能忍受-1～-2℃的霜害。早发速生，在东北地区生育期110～130d。一般在4月下旬至5月上旬播种，7月进入雨季后生长逐渐加快。旺盛生长的最适宜气温为15～25℃。较喜湿润土壤，土壤水分在12.5%即可发芽。耐阴性较强，能与玉米、谷子、燕麦、稗子等禾本科作物间、混、套种，既能提高单位面积鲜草产量，又能改善其品质。对土壤要求不严，喜肥耐瘠薄，砂土、黏壤土、肥沃或瘠薄土壤均可种植。适宜土壤pH 5～8.5。不耐连作。

（2）种质资源

现保存的绿肥用秣食豆资源主要来源于黑龙江省，少部分引自苏联[12]。不同秣食豆种质资源见表2-11。

表2-11　主要秣食豆种质资源

名称	来源	主要特征特性	生育期/d	百粒重/g
茶秣食豆	黑龙江省	茎直立，茎顶端缠绕，花粉红，种皮茶褐色，种脐棕褐色，耐湿，晚熟	138	9.5
黄秣食豆	黑龙江省	茎直立，茎顶端缠绕，花白色，种皮淡黄，种脐棕褐色，耐湿，晚熟	140	8.3
宝清秣食豆	黑龙江省宝清县	茎直立，密度大时茎顶端缠绕，花紫色，种皮黑色，种脐黑色，耐湿，晚熟	143	11.1
鸡西秣食豆	黑龙江省鸡西市	茎直立，密度大时茎顶端缠绕，花粉白，种皮茶褐色，种脐棕褐色，耐湿，晚熟	141	13.9
龙牧1号	黑龙江省	茎直立，茎顶端缠绕，花紫色，种皮黑色，种脐黑褐色，耐湿，中熟	133	12.5
小粒秣食豆	黑龙江省	茎直立，茎顶蔓生，花粉色，种皮茶褐色，种脐棕褐色，较抗蚜虫，中熟	130	9.3
白秣食豆	黑龙江省	茎直立，茎顶端缠绕，花白色，种皮淡黄色，种脐棕褐色，耐湿，中熟	133	10.8

续表

名称	来源	主要特征特性	生育期 /d	百粒重 /g
紫秣食豆	黑龙江省	茎直立，茎顶端缠绕，花粉紫，种皮棕褐色，种脐棕褐色，耐湿，中熟	133	12.9
黑秣食豆	黑龙江省	茎直立，茎顶端缠绕，花紫色，种皮黑色，种脐黑色，耐湿，中熟	133	11.9
呼玛秣食豆	黑龙江省呼玛县	茎直立，密度大时茎顶端缠绕，花紫色，种皮黑色，种脐黑色，耐湿，早熟	102	10.5
A-262	俄罗斯阿穆尔州	茎直立，密度大时茎顶端缠绕，花紫色，种皮黑色，种脐黑色，耐湿，早熟	112	11.5
A-57	俄罗斯阿穆尔州	茎直立，密度大时茎顶端缠绕，花粉色，种皮茶褐色，种脐棕褐色，耐湿，早熟	117	9.9

（3）绿肥栽培利用

秣食豆鲜草肥嫩，养分含量高，是粮肥轮作的常用绿肥种类。在东北，春播鲜草产量能达到 1350 ～ 2350kg/ 亩。麦茬复种秣食豆，鲜草产量一般为 500 ～ 1000kg/ 亩。鲜草含水量 74.3%，含氮（N）0.58%、磷（P）0.04%、钾（K）0.60%。在东北轮作换茬中，春季播种、秋季压青作绿肥，改土效果明显。

秣食豆有很高的饲用价值。现蕾期鲜草中粗蛋白含量 4.26%。与普通大豆比较，粗蛋白含量高、粗脂肪和粗纤维含量低。种子产量一般在 100 ～ 140kg/ 亩，粗蛋白含量 36.2%、粗脂肪含量 16.1%，是优良的精饲料。采收种子后的豆叶、秸秆等均可用作饲料。秣食豆具有再生特性，但再生性不强。生长至 30cm 高度时，可刈割作青饲料，留茬高 15cm。

2.2.11.2 泥豆

泥豆（*Glycine max*），豆科（Fabaceae）大豆属（*Glycine*）一年生草本植物。是南方秋大豆的一种原始栽培类型，野生性强，因种皮无光泽而有泥膜，如泥色，故名；又名泥黄豆、水黄豆。中国主要分布在浙江、安徽、江西、湖北、湖南、四川及福建北部等地，在安徽栽培面积较大。

（1）主要特征特性

植株矮小紧凑，株高一般为 30 ～ 50cm。根系发达，主根不明显，侧支根为纤维化须根，有根瘤。茎较普通大豆细，有茸毛，下部直立，上部蔓生；分枝多，节间较密，有 9 ～ 10 节。三出复叶，叶量大，小叶卵圆形、有毛；小托叶与叶柄离生。有限结荚习性。总状花序，腋生，花小，花冠紫色、紫白色；旗瓣较大，翼瓣微贴在短而钝的龙骨瓣上。单株结荚数 25 ～ 30 个，荚长 3 ～ 3.5cm，披棕色茸毛，成熟荚褐色。每荚有种子 2 ～ 3 粒；种子肾形，椭圆、饱满，种皮黄褐色、黄色、褐色、黑色或相间条纹，种脐有白色、红褐色等，百粒重 4.9 ～ 6.8g。

泥豆为短日照作物。种子在约 9 ～ 10℃开始发芽，最适温度为 25℃。温度低，发芽缓慢、易烂种。适宜生长温度为 20 ～ 25℃，低于 14℃影响生长。开花时需干燥和少雨，但在结荚成熟时需要较多的水分。适应性强，对土壤要求不严，在疏松肥沃的土壤上种植产量较高。

（2）种质资源

泥豆的地方品种一般分为早熟、中熟和晚熟类型[13]。在安徽合肥，泥豆生育期100～120d。主要品种有安徽大花脸、羊屎豆、一马黄、江西奉新泥豆等。安徽泥豆种质资源见表2-12。

表2-12　安徽泥豆种质资源

名称	主要特征特性	生育期 /d	百粒重 /g
大花脸	茎直立，花紫白色，种皮褐黄色有黑色条纹，脐白色，苗期早发，耐酸碱土壤，耐阴，抗病虫	100～120	6.7
羊屎豆	茎直立，花紫白色，种皮黑色，脐白色，苗期早发，耐瘠薄，耐酸碱，耐盐，耐阴，抗蚜虫	100～120	5.3
一马黄	茎直立，花紫白色，种皮黄褐色，脐白色，苗期早发，耐瘠薄，耐酸，耐盐，耐阴，抗病虫	100～120	5.0

（3）绿肥栽培利用

泥豆作为短期绿肥饲草栽培，3～9月均可播种，或与其他作物间套种混播。在安徽合肥，秋前播种，播种后40～50d开花，花期7～10d，结荚期约10d，全生育期90～100d，鲜草产量1000～2000kg/亩，籽实产量100～160kg/亩。间作泥豆作绿肥，50～70d即可就地压青。据安徽省农业科学院测定，盛花期鲜草干物质含氮（N）2.29%、磷（P）0.50%、钾（K）0.82%，种子含氮（N）7.36%、磷（P）1.58%、钾（K）1.90%。种子含脂肪14%～16%、蛋白质44%～46%，可用于加工豆豉、豆酱等。

2.2.12　豇豆

豆科（Fabaceae）豇豆属（*Vigna*）作物，有许多种类是常见的栽培作物，有部分种类是重要的食用豆类，如豇豆、乌豇豆、赤豆等，也是中国南方红黄壤地区重要的夏季绿肥。

2.2.12.1　乌豇豆

乌豇豆（*Vigna unguiculata* subsp. *cylindrica*），中国植物分类名为短豇豆，又名饭豇豆、眉豆、短荚豇豆等。起源于中国，主要分布在长江中下游地区至淮北、黄河故道以南地区。在南方，乌豇豆主要作豆类种植。在红壤旱地栽培，表现出耐旱、耐瘠薄、适应性强、覆盖度大的特点，在新垦红壤地上也能生长良好。

（1）主要特征特性

主根较发达。株高70～80cm，茎光滑、有棱，蔓长100cm以上。分枝3～5个。三出复叶，两侧小叶斜卵形，顶生小叶心形或菱状卵形，叶面光滑、大而肥厚、浓绿。叶柄和花柄基部呈紫红色。总状花序，每个花序着小花2～5朵，花冠浅紫白色。成熟荚果呈黄色或褐色，每荚含种子6～13粒。种子肾形，黑色或深紫色。品种类型大致分直立半直立和蔓生型。直立半直立型为晚熟种，主茎粗壮，叶片肥大，荚果扁圆稍弯，种子百粒重

11 ~ 12g。蔓生型多为早熟种，茎蔓细长柔软，叶片小，叶色稍淡，荚果细圆柱形，种子百粒重 10g 左右。

乌豇豆为短日照作物，具有速生、早熟特点。在长江下游春播因日照时间逐渐延长，营养生长期相应增加；秋播则因日照渐趋缩短，营养生长期相应缩减。喜温暖湿润气候，不耐霜冻。在 20℃以上时生长迅速，开花后对温度敏感，气温骤降及秋霜早至，种子不能完全成熟。播种期越早，营养生长期越长。苗期耐旱但不耐渍，土壤湿度大则影响正常开花结荚，种子产量下降。适应性广，对土壤要求不严，耐阴及耐瘠薄能力强。

（2）绿肥栽培利用

乌豇豆是中国南方粮肥兼用型夏季绿肥作物，适宜粮、棉、肥间套复种，也是果园优良的夏季覆盖绿肥之一。生育期短，播种期宽，较耐阴，适合在短期填闲或果树行间覆盖。鲜草产量 1000 ~ 1500kg/ 亩，种子产量 80 ~ 100kg/ 亩。盛花期鲜草含干物质 17% 左右、含氮（N）0.42%、磷（P）0.08%、钾（K）0.30%。在新平整的生土上和瘠薄的酸性红壤上也可以生长，是改良中低产土壤的良好绿肥。再生能力强，一年可刈割 2 次。在株高 40 ~ 50cm 时刈割第一次，留茬 4 ~ 6cm，再生长一个月可刈割第二次。初花期干物质含粗蛋白质 16.50%、粗脂肪 3.77%、粗纤维 19.34%、无氮浸出物 49.20%、灰分 11.18%。种子产量高，营养丰富，是常见食用豆类之一。

2.2.12.2 印度豇豆

印度豇豆（*Vigna unguiculata*），一年生缠绕草本植物，别名菜豆、长豆、豆角、菜豆仔、裙带豆、红公豆。原产印度等地。20 世纪 50 年代福建从国外引进用于改良红壤。目前主要分布在中国长江流域以南及华南地区，于旱地或果园种植，是南方果园主要夏季绿肥种类。

（1）主要特征特性

半匍匐型，蔓生，蔓长 2m 以上。根系发达，根瘤多。茎柔软，方形多棱，光滑无茸毛；多分枝，单株分枝数 5 ~ 10 个。三出复叶，小叶菱卵形，长 16.7cm、宽 10.6cm 左右，叶钝尖，叶基楔形，全缘，色浓绿。无限结荚习性，总状花序，每个花序着生小花 3 ~ 5 朵，花冠青紫色。荚果下垂，筒形，长 15 ~ 20cm，成熟荚壳黄色，每荚有种子 8 ~ 11 粒。种子短矩形，种皮淡黄色，脐白色，百粒重 12g 左右。

印度豇豆喜温暖湿润气候，生育期间最适温度 15 ~ 30℃。耐酸、耐瘠薄和耐阴，耐旱、耐渍及抗病虫能力稍弱。对土壤要求不严，新垦红壤地稍施磷、钾肥及土杂肥即可生长良好。

（2）绿肥栽培利用

根系发达，根瘤固氮能力强，生长迅速。一般肥力水平下，鲜草 2000 ~ 3000kg/ 亩，盛花期植株干物质含氮（N）2.41%、磷（P）0.44%、钾（K）1.15%。夏秋季节覆盖率在 95% 以上且绿色覆盖时间长，保持水土能力优势明显。印度豇豆是优质的夏季绿肥，特别适合果园夏季覆盖、压草、保水保肥。茎叶柔软，一年可刈割 3 ~ 4 次。营养价值高，初花期含水分 76.4%、粗蛋白 3.79%、粗脂肪 0.92%、粗纤维 5.32%、无氮浸出物 10.85%、灰分 2.61%，是畜禽的优质青饲料。印度豇豆种子产量高，种子淀粉和蛋白质含量高，是优质的食用豆类。

2.2.13 赤豆

赤豆（*Vigna angularis*），豆科（Fabaceae）豇豆属（*Vigna*）一年生草本植物，又名小豆、红小豆、红豆、日本赤豆等。中国是其起源地之一。赤豆是中国重要的食用豆类之一，栽培历史悠久，主要分布在华北、东北和江淮地区。赤小豆的品种众多，种皮颜色有红、白、黑及花纹等类型。

2.2.13.1 黑小豆

（1）主要特征特性

早熟品种株高 60 ～ 80cm，晚熟品种株高一般在 80cm 左右。直根系，主根粗壮发达，侧根多，根瘤主要分布在侧根上。幼苗时茎和叶脉均为深紫色，有茸毛。茎呈圆柱形，绿色，有稀疏茸毛。三出羽状复叶，互生；两侧小叶斜卵形，叶片大而厚、绿色，有茸毛。

花序为总状花序，花色为淡紫白色，2 ～ 5 朵小花。无限结荚习性，豆荚呈细圆柱形，无茸毛，每荚有 6 ～ 12 粒种子。种子短矩形，饱满，黑色，百粒重 10.5 ～ 11.5g。

（2）绿肥栽培利用

早熟品种生育期在 150d 左右，一般鲜草产量 1350kg/ 亩，种子产量 100kg/ 亩左右。晚熟品种生育期在 175d 左右，一般鲜草产量 1650kg/ 亩，种子产量 103kg/ 亩左右。适宜发芽温度 20 ～ 30℃、土壤含水量 15% ～ 20%，适宜生长温度为 15 ～ 30℃。在山东 5 月初播种黑小豆，6 月中旬进入分枝期，一般有 4 ～ 5 个分枝。耐阴，抗旱性强。

2.2.13.2 红小豆

（1）主要特征特性

株高在 70 ～ 90cm。直根系，主根粗壮发达，侧根多，根瘤主要分布在侧根上。茎呈圆柱形，直立，绿色，光滑。有 3 ～ 5 个分枝。三出羽状复叶，互生，三出叶的两侧小叶斜卵形，有叶柄，叶柄有茸毛，叶绿色。无限结荚习性。总状花序，花梗腋生，2 ～ 5 朵小花，花淡紫色。荚果长柱形，成熟时为黄白色，每荚含种子 6 ～ 12 粒。种子短圆形，深红色，脐白色，百粒重为 11.2g 左右。

（2）绿肥栽培利用

晚熟，生育期在 170d 左右，为夏季绿肥品种。一般鲜草产量 1350kg/ 亩左右，种子产量为 93kg/ 亩左右。红小豆适宜发芽的温度为 25℃左右、土壤含水量 15% ～ 20%，适宜生长温度为 20 ～ 28℃。抗旱、耐渍、耐阴。

2.2.13.3 红豆

（1）主要特征特性

株高 70 ～ 90cm。主根粗壮发达。茎圆柱形，直立，绿色，有细长茸毛。有 3 ～ 5 个分枝。三出羽状复叶，绿色，互生，有茸毛，两侧小叶斜卵形；有叶柄，叶柄有茸毛。无限结荚习性，总状花序，腋生，有花梗，花色为淡黄色，2 ～ 5 朵小花。自花授粉。荚果长柱形，成熟时为黄白色；每荚有 6 ～ 12 粒种子。种子短圆形，种色为深红色，百粒重为 11.2g 左右。

（2）绿肥栽培利用

中熟，生育期150d左右。一般鲜草产量1200kg/亩，种子产量93kg/亩左右。适宜发芽温度为25℃左右、土壤含水量15%～20%，适宜生长温度为20～28℃。抗旱、耐阴。

2.2.14　赤小豆

赤小豆（*Vigna umbellata*），俗名饭豆，豆科（Fabaceae）豇豆属（*Vigna*）一年生草本植物，又名竹豆、米豆、锁匙豆、爬山豆、巴山豆。原产亚洲热带地区，在中国南方有野生或栽培种，是中国南方红黄壤地区重要的夏季绿肥和食用豆类品种。

2.2.14.1　主要特征特性

（1）植物学特征

主根不发达，侧根细长。茎纤细，茎蔓长2～3m，分枝3～10个；幼时被黄色长柔毛，老时无毛。羽状复叶具3小叶，小叶心形或菱状卵形，长7.5～10cm、宽3～6.5cm，叶柄长6～12cm，密被白色柔毛；托叶披针形或卵状披针形，长10～15mm，两端渐尖。

总状花序，腋生，有花5～20朵，常2～3朵簇生于一个节上，长约1.8cm、宽约1.2cm，黄色。荚果线状圆柱形，长6～10cm、直径约5mm，无毛，含种子6～10粒。种子长筒形，米黄色或红色，种脐白色；百粒重6.3g左右。

（2）生物学特性

喜温作物，种子萌发温度为10～12℃，14℃以上发芽加快。25～35℃之间生长最快，38℃以上生长较慢。在南方，4月底播种的于9月下旬盛花，10月下旬至11月上旬成熟，生育期180～200d。喜湿润，耐旱、耐阴，耐瘠薄并能耐pH 5.2的酸性土壤。

2.2.14.2　绿肥栽培利用

赤小豆是良好的覆盖绿肥作物，常用在红壤旱地作填闲或果园间作覆盖绿肥。草层厚度常达40cm，保水保土效果良好。生长发育快，生长2个月的生物量可达1500～2000kg/亩。在江西，盛花期一次性收割，鲜草产量可达2000～2500kg/亩，鲜草含氮（N）0.44%、磷（P）0.06%、钾（K）0.28%。

干草含粗蛋白20.9%，饲用品质好。茎叶柔软，可青饲、青贮或晒制干草。农家主要用来喂猪，牛、鹅、兔也喜食。在南京作分次收割，4月下旬播种的赤小豆在7月初、8月初及9月中旬可各收1次，可提供青饲料1000～2500kg/亩；在江西可刈青1次后留茬作采种。籽实供食用和入药。食用时，与大米混合煮粥、饭，有行血补血、健脾去湿、利水消肿之效。

2.2.15　山黧豆

全世界豆科（Fabaceae）山黧豆属（*Lathyrus*）植物约有187个种和亚种，一年生，分布于欧亚及北美的北温带地区，在南美及非洲也有少量分布。中国有23个种和5个亚种，主要分布于东北、华北、西北及西南地区，华东地区亦少量分布。

2.2.15.1 起源与分布

山黧豆野生种在中国分布较广，但现有的山黧豆栽培种多为新中国成立前从苏联引进，首先在江苏、陕西、甘肃、云南和四川等地试种，用作倒茬养地或绿肥饲料作物。目前栽培种类较多的种类是普通山黧豆（*Lathyrus sativus*）和扁荚山黧豆（*Lathyrus cicera*），另有少量的地中海香豌豆（*Lathyrus tingitanus*）及香豌豆（*Lathyrus odoratus*）[14]。不同类型的山黧豆主要特征特性见表 2-13。

表2-13 中国不同类型山黧豆主要特征特性

栽培种名	分布范围	花冠颜色	种皮颜色	主要特征特性
普通山黧豆	甘、陕、滇	白	乳白、麻褐	长势旺，丛状簇生，抗旱、耐瘠薄，种子产量高
扁荚山黧豆	陕、甘、川	淡茶褐	褐或有褐斑	长势旺，多分枝，耐寒，早熟
地中海香豌豆	陕、甘	深红	褐有黄斑	株型直立高大，抗旱，不耐渍
香豌豆	陕、甘	白、蓝	白，脐有褐斑	长势旺，分枝多，丰产性好，抗旱、耐渍

山黧豆抗逆性强，可在土壤含水量 9% 左右生长，丰产性能好，产量稳定，适合西北高原干旱冷凉地区种植。目前主要分布在甘肃、陕西和四川南充一带。20 世纪 70 年代初在甘肃作为养地作物和饲料作物发展较快，种植面积曾达到 270 万亩。70 年代后期，在四川南充一带种植扁荚山黧豆，表现出耐寒、早熟、鲜草和种子产量高等优势，是适宜该地区种植的优良绿肥品种。

2.2.15.2 普通山黧豆

普通山黧豆（*Lathyrus sativus*），又名栽培山黧豆、草香豌豆、家山黧豆。国外主要分布于印度、巴基斯坦、伊朗及苏联，在南欧、北美和非洲部分地区也有种植。中国于新中国成立前从苏联引进，现主要分布于甘肃、陕西、新疆、青海、云南等地。

（1）主要特征特性

株高 40 ～ 90cm。根系发育中等，主根入土深达 110cm，侧根较多，根瘤块状。半直立，茎四棱有翼或棱角，簇状丛生，基部分枝 6 ～ 10 个。羽状复叶，小叶 1 ～ 3 对，披针形或线形，叶长 6 ～ 8cm、宽 0.6 ～ 0.8cm，顶端具卷须 1 ～ 3 个，叶柄有窄翅。花大，单生，花冠白色或蓝色。每荚含种子 2 ～ 4 粒。种子楔形或近圆形，乳白色或麻褐色，百粒重 20 ～ 25g。

（2）绿肥栽培利用

普通山黧豆适应性广，西北黄土高原或是高寒地带以及南方旱地或水田，均可种植。在北方早春顶凌播种，地温 5 ～ 7℃即可发芽；幼苗能耐 −6 ～ −8℃低温。较耐旱、耐瘠薄，砂土至黏性土均可生长。不耐涝渍。耐盐性较差，在土壤全盐含量达 0.3% 时，生长受到抑制。在甘肃河西灌区鲜草产量达 2200kg/ 亩以上，种子产量 165kg/ 亩以上。茎叶干物质含氮

（N）2.23%～2.77%、磷（P）0.22%～0.38%、钾（K）1.45%～1.55%。

2.2.15.3　扁荚山黧豆

扁荚山黧豆（*Lathyrus cicera*），原产葡萄牙。

（1）主要特征特性

根系发达，易结瘤。株高90～120cm，半攀援性，茎和叶柄均生有翅。单株分枝24～50个。叶为复叶，小叶先端有分枝的卷须。花冠蝶形，花色粉红。成熟荚果浅黄色，每荚有种子4～5粒。种皮麻色和肉色混杂，百粒重约7g。较耐寒、耐旱，忌渍水。

全生育期150～210d。生长旺盛，鲜草产量高，适合作短期填闲和轮茬绿肥作物。种子在10℃左右开始发芽，最适生长温度20～25℃。出苗15d后开始结瘤、分枝。

（2）绿肥栽培利用

在广西秋季播种作短期绿肥利用，生长期50～60d，鲜草产量能达到750kg/亩。在四川用作轮茬绿肥种植，鲜草产量可达3500kg/亩。盛花期茎叶鲜草含氮（N）0.53%、磷（P）0.10%、钾（K）0.35%；茎叶含粗蛋白22.7%、粗纤维20.1%、粗脂肪3.4%。种子产量高。在陕西南部地区种子平均产量235kg/亩，关中地区的种子平均产量225kg/亩；在四川雅安种植，种子产量114kg/亩。在甘肃河西地区，生育期80～88d，鲜草产量达6000kg/亩以上，种子产量50kg/亩以上。籽实含粗蛋白26.9%、粗脂肪2.35%、粗纤维4.6%、无氮浸出物27.5%、灰分3.7%，可作畜禽精饲料。部分品种含毒素较高，做饲料前应做好检测并去除毒素。

2.2.16　鹰嘴豆

鹰嘴豆（*Cicer arietinum*），豆科（Fabaceae）鹰嘴豆属（*Cicer*）一年生草本，又称回鹘豆、桃豆、鸡豆。因种子形如鹰嘴，故称此名。鹰嘴豆起源于亚洲西部和近东地区，主要分布于地中海、亚洲、非洲和美洲等地，是世界上栽培面积较大和重要食用豆类作物之一。在亚洲，鹰嘴豆为印度和巴基斯坦的重要粮食作物，其种植面积占全世界总面积的80%。中国于20世纪50年代从苏联引种，目前主要在西北、东北等地栽培。

2.2.16.1　主要特征特性

（1）植物学特征

根系发达，主根入土深度可达2m，易结瘤。茎直立、半直立，株高0.3～0.7m，多分枝，被白色腺毛。羽状复叶，长5～10cm，有叶柄，具小叶7～17片，对生或互生；小叶卵形，长7～17mm、宽3～10mm，边缘具密锯齿，两面被白色腺毛。

单花序腋生，每花序通常为1朵花，有时也有2～4朵花；花梗长0.5～2.5cm。花冠白色或淡蓝色、紫红色、粉红及浅绿色，长8～10mm，有腺毛；萼浅钟状，5裂，裂片披针形，长约6～9mm，被白色腺毛。荚果膨胀，扁菱形至椭圆形，约长2cm、宽1cm，成熟后淡黄色，被白色短柔毛和腺毛，每荚有种子1～4粒。种子圆形或半圆形，乳黄、乳白、米黄、黑及绿色，半具皱纹，一端具细尖，形似鹰嘴；百粒重20～40g。

（2）生物学特性

鹰嘴豆属长日照作物，但对光周期反应不敏感。耐寒性强，苗期或在雪覆盖下能抗 −9℃的低温，生长期适宜温度为 15 ～ 29℃，适合在冷凉干旱的西北、华北和东北地区种植，在热带或亚热带可作为冷季作物栽培。

耐旱性极强，在年降水量 200 ～ 600mm 的地区均可种植，种子产量可达 150 ～ 250kg/亩，对于中国干旱、半干旱地区的农业开发有重要意义。对土壤要求不严，砂土、壤土和黏土均可种植，但以排水良好的壤土为宜。雨水过多、土壤过湿时，根瘤发育较差，植株生长不良。对盐碱反应敏感，适宜的土壤 pH 5.5 ～ 8.6。

2.2.16.2 绿肥栽培利用

鹰嘴豆是优质短期兼用绿肥种类。籽实、嫩荚、嫩苗均可供食用。

甘肃省农业科学院选育的品种陇鹰 1 号、陇鹰 2 号鹰嘴豆在中国西北、东北、华北地区均可种植。在甘肃地区，鹰嘴豆全生育期 95 ～ 115d，种子平均产量达 170kg/ 亩，平均鲜草产量 2600kg/ 亩。在年降雨量 300mm 左右的地区，宜以生产种子为目标；在年降雨量大于 500mm 的地区，宜作为高蛋白绿肥饲草利用。

2.2.17 苜蓿

苜蓿（*Medicago sativa*），豆科（Fabaceae）苜蓿属（*Medicago*）多年生草本植物，又称紫花苜蓿、紫苜蓿、牧蓿。其产草量高、草品质好、营养丰富及蛋白转化效率高，是中国栽培历史最悠久、面积最为广泛的牧草种类，有“牧草之王”的美称。又因其培肥改良土壤的效果好，也是农田重要的养地倒茬作物。

2.2.17.1 起源与分布

苜蓿原产于小亚细亚、伊朗及外高加索一带。苜蓿栽培历史最早的国家是古波斯。苜蓿是中国最早有记载的栽培牧草绿肥作物，但何时何人引入中国，尚有争论。目前，全国有 23 个省份种植苜蓿，主要在黑龙江、甘肃、内蒙古、新疆、陕西、宁夏、河北等地。

2.2.17.2 主要特征特性

（1）植物学特征

株高 30 ～ 100cm，不同品种株高差异较大。根系强大，深入土层可达 3 ～ 10m。支根发达，根瘤多集中于 5 ～ 30cm 土层内的支根上。根的顶端是根颈，其直径大小与种植年限有关，一般生长 2 ～ 3 年的苜蓿根颈直径为 1 ～ 3.5cm ；根颈上端的分枝成为根冠，位于表土以上 10cm 处，是越冬芽和再生枝着生的部位。

茎直立、丛生，四棱形，无毛或微被柔毛，老熟时光滑，枝叶茂盛。茎长 60 ～ 120cm、粗 2 ～ 5mm。每株基部有分枝 25 ～ 40 个，最多能达 100 个以上。第一片真叶为单叶，以后为三出复叶，深绿色。复叶基部有两枚托叶，托叶较大，卵状披针形，先端锐尖，基部全缘或具 1 ～ 2 齿裂。叶柄比小叶短；小叶长卵形、倒长卵形至线状卵形，三出复叶等大或顶生小叶稍大，长 5 ～ 40mm、宽 3 ～ 10mm，基部狭窄，边缘三分之一以上具锯齿，上面无毛，下面被贴伏柔毛，侧脉 8 ～ 10 对。茎叶比是反映苜蓿鲜草质量的指标之一，现蕾开花前，一般茎叶比为 1.4 左右，至种子成熟时其茎叶比为 1.0 左右。

总状花序，密生，由叶腋间抽出，长 1 ～ 2.5cm，具小花 15 ～ 30 朵，小花长 6 ～ 12mm。总花梗挺直，比叶长；苞片线状。小花梗长约 2mm。萼钟形，长 3 ～ 5mm，萼齿 5 裂、线状锥形，比萼筒长。花冠蝶形，紫色至深紫色；旗瓣长圆形，先端微凹，明显较翼瓣和龙骨瓣长，翼瓣又较龙骨瓣稍长。开花期一般为 5 ～ 7 月，品种间开花早晚相差可达 30d。

异花授粉，花谢后一周左右形成嫩荚，荚果成熟时为深褐色或褐色。荚果螺旋状，卷绕 2 ～ 6 圈，无刺，不开裂。每荚含种子 10 ～ 20 粒，种子肾形，长 2.2 ～ 2.8mm、宽 1.2 ～ 1.5mm、厚 1 ～ 1.5mm，种皮黄色或棕色，表面平滑，千粒重 1.5 ～ 2.0g。结荚期为 6 ～ 8 月。

（2）生物学特性

苜蓿生长年限长，能达 10 ～ 20 年，长的可达 30 年，但盛产期一般为 6 ～ 8 年。苜蓿喜温暖的半干旱气候。地温达到 5 ～ 6℃时种子即可发芽，春季气温 7 ～ 9℃时开始生长，幼苗能耐 −5℃的低温，成长后能在 −30℃的低温条件下越冬，在有雪覆盖下能耐 −44℃严寒。

根系发达，能吸收深层土壤水分，故抗旱能力较强，在年降雨量 200 ～ 300mm 的干旱地区也能生长。生长过程耗水量大，但在降雨量超过 1000mm 的地区却生长不良。对土壤要求不严，但不耐强酸性或强碱性土壤，适合土壤 pH 为 6.5 ～ 8。在含盐量 0.3% 的盐碱土壤上能良好生长。喜钙质含量高、排水较好和土层深厚的砂壤土。不耐渍水，苗期浸渍 48h 会死亡。

2.2.17.3 种质资源

陕西省农业科学院在 20 世纪 80 年代初从国内外收集到苜蓿资源 50 份 [15]。所有收集到的资源，在陕西关中和渭北旱塬地区均能正常生长，安全越冬，3 月下旬返青，5 月下旬至 6 月初现蕾开花，8 月中旬至 9 月上旬成熟，生育期 331 ～ 361d。从各地苜蓿资源的表现看，国外引进的苜蓿株型高，小叶大，再生能力强，抗逆性强，鲜草产量高，但含氮量低。国内苜蓿地方种，刈割后，苗期生长慢，后期生长快，叶片较小，病害较为普遍，尽管鲜草产量较之国外苜蓿要低，但含氮量较高。从苜蓿茎叶比分析，以美国春天、美国紫苜蓿、加拿大阿奎因和日本钢塔巴苜蓿较好。

2.2.17.4 绿肥栽培利用

利用苜蓿作绿肥在西北地区较为普遍，主要采取套复种或轮作换茬，既可压青作绿肥，也可以刈割鲜草后根茬还田。多年种植苜蓿后，换茬种植其他作物增产显著。鲜草除富含氮素外，还含有较高的磷钾养分。据测定，紫花苜蓿鲜草含氮（N）0.61%、磷（P）0.065%、钾（K）0.69%。

2.2.18 草木樨

草木樨（*Melilotus* spp.），豆科（Fabaceae）草木樨属（*Melilotus*）一年生或二年生草本

植物，俗名叫野苜蓿、香马料木樨、野木樨、黄花草，是中国重要的绿肥饲草作物之一。孙醒东《重要绿肥作物栽培》记录中国草木樨有6个生物种，辽宁省农业科学院张保烈等通过资源收集和鉴定有11个生物种，即黄花草木樨（*Melilotus officinalis*）、白花草木樨（*Melilotus albus*）、细齿草木樨（*Melilotus dentalus*）、香甜草木樨（*Melilotus suaveolens*）、印度草木樨（*Melilotus indicus*）、意大利草木樨（*Melilotus italicus*）、毛草木樨（*Melilotus hirsutus*）、伏尔加草木樨（*Melilotus wolgicus*）、雅致草木樨（*Melilotus elegans*）、槽柄草木樨（*Melilotus sulcatus*）和拿波里草木樨（*Melilotus neopolitanus*）[16]。目前应用较广的栽培种主要是黄花草木樨和白花草木樨。在北方地区，栽培的草木樨主要是二年生白花草木樨和黄花草木樨；在南方栽培的是一年生草木樨。

2.2.18.1 起源与分布

草木樨是世界性的牧草、绿肥和蜜源植物，早在两千年以前，就已在地中海地区作为绿肥和蜜源植物栽培。草木樨在印度也有很久的栽培历史，主要用作饲草。

除高寒草甸和荒漠区外，草木樨在温带、亚热带均有分布。全世界的草木樨属植物约有20种。中国也有草木樨属野生植物资源，目前发现有草木樨生物种11个，主要分布于内蒙古、黑龙江、吉林、辽宁、河北、河南、山东、山西、陕西、甘肃、青海、西藏、江苏、安徽、江西、浙江、四川和云南等地。在西藏海拔3700m的地区，或海滩海拔仅数米的地段，亦有分布记录。

中国试种栽培草木樨，始于1922年，在山东利用一年生野生草木樨做观察试验。作为绿肥作物和水土保持植物栽培草木樨，始于1942年的甘肃天水水土保持实验区[17]。1942～1946年，经天水水土保持实验区试验比较，野生的细齿草木樨、香甜草木樨和引进的印度草木樨因生长不良和易感白粉病而被淘汰，白花草木樨和黄花草木樨则表现优良。

2.2.18.2 主要特征特性

（1）白花草木樨

白花草木樨（*Melilotus albus*），一年生或两年生草本植物，又名甜三叶、白香草木樨、金花草、马苜蓿、野苜蓿等，是中国分布面积最大的主要栽培种。原产于中欧，广布于全球温带地区。中国东北、华北、西北均有野生种分布，栽培种多从国外引入。

① 植物学特征

株高1～2m，全株含香豆素，有香气。根系粗壮发达，主根附有许多根瘤，根长达1～2m。茎圆中空，直立或稍弯，光滑或稍有茸毛。叶为三出复叶，小叶椭圆形或披针椭圆形，长2.0～3.3cm、宽0.5～1.2cm，先端截形，微凹陷，边缘有细齿，一般为10～30个。托叶三角形，先端尖，长8mm左右。总状花序，腋生，花轴细长，长9～25cm；每个花序着生小花40～90朵，花柄弯曲，花冠白色。荚果卵球形或倒卵圆形，长3～3.5mm、宽2～2.5mm；成熟荚灰棕色，具凸起脉网，无毛。每荚含有种子1～2粒，多数为1粒。种子肾形，略扁平，细小，直径约1.5mm，种皮灰黄色，坚硬，有蜡质。

② 生物学特性

最适宜发芽温度15～20℃，最适宜生长温度15～28℃。耐低温，种子在3～4℃可以发芽，越年生的草木樨，第一年生长健壮的植株可在 −30℃下越冬。春、夏、秋播种均可。抗旱能力强，在分枝期，表层土壤含水量降到 5.8% 仍能正常生长，2.1% 时才枯萎，久旱则落叶休眠，可维持 30d 左右，有水分时恢复生长。土壤适应性广，黏土、砂土、贫瘠碱性土均可生长。抗盐碱，在耕层含盐量 0.1% ～ 0.3% 的轻中度盐碱土壤中可正常生长。

（2）黄花草木樨

黄花草木樨（*Melilotus offcinalis*），又名黄甜车轴草、黄香草木樨、香草木樨、金花草等。原产欧洲，在地中海东岸、中东、中亚、东亚均有分布。中国东北、华北、西北、西藏、四川及长江流域均有野生种，北方各地有栽培利用。

① 植物学特征

一年生或二年生草本，全株含香豆素，有香气。主根肉质发达，形如分枝状胡萝卜，入土深可达 60 ～ 180cm。株型较散，株高较白花草木樨矮。茎高 1 ～ 2m，茎较白花草木樨要细。三出复叶，小叶椭圆形至狭长圆状倒披针形，长 1 ～ 2.5cm、宽 0.6 ～ 1.1cm；小叶柄长约 1mm，淡黄褐色；托叶三角形，基部宽，有时具分裂。总状花序，腋生；每个花序着小花 30 ～ 80 朵，小花花冠黄色，旗瓣较龙骨瓣略长。荚果卵圆形，长 3 ～ 4mm、宽约 2.5mm，稍有毛，网脉明显，浅灰色；每荚含种子 1 粒，稀有 2 粒。种子矩形，褐色。

② 生物学特性

最适宜发芽温度 15 ～ 20℃，最适宜生长温度 15 ～ 28℃。耐低温，种子在 3 ～ 4℃可以发芽，第一年生长健全的植株可在 −30℃下越冬。春、夏、秋播种均可。花期 5 ～ 6 月，较白花草木樨早 10 ～ 15d，异花授粉，果期 6 ～ 7 月。

2.2.18.3 绿肥栽培利用

草木樨根系发达，根系上部肉质，根瘤多。根及茎叶氮、磷、钾养分含量高，是中国北方地区轮作换茬和间作套种的优良绿肥作物。在白浆土种植草木樨，其鲜草产量一般 1800kg/亩。在苏北地区，2 月中旬播种，6 月初鲜草产量可达 1500kg/ 亩左右。在北方地区，二年生草木樨一般 3 月末至 4 月初返青，6 月末现蕾，8 月上中旬成熟，生育期 150 ～ 160d。

草木樨具有较强的蓄水保土作用，在保持水土的同时增加绿肥和饲草供应。据在陕西绥德、延安和甘肃天水等地观测，草木樨地与耕地或同等坡度的撂荒地比较，地表径流量减少 14.4% ～ 80.7%，冲刷量减少 63.7% ～ 90.8%。

2.2.19 沙打旺

沙打旺（*Astragalus laxmannii*），豆科（Fabaceae）黄芪属（*Astragalus*）多年生草本植物，俗名麻豆秧、地丁、薄地犟、沙大王、直立黄芪等，是中国特有的绿肥、牧草和水土保持兼用的绿肥作物种类。由于其具有耐瘠薄、耐旱、抗严寒、抗风沙、抗盐碱等特性，且生物量大，适合北方地区种植利用。

2.2.19.1 起源与分布

沙打旺原产中国黄河故道地区，人工栽培历史已逾百年[18]。

20世纪70年代中期起，北方各地大面积引种沙打旺，至80年代中期沙打旺成为“三北”地区人工种植的主要绿肥品种之一。目前，沙打旺在黑龙江、吉林、辽宁、河北、山东、河南、江苏、安徽、内蒙古、山西、陕西、宁夏、甘肃、新疆等地均有种植。

2.2.19.2 主要特征特性

（1）植物学特征

深根系，主根长而弯曲，侧根发达，细根较少。入土深度1～2m，深可达6m。根瘤多着生于二级分枝根上。根部上方有粗壮根颈，是分枝和越冬芽着生的地方。

茎圆形，中空，稍着白色茸毛。一年生植株主茎明显，有数个到十几个分枝，间有二级分枝出现；二年生以上植株主茎不明显，一级分枝由基部分出，每株数个到数十个二级或三级分枝。生长二年以上的株高可达150～170cm，高者能达230cm以上。

奇数羽状复叶，复叶长5～17cm。小叶3～25枚，长2.0～3.5cm、宽0.5～1.5cm，互生，椭圆形或卵状椭圆形，全缘，先端钝或圆，基部圆形或近圆形，叶表面无毛、背面被白毛；叶柄极短。托叶宽卵形，渐尖，基部分离或稍连合。

总状花序，花梗长4～17cm，花序长圆柱形或穗形、长2～15cm。每个花序有小花22～35朵。花冠蓝色、紫色或蓝紫色，具短梗；萼筒状5裂，翼瓣和龙骨瓣短于旗瓣。荚果长圆筒形或长椭圆形，长7～18mm、宽2～6mm，具三棱，先端具下弯的短喙，被黑、褐、白或彼此混生的毛。每荚含种子数十粒，种子肾形，种皮褐色，千粒重1.4～1.8g。

（2）生物学特性

具有抗寒、抗旱、抗风沙、耐瘠薄等特性，较耐盐碱，但不耐涝。越冬芽至少可忍受−30℃的地表低温，在连续7d日均气温达到4.9℃时越冬芽即可萌动。种子于3～5℃时可萌发，较适宜温度为15～30℃。在黑龙江北部、内蒙古大部分地区，沙打旺可在无保护措施下安全越冬。发芽的适宜土壤水分为田间最大持水量的75%左右。根系具有明显的旱生结构，在年降水量350mm以上的地方均能正常生长。

沙打旺具有裂荚习性，种子的脱落损失率达70%以上。种子产量高低，与种植区域无霜期长短及生长年限有关。在江苏北部、河北省中部，春播当年种子产量10kg/亩左右，第2、3年可达40～45kg/亩；在辽宁西部、内蒙古南部、陕西北部等地区，春播当年不结实，第2年种子产量75～150kg/亩；在山西右玉、内蒙古锡林浩特等地，一般不结实。

2.2.19.3 绿肥栽培利用

沙打旺在无霜期多于180d的地区，春播当年鲜草产量可达2000～3000kg/亩，第2、3年可达3500～5000kg/亩。在无霜期150d左右的地区，春播当年鲜草产量可达1000～2500kg/亩，第2、3年可达3000～5000kg/亩。据测定，一年生沙打旺盛花期茎叶干基养分含量为氮（N）2.54%、磷（P）0.18%、钾（K）1.70%。作绿肥利用，可直接压青作基肥、异地压青作追肥，或以其秸秆制作堆沤肥。在辽宁西部褐土上试验，种植4年的沙打旺土壤，0～20cm土层有机质增加22.3%、全氮增加10.2%。

黄河故道区的山东菏泽，1957 ～ 1962 年每年种植沙打旺 3000 亩，固定了流沙，改良了沙地，使荒滩变绿洲、沙地变良田。在陕西榆林地区，种植沙打旺区比对照区泥沙冲刷量减少 99.6%，地表径流减少 83.5%，植被覆盖度由 10% 提高至 70%。

2.2.20 红豆草

红豆草（*Onobrychis viciifolia*），豆科（Fabaceae）驴食豆属（*Onobrychis*）多年生草本植物。中国植物分类名为驴食草，又名红羊草、驴食豆、驴喜豆。驴食草属植物在全世界大约有 140 种，多数是野生种。中国新疆天山北麓有野生种分布。栽培种有两个，普通红豆草栽培种原产于法国，外高加索红豆草原产于苏联。中国各地引种栽培的品种来自苏联、波兰、加拿大等国家，在北方表现良好，具有耐旱、耐寒、抗病和速生等特点。

2.2.20.1 主要特征特性

（1）植物学特征

根系发达，主根粗壮，直径 2cm 以上，入土深 3 ～ 4m；侧根多，易结瘤。茎直立，中空，高 50 ～ 90cm、直径约 6mm，绿色或紫红色，分枝 5 ～ 15 个不等。奇数羽状复叶，复叶有小叶 13 ～ 17 枚，小叶卵圆形、长圆形或椭圆形，叶背边缘有短茸毛。托叶三角形，上缘有白色茸毛。

穗状总状花序，花序长 25 ～ 35cm，有小花 40 ～ 75 朵；花冠蝶形，花瓣粉红色、红色或深红色，也有粉白色。荚果扁平，黄褐色，果皮粗糙，有凸形网状脉纹，边缘有锯齿或无。每荚内含种子 1 粒。种子肾形，种皮红褐色，表面光滑，长 2.4 ～ 2.5mm、宽 2.0 ～ 3.5mm、厚 1.5 ～ 2.0mm，千粒重 13 ～ 16g，带荚壳的种子千粒重 18 ～ 26g。

（2）生物学特性

红豆草一般可以生长 7 年以上，属异花授粉植物，自花不结实。性喜温凉、干燥气候。在年均气温 12 ～ 15℃、年降水量 350 ～ 500mm 的地区生长最好。种子在 1 ～ 2℃的温度条件下开始发芽。两年以上植株，当春季气温回升 3 ～ 4℃时，开始返青再生。在甘肃河西地区，4 月中旬播种，6 月中旬开花，7 月中旬种子能成熟；越冬性好，翌年 3 月中旬能返青。在鲁西北地区生长发育快，越冬后 4 月下旬开花，6 月中下旬种子成熟。

红豆草耐干旱、寒冷、早霜、深秋降水、缺肥贫瘠土壤等不利因素。抗寒性稍弱，再生性不如苜蓿。

2.2.20.2 绿肥栽培利用

红豆草生育期较短，从返青到孕蕾期只需 30 多天时间，四月底、五月初即可刈割翻压。播种当年鲜草产量一般在 1500 ～ 3000kg/ 亩，第二年能达 2500 ～ 3000kg/ 亩。盛花期干物质含氮（N）2.46%、磷（P）0.50%、钾（K）2.18%。茎叶柔嫩，纤维素含量低，木质化程度轻，压青和堆肥易腐烂。固氮能力与苜蓿相当，根系强大，一般生长一年残留鲜根茬 800kg/ 亩，两年可达 2300kg/ 亩左右，明显增加土壤有机质含量。活化土壤中钙、磷能力较强。

2.2.21 小冠花

小冠花（*Securigera varia*），豆科（Fabaceae）斧荚豆属（*Securigera*）多年生草本植物。中国植物分类名为绣球小冠花，又名多变小冠花。茎匍匐丛生，枝叶繁茂，适应性广，抗逆性强，是较好的覆盖绿肥作物，也是反刍动物理想的高蛋白饲草，还有观赏和药用价值。

原产地中海地带，分布于欧洲中部和东南部，以及亚洲东南部。1935 年，在美国宾夕法尼亚州废弃的山地发现小冠花，此后传至美国东部地区等地种植。目前，欧洲、北美、亚洲西部和非洲北部均有栽培。中国引种较早，推广较迟，先后从欧洲和美洲少量引入江苏南京、山西太谷、陕西武功和北京等地种植。

2.2.21.1 主要特征特性

（1）植物学特征

主侧根发达，根系主要分布于 10 ～ 20cm 土层并横向窜生长达 2.5 ～ 3.0m，侧根上抽生有较多不定芽。条件适宜时，不定芽可破土出苗生新枝。株高 70 ～ 130cm，草丛高 60 ～ 70cm。全株无毛，茎半匍匐散生，中空有棱，质软柔嫩。奇数羽状复叶，互生，有小叶 11 ～ 27 片；小叶长圆形或倒卵圆形，尖端钝圆微凹，长 1.3 ～ 1.9cm、宽 0.6 ～ 0.9cm，无柄或近无柄。

伞形花序，腋生，有小花 8 ～ 22 朵，多为 14 朵以上，呈环状紧密排列于花梗顶端，形似皇冠，因此而得名。蝶形花冠长 1.3cm，初呈粉红色，后为淡紫色，花色多变。荚果细长，几个聚集在一起形如鸡爪，荚长 3 ～ 4cm ；每荚有 3 ～ 11 节，每节有种子 1 粒。种子棒状，种皮黄褐色或深红色，长约 3.5mm、宽约 1.0mm，种皮坚硬，蜡质层厚，多硬实，千粒重 3.7 ～ 4.1g。

（2）生物学特性

适应性广，抗逆性强，耐旱、耐寒、耐瘠薄、耐高温，耐涝性差。

越冬期能耐 −28℃的低温。当地温达 4℃以上时就可返青，最适宜生长温度 20 ～ 30℃，青绿期可保持到 12 月上旬。根系入土深、根幅宽，抗旱性优于紫花苜蓿和红豆草。在夏季 34℃以上连续高温天气，茎叶无萎蔫状态。当土壤含水量降到 5% ～ 10% 时，根芽仍能萌发出土；在年降雨量 300mm 无灌溉条件下，枝叶生长茂密，覆盖度可达 100%。

对土壤要求不严，在瘠薄地、山坡荒地能生长繁茂。最适宜在中性至微碱性土壤生长，也能适应 pH 6.0 以上的微酸性土壤，但不适宜强酸性土壤。苗期耐盐碱性较差，但覆盖地面后，因能减少地面水分蒸发、抑制盐分上升，在含盐量 0.3% ～ 0.6% 的土壤上仍能正常生长。

2.2.21.2 绿肥栽培利用

小冠花根系发达，固氮能力强。植株生物量大，可分期刈割，一年可刈割 4 ～ 5 次，鲜草产量达 4000 ～ 6000kg/ 亩。茎叶鲜嫩，易于腐解，养分含量高，干草含氮（N）2.62%、磷（P）0.63%、钾（K）2.77%，是优良的绿肥作物。耐瘠薄、耐盐碱，在废弃地、瘠薄地、矿迹地、盐碱地种植，是恢复植被、增加土壤有机质、培肥地力和改良土壤的优良作物。据山西农业大学监测，种植小冠花1年后的0～20cm土层内有机质提高0.14%。在盐碱地种植，植株覆盖地面可减少水分蒸发，抑制盐分上升，起到改良盐碱地的作用。

小冠花具根蘖特性，一年有两次枝条长出，能迅速形成密集草层，覆盖度大，固土和防止水土流失的作用突出，是高原荒山、公路铁路和河堤渠两旁的理想保护作物及观赏作物。

2.2.22 三叶草

三叶草（*Trifolium* spp.），豆科（Fabaceae）车轴草属（*Trifolium*）一年生或多年生草本植物。几乎遍及全世界，其中以地中海区域为中心。种植面积最大的是西欧、北美、苏联和大洋洲。车轴草属（*Trifolium*）植物有许多种类是重要的牧草绿肥作物，中国先后从美国、澳大利亚和日本等国家引种用作绿肥栽培，以白三叶草、红三叶草、绛三叶草应用较广。

2.2.22.1 白三叶草

白三叶草（*Trifolium repens*），中国植物分类名为白车轴草，又名荷兰翘摇，生长期5～8年。原产欧洲、小亚细亚和北非，主要分布在温带地区，尤其是西北欧、美洲北部和新西兰面积较大。中国新疆北部、四川、云南、贵州、江苏、上海等地有野生或逸生种。

（1）主要特征特性

主根细短，侧根发达；易结瘤，固氮量可达10kg/亩左右。茎实心光滑，匍匐蔓生，长30～60cm，上部稍上升，茎节着地能生根，并长成新的匍匐茎，具有较强的侵染性，易建植形成密集草层。掌状三出复叶；托叶较小，卵状披针形，基部抱茎成鞘状，端尖；叶柄长10～30cm；小叶倒卵形至近圆形，中央有V形白斑，长8～30mm、宽8～25mm，先端凹头至钝圆，基部楔形渐窄至小叶柄，叶缘有锯齿，叶背光滑；叶柄长1.5mm。叶腋生花梗，长30cm。总状花序，顶生，球形，密聚小花20～80朵，直径15～40mm。萼钟形，具脉纹10条，萼齿5，披针形，萼喉开张，无毛。花冠白色或带淡红色，具香气。旗瓣椭圆形，比翼瓣和龙骨瓣长近1倍，龙骨瓣比翼瓣稍短。荚果细长而小，每荚有种子3～4粒。种子心脏形，皮黄色或棕黄色，千粒重0.5～0.7g。

白三叶草适应性广，抗逆性强。喜温暖湿润气候，种子在1～5℃开始萌发，生长期适宜温度19～24℃，夏季平均温度35℃能安全越夏，冬季最低温度-15℃能安全越冬，耐热性较红三叶草强。较耐阴，耐旱、耐潮湿，在年降雨600～1000mm地区均能生长良好。耐酸性土壤，但不耐盐碱，有较强的耐瘠薄能力。适宜土壤pH值为5.6～8.0，土壤pH值4.5时能生长。

（2）绿肥栽培利用

白三叶草生长速率快，是适宜放牧、水土保持以及覆盖绿化的绿肥牧草作物。中国早期从新西兰引种栽培的中叶型品种胡依阿（Huia），其鲜草产量高；从美国引进的大叶型品种Regal，其茎较直立，叶片肥大，鲜草产量高，适宜肥饲兼用，但抗寒性较差。从澳大利亚引入并于2002年通过牧草品种审定的海法（Haifa）白三叶，其适宜性广，侵占性、再生能力强，病虫害少，利用年限长，鲜草产量高，品质好，适合长江以南地区种植利用。白三叶草是优质的果茶园覆盖绿肥，能抑制杂草、平衡土壤温度、改善果茶园小生境、改良土壤，提高果茶品质。鲜草产量 2500 ～ 3000kg/ 亩，干物质含氮（N）3.87%、磷（P）0.53%、钾（K）2.94%。适口性好，分枝期鲜茎叶含干物质 13.0%，干物质粗蛋白 2.05%、粗脂肪 0.36%、粗纤维 2.58%、灰分 1.81%。

2.2.22.2 红三叶草

红三叶草（*Trifolium pratense*），中国植物分类名为红车轴草，短期多年生草本，生长期 2 ～ 9 年。原产小亚细亚及欧洲西南部，后经引种至世界各国，在全世界广泛分布。中国新疆西北部很早就引种栽培，自 20 世纪 40 年代以来，中国又陆续引种栽培，红三叶草在江淮流域以南除夏季极干旱高温地区外均能生长良好。

（1）主要特征特性

主根明显，深入土层达 1m，侧根发达，易结瘤。有不定根，不定根起源于地上部茎丛。茎节能生根。主茎通常不发育，茎圆形中空，具纵棱，直立或斜上，有稀短茸毛，长 100cm 左右。基部分枝多，一般有分枝 10 ～ 15 个，开花前形成较大的叶丛。托叶近卵形，每侧具紫色或绿色脉纹 8 ～ 9 条。掌状三出复叶；叶柄较长，茎上部的叶柄短。小叶卵长椭圆形至倒卵形，长 1.5 ～ 5cm、宽 2 ～ 3.5cm，先端钝，两面疏生褐色长柔毛，叶面具灰白色倒 V 形斑点。头状花序，聚生枝梢或腋生小花梗上，具小花 30 ～ 150 朵。萼钟形，被长柔毛，具脉纹 10 条，萼齿丝状，比萼筒长，最下方 1 齿比其余萼齿长 1 倍，萼喉开张，具有一圈多毛的加厚环。花冠紫红色至淡红色，旗瓣匙形，明显比翼瓣和龙骨瓣长，龙骨瓣稍比翼瓣短。花期可达 5 个月。荚果小，卵形，每荚含种子 1 粒。种子肾形或近三角形，种皮黄褐色或紫色，千粒重 1.5 ～ 2.0g。

异花授粉植物，种子成熟后不易脱落。红三叶草分为早熟、中熟和晚熟类型。喜湿润海洋性气候，在夏季不过热、冬季不严寒的地区生长最为适宜。种子萌发最低温度 2 ～ 3℃，生长期间最适温度 15 ～ 25℃；夏季高温生长停滞且易受杂草危害死亡。不耐旱，高温干旱尤其对其生长不利；耐阴湿环境。在年降雨量 500mm 以下又无灌溉条件的地方不宜种植。适宜土壤 pH 6.0 ～ 7.5，对磷肥反应敏感。忌连作。

（2）绿肥栽培利用

红三叶草固氮能力强，是世界上主要豆科牧草绿肥种类之一。在水田、旱地和果园均可种植。南方秋播作绿肥利用，翌年 4 月中下旬现蕾初花期翻压。作果园覆盖绿肥利用时，宜自然覆盖或者在高温干旱季节刈割就地覆盖。初花期红三叶草干物质含氮（N）2.61%、磷（P）0.25%、钾（K）1.20%。北方春播为宜，适宜期为 2 月下旬至 3 月上旬，当年可刈割 2 ～ 3 次，第一次刈割在初花期，鲜草产量 2000 ～ 3000kg/ 亩；在停止生长前 20 ～ 25d 刈割最后一次，留茬 10 ～ 12cm 越冬。秋播时，翌年 6 月前可刈割 2 次，鲜草产量 4000 ～ 5000kg/ 亩。

2.2.22.3 绛三叶草

绛三叶草（*Trifolium incarnatum*），中国植物分类名为绛车轴草，又称深红三叶草、地中海三叶草、猩红苜蓿。原产欧洲地中海沿岸、北非，是欧洲南部、美国和澳大利亚等国重要的绿肥饲草作物。中国于 20 世纪 50 年代初引种栽培，目前在全国各地均有分布。

（1）主要特征特性

主根明显，深入土层达 30 ～ 50cm。分枝能力强，苗期基本分枝成簇生。茎具纵棱，直立或上升，粗壮，被长柔毛，高 40 ～ 100cm。掌状三出复叶，叶柄长；托叶大，椭圆形，大部分与叶柄合生，每侧具脉纹 3 ～ 5 条，被毛。小叶阔倒卵形至近圆形，长 1.5 ～ 3.5cm，先端钝，有时微凹，边缘具波状钝齿，两面疏生长柔毛，侧脉 5 ～ 10 对。圆柱状花序，顶生，具小花 50 ～ 120 朵，小花长 10 ～ 15mm。萼筒形，密被长硬毛，具脉纹 10 条，萼齿狭三角状锥形，近等长，萼筒较短。花冠深红色，少有白色、淡黄、粉红和杂色。旗瓣狭椭圆形，锐尖头，明显比翼瓣和龙骨瓣长。自花授粉。荚果卵形，每荚有 1 粒黄褐色种子，种子千粒重 2.7 ～ 3.2g。

喜温暖湿润气候，耐寒性较好，与光叶苕子相似。不耐盐碱，耐湿性和耐阴性一般较紫云英弱。在排水良好、pH 5.6 ～ 8.0、较肥沃的土壤种植最为适宜。春发较慢，易受杂草侵害；抗病虫能力较强，不易倒伏。在江苏南京，9 月下旬至 10 月上旬播种，越冬时株高 10 ～ 25cm，翌年 3 月底现蕾，4 月初盛花，5 月底种子成熟，生育期 240 ～ 245d。

（2）绿肥栽培利用

绛三叶草是良好的绿肥和牧草。花美丽有蜜，又可作蜜源植物。根系发达，亦可作水土保持植物。株型直立，适宜间套种，在江苏、浙江、安徽、江西和广东稻田种植。在晚稻收获期 10 ～ 15d 稻底套种，播种量 2 ～ 2.5kg/ 亩，盛花期翻压作早稻绿肥，鲜草产量 2000 ～ 3000kg/ 亩，鲜草干物质含氮（N）2.66%、磷（P）0.33%、钾（K）1.78%。

2.2.23 香豆子

香豆子（*Trigonella foenum-graecum*），豆科（Fabaceae）胡卢巴属（*Trigonella*）一年生草本植物，中国植物分类名胡卢巴，主要作为香料植物栽培。又名香苜蓿、雪莎、苦豆、香草、卢巴、胡巴、季豆等。原产西亚、北非及中国西藏。公元前 7 世纪左右，开始在中东进行人工栽培，尔后逐渐东传至印度、巴基斯坦等地。现中国西北多地有栽培。

2.2.23.1 主要特征特性

（1）植物学特征

直根系，根系发达。主根、侧根均生根瘤。株高 70 ～ 100cm。茎直立丛生，分枝自叶腋抽出，轮生于主茎四周，一般分枝 3 个左右，多者 6 ～ 7 个，疏被长柔毛。三出复叶，互生，总柄长 6 ～ 12mm ；中间小叶稍大，呈倒卵形，两侧小叶椭圆形；小叶长 1.2 ～ 3.0cm、宽 1 ～ 1.5cm，近先端有边缘锯齿，两面均有稀疏柔毛，小叶柄长 1 ～ 2mm。

总状花序，着生于叶腋间或顶端。花无梗，1 ～ 2 朵腋生。花冠蝶形，初为白色，后渐变淡黄色，基部微带紫晕。萼筒状，萼齿 5 个，披针形，外被长柔毛。旗瓣长圆形，先端具缺刻，基部尖楔形。龙骨瓣偏匙形，长约为旗瓣的 1/3，翼瓣耳形。荚果细长圆筒状，先端有长喙，具明显网纹，长 9 ～ 12cm、宽 0.5cm 左右，被柔毛。每荚含种子 11 ～ 20 粒；种子呈方形或长方形，稍扁，略皱缩，约长 4mm、宽 3mm，种皮橙黄色、黄褐色或有深棕色；千粒重 10g 左右。种子粉碎时有特异香气，味淡微苦。

（2）生物学特性

喜冷凉干旱气候，低温冷凉有利于营养生长，遇高温则生殖生长提前。抗霜冻能力强，冬初在 −10℃情况下能保持生机。西北地区 3 月下旬春播，至 7 月中旬种子就能成熟，生育期 120 ～ 130d；如推迟至 5 月初播种，生育期仅 90d 左右。在江淮地区 9 月下旬秋播，翌年 6 月中旬种子成熟，生育期达 220d。

较耐干旱，不耐渍。耐盐碱能力差。在以硫酸盐为主的甘肃河西走廊盐渍土种植，当耕层土壤全盐量大于 0.3% 时，即受盐渍危害而死亡。

2.2.23.2 绿肥栽培利用

中国西北地区常见的地方栽培种有武威香豆子、兰州香豆子、玉门香豆子、青海香豆子和新疆香豆子。香豆子适应性较强，耐寒冷，生长迅速，鲜草产量高。在甘肃、青海等地，原为零星种植用于香料。1953 年，甘肃省农业科学院在兰州试作复种绿肥，香豆子自播种至开花仅需要 32d，株高达 60cm，鲜草产量达 500kg/ 亩，故在春麦灌区种植较广泛。在新疆炮台水浇地麦后复种，其花期鲜草产量为 1120kg/ 亩；在江淮地区晚秋播种做越冬绿肥，翌年盛花期鲜草产量能达 3000kg/ 亩。盛花期植株干物质含量因区域及土壤而异，甘肃地区香豆子植株干物质含氮（N）3.0%、磷（P）0.18%、钾（K）2.57%，新疆地区香豆子植株干物质含氮（N）1.61%、磷（P）0.34%、钾（K）0.83%。

2.2.24 苦豆子

苦豆子（*Sophora alopecuroides*），豆科（Fabaceae）槐属（*Sophora*）多年生宿根性草本或亚灌木植物，又名苦豆根、苦甘草、苦豆草等。常见于甘肃、青海、新疆、内蒙古、山西、陕西、宁夏、西藏等地，多生于干旱沙漠和草原边缘地带。苦豆子在苏联、阿富汗、伊朗、土耳其、巴基斯坦和印度北部也有分布。

2.2.24.1 主要特征特性

（1）植物学特征

主根发达，入土深 50 ～ 100cm。草本或基部木质化成亚灌木状，株高 60 ～ 120cm。茎枝被白色或淡灰白色长柔毛或贴伏柔毛；分枝多，成扫帚状。羽状复叶，叶柄长 1 ～ 2cm。小叶 7 ～ 13 对，对生或近互生，披针状长圆形或椭圆状长圆形，长 15 ～ 30mm、宽约 10mm，常具小尖头，灰绿色，叶面被疏柔毛、叶背茸毛较密。

总状花序或圆锥花序，顶生，花梗长 3 ～ 5mm，花密生。花萼斜钟状，5 个萼齿明显，三角状卵形。花冠白色、淡黄色或红色。旗瓣通常为长圆状倒披针形，长 15 ～ 20mm、宽 3 ～ 4mm，先端圆或微缺，或呈倒心形。翼瓣常单侧生，卵状长圆形，长约 16mm，具三角形耳。龙骨瓣与翼瓣相似。荚果圆柱形或稍扁，种子之间紧缩成念珠状，灰褐色或灰黑色，长 8 ～ 13cm。每荚具种子 6 ～ 12 粒，种子卵球形稍扁，褐色或黄褐色。在甘肃河西地区，6 月上旬开花，荚果 9 月成熟，10 月初枯死，翌年在根茎各节由地下芽生出数条新枝。

（2）生物学特性

苦豆子属中旱生植物，地上部分冠幅小，地下部分大，冠根比为1∶(2.4～5)，耐旱、耐寒能力强。耐轻盐碱，一般生于全盐量小于0.2%的土壤上，当全盐量上升到0.3%时生长受到抑制。耐沙埋、抗风蚀，有良好的沙生特点。沙生苦豆子群落的特征是连片生长，分布稀疏，结构简单，伴生种少，一般覆盖度为40%～50%。适合生长于荒漠、半荒漠区内较潮湿的地段，如半固定沙丘和固定沙丘的低湿处，地下水位较高的低湿地、绿洲边缘及田边地头。

2.2.24.2　绿肥栽培利用

苦豆子是优良的固沙植物，可作牧草、绿肥，也是重要的药用植物资源。在西北干旱风沙地区农业生产上可用作绿肥和畜禽饲料，也可作蜜源植物和药用植物。苦豆子资源丰富，开发利用价值极高。

苦豆子在西北流动沙丘治理及土壤熟化中作用重大，当流动沙丘固定后首先生长的即是苦豆子。可以利用其作为先锋作物，发挥固氮功能，将固定沙丘逐渐熟化成可利用土地。苦豆子可割青用作绿肥，肥效较好，每年可刈割二次。据新疆农业大学测定，苦豆子茎、叶干物质含氮（N）量分别为3.69%和4.90%、磷（P）0.15%和0.22%、钾（K）1.11%和1.27%。

2.2.25　决明

决明亚族（Cassiinae）包括决明属（*Cassia*）、山扁豆属（*Chamaecrista*）和番泻决明属（*Senna*）。全世界决明亚族约有600种，分布于热带和亚热带地区，少数分布至温带地区。中国原产10余种，包括引种栽培的共有30余种，广泛分布于南方各省份。中国常用的决明类绿肥中，决明、望江南、槐叶决明归属于番泻决明属，圆叶决明、羽叶决明归属于山扁豆属。

2.2.25.1　决明

决明（*Senna tora*），豆科（Fabaceae）番泻决明属（*Senna*）。又名草决明、假花生、假绿豆、马蹄决明等，一年生亚灌木状草本植物。原产美洲热带地区，现在全世界热带、亚热带地区广泛分布。中国长江以南各省区广泛分布。

（1）主要特征特性

一年生亚灌木状草本，直立，高1～2m。主根明显，入土较深，侧根较多。茎圆形，茎粗0.6cm。偶数羽状复叶，小叶3对，叶倒卵形或倒长椭圆形，浅绿色，全缘，长2～6cm、宽1.5～2.5cm，基部渐狭，偏斜，被稀疏茸毛；小叶柄长1.5～2mm；托叶线形，被茸毛。总状花序，腋生，通常2朵聚生，总梗长6～10mm；萼片5枚，膜质，下部合生成短管状，外面被柔毛，长约8mm；花瓣5片，黄色，下面2片略长。自花授粉。荚果纤细，近线形，有四直棱，两端渐尖，长约15cm、宽3～4mm。种子菱形，种皮光亮。

喜温暖湿润气候，种子发芽适宜温度为15℃左右，生长最适温度为20～28℃。在长江以南各地一般4月下旬播种，6月初分枝，7月中下旬现蕾，8月初开花，8月中旬结荚，9

月中下旬种子陆续成熟。对土壤要求不严，耐瘠薄、耐酸、抗铝毒，少病虫害，耐微碱。

（2）绿肥栽培利用

是果园夏季绿肥的优良选择。盛花期鲜草产量2500kg/亩左右，干物质含氮（N）2.46%、磷（P）0.52%、钾（K）2.32%。适口性好，营养丰富，是优良的牧草和绿肥作物。根系入土深，株形美观，花冠黄色，花期长，也可作水土保持和绿化用。

2.2.25.2 望江南

望江南（*Senna occidentalis*），豆科（Fabaceae）番泻决明属（*Senna*），直立亚灌木或灌木植物。原产美洲热带地区，现广布于全世界热带和亚热带地区。中国主要分布在东南部、南部及西南部各省区，多野生，是村边荒地常见植物。又名野扁豆、狗屎豆、羊角豆、黎茶。

（1）主要特征特性

多年生直立亚灌木。叶长约20cm；小叶4～5对，长4～10cm、宽约3cm。花数朵组成伞房状总状花序，长约5cm；苞片线状披针形；花长约2cm；萼片不等大，外生的近圆形、长6mm，内生的卵形、长约9mm；花瓣黄色，长约15mm。荚果带状镰形，褐色，长约10cm、宽约9mm，果柄长约1.5cm；内含种子30～40粒。花期4～8月，果期6～10月。

抗旱、抗病虫能力极强，耐瘠薄，不耐阴、不耐湿。对土壤要求不高，中性、酸性土均可生长。气温达到15℃以上时即可播种。

（2）绿肥栽培利用

望江南生长迅速、生物量大，是能用于改良红壤的先锋绿肥，也可作南方果茶园夏季短期绿肥。在安徽中部、北部种植，其鲜草产量平均1930kg/亩，种子产量平均200kg/亩。干草含氮（N）3.11%、磷（P）0.35%、钾（K）1.75%。花期流蜜期长，能作为夏秋蜜源植物。

2.2.25.3 圆叶决明

圆叶决明（*Chamaecrista rotundifolia*），豆科（Fabaceae）山扁豆属（*Chamaecrista*）。目前常用的是威恩圆叶决明、闽引圆叶决明。代表性品种威恩圆叶决明（*Chamaecrista rotundifolia*‘Wynn’）于20世纪70年代引入中国广东种植。

（1）主要特征特性

多年生半匍匐型草本植物，茎半木质化。直根系，侧根发达，主要分布在0～20cm土层。茎圆形，长40～110cm，密被白色茸毛，幼嫩茎紫红色，老熟茎紫红色带有绿色。叶互生，由2片小叶组成，倒卵圆形，长28～29mm、宽12～15mm。花腋生，黄色，蝶形花冠，花瓣5片，覆瓦状排列。荚果为扁长条形，长20～45mm。成熟荚果为黑褐色；种子黄褐色，呈不规则扁平四方形，千粒重3.9～4.1g。

喜高温，耐瘠薄、耐酸、耐铝。

（2）绿肥栽培利用

抗逆性强，适应性广，是热带、亚热带红壤区优质绿肥作物。在福建，圆叶决明4月开始生长，6～7月开花，花期可延续至初霜，7～9月为生长高峰，10～11月遇霜时叶片开始转黄。能耐轻度霜冻。越冬率在福建省从南到北逐渐降低，在福州以南低海拔地区能自然越冬。根能宿存，次年春天萌芽再生。花期长，种荚成熟期不一致，成熟种荚易开裂，落地种子大多能在次年发芽。旺盛期草层高 30 ～ 50cm，平均鲜草产量 2000 ～ 3000kg/ 亩。盛花期植株干物质含氮（N）2.67%、磷（P）0.12%、钾（K）1.07%，含粗蛋白 16.7%、粗脂肪 4.58%、粗纤维 30.3%、钙（Ca）0.61%、灰分 6.85%。

2.2.25.4 羽叶决明

羽叶决明（*Chamaecrista nictitans*），豆科（Fabaceae）山扁豆属（*Chamaecrista*）。目前国内常用的是闽引羽叶决明。原产巴拉圭。1996 年从澳大利亚引进该品系。

（1）主要特征特性

多年生直立型草本。直根系，长 80 ～ 120cm，侧根发达，主要分布在 0 ～ 30cm 土层，有效根瘤多且固氮活性强。茎圆形，紫红色，高 110 ～ 150cm。羽状复叶，小叶互生，长 54 ～ 57mm、宽 18 ～ 21mm；小叶条形，锐尖状叶尖。花腋生，蝶形花冠，黄色；花瓣 5 片，旋瓦状排列。扁平状荚果，形似弯刀；种子棕黑色，种皮坚硬，不规则扁平长方形，千粒重 4.6 ～ 4.8g。

喜高温，耐瘠薄、耐旱、耐酸、抗铝毒，少病虫害。

（2）绿肥栽培利用

在福建，4 月开始生长，7 ～ 11 月为生长旺季，7 ～ 8 月初花，花期可至初霜；种子采收期 9 ～ 10 月。种子产量 15 ～ 20kg/ 亩，结荚期长，成熟种荚易自裂，落地种子次年萌发能力强。冬季初霜后地上部逐渐死亡、枯萎，但接地主茎及根能宿存，在福建中部及其以南地区可自然越冬。正常气候越冬率 100%，越夏率 100%。鲜草产量 3500 ～ 4500kg/ 亩。适宜在福建、江西、广东、海南等热带及亚热带地区种植，是改良土壤和保持水土的优良绿肥、饲草作物。盛花期干物质含粗蛋白 15.0%、粗脂肪 4.19%、粗纤维 27.1%、灰分 9.55%、钙（Ca）0.38%、磷（P）0.17%。羽叶决明作饲草，营养丰富、适口性好，是牛、羊等草食动物的良好饲料，可青饲、青贮及制干草。

2.2.26 柱花草

柱花草（*Stylosanthes gracilis*），豆科（Fabaceae）柱花草属（*Stylosanthes*）。又名巴西苜蓿、热带苜蓿等，原产于美洲。中国于 1962 年引进，在广东、广西、福建和云南等地栽培，主要用于橡胶园覆盖。目前在全世界热带地区广泛种植。

2.2.26.1 主要特征特性

多年生草本或亚灌木，直立或开展，稍具腺毛。羽状复叶具 3 小叶；托叶与叶柄贴生成鞘状。穗状花序，多朵小花密集组成；苞片、小苞片膜质；花萼筒状，5 裂，上面 4 裂片合生，下面 1 裂片狭窄。花冠黄色或橙黄色，旗瓣圆形、宽卵形或倒卵形，先端微凹；翼瓣比旗瓣短，长圆形至倒卵形，上部弯弓，龙骨瓣和翼瓣相似。荚果小，扁平，长圆形或椭圆形，先端具喙，具荚节 1 ～ 2 个，果瓣具粗网脉或小疣凸。种子近卵形，种脐常偏位，具种阜。

2.2.26.2 绿肥栽培利用

适宜在幼林地、果园地间套种，是水土保持、改良土壤的优良覆盖绿肥作物。中国热带农业科学院于20世纪80年代引进的西卡柱花草在热带、亚热带地区种植，特别是在海南、广东、广西、福建等地及云南和四川的热带地区大面积推广，鲜草产量约为4000kg/亩，种子产量10～25kg/亩。营养期干物质含氮（N）2.3%、磷（P）0.19%、钾（K）1.2%。

柱花草质地优良，适口性极好，既可鲜饲，也适宜晒制干草，为猪、牛、羊、兔、鹅等畜禽喜食。初花期干物质含粗蛋白17.4%、粗脂肪3.3%、粗纤维35.3%、粗灰分7.90%、钙（Ca）2.56%、磷（P）0.69%。

2.2.27 平托花生

平托花生（*Arachis pintoi*），豆科（Fabaceae）落花生属（*Arachis*）多年生匍匐性蔓生草本植物，又名蔓花生、野花生、假花生、满地黄金、美洲花生藤、品托氏花生等。原产巴西，自20世纪70年代始向世界各地传播，80年代已在拉丁美洲、大洋洲、亚洲等地推广种植。1986年从澳大利亚引入我国作为绿肥、牧草、水土保持及果园观光作物等，主要分布于海南、广东、广西、福建等热带、亚热带地区。

2.2.27.1 主要特征特性

多年生匍匐型蔓生草本。茎贴地，分枝多，可节节生根形成草层，一般草层高15～30cm。羽状复叶，4片长卵形小叶互生。腋生总状花序，蝶形花冠，色淡黄，花多，花期长。在适宜条件下，开花后能形成胚栓，胚栓长1～27cm不等，它斜向插入土壤，深度10～20cm，大部分入土的胚栓能结荚。荚果长桃形，果嘴明显，果壳薄，每荚有一粒种子（果仁），少数有2～3粒。结果时间长，果分散，结实率较低，收获费工。每公斤有荚果6000～8000个。

耐酸、耐铝能力强，能在强酸性红壤新垦地上生长，砂质土、重黏土上均能栽培，在中肥力土壤上生长更好。耐瘠薄、耐旱、稍耐寒，适合热带、亚热带地区种植利用。

2.2.27.2 绿肥栽培利用

平托花生鲜草产量高，营养丰富，适口性好，同时茎贴地生长而易形成覆盖，可作绿肥、饲料、水土保持及景观利用。有较强的耐阴能力，适于果园套种。一般一年割草二次，鲜草产量1000kg/亩以上。据福建省农业科学院研究，果园套种平托花生后，地表径流次数显著减少；3年后，0～15cm土层土壤容重降低，孔隙度增加，有机质提高4.04g/kg，全氮增加0.25g/kg，全磷增加0.05g/kg。以平托花生鲜草喂养肉兔，平均日增重高于饲喂野生杂草的增重量。平托花生出苗后3～4周就开始开花，除寒冷的冬季外，长年花期不断，可作绿化美化草种。

2.2.28 拉巴豆

拉巴豆（*Lablab purpureus*），豆科（Fabaceae）扁豆属（*Lablab*）一年生或越年生草本植物，为热带和亚热带广泛分布的优良高产牧草和蔬菜作物。原产澳大利亚，中国广西、重庆、甘肃、贵州、海南等地有引种栽培。

2.2.28.1　主要特征特性

主根发达，侧根多。茎缠绕，长约 3 ～ 6m。羽状复叶，叶卵形至偏菱形，长 15cm、宽 7.5cm，小叶背具短绒毛，叶柄细长，叶量大。花序腋生，直立，或在花梗处拉长成总状花序，花色白、粉红或紫。荚果长 4 ～ 5cm，每荚含种子 3 ～ 6 粒；种子扁圆形，种皮色白、黑或褐，脐色白、呈眉形，种子长 1.0cm、宽 0.7cm。

在 pH 6.0 ～ 8.0 的土壤上均能正常生长，在贫瘠、强酸和黏重的土壤上生长不良。在年降雨量 750 ～ 2500mm 的热带和亚热带地区生长良好。在气温 25℃以上时生长最快；能耐短时间 35℃高温或霜冻，但不利于开花结实。耐阴性好，抗根腐病能力强，抗旱性强，能耐一定程度的水淹。在广西，3 月播种，10 月～翌年 2 月均处于孕蕾、开花期，翌年 1 月种子陆续成熟，生育期可达 300d。种子应分批及时收获，种子产量 20 ～ 40kg/ 亩。

2.2.28.2　绿肥栽培利用

拉巴豆有较强的共生固氮能力，生物量大，有较好的养地作用。耐阴性强，覆盖度高，可作为果园覆盖绿肥。多点试验结果表明，盛花期鲜生物量为 2150 ～ 2400kg/ 亩。全株干物质含氮（N）2.47%、磷（P）0.13%、钾（K）2.21%。

幼嫩植株是优质青饲料，主要作为夏季饲料作物及放牧利用，或与高粱、玉米等高秆品种混播制作成青贮饲料。干草含粗蛋白 14.2%、粗纤维 28.1%、粗脂肪 3.5%、碳水化合物 39.4%、灰分 14.8%、钙（Ca）1.94%、磷（P）0.26%，含有丰富的维生素。一年可刈割 3 ～ 4 次，风干率为 22% ～ 25%。茎叶可直接喂食草畜禽，也可以调制青贮。

2.3　十字花科绿肥资源

十字花科（Brassicaceae）绿肥是中国传统的绿肥类型。一般认为，由于其根系能分泌较多的有机酸，具有较好的解磷和解钾功能。可以单独播种，也可与豆科绿肥混播，例如肥田萝卜、油菜与紫云英或苕子等混播，株型高矮搭配能充分利用光温水土资源，提高绿肥产量，改善绿肥品质；同时能实现油肥、菜肥兼用，提高土地的产出效益。

2.3.1　肥田萝卜

肥田萝卜（*Raphanus sativus*），是十字花科（Brassicaceae）萝卜属（*Raphanus*）越年生或一年生草本植物，为常见的冬绿肥种类。又称满园花、茹菜、大菜、萝卜青、冬菜子、蓝花子等；古籍称莱菔、芦菔。由于肥田萝卜耐酸，对土壤难溶性养分利用能力强，适应性广，在南方红壤地区广泛栽培利用。

2.3.1.1 起源与分布

萝卜起源于欧亚温暖海岸，远在4500年前，萝卜已成为埃及的重要食品。中国种植利用萝卜历史悠久。《陈旉农书》载："七夕已后，种萝卜、菘菜，即科大而肥美也。"在明朝之前的南方地区就已经利用萝卜作绿肥。明代宋应星在《天工开物》中已有记载我国肥田萝卜的种植区域主要在长江以南，国外如朝鲜、日本也有种植。肥田萝卜是白萝卜的生态类型。

2.3.1.2 主要特征特性

（1）植物学特征

直根系，主根肉质或肉质根不膨大，侧支根不发达。茎粗壮直立，圆形或带棱，光滑或有疏齿，高100～150cm，分枝较多，色淡绿或微带青紫；老熟时中空有髓。苗期，叶片簇生于短缩茎上，现蕾抽薹后渐次伸长为直立型单株。叶长椭圆形，疏生粗毛，有深裂，叶缘有锯齿，叶柄粗长。抽薹后，各茎枝先端逐渐发育成总状花序。花序无限，每一花序着小花10朵；花冠四瓣呈十字形排列，花色白或略带青紫。花萼淡绿，四裂呈长条形。角果长圆肉质，长约4cm，末端渐尖，角果柄长1.5cm左右；老熟角果黄白色。每角有种子3～6粒，不爆裂，也不易脱落。种子多为不规则扁圆形、夹杂圆锥形或圆形，种皮黄褐或红褐色，表面光泽，微有螺纹，千粒重8～15g。

（2）生物学特性

沿江地区秋播，早、中熟品种全生育期180～220d，迟熟品种全生育期210～230d。种子发芽最适温度15℃左右，最低温度4℃。苗期日平均温度降到0℃也不至冻死，0℃以下叶片会受冻害，但春季能恢复生长。全生育期要求的最适温度为15～20℃；气温在15℃左右时最有利于肉质根生长膨大；高于25℃，对开花结实不利。种子发芽和苗期生长对水分要求虽然不严，但耐旱能力有限，在秋冬干旱条件下死苗缺株严重。

对土壤要求不严，除渍水地和盐碱地外，各种土壤均能种植，适宜土壤pH 4.8～7.5。耐瘠薄、耐酸能力强，对土壤难溶性磷、钾等养分活化能力较强，故在南方红黄壤地区种植广泛。耐渍、耐阴性较差。

2.3.1.3 种质资源

中国的肥田萝卜资源，主要是南方各地的农家地方萝卜品种。近年，国内选育出了"赣肥萝1号""矮肥萝1号"等肥田萝卜新品种。主要肥田萝卜种质资源见表2-14。

表2-14 主要肥田萝卜种质资源

名称	来源	主要特征特性
昆明萝卜	云南省昆明市	开花早，成熟迟，早发性强，抗旱，耐酸性强，耐湿及耐盐碱性差
平乐萝卜	广西壮族自治区平乐县	早发性强，抗寒，抗旱，抗病，耐瘠薄能力强

续表

名称	来源	主要特征特性
灵川萝卜	广西壮族自治区灵川县	苗期早发，春发性强，硬实率低，耐旱，耐瘠薄能力强，不耐盐碱
全州萝卜	广西壮族自治区全州县	苗期早发，春发性强，抗旱，耐瘠薄，耐酸性强
富川萝卜	广西壮族自治区富川瑶族自治县	冬前早发，种子较小，抗旱，耐瘠薄，耐酸性强
常德萝卜	湖南省常德市	早发性差，无硬实籽，抗旱，耐瘠薄，耐酸性强
进贤萝卜	江西省进贤县	冬前早发，春季生长一般，种子较大，鲜草产量及种子产量均较低
施秉萝卜	贵州省施秉县	早发性差，硬实率低，种子较小，抗旱，耐瘠薄，耐酸性强
浏阳萝卜	湖南省浏阳市	冬前较早发，春发性一般，硬实率低，抗寒性强，易感染菌核病
长沙萝卜	湖南省长沙市	苗期生长快，春发性一般，鲜草及种子产量较高
赣肥萝1号	江西省农业科学院土壤肥料与资源环境研究所	早熟，冬前早发，地上部生物量大，萝卜个体较小，种子浅黄色，抗旱、耐寒和抗病性较强
矮肥萝1号	中国农业科学院油料作物研究所	早熟，冬前早发，株型较矮

2.3.1.4 绿肥栽培利用

肥田萝卜是南方红壤生土改良的先锋绿肥作物。其苗期生长快，是秋季短期绿肥的重要选择。适宜长江中游及华北南部区域秋季或春季种植，也适合在北方地区春播利用。无论在稻田、旱地或果茶园，对于后茬作物的供肥增产以及培肥改土等方面的效果均较为明显。一般情况下，鲜草产量可达2000～3000kg/亩，高的能达5000kg/亩。据全国多点采样分析，肥田萝卜鲜草含干物质14.2%、氮（N）0.36%、磷（P）0.055%、钾（K）0.37%。

肥田萝卜苗期可直接采摘用作蔬菜，肉质根膨大后采挖萝卜食用或用于腌制加工，抽薹时也可采集菜薹食用。由于其分枝能力较强，采薹后仍然有较高的生物量，待开花结角后翻压用作绿肥，从而实现一种多用。苗期或肉质根膨大期，均可采集供饲用。在结角期之前，可直接用作青饲料，或加工制成青贮饲料。肥田萝卜鲜草含粗蛋白2.66%、粗脂肪0.09%、粗纤维1.53%、无氮浸出物4.32%、灰分1.86%。

2.3.2 肥田油菜

油菜（*Brassica rapa* var. *oleifera*），十字花科（Brassicaceae）一年生草本作物，是中国最主要的食用油料作物，也是广泛使用的优良兼用绿肥作物，具有繁殖系数大、用途广、生育期短、肥效高等特点。中国历史上用作绿肥的油菜有两大种类：一是白菜型油菜（*Brassica chinensis* var. *oleifera*）；一种是芥菜型油菜（*Brassica juncea*），又称苦油菜、腊油菜。近年来，甘蓝型油菜（*Brassica napus*）作为绿肥利用发展较快，已成为中国绿肥油菜常用的类型。

2.3.2.1 起源与分布

亚洲是白菜型油菜的起源中心，中国是芥菜型油菜原产地之一，欧洲地中海地区是甘蓝型油菜的起源中心。中国油菜栽培历史悠久，古称芸薹。东汉末期服虔《通俗文》已有记载。最早种植于古代“胡、羌、陇、氐”等地，即现在的青海、甘肃、新疆、内蒙古一带，其后逐步发展至黄河流域，以后再传播至长江流域。中国历史上栽培的油菜种类都是白菜型和芥菜型油菜，甘蓝型油菜于1960年才引入中国。

油菜分冬油菜和春油菜，冬油菜产区主要在长江流域及其以南地区，春油菜产区主要在西北和华北偏北地区。目前，甘蓝型油菜在中国普遍种植；白菜型油菜多见于中国北部和西部高寒山区，在南方高海拔地区也有一定种植；芥菜型油菜主要种植在中国西南、西北等地。

2.3.2.2 主要特征特性

（1）植物学特征

油菜株型随其类型及品种不同而异。直根系，根圆锥形，入土50～70cm，最深可达100cm以上，侧支根较多，向水平方向分布。油菜茎在苗期短缩，抽薹后直立；表面光滑，或披蜡粉。白菜型油菜较矮小，分枝性强；芥菜型油菜株高，茎粗，分枝较少。白菜型油菜叶片较小，多全缘。芥菜型油菜叶片较大，有锯齿或缺刻，抽薹的茎出叶，叶具短柄。白菜型油菜茎出叶，在基部全抱茎着生。甘蓝型油菜茎出叶，半抱茎着生。

总状花序，顶生，发育于主茎或分枝，每一花序着小花10朵；花色黄。角果细长圆，长3～7cm、直径0.4～1.0cm，芥菜型油菜的角果一般短且细。每角果含种子10～30粒。种子圆形或卵圆形，种皮色有淡黄、金黄、淡褐、深褐乃至黑色，白菜型油菜种子种皮一般为淡黄或黑褐色。甘蓝型、白菜型、芥菜型油菜种子千粒重分别约3.5g、2.7g、2.2g。

（2）生物学特性

种子无休眠期，发芽最适温度16～20℃，最低温度2～3℃；条件适宜时，播后2～3d即可出苗。苗期耐低温，生育期长而冬性强的品种，短期−8～−10℃不受冻害；生育期短的春性品种，只能经受−2～−3℃低温。角果发育和种子成熟期间，要求天气晴朗、日照稍强，气温20～25℃为宜。秋播生育期180～220d；春、秋播种作短期绿肥，60～70d即进入花期。耐旱、耐渍、耐阴、抗病虫能力均弱于肥田萝卜，白菜型油菜的抗性表现相对较差。

2.3.2.3 绿肥栽培利用

油菜做绿肥利用，对后茬作物有较好的肥效。结角初期是单位面积油菜养分总量最高期。鲜草产量可达2000～3000kg/亩。如与玉米、小麦间作套种，白菜型油菜鲜草产量1000～1500kg/亩，芥菜型油菜则为1500～2000kg/亩。南方稻田，常采用紫云英+油菜、紫云英+油菜+黑麦草或苕子+油菜的方式混种。混种较之各品种单种，鲜草产量单位面积提高30%～50%。据全国30个点采样分析，新鲜油菜茎叶含干物质10.8%、碳（C）4.6%、氮（N）0.33%、磷（P）0.042%、钾（K）0.42%。油菜根系分泌的有机酸对土壤难溶性磷的活化能力较强，种植和翻压油菜后土壤有效磷增加。

白菜型油菜原本为蔬菜，既可以在幼苗期采集，也可以在抽薹时采摘菜薹作为蔬菜，待开花结角后翻压作绿肥。双低（低芥酸、低硫苷）甘蓝型油菜在蕾薹期也可采收油菜薹作为蔬菜食用。此外，油菜也是重要的观赏和蜜源作物。

2.3.3　二月兰

二月兰（*Orychophragmus violaceus*），十字花科（Brassicaceae）诸葛菜属（*Orychophragmus*）一年或越年生草本植物，又称诸葛菜、二月蓝。因在农历二月前后始开蓝紫色花，故称二月蓝。二月兰在中国广泛分布，东北、华北至长江流域均有野生或种植，西北的陕西、青海、新疆等地的农田果园也试种成功。

2.3.3.1　主要特征特性

（1）植物学特征

主根不明显，侧根发达，入土深 50 ～ 80cm。根系肉质。盛花期株高 40 ～ 70cm。基叶簇生，茎直立，无毛，浅绿色或带紫色。基生叶和下部茎生叶羽状深裂，叶基抱茎呈耳状，叶缘有钝齿；上部茎生叶长圆形或窄卵形，叶长 3 ～ 7cm、宽 2 ～ 3.5cm。叶柄长 2 ～ 4cm，疏生细柔毛。现蕾与抽薹几乎同步进行。

总状花序，顶生，着生小花 5 ～ 20 朵。花瓣中有幼细的脉纹，花多为蓝紫色或淡红色，杂有白色及粉红色；随着花期的延续，花色逐渐转淡。花梗长 5 ～ 10mm；花萼筒状，紫色，萼片长约 3mm；花瓣宽倒卵形，长 10 ～ 15mm、宽 7 ～ 15mm。角果细长，长 5 ～ 14cm。具 4 棱，裂瓣有 1 凸出中脊，喙长 1.5 ～ 2.5cm。种子卵形至长圆柱形，长 1 ～ 2mm，稍扁平，黄褐色至黑棕色。京津地区秋播，花期在 4 ～ 5 月，结角期在 5 ～ 6 月。

（2）生物学特性

短日照植物。耐寒性强，在我国大多地区能安全越冬。耐阴性强，在具有一定散射光的情况下，就可以正常生长、开花、结实。最适宜的生长和开花温度在 15 ～ 25℃之间。对土壤要求不高，既适应中性或弱碱性土壤，也能在酸性土壤中生长良好。在肥沃、湿润、阳光充足的环境下生长健壮，在阴湿环境中也表现良好。除潜叶蝇外，少有其他病虫害发生。

2.3.3.2　绿肥栽培利用

中国农业科学院农业资源与农业区划研究所于 2008 年首次将野生的二月兰用于绿肥种植，系统研究其营养特性及绿肥效应，目前已在华北、西北及南方等地推广应用。在北京玉米地秋季播种二月兰，至来年 4 月中旬翻压作玉米基肥，鲜草产量在 1100 ～ 1350kg/ 亩。盛花期植株养分含量（干基）：氮（N）2.96%、磷（P）0.42%、钾（K）2.75%。

在华北地区，二月兰秋季播种，苗期至返青期生长缓慢，进入蕾薹期后快速生长，在盛花期达到高峰。二月兰返青明显早于其他作物及杂草，是北方春季增加绿色覆盖、实现生物压制杂草的有效措施。其生命力顽强，即使在荒坡及较干燥地方也有较好的景观绿化效果。

2.4 禾本科绿肥资源

禾本科（Poaceae）植物适应性广，抗逆性强，繁殖系数高，生物量大，含碳量高，根系发达。作绿肥不仅能提高土壤有机碳的含量，有益于土壤团粒结构的形成，同时还能供给土壤矿质养分。可单独种植，也能与各种豆科绿肥作物混播，提高绿肥产量和品质。

2.4.1 黑麦草

黑麦草（*Lolium perenne*），禾本科（Poaceae）黑麦草属（*Lolium*）多年生、一年生或越年生草本植物。全世界有 20 多种，其中种植面积广泛的为多花黑麦草（*Lolium multiflorum*）和黑麦草（*Lolium perenne*）。多花黑麦草又称意大利黑麦草，一年生草本植物。黑麦草，又称宿根黑麦草，多年生草本植物。

2.4.1.1 起源与分布

黑麦草原产于欧洲地中海沿岸、北非及西南亚洲等地，是欧洲最古老的牧草之一。多花黑麦草主要分布于非洲、欧洲及西南亚洲，13 世纪已在意大利北部草地种植，故称意大利黑麦草。中国于 20 世纪 40 年代中期引进黑麦草和多花黑麦草栽培种。50 年代初在江苏盐城滨海地区试种，发现多花黑麦草耐瘠薄、耐盐、耐湿、适应性强，鲜草及种子产量均比黑麦草高，故生产上以多花黑麦草为主。

2.4.1.2 主要特征特性

（1）植物学特征

根系发达，入土深 100 ～ 110cm ；根系的垂直分布以 0 ～ 10cm 土层最多，其次是 10 ～ 20cm。茎直立或基部偃卧节上生根，圆柱形，中空，具 4 ～ 5 节，高 50 ～ 130cm ；分蘖能力强。叶由叶鞘、叶片、叶舌和叶耳组成。叶片扁平，长 10 ～ 20cm、宽 3 ～ 8mm，无毛。

穗状花序，由带节的穗轴和着生其上的小穗组成，长 15 ～ 30cm、宽 5 ～ 8mm。穗轴柔软，节间长 10 ～ 15mm，无毛。小穗含 10 ～ 15 朵小花，长 10 ～ 18mm、宽 3 ～ 5mm。颖披针形，质地较硬，具 5 ～ 7 脉，长 5 ～ 8mm，通常与第一小花等长。外颖长圆状披针形，长约 6mm，具 5 脉，基盘小，具长约 5 ～ 15mm 的细芒，或上部小花无芒。颖果长圆形，长为宽的 3 倍。穗成熟时为淡黄色，种壳淡黄色，种子千粒重 2.2g 左右。

（2）生物学特性

喜温润气候。耐低温，10℃左右生长良好，27℃以下生长最适宜，35℃以上生长不良。

1 月平均温度不低于 0℃，绝对低温不低于零下 16℃均可种植，对越冬有利。耐盐碱，在含盐量 0.25% 以下的土壤中生长良好，土壤含盐量高于 0.4% 则不能出苗生长。耐瘠薄能力强，在新平整的土地或新垦的盐碱地及红壤上均可生长，适宜土壤 pH 为 4.7 ～ 9，在壤土或黏土上均可种植。生长期分蘖、再生能力强，耐割耐收。

2.4.1.3 绿肥栽培利用

生长迅速，冬前早发，鲜草产量高。秋季播种，次年可刈割 3 ～ 5 次，鲜草产量 2000 ～ 2500kg/ 亩；在良好的水肥条件下，鲜草产量可达 5000kg/ 亩。鲜草含氮（N）0.248%、磷（P）0.03%、钾（K）0.44%，以冬前阶段、越冬期和返青期的鲜草含氮量高。黑麦草根系发达，根系产量可达 1000 ～ 1500kg/ 亩，地上部刈割作饲草后，根茬还田也有很好的培肥改土及增产效果。在生产中，将黑麦草与豆科绿肥作物混播，能提高绿肥产量和养分含量。

2.4.2 鼠茅草

鼠茅草（*Vulpia myuros*），禾本科（Poaceae）鼠茅属（*Vulpia*）一年生或越年生植物，中国植物分类名为鼠茅。分布于欧、亚、美、非各洲。中国江苏、浙江、江西、广西、西藏及台湾有野生种，目前生产上栽培利用的鼠茅草引自日本，在山东半岛果园广泛种植，在南方果园也多有种植。

2.4.2.1 主要特征特性

（1）植物学特征

丛生，种子成熟后自然倒伏。须根系，根系发达，一般深 30cm，最深达 60cm。秆直立，细弱，光滑，株高 40 ～ 60cm，直径约 1mm，具 3 ～ 4 节。叶线状，色绿，长 7 ～ 11cm，宽 1 ～ 2mm，内卷；叶鞘光滑无毛，叶舌长 0.2 ～ 0.5mm。

圆锥花序，长 10 ～ 20cm、宽约 1cm；小穗长 8 ～ 10mm（不含芒），每穗含 4 ～ 5 朵小花；颖先端尖，第一颖长约 1mm，第二颖长 3 ～ 4.5mm；外稃狭披针形，背部近于圆形，粗糙或边缘具较长的毛，具 5 脉，第一外稃长约 6mm，先端延伸成芒，芒长 13 ～ 18mm。颖果红棕色，长约 4 ～ 5mm。

（2）生物学特性

耐冷凉而不耐高温。在山东胶东地区 8 月播种、长江以南地区在 9 月中下旬至 10 月上旬播种较适宜，翌年 3 ～ 5 月为旺长期，在地面形成 20 ～ 30cm 草层。6 月上中旬种子成熟后，茎倒伏形成枯草层，厚度达 7cm 左右，形如草毯。种子能落籽自生。

2.4.2.2 绿肥栽培利用

目前，鼠茅草主要用于果园人工生草，能够抑制杂草生长，减少土壤侵蚀。根系密集穿插土壤，增加土壤通气性。夏季枯草覆盖后，保水保墒。根茎叶腐烂后，增加土壤有机质含量，改善土壤结构。

2.5 水生绿肥资源

常用的水生绿肥为“三水一红”，即水葫芦、水浮莲、水花生和红萍。发展水生绿肥，不占用耕地，在开辟肥源途径的同时改善水系及农田生态环境，具有一举多得的应用价值。水生绿肥分布广泛，以红萍分布最广，南至琼、粤、桂，西南、西北可抵滇、陕、甘，北至辽、吉、黑，均能生长、利用。

2.5.1 红萍

红萍（*Azolla* spp.），植物分类名为满江红，也称绿萍、红浮萍等，槐叶蘋科（Salviniaceae）满江红属（*Azolla*），为水生小型漂浮蕨类植物。满江红属有 2 个亚属，即三膘满江红亚属（*Subgen. Azolla*）和九膘满江红亚属（*Subgen.Rhizosperma*）。三膘满江红亚属有 5 ～ 6 种，分别分布于欧洲、美洲、亚洲和大洋洲。九膘满江红亚属有 2 ～ 3 种，分布于亚洲和非洲。中国的红萍野生种，从海南岛到北纬 37° 的黄河中下游以南地区各地均有分布。

红萍是蕨类和藻类的共生体，具有生物固氮功能。蕨类为其叶腔中生存的满江红鱼腥藻（*Anabaena azollae*）提供碳水化合物，鱼腥藻则可将空气中的氮气吸收并转化为有机态氮，进而合成氨基酸和蛋白质。因此，红萍在贫瘠的水质条件下仍能繁殖生长。

中国是世界上利用红萍最早的国家，作为水生绿肥、饲料或饵料已有几千年的历史。早在北魏贾思勰所著的《齐民要术》中就有红萍的记载。明朝末期以来，东南沿海许多地方府志都有红萍作为稻田肥料的记述。在中国，红萍最早由福建、浙江、广东传播到南方各省并大范围应用，因此中国长江流域以南的稻区曾经都有利用红萍的历史。随着国外红萍资源的引进、新品种的育成和越夏越冬技术的研究改进，红萍可在我国南方各地水田利用。

2.5.1.1 主要特征特性

（1）植物学特征

红萍的根属于不定根，着生于茎基部下侧，多为单生，长 2 ～ 3cm，呈圆锥形悬垂于水中。幼时绿色，含叶绿体；老时褐色，逐渐衰老而脱落。幼根的外部有根套，随幼根的生长根套脱落或破裂，根毛向四周散开，根也随之延长。健壮萍体，根系发达，一般有根约 10 条甚至更多，大约每 5 ～ 10d 换根一次。

植物体呈不规则四方形、卵形或三角状，根状茎细长，横卧或直立，上面被叶片覆盖。茎绿色，羽状分枝或假二歧分枝，通常横卧漂浮于水面，在水浅或植株生长密集的情况下，茎可高出水面 5cm，易折断。叶小如芝麻，互生，无柄，覆瓦状排列成两列互生于茎上，每个叶片深裂而分为背裂片和腹裂片两部分，背裂片长圆形或卵形，肉质，绿色，但在秋后常变为紫红色，边缘无色透明，上表面密被乳状瘤突，下表面中部略凹陷，基部肥厚形成共生腔，腔内共生鱼腥藻；腹裂片贝壳状，无色透明，多少饰有淡紫红色，斜沉水中，当茎直立并长出水面时，则腹裂片向背裂片形态转化，具有和背裂片同样的光合作用功能。叶片内的花青素会因外界温度的影响由绿色变为红色或黄色。

在自然生长条件下，多数红萍品种无法形成孢子果或无法同时形成大小孢子果。因此，无性繁殖是红萍的主要繁殖方式。孢子果是在侧枝第一叶的叶腋间发生，其形态、结构是分类的重要标志。孢子果有大小两种，多为双生，少为 4 个，簇生于侧枝的基部，大孢子果位于小孢子果下面。大孢子果，是红萍的雌性生殖器官，体积小，长圆锥形，顶部喙状，内藏一个大孢子囊，大孢子囊只产一个大孢子，大孢子顶端覆盖着 3 ～ 9 个无色海绵状浮膘和鱼腥藻；小孢子果，是红萍的雄性生殖器官，体积是大孢子果的 4 ～ 6 倍，呈球形或桃状，顶端有短喙，果壁薄而透明，内含多个具长柄的小孢子囊，每个小孢子囊内有 32 或 64 个小孢子，分别埋藏在 5 ～ 8 块无色透明海绵状的泡胶块上，泡胶块上有丝状毛。

（2）生物学特性

对温度敏感，温度的变化直接影响其生长速率和固氮能力。最适温度是 25℃左右，在此温度下，如果其他环境条件适宜，一般 3 ～ 5d 可增殖一倍。温度 10℃以下和 25℃以上，叶片可能转红，繁殖能力减弱。5℃以下或 43℃以上，生长基本停止。0℃以下或 45℃以上易受冻害、热害。因此，在南方的生长旺季在 3 ～ 5 月及 9 ～ 11 月。光照是红萍生长的必备条件，低于 3000lx 的环境下难以长期生存。在低光照条件下，植株一般为嫩绿色，不结孢子果，根系短小，生长势弱，碳氮比值低。

红萍对磷钾养分的要求比较高。磷是决定红萍固氮和光合强度的重要元素。磷素不足，其生长和固氮受到影响。钾素能促进其光合作用，增强抗寒性能，促进共生蓝藻生长。钾素不足时，萍体瘦弱变黄、根系退化。正常生长的植株，在无氮条件下能良好生长。红萍群体密度提高会逐渐抑制个体的生长，随着群体密度的增加，其生长率和固氮量会下降。

2.5.1.2　种质资源

由于大部分红萍资源在自然条件下不产生生殖器官或无齐全的雌雄生殖器官，因此，红萍种质资源主要依靠营养体培养的方式进行保存。20 世纪 80 年代，在福州市建立了红萍种质资源保存圃。目前，该圃保存了来自美国、德国、澳大利亚等 32 个国家及国内 18 个省、市收集的红萍，共 560 余份种质资源，并建立茎尖组培、温室水培和网室土培的三级长期保存体系，是目前世界上收集品系最多的红萍资源圃。

根据孢子的形态和结构，在植物分类学上，一般将红萍分为 7 个种、2 个亚种（表 2-15）。在生产上主要应用的种类有：细绿萍、卡州萍、小叶萍、羽叶萍和中国萍（覆瓦状萍）。

表2-15　红萍主要种的分布及特点

种名	拉丁名	原产地	主要特点
细绿萍	*Azolla filiculoides*	智利、巴西、玻利维亚	抗寒、高产、耐盐、怕热
日本萍	*Azolla japonica*	日本四国、九州	抗寒、耐盐、怕热
卡州萍	*Azolla caroliniana*	南北美洲	耐热、抗虫

续表

种名	拉丁名	原产地	主要特点
墨西哥萍	*Azolla mexicana*	美国、墨西哥	耐热、怕寒、结孢多
小叶萍	*Azolla microphylla*	美洲热带和亚热带地区	个体大、具芳香、耐热、怕寒
洋洲萍	*Azolla rubra*	澳大利亚、新西兰	色茜红、直立性差、产量低
尼罗萍	*Azolla nilotica*	非洲中部地区	个体大、难养殖
羽叶萍	*Azolla pinnata*	澳大利亚、东南亚	羽状分枝、萍体较大、春发性好
覆瓦状萍	*Azolla imbricata* var. *imbricata*	中国	分布广、羽状分枝、主轴不明显

2.5.1.3 绿肥放养利用

红萍光合作用高效，具有生物固氮功能并可高效吸收利用水体中的磷钾等营养物质，因此繁殖迅速。利用红萍作水生绿肥，不仅能开辟重要的绿肥来源，也有重要的环境保护意义。在春、秋季节放养，每 20d 左右即可收获鲜萍 1500 ～ 2000kg/ 亩，全年可收获鲜萍超过 13.5t/ 亩。根据全国 11 个省 124 个样品的分析结果，红萍干物质平均含量为 7.94%，干物质中氮（N）含量平均为 3.61%；新鲜萍体含有机碳 2.9%、氮（N）0.23%、磷（P）0.029%、钾（K）0.18%。红萍作稻田绿肥，可作基肥，也可作追肥。在有机稻米生产中，可以用红萍作为全部的肥料来源。20 世纪 80 年代福建省农业科学院研究提出的“稻-萍-鱼”“稻-萍-鸭”生态农业模式，既稳定了稻田产出，又可以减少 50% ～ 70% 的化肥和农药使用。

2.5.2 水葫芦

水葫芦，学名凤眼莲（*Pontederia crassipes*），雨久花科（Pontederiaceae）凤眼蓝属（*Eichhornia*）的多年生水生草本植物，又称凤眼蓝、水荷花、野荷花、洋水仙等。原产南美洲巴西，中国首见于珠江流域，主要广布于长江、黄河流域及华南、西南各省沟渠、河流和湖库水域。

2.5.2.1 主要特征特性

（1）植物学特征

浮生水面，高 30 ～ 50cm。须根发达，长达 15 ～ 25cm，丛生于短缩茎上，悬垂于水中呈分散状。茎为缩短茎，实心，节间不明显，具长匍匐枝，匍匐枝与母株分离后长成新植株。叶在基部丛生，莲座状排列，一般 6 ～ 14 片。叶片圆形、宽卵形或宽菱形，长 4.5 ～ 14.5cm、宽 5 ～ 14cm，全缘，具弧形脉，深绿色，表面光滑有蜡质，叶肉肥厚，两边微翘，顶部略向下翻卷。叶柄长 5 ～ 20cm，中下部膨大成葫芦状，内为海绵组织，有气室，黄绿色至绿色。叶柄基部有鞘状苞片，长 8 ～ 11cm，黄绿色。叶腋具腋芽，能抽出匍匐枝，顶端长出分株。

花葶从叶柄基部的鞘状苞片腋内伸出，长 34 ～ 46cm，多棱。穗状花序长 17 ～ 20cm，通常具 9 ～ 12 朵花。花冠直径 4 ～ 6cm，瓣状，卵形、长圆形或倒卵形，紫蓝色；四周花瓣淡紫红色，中间花瓣蓝色，在蓝色花瓣的中央有一黄色圆斑，形似凤眼。蒴果，卵形，每蒴果有种子 30 ～ 150 粒，种子微小。在自然条件下，结实率低。花期 7 ～ 10 月，果期 8 ～ 11 月。花分批开放，每次每莛开 1 朵，花期 1 ～ 2d，凋谢后花茎弯曲伸入水中，受精子房在水中发育成熟。

（2）生物学特性

喜温暖湿润、阳光充足的环境，光照较弱的荫蔽地方也能生长，尤喜流速不大的浅水水体。适宜水温 18 ～ 25℃，超过 40℃时生长受到抑制，在 43℃以上则逐渐死亡。气温 13℃以上开始繁殖，20℃以上长势加快；有一定耐寒性，1 ～ 5℃能在室外自然越冬，0℃以下叶片枯萎，但其根茎和腋芽经短期冰冻仍保持生长活力。耐肥、耐瘠薄，适应性强，繁殖迅速，生物量大。

2.5.2.2 绿肥放养利用

水葫芦繁殖快，一般水面年产新鲜体 26.6 ～ 40t/ 亩。对氮、磷、钾、钙等多种元素有较强的富集作用，其中对钾的富集作用尤为突出。据分析，水葫芦干物质含氮（N）2.8% ～ 3.5%、磷（P）0.18% ～ 0.44%、钾（K）1.66% ～ 2.90%。收集后直接埋压作绿肥，其肥效较高。可堆沤制成有机肥或用其厌氧发酵生产沼气。

控制性放养水葫芦，是治理湖泊污染的重要生物手段。在富营养化的水体中，每亩生长茂盛的水葫芦每天能从水体中吸收氮（N）2.9kg、磷（P）0.5kg。水葫芦对砷的反应敏感，当水体中含砷 0.06mg/L 时就中毒受害，可作为地表水砷污染监测的指示植物。同时还可净化水中汞、镉、铅等重金属及其他有机污染物，且净水效率高。

2.5.3 水浮莲

水浮莲，学名大薸（*Pistia stratiotes*），天南星科（Araceae）大薸属（*Pistia*）多年生漂浮草本植物，又名水白菜、天浮萍、水浮萍、大萍叶、水荷莲、肥猪草等，在全球热带及亚热带地区均有分布。在中国福建、台湾、广东、广西、云南等地的热带、亚热带地区野生。经人工养殖，在湖南、江西、湖北、江苏、浙江、安徽、山东、四川等省也有分布。

2.5.3.1 主要特征特性

（1）植物学特征

根系发达，须根呈羽状、细长，密集悬浮于水中。主茎节间缩短，称“缩短茎”，叶腋能生匍匐茎，顶端可生出新株。叶簇生成莲座状排列在缩短茎上。叶片因发育阶段不同呈倒三角形、倒卵形、扇形或倒卵状长楔形，长 1.3 ～ 10cm、宽 1.5 ～ 6cm，先端截头状或浑圆，基部厚。叶脉扇状伸展，背面明显隆起成折皱状。叶面密生茸毛，叶肉疏松，有发达的通气组织。

花白色，长在叶腋间，呈螺旋排列。肉穗花序，具佛焰苞，长约 0.5 ～ 1.2cm，外被茸毛。水浮莲雌雄同株，异花授粉。其开花结实不一致，在夏季高温多雨季节，陆续开花结实，花期 5 ～ 11 月，江浙一带 7 月开花，北京 8 月开花，从开花到种子成熟需 60 ～ 80d。果实为浆果，果皮薄，含种子 10 ～ 20 粒；种子腰鼓形，黄褐色，千粒重 1.5g 左右。种子成熟时，果皮裂开，自然脱落入水。成熟种子也可繁殖。

（2）生物学特性

喜光，喜高温多雨环境，耐热怕寒。适宜于在平静的淡水池塘、沟渠中生长。气温在 10 ～ 40℃均能生存，最适温度 30℃左右。在有霜地区，则作为青绿饲料进行人工放养。华东地区 4 ～ 10 月为其生长期。主要靠分株繁殖，繁殖速度快，夏季晴天高温时，10d 左右可增殖 7 ～ 8 倍，一年新鲜体产量可高达 50t/ 亩。高温多雨的热带地区，生物量更高。

2.5.3.2 绿肥放养利用

水浮莲可以作绿肥利用，鲜草含氮（N）0.22%、磷（P）0.029%、钾（K）0.09%，既可以作基肥，也可以作追肥。水浮莲含水较多，纤维少，比较柔嫩，是南方养猪普遍利用的一种青饲料。常打浆或切碎混以糠麸喂猪，多为生喂或发酵后喂，也可制成青贮饲料。

2.6 其他科属绿肥资源

2.6.1 小葵子

小葵子（*Guizotia abyssinica*），菊科（Asteraceae）小葵子属（*Guizotia*）一年生草本植物，别称油菊。原产热带东非高原。在国外较广泛地种植于埃塞俄比亚和印度，是埃塞俄比亚主要油料作物，在东南亚和西欧一些国家以及苏联、日本也有栽培。1972 年我国从缅甸引入小葵子用作油料作物种植，1975 年开始推广种植，现小葵子主要分布于南自云南、北至淮北的多个地区 [19]。

2.6.1.1 主要特征特性

（1）植物学特征

直根系，主根明显，侧根多，根颈以上 2 ～ 3 节处有不定根。茎直立，高 1 ～ 3m，圆柱形、中空，被糙硬毛，具紫色斑点，茎粗 1 ～ 2cm。分枝能力强，枝绿色至紫色，老枝常呈黑紫色。小叶对生，肉质，长椭圆形、披针形，半抱茎，边缘具疏锯齿，两面疏被柔毛，无叶柄。

头状花序顶生或腋生，每朵花序内有多个黄色小花，边缘为舌状花，舌片 8 ～ 10 片，黄色；中央为管状花。花序下有一轮总苞。单株有花数十朵至数百朵，单株开花时均由中心向两侧，由上而下开放；花序中的小花则由外围向中心逐渐开放。着生部位不同，小花开放至凋谢需 5 ～ 7d。凋谢后一般 15d 果即成熟。瘦果，黑色，具 4 棱；种子披针矩形，黑色有光亮，长约 4 ～ 5mm、宽 1.0 ～ 1.5mm，千粒重 3.5 ～ 4.0g。

（2）生物学特性

小葵子为短日照植物，喜光、热，怕霜冻，生长发育快。适宜生长温度为 13 ～ 35℃。不耐荫蔽，生境需较好的通风透光条件。对土壤要求不严，但仍以土层较厚、排水较好和肥力较高的砂质土壤生长为宜。耐干旱，要注意防涝排渍，久旱时需要灌水以促进其生长。少有病虫危害。在云南春秋季种植 30 ～ 35d 开花，花期约 30d，全生育期 140 ～ 160d。在安徽合肥春季播种，生育期为 160 ～ 180d。适宜在冬春季灌溉条件好的低海拔地区或低热河谷区种植。

2.6.1.2 绿肥栽培利用

小葵子鲜草产量高，富集钾的能力强，被认为是富钾绿肥。在四川成都麦茬后中稻之前或稻茬后小麦前播种，生长 40 多天即可翻耕。鲜草含氮（N）0.13% ～ 0.32%、磷（P）0.07% ～ 0.14%、钾（K）0.25% ～ 0.65%。鲜草产量 2000 ～ 6000kg/ 亩，种子产量 20 ～ 30kg/ 亩。适宜播种时期长，在云南海拔 1000m 以下地区，一年可播种 3 次，作小春作物栽培在 8 ～ 10 月播种，作大春作物在 5 ～ 6 月播种；在四川省西部为 3 ～ 9 月，苏皖一带为 4 ～ 8 月。春播时可与玉米、棉花等宽行作物同期间种，生长约 40d 压青。

2.6.2 商陆

商陆（*Phytolacca acinosa*），商陆科（Phytolaccaceae）商陆属（*Phytolacca*）多年生草本植物，又名章柳、山萝卜、见肿消、王母牛、倒水莲、金七娘、猪母耳、白母鸡等。全国各地均有野生，主要分布在华中及长江以南红壤地区，京津及以南区域亦多见。

2.6.2.1 主要特征特性

（1）植物学特征

植株高 0.5 ～ 1.5m。肉质根肥大，倒圆锥形。茎直立，圆柱形，有纵沟，肉质，绿色或红紫色，多分枝。叶片椭圆形、长椭圆形或披针状椭圆形，长 10 ～ 30cm、宽 4.5 ～ 15cm，顶端急尖或渐尖，基部楔形；叶柄长 1.5 ～ 3cm，基部稍扁宽。

穗形总状花序，顶生或与叶对生，圆柱状，直立，密生多花；花序梗长 1 ～ 4cm；花梗细，长 6 ～ 13mm；花两性，直径约 8mm。果穗直立或下垂；浆果扁球形，直径约 7mm，幼时青绿色，成熟时为黑色。种子肾形，黑色，长约 3mm。花期 5 ～ 8 月，果期 6 ～ 10 月。

（2）生物学特性

商陆生长最适温度为 15 ～ 28℃，温度低于 10℃时生长受到抑制。在北京可越冬。在鲁西北地区，一般 3 月下旬返青，叶片生长迅速，4 月下旬茎的生长进入旺盛期。5 月上中旬，商陆一级花序开始抽放和生长，5d 后抽放二级花序，并以大致相同的间隔时间抽放三级、四级、五级花序。由种子萌发的商陆幼株在当年 7 月初可形成一级花序，至 8 月中旬三级花序开始生长。自花授粉，小花开放授粉受精后，幼果即开始迅速生长发育。自 9 月中旬，种子可陆续采摘。对土壤要求不严，耐酸碱、贫瘠，抗旱，少病虫害，易栽培管理。

2.6.2.2 绿肥栽培利用

商陆枝叶鲜嫩，压青后易于腐烂分解、释放养分，是培肥改土的先锋作物。湖南地区植株干草平均含氮（N）3.93%、磷（P）0.63%、钾（K）3.27%。两年以上的商陆地上部分，一年能收割两次，第一次收割于盛花期的5月上中旬，能收获新鲜茎叶1000～1700kg/亩；第二次收割于8月中下旬，收获新鲜茎叶2500～3000kg/亩。根据湖南省农业科学院的研究结果，在土壤有效钾含量偏低的条件下，商陆对土壤矿物钾具有一定的活化能力，吸收土壤缓效钾的量占其总吸收钾量的81.2%，是有价值的富钾绿肥[20]。

参考文献

[1] 焦彬．中国绿肥．北京：农业出版社，1986.
[2] 江西省农业科学院作物研究所．绿肥栽培与利用．上海：上海科学技术出版社，1982.
[3] 林多胡，顾荣申．中国紫云英．福州：福建科学技术出版社，2000.
[4] 中国科学院西北植物研究所．秦岭植物志．北京：科学出版社，1981.
[5] 戴平安，郁蓉芬，李莉．紫云英品种资源收集、整理和鉴定 // 中国农业科学院土壤肥料研究所．中国绿肥品种资源研究专集 .1987.
[6] 王泽圣，舒若耆．苕子品种资源收集、整理、鉴定研究 // 中国农业科学院土壤肥料研究所．中国绿肥品种资源研究专集 . 1987.
[7] 洪汝兴，李荣．箭筈豌豆资源研究 // 中国农业科学院土壤肥料研究所．中国绿肥品种资源研究专集 . 1987.
[8] 凌绍淦，余志忠．蚕豆品种资源整理及选择鉴定研究 // 中国农业科学院土壤肥料研究所．中国绿肥品种资源研究专集 . 1987.
[9] 全国绿肥试验网资源协作组．全国绿肥品种资源整理、鉴定研究和编目 // 中国农业科学院土壤肥料研究所．中国绿肥品种资源研究专集 . 1987.
[10] 凌绍淦．田菁品种资源观察整理鉴定研究 // 中国农业科学院土壤肥料研究所．中国绿肥品种资源研究专集 . 1987.
[11] 任素坤．全国柽麻品种资源收集整理与鉴定 // 中国农业科学院土壤肥料研究所．中国绿肥品种资源研究专集 . 1987.
[12] 王鹤桥．秣食豆品种资源整理鉴定与评价研究 // 中国农业科学院土壤肥料研究所．中国绿肥品种资源研究专集 . 1987.
[13] 安徽省农业科学院土壤肥料所．泥豆品种资源收集保存 // 中国农业科学院土壤肥料研究所．中国绿肥品种资源研究专集 . 1987.
[14] 吕福海，包兴国，刘生战．山黧豆品种资源研究．作物品种资源，1990(3):17-19.
[15] 陕西省农业科学院土壤肥料所．紫花苜蓿鉴定报告 // 中国农业科学院土壤肥料研究所．中国绿肥品种资源研究专集 . 1987.
[16] 张保烈，张士文．关于我国草木樨品种资源研究 // 陈礼智．绿肥在持续农业中的地位和作用—中国绿肥研究论文集．沈阳：辽宁大学出版社，1992.
[17] 莫世鳌．我国草木樨的引种推广经过．草业科学，1991（3）:66-67,71.
[18] 苏盛发．我国沙打旺研究进展 // 陈礼智．绿肥在持续农业中的地位和作用—中国绿肥研究论文集．沈阳：辽宁大学出版社，1992.
[19] 小葵子在昆明地区引种成功．云南植物研究，1976（1）:22-25.
[20] 彭科林，易凤银．富钾绿肥资源筛选及应用研究．土壤通报，1992（5）: 229-231.

中国肥料研究与应用全书

Books of Fertilizer Research and Application in China

FERTILIZER

第3章

绿肥种植与管理

3.1 绿肥资源配置

3.1.1 配置原则

3.1.1.1 生态适应性

绿肥作物的生态适应性是其长期进化过程中系统发育的结果，是经过自然和人工选择形成的一种遗传特性。绿肥作物的生态适应性是指在一定区域绿肥作物的生物学特性及其对生态条件的要求与区域实际环境条件的匹配程度，是绿肥合理配置的生态学基础。

在制定一个区域的绿肥配置时，首先要强调因地种植，根据当地生态条件（光、温、水、土等资源特征）选择生态适应性最好的绿肥种类及品种，可以收到产量高、养分截获量大、投资少以及效益高的效果。例如，在光照资源丰富但热量不足的青海等高原冷凉地区，选择箭筈豌豆、大麦等早生速发的喜凉绿肥种类和品种有利于获得更多的生物量和养分截获量；在资源性缺水严重的干旱、半干旱地区选择抗旱性强的绿肥品种，如毛叶苕子，能利用有限水资源获得更高的绿肥产量；在盐碱地选择耐盐性强的田菁等，不仅可以得到一定的绿肥生物量，也有利于盐碱地的改良。其次是强调趋利避害，发挥优势。虽然一个地区生态条件有好坏之分，但在多数情况下，绝对的好坏是不存在的。例如，在土壤瘠薄地区或山区坡地种植小麦、玉米等大田作物往往得不偿失，但种植绿肥却是一大优势；在一季有余两季不足、复种指数低的地区，可以在粮、菜、经作物收获后复种绿肥；在主栽作物生育期很紧或复种指数高的地区，间套作是一种理想的绿肥配置模式。

3.1.1.2 生态位互补

实践表明，一些绿肥与绿肥、绿肥与主作物之间有明显的互补效应，通过一定的时间、空间配置，能够实现两类及几类作物生长的相互促进。其中，一些绿肥作物经过混播、间作等措施，能够比各自单独种植获取更高的生物量、养分累积量，或者是以比较小的资源占用获取较多的物质转化。例如，黑麦草与紫云英、黑麦草与山黧豆混作时，比各自单作有明显的生长优势。在绿肥生产实践中，应当优先考虑这些资源的合理配置。苜蓿复种玉米，曾经被认为是不太友好的配置方式，但事实上，通过合理的时间和空间管理，苜蓿对玉米生长有非常明显的促进作用。因此，在有条件的地区，为玉米配置绿肥时，应优先考虑这个方式。

绿肥是一类作物，其生长发育需要有一定的生长期，占用耕地、光照、热量、水分、养分等资源。将绿肥纳入主栽作物生产系统，与主栽作物在生长资源方面势必会产生互作关系。在主栽作物稳产、丰产、优质的前提下，根据生态位互补假说协调好绿肥与主栽作物资源竞争互补作用，形成种间对资源利用的时空分异，是合理配置绿肥的基本原则。

首先，合理的绿肥配置应与主栽作物形成时间分异。绿肥生产不能以牺牲主栽作物生育期为代价，应充分利用主栽作物生育期以外的农田休闲期及主栽作物生育期以内可以利用的空间，采用复种、间作套种等模式错期种植绿肥，以此缓解绿肥与主栽作物对生长期资源的争夺。在农田休闲期较短的区域，可以选配一些早生速发、生育期较短的绿肥品种，充分利用生长期，以获得较高的绿肥产量和养分截获量。通过选择适宜绿肥种类和播期调控等栽培措施，使其与主栽作物对关键生长资源的需求高峰期在时间尺度上形成错位，可以有效缓解种间竞争作用，增强种间互补效应。例如，在甘肃省河西绿洲灌区，喜温作物玉米播期为4月下旬，可以选择耐低温、早生速发、生育期短的豆科绿肥与玉米间作，绿肥于3月下旬播种，在玉米大喇叭口期前将进入开花期的绿肥压青还田，避免在玉米水肥需求高峰期与之发生竞争。

其次，在作物群体结构的配置方面，可以将间套作中主栽作物的窄行大株距改为宽行小株距。通过绿肥种类选择，与主栽作物地上部形成高矮搭配、地下部根系深浅相宜的空间分异结构，降低绿肥与主栽作物间的光照、水分、养分等资源竞争。

最后，在绿肥配置时需明确不同绿肥与主栽作物对环境资源的竞争互补关系，根据种植目标选择对主栽作物资源互补作用大的绿肥种类。例如，对于需氮量较大的小麦、玉米等禾谷类主栽作物，应选择生物固氮能力强的豆科绿肥；需改善主栽作物磷养分环境时，可选择具有解磷功能的十字花科绿肥；对于马铃薯、烟草等对钾元素需求特殊的主栽作物，应选择一些富钾能力强的绿肥种类。

3.1.1.3　茬口衔接性

无论应用复种轮作或间套作带状轮茬的形式种植绿肥，必须综合考虑绿肥与主栽作物的茬口特性，以保证前后作茬口衔接性的科学合理。茬口特性是指栽培某一作物后的土地生产性能，是在一定的气候、土壤条件下作物本身的生物学特性及其措施对土壤共同作用的结果。因此，绿肥茬口的优劣会影响到主栽作物产量的高低，主栽作物形成的茬口也会作用于绿肥生物量及养分截获量。根据不同作物的茬口特性，选择适宜绿肥种类，应考虑以下三个影响茬口特性的因素。

（1）时间因素

前作收获和后作播种、移栽季节的早晚，是茬口季节特性的表现。例如南方的冬绿肥-一季稻模式，前作为冬绿肥，还田时间较早形成“早茬”，为后茬水稻留有一定的农闲期，有充分的时间施肥、整地，土壤熟化好，有效态养分丰富。反之，如果主栽作物为前茬收获较晚，形成“晚茬”，例如北方的小麦复种绿肥模式，给后茬绿肥留有的生长时间过短，则会影响绿肥鲜草产量和养分量。

（2）生物因素

包括作物本身、病虫草和土壤微生物区系及活动等。作物本身生物学特性对茬口特性有影响，不同作物收获后土壤有机质和各种营养元素含量不同，表现出不同的茬口肥力特性。接茬豆科绿肥的作物，在施肥较少的情况下，也能有较好的收成。不同作物生长期间对土壤的微生物区系、种类和数量影响不同，某些微生物结构和数量的改善对后茬作物的表现有益。接茬绿肥的小麦根际细菌数、土壤细菌数与土壤固氮菌数量明显高于夏玉米茬和休闲茬小麦地，绿肥茬小麦耕层土壤腐殖质含量也显著高于夏玉米茬和休闲茬小麦地[1]。前茬作物病虫草害对茬口特性也有显著影响。前茬绿肥病虫害严重，对同科属的后茬主栽作物会产生不良影响。病虫杂草严重的农田，接茬种植与主栽作物相同科属的绿肥，其不良后果还有积累作用。

（3）栽培措施因素

作物生长过程中所采取的各项农艺技术措施，如土壤耕作、施肥、灌溉、施用农药等对作物茬口特性的形成有深刻影响。应将绿肥-主栽作物生产系统作为统一整体考虑，采取连续性的栽培管理措施，措施得当可使当季绿肥和后季主栽作物均受益。

前茬作物对土壤产生影响并通过土壤影响其后茬作物，茬口特性的好坏最终体现在后茬作物的生长发育和产量上。明确绿肥和主栽作物的茬口特性，有利于合理地配置绿肥进行轮作换茬，提高或改善后茬主栽作物的产量和品质。但值得注意的是，作物的茬口特性是复杂的，茬口的好坏是有条件的，也是相对的。茬口好坏要看和什么作物相比，还要看在什么地方，以及在什么条件下。一般认为豆科绿肥是许多作物的好茬口，但对啤酒大麦则因种子含氮量高，使酿造啤酒品质差，不是好茬口。因此，对作物茬口特性评价要全面考虑，不能脱离特定的作物、地点和时间，否则不可能正确地为轮作或连作选择合理茬口。

3.1.2 填闲复种

填闲复种的目的是充分利用气候和耕地资源，实现用地与养地相结合。其主要方式是粮肥复种，即在同一块田内、在一个年度或一个年周期内，按照不同生育季节，种植一茬以上的粮食作物和绿肥作物。粮肥复种的方式，可采取粮肥接茬复种，也可以在粮食作物生长后期套种绿肥，增加绿肥作物生长时间，称之为粮肥套复种。粮食作物是前茬、绿肥是后茬，称为粮肥复种；反之，绿肥是前茬、粮食作物是后茬，则称为肥粮复种。

（1）稻稻肥复种

这种复种形式主要分布在长江以南，早稻收获后移栽晚稻，晚稻收获前20d左右在稻行内撒播紫云英、苕子、金花菜、肥田萝卜等绿肥，也可以利用几种绿肥混播，第二年早稻插秧前就地翻压绿肥作早稻基肥。在晚稻收获早的地区，也可在晚稻收获后播种绿肥。

（2）稻肥复种

在淮河以南的一季稻区，一季稻收获前20d左右套种或收获后播种绿肥，第二年在一季稻移栽前翻压绿肥。

（3）麦肥稻复种

在黄淮以南地区，麦类5月收获，立即复种一茬速生早发的柽麻、田菁、绿豆等夏绿肥，一般生长35～40d，每亩可获500kg左右鲜草，翻压绿肥后再移栽水稻。

（4）麦稻肥复种

在麦茬中稻收后复种一茬柽麻、绿豆、田菁等绿肥，种麦前翻压绿肥，为麦田提供肥料。

（5）油稻肥复种

油菜收后移栽早稻，早稻收后立即种植田菁、柽麻等速生绿肥，翻压绿肥后种植小麦等。

（6）肥稻复种

北方一季稻区，利用水稻插秧前，早春顶凌播种一茬箭筈豌豆、香豆子、草木樨、油菜、大麦等春季绿肥，水稻移栽前翻压绿肥。春季绿肥可以单种，也可以混种以提高绿肥鲜草产量。

（7）麦肥复种

在一年一麦地区，实行麦肥复种，可以大幅度提高小麦单产。西北地区麦收后复种或在麦田管理后期套种箭筈豌豆、草木樨、香豆子、毛叶苕子等绿肥。若麦田套种绿肥，建议小麦高茬收割，割后要及时灌水，一般冬前翻压绿肥或刈割鲜草喂养牲畜。东北春麦区，在麦收后复种油菜、豌豆和秣食豆或春季麦田管理后期套种草木樨，采取小麦高茬收割，在冬前翻压绿肥，翌春播种小麦或其他作物。华北地区历史上曾在冬麦收后复种田菁、绿豆、柽麻等绿肥，秋季种麦前翻压，但现代已不多见。

3.1.3　间作套种

3.1.3.1　绿肥间作套种概念

绿肥间作套种是指同一块田内，成行或窄带状间隔地将绿肥与粮经作物进行种植。间作的两种作物播期相近或同时播种，共生期较长；套作是在前一种作物生长到一定时期后再播种另一种作物，两种作物共生期相对较短。间作套种，在一定时期内，绿肥与主栽作物共生，有的利用主栽作物生育前期，有的利用主栽作物生育后期，有的则与主栽作物全生育期共生。

绿肥间作套种，是我国劳动人民在长期生产实践中逐渐认识和掌握的一项用地养地相结合、协调绿肥与主栽作物用地矛盾的高效技术措施，也是我国精耕细作传统农业的精华。新中国成立以来，随着耕作制度的发展，各地创造了许多适合本地区条件的，丰富多彩、各有特色的绿肥间作套种模式，并逐渐趋于制度化。

3.1.3.2　绿肥间作套种原则

间作套种增产的关键是作物之间的资源互补，但复合群体中绿肥与主栽作物间的竞争不可避免，因此绿肥间作套种技术的选择应以增强互补、弱化竞争为基本要求。生产中，确定适宜的作物种类、品种、田间结构、水肥管理、调控措施等至关重要，一般遵循以下原则。

（1）株型高矮松紧搭配

在株型高矮搭配方面，为减少绿肥与主栽作物对地上部光资源的竞争，充分发挥冠层光互补作用，绿肥应选择矮秆型、耐荫种类，如玉米、高粱间作豌豆、苕子，小麦、油菜间作紫云英等。在株型松散与紧凑搭配方面，小麦、高粱、玉米等作物选择株型紧凑型品种，便于密植和优化群体受光结构；但马铃薯、油菜等作物，大多株型松散，除选择植株矮小型的绿肥种类与其配置之外，常采用套作方式。

（2）生育期早晚熟搭配

为弱化绿肥与主栽作物共生期矛盾，主栽作物间作绿肥时，绿肥尽可能选择生育期短且速生的种类，如玉米前期间作豌豆，或通过调整播种时间来调节共生期，如带绿播种；同时还要考虑主栽作物种类、品种和长势等。套种绿肥，主栽作物长势好可晚间套绿肥，长势差可旱间套绿肥。

（3）作物根系深浅搭配

为减小间作时作物之间对土壤水及养分的竞争，间作绿肥根系应与主栽作物根系尽可能在地下不同的生态位。一般十字花科等直根系和多年生绿肥根系下扎较深，而禾本科绿肥须根系相对较浅；短生育期的绿肥根系较浅，长生育期的绿肥根系较深。

（4）光热阴阳互补搭配

水稻、玉米、小麦、谷子和棉花等作物是喜光植物，可与耐阴性较强的绿肥搭配；而大豆、马铃薯、荞麦等作物则相对耐阴，可与喜光型绿肥搭配。构建间作复合群体时，应将喜光类绿肥或主栽作物设计为上位作物，耐阴绿肥或主栽作物设计为下位作物，做到阴阳搭配，提高光能利用率。

（5）水肥喜好错置搭配

主栽作物间作套种绿肥时，在水肥适应性选择上坚持适度差异。绿肥与主栽作物最大需水时期错位可演化为互补作用，而抗旱型绿肥与主栽作物组合对水分环境适应范围更广。同样，绿肥与主栽作物对养分需求种类和需求高峰时期不同也可形成互补。例如，耗氮富碳类的禾本科主栽作物与富氮类豆科绿肥间作易形成互补。

（6）化感趋利避害搭配

不同作物之间根系分泌物有所差异，同时自身分泌的化感物质也存在不同。绿肥与主栽作物搭配时，要选择根系分泌物具有相互促进作用的不同种类进行组合，如玉米、春小麦与豆科绿肥搭配较好。

3.1.3.3 绿肥间作套种方式

（1）一熟制地区粮肥间作套种

一是，前期间作套种。在北方一年一熟制地区，利用玉米、高粱、棉花、油葵等作物前期生长慢的特点，在其预留的行间内，早春间作箭筈豌豆、苕子、豌豆、蚕豆、草木樨、香豆子、油菜等绿肥。绿肥出苗后，按照原定的播期和行距播种玉米、高粱、棉花、油葵等作物，待至适当时间，结合培土，就地将绿肥翻压用作追肥。目前该方式应用较多的是西北灌区的玉米及油葵前期间作豌豆。二是，带状轮种。常见的有玉米绿肥带状轮种。采用 1.0 ～ 1.6m 幅宽为一带，也可以按照需要加宽带幅，玉米种植双株或多行，行间间作苕子、草木樨等绿肥，既能就地翻压养地，又能刈割鲜草用于喂养牲畜。第二年，玉米带、绿肥带轮换。

（2）多熟制地区粮肥间作套种

①二粮一肥间作套种。主要是小麦玉米绿肥二粮一肥间作套种。秋季播种小麦预留带状空间，来年春天在带状空间种植玉米，形成小麦玉米间作共生；夏季小麦收获后，立即种植田菁、柽麻、绿豆等速生绿肥，构成玉米绿肥间作共生；秋季玉米收获后，将绿肥与玉米残茬一并翻压，再播种小麦。②粮棉肥间作套种。在秋季播种小麦的同时，带状间作苕子、蚕豆等绿肥；春季将绿肥翻压后，种植棉花，形成麦棉间作共生；夏季麦子收获后，种植田菁、柽麻、绿豆等绿肥，形成棉肥间作共生。③稻田套养红萍。平原区早稻栽插返青后，在稻行间放养红萍，红萍长满行间后，就地翻压作水稻追肥，也可以捞出部分用于家禽饲料。

南方山区冬水田，秋冬季放养红萍，来年春季就地翻压用作水稻基肥，或建立稻-萍-鱼、稻-萍-鸭-鱼复合生态系统。

3.2　绿肥播种

3.2.1　绿肥种子处理

3.2.1.1　种子质量要求

购买绿肥种子时，应在正规种子供应商处选购。绿肥种子质量应符合国家标准《绿肥种子》（GB 8080—2010）中质量指标要求，具体规定见表 3-1。其他未规定的绿肥种子，参照相关种子质量标准执行，最低应符合三级良种要求，即纯度不低于 92%、净度不低于 94%、发芽率不低于 75%、水分不高于 12%。如果种子发芽率不明确，应提前做好发芽率试验，准确掌握种子的发芽率以确定合理播种量。

简易发芽率测定试验方法[2]：取 2 份种子，每份 100 粒。准备 2 条毛巾，用开水打湿后放凉，毛巾湿度以手轻拧不滴水为宜。将 2 份种子分别均匀放置于毛巾上，边放边将毛巾卷起，把种子卷在毛巾里，放入干净塑料袋，系上袋口，置于室内较温暖处。在种子放入后第 4d 和第 5d 分 2 次数发芽数量，计算发芽率，一般发芽率达到 80% 左右时，可以认为种子质量符合要求。

表3-1　主要绿肥种子质量应符合的最低要求　　单位：%

作物种类	种子类别	品种纯度	净度（净种子）	发芽率	水分
紫云英	原种	≥ 99.0	≥ 97.0	≥ 80	≤ 10.0
	大田用种	≥ 96.0			
毛叶苕子	原种	≥ 99.0	≥ 98.0	≥ 80	≤ 12.0
	大田用种	≥ 96.0			
光叶苕子	原种	≥ 99.0	≥ 98.0	≥ 80	≤ 12.0
	大田用种	≥ 96.0			
蓝花苕子	原种	≥ 99.0	≥ 98.0	≥ 80	≤ 12.0
	大田用种	≥ 96.0			
草木樨	原种	≥ 99.0	≥ 96.0	≥ 80	≤ 11.0
	大田用种	≥ 94.0			

3.2.1.2 种子处理

绿肥种子播种前，应对种子进行处理，以提高种子发芽率，使出苗粗壮整齐。绿肥种子处理主要包括晒种、选种、擦种、浸种、接种根瘤菌、拌种等。

（1）晒种和选种

在播种前选晴天晒种 1 ～ 2d，晒种时，应摊匀、勤翻，以提高种子的活力。其间还可采用 10% 盐水选种，将浮在上面的秕粒、菌核及一些杂质捞出，用清水冲洗种子并晾干。

（2）擦种

对于一些种皮有蜡质层的绿肥种子，宜进行擦种，擦种方法可采用手工擦种或机械擦种。手工擦种方法是：将绿肥种子和细砂按照 2∶1 的比例拌匀后装入布袋或编织袋中揉擦 5 ～ 10min。机械擦种的方法是：采用擦种机，以擦破种皮为宜。几种常用绿肥种子的具体擦种方法如下：

紫云英种子擦种：将紫云英种子和细砂按 2∶1 拌匀，装在布袋或编织袋中不断揉搓，以适度擦破种皮为宜；或者按照 10kg 种子掺 2kg 细砂，用碾米机打 1 ～ 2 次，以种子稍微发热为宜，使种皮上蜡质层擦破，以利于播种后发芽。

紫花苜蓿、田菁、草木樨种子擦种：将绿肥种子掺入 20% 左右的砂砾（砂砾大小与绿肥种子大小相近）装在布袋或编织袋中，在地砖上轻轻摩擦，以达到使种皮粗糙而不破的效果。

（3）浸种

在土壤湿润条件下播种的绿肥种子可用温水浸种；但在土壤干燥条件下播种的绿肥种子，不宜浸种。具体浸种方法如下：在水桶或盆中加入适量水，用热水将水温调至 50 ～ 60℃后放入种子，水量以淹没种子为宜，自然冷却并继续浸泡 4 ～ 8h 后捞出种子，在阴凉处沥干或晾干。温水浸种可防治菌核病，促进种子发芽，但温水浸种后的种子须在 24h 内播种。

（4）接种根瘤菌和拌种

接种根瘤菌是提高豆科绿肥鲜草量和含氮量的一个重要措施。豆科绿肥种子接种根瘤菌后，促进其根系结瘤，根瘤能将空气中游离氮气转化成绿肥作物吸收利用的含氮化合物，促进绿肥作物生长。但根瘤菌与豆科绿肥存在共生匹配关系，某一族的根瘤菌只能对本族的几个属的豆科绿肥有效，可以相互接种，而在不同族的豆科植物之间则无效。能互相接种的豆科绿肥主要有：①紫花苜蓿、天蓝苜蓿、南苜蓿、白花草木樨、黄花草木樨等；②杂三叶、红三叶、白三叶、绛三叶等；③苕子、豌豆、箭筈豌豆、蚕豆、山黧豆等；④豇豆、胡枝子、猪屎豆、花生、大翼豆、柱花草等。有些小族根瘤菌专性较强，仅适配少量几种豆科绿肥，如中慢生根瘤菌属的华癸中慢生根瘤菌适配的宿主豆科绿肥是紫云英。

在未种植过某种豆科绿肥的地区或多年未种植豆科绿肥的地区，接种根瘤菌是绿肥种植是否成功的关键。如：紫云英向“五岭”以南地区和淮河以北地区扩种，以及三叶草的推广应用，均是配合接种根瘤菌才获得成功。接种根瘤菌的方法：按照种子量，参考根瘤菌使用说明书或厂家推荐用量，将相应比例的菌剂倒入盆内，加适量水拌匀，然后拌种；接种根瘤菌后的种子放在阴凉处摊开，避免阳光直射；在地力较差的田块，种子接种根瘤菌后，再使用一定量的钙镁磷肥进行拌种。

3.2.2 绿肥播种期

3.2.2.1 稻田绿肥

紫云英是南方稻田主要的冬季绿肥，其适宜播种期由北向南呈延后趋势。若采用稻底套播，一般在水稻收获前 15 ～ 25d 播种；若水稻收获后播种，应在收获后及时播种。如安徽省紫云英在 9 月上旬～ 10 月中旬播种鲜草量最高，此后播种其鲜草量会逐渐下降；豫南稻区紫云英最佳播期为 8 月下旬～ 9 月上旬 [3]；湖北省稻田紫云英最佳播期为 9 月下旬～ 10 月上旬 [4]；湖南省紫云英适宜播期为 9 月下旬～ 10 月上旬；江西稻田、赣北地区 9 月中、下旬，赣中地区 9 月下旬～ 10 月上旬，赣南地区 10 月上、中旬为适宜播种期；浙江省，杭州以南地区 10 月上、中旬，以北地区 9 月下旬～ 10 月上旬为最适宜播期，10 月下旬以后播种易受冻害，不利于紫云英越冬，影响紫云英鲜草产量；福建省以 9 月下旬～ 10 月中旬为最佳播期 [5]。

其他的稻田绿肥主要有苕子、箭筈豌豆、油菜、肥田萝卜、金花菜、山黧豆、黑麦草等，采用蚕豆、豌豆等粮菜肥兼用型绿肥，收青豆（青荚）、豆尖作蔬菜或粮食后，既能有极好的经济价值，也能起到良好的土壤培肥效果。若采用稻底套播，一般在水稻收获前 15 ～ 25d 播种；若水稻收获后播种，应在水稻收获后 2 ～ 3d 内及时播种。如在淮河一带稻田苕子播种期为 8 ～ 9 月，长江沿岸各地、西南稻田苕子播种期为 9 ～ 10 月；箭筈豌豆稻田播种期在江淮、滨海地区为 9 月下旬，长江中下游地区为 9 月下旬～ 10 月上旬；稻田油菜播种期为 10 月中旬～ 11 月上旬为宜 [6]；稻田肥田萝卜播种期为 10 月下旬～ 11 月中旬。

3.2.2.2 旱地绿肥

旱地绿肥常用的主要有苕子、箭筈豌豆、田菁、紫花苜蓿、肥田萝卜、二月兰、冬油菜、黑麦草等。各区域旱地农田常见绿肥种植模式、绿肥种类及其播种期如表 3-2。

表3-2 各区域旱地农田常见绿肥种植模式、绿肥种类及其播种期

主要模式	主要区域	主要绿肥种类	绿肥播种期
玉米-冬绿肥	北京、天津、河北、山东	二月兰、冬油菜、黑麦草	9月
	天津、山东、河北南部	毛叶苕子	9月中旬前
	山东	箭筈豌豆	9月
	云南、四川、贵州、湖北	光叶苕子、箭筈豌豆、肥田萝卜	8～10月
玉米-春绿肥间作	甘肃、青海	毛叶苕子、箭筈豌豆、草木樨、豌豆、蚕豆	4月上旬（与玉米同期）

续表

主要模式	主要区域	主要绿肥种类	绿肥播种期
玉米-春绿肥套作	北京等华北地区一季玉米区	紫花苜蓿、春油菜	3月上旬，顶凌播种
	黑龙江等东北地区一季玉米区		4月上旬，顶凌播种
小麦-秋绿肥	甘肃、青海、黑龙江	毛叶苕子、箭筈豌豆、草木樨	6月下旬～8月初（麦收前后）
	甘肃、青海	冬油菜	7月下旬～8月上旬（麦收后）
马铃薯-冬绿肥	云南、四川、贵州	光叶苕子、肥田萝卜	8～10月上旬
马铃薯-绿肥间作	甘肃、内蒙古	毛叶苕子、箭筈豌豆、草木樨	与马铃薯播种同期
花生、大豆、甘薯-冬绿肥	山东、河南、安徽	毛叶苕子、二月兰、冬油菜、黑麦草	9月下旬～10月上旬
烤烟-冬绿肥	云南、四川、贵州、湖北	光叶苕子、肥田萝卜	8～10月上旬
	山东、河南	毛叶苕子、箭筈豌豆、黑麦草	9月
地力提升用单种	各盐碱区、新垦地、边际土地	田菁、柽麻	5～7月
设施菜地填闲	各地设施菜地	田菁、柽麻、籽粒苋、高丹草	7月

3.2.2.3 园地绿肥

我国果园、茶园虽然分布广泛，但从种植利用绿肥的角度出发，可以从北方落叶果园和南方果茶园两大区域加以考虑，采取相应的绿肥果茶园应用方式。

北方落叶果园多选择抗旱抗寒能力较强的毛叶苕子、箭筈豌豆等豆科绿肥，以及十字花科的二月兰、油菜和禾本科的鼠茅草、黑麦草等绿肥种类。黄淮海地区果园可在8～9月中旬前播种；西北地区果园应3月底～4月初播种，可越冬的绿肥种类也可在8月底播种。绿肥于翌年3～4月返青并快速覆盖地表，4～5月进入花期，6月前后结荚、自然枯萎落籽。北方果园绿肥种子产量较高，落籽自生能力强，3～5年内不需补播，实现一次播种多年利用。

北方幼龄果园还可采用周年绿肥轮作快速培肥模式，根据不同绿肥的生物学特性择机播种，如西北苹果园绿肥大豆-油菜轮作时，大豆应在4月下旬～5月上旬浅耕翻后播种，油菜于8月播种。

南方果茶园主要选择毛叶苕子、光叶苕子、紫云英、箭筈豌豆、山黧豆等豆科绿肥作为冬绿肥。其中，毛叶苕子和箭筈豌豆适用于江淮地区及长江以南果茶园，光叶苕子主要用于云南、贵州、四川、重庆、广西等地果茶园，山黧豆主要用于四川和重庆地区，紫云英主要适宜地势相对平缓的果茶园。冬夏绿肥周年覆盖模式中，夏绿肥一般选择印度豇豆、乌豇豆、拉巴豆等绿肥种类。冬绿肥于9～10月、土壤墒情较好时播种；采用冬夏绿肥周年覆盖模式应在8～9月降雨前后播种冬绿肥，翌年5～6月播种夏绿肥。

典型区域果园、茶园常见绿肥种植模式、绿肥种类及其播种期列于表3-3。

表3-3　各区域果园、茶园常见绿肥种植模式、绿肥种类及其播种期

主要模式	主要区域	主要绿肥种类	绿肥播种期
落叶果园行间套种多年利用	天津、山东、河北南部及气候相似区	毛叶苕子、二月兰	9月上中旬
	西北、东北、华北北部	毛叶苕子	4月上旬
	山东、河北南部及气候相似区	鼠茅草	8月下旬～9月上旬
落叶果园行间套种	西北、东北、华北北部	毛叶苕子、箭筈豌豆、油菜	4月春播，7月夏播
	天津、山东、河北南部及气候相似区	毛叶苕子、二月兰、油菜	9月
常绿果园、茶园全年覆盖	山东、河北南部及以南地区	毛叶苕子、二月兰、油菜、箭筈豌豆、鼠茅草	9月
	江淮地区、长江流域	毛叶苕子、光叶苕子、箭筈豌豆、紫云英、鼠茅草	9月
	东南、南部沿海各省	毛叶苕子、光叶苕子、箭筈豌豆、紫云英	9～10月
	西南地区	光叶苕子	9～10月
	四川、重庆	山黧豆	9～10月
	江淮地区、长江流域	冬季绿肥：毛叶苕子、光叶苕子、箭筈豌豆、紫云英；夏季绿肥：印度豇豆、乌豇豆、拉巴豆、绿豆	冬季绿肥：9月；夏季绿肥：5～6月
	东南、南部沿海各省	冬季绿肥：光叶苕子、箭筈豌豆、紫云英；夏季绿肥：印度豇豆、乌豇豆、拉巴豆、绿豆	冬季绿肥：9～10月；夏季绿肥：5～6月
	西南地区	冬季绿肥：毛叶苕子、光叶苕子、箭筈豌豆、紫云英；夏季绿肥：印度豇豆、乌豇豆、拉巴豆、绿豆	冬季绿肥：9～10月；夏季绿肥：5～6月
	四川、重庆	冬季绿肥：山黧豆；夏季绿肥：印度豇豆、乌豇豆、拉巴豆、绿豆	冬季绿肥：9～10月；夏季绿肥：5～6月
常绿果园、茶园套种冬绿肥	参考常绿果园、茶园全年覆盖地区	参考常绿果园、茶园全年覆盖的冬绿肥种类	参考常绿果园、茶园全年覆盖的冬绿肥播种期

3.2.3　绿肥播种量

3.2.3.1　稻田绿肥

以下为撒播方式推荐的绿肥播种量。

长江以南稻田紫云英播种量1.5～2.0kg/亩，长江以北播种量2.0～2.5kg/亩；土壤贫瘠、新种紫云英田可多播，土壤肥沃、老紫云英田可适当少播。苕子播种量3.0～4.0kg/亩。箭筈豌豆播种量6.0～8.0kg/亩。油菜播种量0.8～1.0kg/亩。肥田萝卜单播播种量0.5～0.75kg/亩。肥田萝卜与紫云英混播，肥田萝卜播种量0.2kg/亩左右、紫云英播种量1.5kg/亩左右。紫云英与黑麦草混播，紫云英与黑麦草比例按4∶1配置，紫云英播种量1.5～1.7kg/亩，黑麦草播种量0.4kg/亩左右。

稻区还可以采用其他绿肥种类，具体可参见《南方稻田绿肥种植与利用技术规范》（NY/T 3840—2021）[7]。

3.2.3.2 旱地、果茶园绿肥

旱地绿肥受地域、种植模式、土壤墒情、土壤肥力等因素影响，播种量差异较大。比较肥沃的壤土、墒情好、整地细、播种早时可适当减少播量，而瘦地、墒情差、整地粗放、播期迟时可适当增加播量；南方地区适当降低播种量，北方地区适当加大播种量；条播、穴播适当降低播种量，撒播适当加大播种量。

各区域常见旱地绿肥适宜播种量范围如下：毛叶苕子3.0～4.0kg/亩，光叶苕子2.5～3.0kg/亩，箭筈豌豆6.0～8.0kg/亩，山黧豆3.0～5.0kg/亩，田菁2.0～3.0kg/亩，柽麻2.0～3.0kg/亩，苜蓿1.0～1.5kg/亩，草木樨1.5～2.0kg/亩，肥田萝卜0.5～0.75kg/亩，油菜0.8～1.0kg/亩，二月兰1.5～2.0kg/亩，鼠茅草1.5～2.0kg/亩，黑麦草2.0～3.0kg/亩，籽粒苋0.5～1.0kg/亩。

果茶园绿肥的播种量，根据果树、茶树生长情况，按照绿肥可利用的空间进行调整、降低。

3.2.4 绿肥播种方式

3.2.4.1 播种前的田地准备

（1）稻田准备

水稻收割前，及时落干田面水，保证收获时田面干爽，防止机械收割时对田面产生过深的碾压。水稻收割采用碎草型联合收割机，稻秆留茬高30～40cm，其余稻草粉碎抛撒还田。

稻田绿肥播种前或者在播后要及时开沟。小田开十字或井字沟、大田要在稻田四周开好围沟，同时开井字沟。井字沟是指每隔5～8m开一条直沟，形成“井”字形。沟宽25cm、沟深20cm左右。整块田要达到沟与沟相通，有进水口、出水口，便于排灌。

（2）旱地、园地准备

旱地上，前茬收获后播种绿肥的，条播、穴播绿肥的可以不整地。撒播绿肥的，也可以不整地，待撒播后浅旋2～3cm一遍即可。易积水地块，最好开排水沟。

园地种植绿肥，一般无需整地，撒播后结合浅旋即可；雨水条件较好的地区，秋播苕子、箭筈豌豆、二月兰等，一般无需整地，播后等降雨出苗即可。

3.2.4.2 播种方式

绿肥播种分为点播（穴播）、条播、撒播 3 种方式。具体选择要根据绿肥种子特点、绿肥生长特性和种植目的相结合来确定。这些方式，目前都可以通过机械化方式完成播种。

点播（穴播）。粒型较大或者需要收获经济产量的绿肥，如蚕豆、豌豆，一般采用点播或穴播。株距 15cm 或穴距 20 ～ 30cm，行距 30cm 左右。

条播。多数绿肥可以采用。株型较大或分枝能力强的，行距 30cm 左右，如苕子、田菁、柽麻、草木樨、油菜、肥田萝卜等。株型较小或紧凑的，行距 15 ～ 20cm，如箭筈豌豆、二月兰等。

撒播。多数绿肥可以采用，如紫云英、苕子、箭筈豌豆、二月兰等。特别是稻田种植绿肥，绝大多数应选择撒播方式。旱地撒播绿肥，撒播后最好利用旋耕机浅旋一遍。

3.3 绿肥水肥管理

3.3.1 水分管理

（1）稻田绿肥水分管理

稻底套种绿肥，在绿肥播种前 1 ～ 2d 适当灌浅水浸种催芽，播种后 2 ～ 3d，种子已萌动发芽，切忌田面积水。稻田种植绿肥，开沟是最重要的技术环节，水稻收获后要及时开排灌沟，做到田块表面发白时能及时灌水，田面渍水能及时排水。

（2）旱地绿肥水分管理

首先要做到足墒播种，或者抢雨前播种，等雨出苗，保证出苗效果。旱地绿肥出苗后，大多耐旱性强，无需特殊管理。如遇多日无有效降雨，长势受阻时，应及时灌足水。旱地种植冬绿肥，有条件的可以灌越冬水、开春水。

3.3.2 养分管理

（1）稻田绿肥养分管理

稻田上种植的大多数绿肥，如果稻田地力一般，建议在播种的同时，基施 50kg/ 亩的钙镁磷肥或者 5kg/ 亩的磷酸二铵。油菜、肥田萝卜、黑麦草等非豆科绿肥，建议基施尿素 10kg/ 亩、钙镁磷肥 50kg/ 亩。肥力较好的田块，豆科绿肥可以不施肥，非豆科绿肥可以适当减少施肥。

（2）旱地、园地绿肥养分管理

北方旱地种植豆科绿肥，基施 50kg/ 亩的过磷酸钙或者 10kg/ 亩的磷酸二铵；非豆科绿肥，基施尿素 10kg/ 亩、过磷酸钙 50kg/ 亩。南方旱地种植豆科绿肥，基施 50kg/ 亩的钙镁磷肥或者 10kg/ 亩的磷酸二铵；非豆科绿肥，基施尿素 10kg/ 亩、钙镁磷肥 50kg/ 亩。园地种植豆科绿肥，一般不用施肥，但如果园地的地力一般，可以按照实际播种面积，参考以上方式施肥。园地种植非豆科绿肥，最好按照实际播种面积，参考以上方式施肥。

（3）接种根瘤菌

多年不种某种豆科绿肥的田块，一般应接种与该绿肥匹配的根瘤菌。根瘤菌可与豆科作物相互作用形成共生固氮体系，可以固定大气中游离的氮气，为植物提供氮素营养，共生固氮量可以占到植株体内氮素累积量的三分之二以上。接种根瘤菌菌剂能有效提高豆科植物的产量，已成为豆科植物增产的主要措施。

3.4 绿肥种子生产

3.4.1 繁种地选择

绿肥种子生产对繁殖地区的要求与绿肥生产截然不同。绿肥种子生产对地域的要求比较严格，某些地区绿肥生长良好，绿肥产量很高，但不能开花结实或结实率很低。不同种类及品种适宜进行种子生产的地区各不相同，同一绿肥在不同的地区种子产量相差很大。由于绿肥种子生产对繁殖地气候条件的特殊要求，选点不慎往往会造成巨大的经济损失。所以，绿肥种子生产中必须根据绿肥生殖生长对环境条件的需求，选择适宜的地区进行种子生产。决定一个绿肥种类或品种是否适于在某一地区生产种子，既要考虑气候条件，又要考虑土地条件，具体如下。

3.4.1.1 种子生产所需气候条件

气候条件是决定绿肥种子产量和质量的基本因素，因此必须根据绿肥生长发育特点和结实特性对气候条件的要求，选择最佳气候区进行绿肥种子生产。绿肥种子生产适宜的气象条件包括：诱导开花的适宜光照和温度，适于生殖生长所要求的光照、温度和降水量，开花过程中天气晴朗无雨、适于传粉受精，受精后满足种子发育的适量温度和水分，成熟期要求稳定、干燥、无风的天气且昼夜温差大。

（1）光照

光照是影响绿肥作物干物质积累和种子产量的重要环境因子。绿肥种子生产潜力很大程度取决于接受光照的多寡以及光能利用率的高低。光周期对绿肥作物生殖生长具有极其重要的生态效应。一般短日照和低温诱导花芽分化，长日照诱导花序的发育和茎的伸长。典型的短日照绿肥有蓝花苕子、田菁、柱花草、秣食豆、乌豇豆等，需要通过短日照及低温后才能诱导花芽分化开花。典型的中长日照绿肥有毛叶苕子、箭筈豌豆、紫云英、草木樨、紫花苜蓿、豌豆、红三叶草、黑麦草等，需经过接近 12 ～ 14h 的光照条件后才能开花，否则将始终处于营养生长状态。

光照有利于光合作用、植物开花授粉、传粉媒介昆虫的活动以及抑制病害的发生，对异花授粉的豆科绿肥尤为重要。这类绿肥多靠蜜蜂进行授粉，蜜蜂喜欢在强光、艳阳下活动，若阴天下雨蜜蜂则停止活动，从而影响授粉结实。禾本科绿肥开花如遇阴冷天气，小花处于关闭状态，不利于授粉结实。绿肥从开花到种子成熟如遇连阴天，光照不足将导致种子产量显著下降。遮阴不利于绿肥种子产量的形成，因此，绿肥一般可在幼龄的桑、果、茶园中留种，而不宜在成年的桑、果、茶园中留种。

（2）温度

温度是绿肥作物进行营养生长和生殖生长的重要生态因子，从营养生长、花芽分化、开花、结实到种子成熟整个生长发育过程都受温度的影响。不同绿肥作物在不同生育阶段的适宜生长温度也不尽相同，只有在最适温度条件下才能获得较高的种子产量。若温度太高或太低，都将影响其生长发育，造成种子产量下降。例如，紫云英、苕子和箭筈豌豆的种子萌发适宜温度为20℃左右，开花结荚的适宜温度为15～20℃，箭筈豌豆苗期气温达到25℃时将抑制其正常生长；草木樨生长对温度的要求较为宽泛，其种子在平均温度3～4℃也可发芽，苗期在冬季零下30℃以下也可安全越冬；肥田萝卜种子发芽的最适温度为15℃左右，其生育期最适温度为15～20℃；柱花草和毛蔓豆的最适生长温度为25～28℃，若生育期内温度低于10℃，则会阻止其正常生长，柱花草的开花结荚期温度不能低于19℃，否则会严重影响种子产量；田菁的种子发芽温度下限为12℃，生育期的最适生长温度为20～30℃。

（3）降水量

绿肥营养生长阶段需要充足的水分供应，降水量不能满足要求的地区，必须有灌溉条件，降雨过于集中的地区，应配置排灌系统，播种后需开好排灌沟，符合以上良好的排灌条件的地区才适合做种子繁殖地。适宜的降水量对绿肥种子发育初期是必要的，然而，种子成熟期和收获期要求干燥的气候条件。种子成熟期过多的降雨会造成种子产量大幅度下降。大部分豆科和禾本科绿肥种子成熟期和收获期要求干燥晴朗的天气，部分豆科绿肥种子成熟期如果天气过于干燥，收获时则容易引起荚果炸裂造成种子产量的大量损失。

3.4.1.2　种子生产所需土地条件

土地是选择绿肥种子繁殖地时必须考虑的重要因素。适宜的土壤类型、良好的土壤结构、适中的土壤肥力对获得优质高产的绿肥种子非常必要。

（1）土壤条件

不同作物均有适宜生长的土壤条件，质地黏重、强酸性、强碱性等土壤条件会限制部分作物的正常生长。绿肥作物对土壤适应性广泛，从砂土到重黏土，从酸性土到碱性土都能够生长。然而不同绿肥作物的适宜土壤条件也不尽相同。例如，紫云英在湿润且排水良好的土壤均可正常生长，但其不耐旱、渍和盐，最适宜的土壤含水量为20%～25%，土壤水分低于12%时开始死苗，以土壤pH值5.5～7.5的砂质和黏质壤土较为适宜；箭筈豌豆和紫花苜蓿不耐强酸、强碱和积水的土壤，适于气候干燥、温凉、排水良好的土壤，适宜土壤 pH 值为 6.5 ～ 8.0；苕子、柽麻、柱花草对土壤类型的要求不严，苕子适宜的土壤 pH 值为 5.0 ～ 8.5，而柽麻适宜的土壤 pH 值为 4.5 ～ 9.0，柱花草可耐 pH 值为 4.0 的强酸性土壤，但是不耐水淹，土壤含水量大于 40% 时出现渍害；草木樨种植在轻壤质土壤上要求土壤含水量达到 11.8% 时方可保证种子发芽率，而种植在质地黏重的红壤上土壤含水量需达到 15.8%，若要保持高产则要求砂质土壤含水量达到田间持水量的 70% ～ 80%。

用于绿肥种子生产的土壤最好为壤土，壤土较砂土和黏土持水力强，有利于耕作，适宜绿肥根系的生长和养分的吸收。土壤肥力要求适中，肥力过高或过低，将会导致营养生长过盛或不足，从而影响生殖生长，降低种子产量。

（2）地形及土地分布

用作生产绿肥种子的繁种地块，宜选择开阔、水源充足、易排易灌、通风向阳、肥力适中、杂草较少的地段。避开房前屋后田段，以免遭受禽畜为害。宜选择在一些幼龄的桑、果、茶园中自繁留种。在山区进行绿肥种子生产最好选择阳坡或半阳坡地段，土地的坡度应小于 10°，以便机械收获。在低洼地进行绿肥种子生产时，应配置排水系统。对于异花授粉的绿肥，繁种地块最好布置于邻近防护林带、灌丛及水库近旁，以利于昆虫传粉。绿肥繁种地块应逐年更换，以防连年留种致使杂草病虫害增多引起种性退化。

（3）隔离条件

自花授粉的绿肥（如箭筈豌豆、蚕豆、金花菜等）不同栽培品种繁种地块相互间隔距离为 20 ～ 50m，防止机械混杂。异花授粉的绿肥（如紫云英、苕子、红三叶、紫花苜蓿、黄花草木樨、柽麻等）不同栽培品种繁种地块相互间隔距离为 2 ～ 4km，以防品种间自然杂交，加速种性退化。在同一地块上生产不同品种的绿肥种子时，一般应间隔 2 ～ 3 年或更长时间，以防品种间杂交，也可适当调换茬口防止种子混杂。

3.4.2 种子高产群体结构与调控

群体结构大小及均匀性是影响绿肥种子产量及产量构成的重要因素之一。优化及塑造理想的绿肥群体结构和丰产株型、搭好高光照易通风支架，不仅能够提高绿肥抗杂草能力，还可增加植株冠层光能截获和利用能力，从而提高种子产量及品质[2]。

3.4.2.1 合理稀植、密植，优化群体密度

密度主要通过影响群体结构和光热资源的分配来影响作物种子产量的形成。合理的田间群体密度是提升绿肥种子产量的重要栽培措施。适宜的群体密度可提高绿肥群体数量和叶面积指数，延长叶片光合功能期，优化群体光合性能，有效抑制田间杂草，进而提高种子产量和品质。群体密度过高，会降低个体对养分的利用率，加剧群体内部竞争，产生集聚效应，易造成植株通风透光差、茎秆细且滋生病虫害，不利于种子产量的形成。群体密度过低，导致有效茎枝总量不足，不利于种子产量的提高。

绿肥繁种地块可根据当地土壤、气候条件，通过播量调控进行合理的稀植和密植。例如，箭筈豌豆在江汉平原或苏北滨海等土壤中、上等肥力的地区，每亩播种量为 3.0 ～ 4.0kg，而在西北黄土高原或陕西渭北高原等水温条件差、土壤贫瘠、地势高且生长季

节较短的地区，每亩播种量增至 6.0 ～ 8.0kg。紫云英繁种，在长江以南每亩播种量为 1.5kg 左右，而在长江以北每亩播种量为 2.0kg 左右。

3.4.2.2　支架引蔓，优化群体空间结构

对于苕子、箭筈豌豆等攀援性强、易匍匐生长的绿肥，可因地制宜，选用油菜、燕麦、小麦等秸秆粗壮的作物设立支架，与其间、混、套种，供其茎枝攀援，有利于改善下部通风透光条件，保存较多的有效茎枝和功能叶片，增加光能截获及开花结实空间，有助于授粉结荚，提高其种子产量。

3.4.2.3　磷肥与硼、钼微肥促苗

对于土壤贫瘠或群体密度过低，植株生育期营养生长缺乏、干物质积累量不足的紫云英繁种地块，在基施或苗期追施磷肥（P_2O_5）3.0kg/ 亩。施用磷肥的紫云英种子产量较不施磷肥处理显著增加 10.7% ～ 22.1%。在紫云英开花前叶面喷施 400mg/kg 钼肥，可促进紫云英中下层冠层花序荚果结实率、单荚籽粒数和粒重的增加，提高种子产量 [8]。喷施 2.0g/kg 硼肥，可促进紫云英中上层冠层花序单位面积花序数、结荚数和单荚籽粒数的增加，提高荚果结实率和种子产量 [9]。

3.4.2.4　植物生长调节剂促控

为了抑制绿肥营养生长过旺对养分的消耗，促进其生殖生长，可采取喷施生长调节剂塑造绿肥种子高产的理想群体结构和株型。如紫云英、箭筈豌豆和黑麦草等绿肥，生育中后期易发生植株旺长，营养供给不足，倒伏情况严重，在现蕾期叶面喷施生长延缓剂矮壮素和多效唑可有效抑制植株株高，提高分枝数和单株重，促进花荚数、籽粒数、结荚率及荚果结实率的增加，从而提高种子产量，多效唑的喷施效果优于矮壮素 [10]。黑麦草施用生长延缓剂氯丁唑可抑制节间伸长，增强抗倒伏能力，减少种子败育，增加花序上的结实数，使种子产量显著提高。

3.4.3　种子收获与加工

3.4.3.1　种子收获

由于大多绿肥开花期较长且不一致，造成种子成熟也很不一致，在种子成熟时很容易落粒，收获不及时或收获方法不当会造成很大损失，因此，为了防止落粒，减少损失，必须及时适法收获。

（1）收获时间

种子成熟阶段分为乳熟期、蜡熟期和完熟期。当用联合收割机、收割机或人工收获后需晾晒时，一般可在蜡熟期进行。确定绿肥种子收获的时间，需考虑两个要素：既能获得品质优良的种子，又尽可能地减少因收获不当造成的损失。在生产实践中，常根据开花时间、种子成熟度、种子含水量、种荚成熟度等指标来确定种子的适宜收获时间。

多数绿肥种类从盛花期到获得最大种子干重（收获期）的时间约为30d，但收获时的种子产量受气候变化影响较大。河南信阳紫云英在盛花后26d与盛花后33d收获的总种子产量无差异，但盛花后26d收获的有效种子产量较盛花后33d增加9.4%。种子含水量也可作为判断能否收获的一个指标，对于大多数绿肥，当种子含水量达到35%～45%时即可收获。种子含水量的测定应在开花末期每隔2d取一次样进行测定或用红外水分测定仪于田间直接测定。

大多情况下，可通过观察荚果表观特征判断绿肥种子收获时期。对于苕子、箭筈豌豆等有裂荚习性的绿肥种类，如荚果有75%～80%（苕子）、80%～85%（箭筈豌豆）已变黄或黄褐色时即可采收，以免裂荚损失。我国紫云英繁种普遍采取提前采收的方式避免种子产量损失，如广东和湖南推荐在80%黑荚时收获，浙江和河南则推荐75%黑荚时采收，福建推荐60%～80%黑荚时采收，可根据不同地域气候观察荚果成熟度及时采收[11]。

（2）收获方法

① 机械化收获。机械化收获要选择晴天干燥时进行，晨间露水未干时效果最好。机械收获方式有两种。一是分段式收获，借用稻麦、油菜和豆类的割晒机先进行收割铺晒，再用脱粒机或捡拾脱粒机进行脱粒，完成种子收获。二是借用稻麦或油菜联合收获机完成绿肥种子的联合收获。对于紫云英、箭筈豌豆、苕子等匍匐型绿肥品种，可选择适合半匍匐型或匍匐型作物的联合收割机或收割机具进行收割。如毛叶苕子可采用毛叶苕子自走式联合收获机，采用植株切割喂入—脱粒筛选—茎秆粉碎还田的收获模式，实现轻简高效低损优质种子收获。紫云英可采用已经优化过的稻麦联合收获机，实现紫云英机械化低损种子收获。

② 人工收获。种子成熟后容易落荚，晴天干燥更易落荚。为减少落荚，应在有露水的早晨抢在露水未干前收获。收获方法是边割、边卷、边打捆、边挑运；也可采用小型收割机收割。收割运回后及时摊晒，以免种子受闷变黑，影响发芽。

③ 其他措施。豆科绿肥种子成熟时，由于植株还未停止生长，茎叶处于青绿状态，给种子收获造成很大困难。可在种子收获之前，喷施枯萎剂，在喷施后3～5d用联合收割机进行收获。对于柱花草等落粒性非常强、种子成熟期不一致、收获时种子损失严重的绿肥品种，可采取收割后将带种子的秸秆堆积于原地，等种子脱落后使用吸种机或人工清扫收获。

3.4.3.2 种子加工

（1）种子干燥

刚收获后的绿肥种子必须立即进行干燥，以加速种子的成熟，使其含水量达到种子规定的标准，提高有效种子质量。种子干燥的方法有自然干燥和人工干燥。自然干燥是利用日光曝晒、通风、摊晾等方法降低种子的含水量。在气候潮湿的地区，常采用机械设备干燥的方法。常用的干燥设备有活力滚动烘干机、烘干塔及蒸汽干燥机。采用干燥设备的，种子出机温度应保持在30～40℃。

（2）种子清选

种子清选通常是利用绿肥种子与混杂物的颗粒大小、外形、密度、容重、表面结构、悬浮速度和回弹等物理特性差异，通过专门的机械设备来完成。绿肥种子清选通常采用风筛清选、比重清选等方式进行。风筛清选常用气流清选机，根据种子与混杂物在大小、外形和密度上的不同，以及所清选绿肥种子的大小选择不同大小形状的筛面进行清选。比重清选常用比重清选机，按种子与混杂物的密度和比重差异来清选种子，破损、发霉、虫蛀、皱缩的种子大小与优质种子相似，但比重不同，往往采用比重清选法分离效果好。小规模种子生产也可采用人工清选方式，如人工筛选、盐水清选等。盐水清选，是利用比重原理，使绿肥种子沉在下方，轻质的菌核、瘪籽、杂质浮在水面。清理后，及时将绿肥种子清洗、晒干。

（3）种子包装和贮藏

经干燥、清选和分级后的种子应根据具体用途进行包装和贮藏。包装可用麻袋、棉布袋或薄膜袋、金属板或纤维板筒、玻璃罐或各种材料制成的防潮容器存装，以防种子活力的丧失。对于绝大多数绿肥来说，干燥的种子在 −10 ～ 20℃和相对湿度 30% 的条件下保存贮藏可保持种子的有效活力。种子需要经过药物熏蒸、通风和密封后入库。种子仓库必须具有防水、防杂、防鼠、防虫、防菌、防火等基本特点，一般分为普通贮藏库、冷藏库和绿肥种质资源库，需要定期对其进行种温、种子水分、仓库害虫及鼠雀、发芽率的检查，检查结果必须进行详细记录和保存，以便分析比对，发现问题，及时改进。

3.5 绿肥作物病虫害防治

3.5.1 绿肥作物虫害防治

绿肥作物多在冷凉季节生产，其虫害虽然没有主作物的发生程度高，但蚜虫、潜叶蝇、蓟马等也常常为害严重，尤其是对于繁种田，春季或夏季温度高、湿度适宜时，甚至导致绝收。

3.5.1.1 蚜虫虫害防治

蚜虫是为害紫云英、苕子等绿肥的主要害虫。

（1）为害规律

成蚜和若蚜常趋集到紫云英顶部的嫩芽、嫩叶和花蕾上为害，大量发生时也聚集到嫩茎和花序上为害。以刺吸式口器插入植物皮层中吸取汁液，常造成茎叶萎缩、生长停滞；花期发生量较大时造成落花、落荚、籽粒千粒重下降，严重时造成成片枯死。

长江中下游地区的蚜虫在紫云英留种田可繁殖 10 代以上，主要以若蚜或成蚜在紫云英心叶中越冬。冬前紫云英田蚜虫数量较少，冬后花蕾期数量迅速扩大，而田埂上的紫云英发育快、开花早，常常是蚜虫的虫源地。在 11 月到次年 1 月天气干旱时为害较重，3 ～ 4 月雨水多时通常为害较轻。紫云英绿肥田因在盛花期翻压而虫害发生轻，对鲜草产量影响不大，而留种田虫害相对发生较重。

（2）防治措施

吡虫啉、啶虫脒和有机磷类农药均可防治蚜虫。留种田可施用选择性农药以保护益虫、控制蚜虫。冬春干旱、蚜虫重发年份：在紫云英花期可应用辟蚜雾防治蚜虫、兼治蓟马而不影响蚜虫天敌以及蜜蜂的采蜜和授粉，每亩施用25%辟蚜雾水分散粒剂20g、兑水50kg喷雾防治；盛花期防治蚜虫、保护蜜蜂，可用25%噻虫嗪水分散粒剂1000倍液喷雾防治。蚜虫重发年份：初花期喷洒于先开花的紫云英植株上，然后在终花期前后再全田喷雾。冬春多雨、蚜虫轻发生年份：终花期后对蚜虫量大的地块进行喷雾防治。

3.5.1.2 潜叶蝇虫害防治

紫云英、二月兰、油菜易发生潜叶蝇为害。

（1）为害规律

潜叶蝇以幼虫潜食叶肉为害，成虫产卵在嫩叶叶肉组织内，以产卵器插刺叶肉产卵。幼虫孵化后即在叶肉内薄壁组织取食叶肉，留下叶的上下表皮，造成透明潜道。被害的叶面因幼虫随机盘旋取食形成弯弯曲曲潜道，幼虫老熟后即在潜道内化蛹，化蛹多在靠近叶片基部边缘的潜道末端。当叶片上幼虫较多时，盘状潜道相接就会布满全叶，被害严重的叶片变黄白色从而失去光合作用能力，导致植株生长瘦弱，甚至枯萎。

潜叶蝇喜高温多湿，平均气温在13℃以上（3～4月），总雨量在40mm以上，有利于繁殖，叶面潜道猛增，为害严重。3～4月间气温在20℃左右时，16d就能完成1代。

（2）防治措施

潜叶蝇主要是以幼虫潜于叶片组织内进行为害，因此防治时应选择内吸性药剂。有机磷类农药均有很好的防效。如40%乐果乳油2000倍液、50%敌敌畏乳油1000～1500倍液、90%敌百虫晶体或可溶性粉剂1000倍液、50%辛硫磷乳油1000倍液、48%毒死蜱乳油800～1000倍液喷雾防治，每隔7d用药一次，连续用药2～3次效果较好。采收前10～15d不宜用药。另外，1.8%阿维菌素乳油3000～4000倍液、5%定虫隆乳油2000倍液、5%氟虫脲乳油2000倍液，一般连续防治两三次，也能有很好的防治效果。

3.5.1.3 蓟马虫害防治

蓟马是紫云英和苕子等绿肥的主要害虫。

（1）为害规律

蓟马成虫和若虫均是锉吸式口器，能锉伤植物组织，吸食汁液，主要为害绿肥花器官，从现蕾到开花整个花期均可为害。蓟马吸食紫云英和苕子等花的子房汁液，造成紫云英和苕子有花无荚和大量花朵脱落。无论紫云英和苕子早、中、晚熟品种均可能受害。成虫喜食鲜花，对紫云英和苕子新鲜花序有强烈趋性，往往随不同熟期品种的盛花期而转移为害。

蓟马喜温暖干旱，最适温度为23～28℃，湿度为40%～70%。3～4月干旱时易发生。在江西、浙江、福建等地紫云英上全年发生3～4代，多以成虫在作物叶背或茎皮裂缝中越冬，翌年3～4月盛发。紫云英花期时该虫进入为害盛期，田间世代重叠，为害严重。成虫将卵产在花萼或花梗组织里，卵期7d，若虫在花器官中为害1周左右，钻入土表蜕皮化蛹，蛹经1周羽化为成虫。紫云英翻压或收获后，成虫迁往猪屎豆、扁豆、豇豆等植株上继续为害，10月下旬至11月开始越冬。

（2）防治措施

防治蚜虫的药剂也可防治蓟马，施用时应定期轮换，避免产生抗药性。紫云英留种田可喷洒 50% 辛硫磷乳油、10% 吡虫啉可湿性粉剂、25% 抗芽威水分散粒剂 2500 倍液、1.8% 阿维菌素乳油 1000 ～ 2000 倍液、90% 敌百虫晶体或可溶性粉剂 1000 ～ 1500 倍液。始花期每隔 1 周喷杀 1 次，严重时连续喷 2 ～ 3 次；蓟马产生抗性时可用 25% 噻虫嗪水分散粒剂 1000 倍液喷雾防治。

3.5.2　绿肥作物病害防治

绿肥作物病害主要有菌核病、白粉病、轮纹斑病、叶斑病、茎枯病等。由于绿肥作物众多、涉及的病害类型多且不尽相同，针对不同科属的绿肥，其主要病害防控可参考相应科属作物的病害防控方式进行。此处，仅对紫云英、苕子、箭筈豌豆的主要病害进行简述。

3.5.2.1　紫云英病害防治

田间发生危害较重的病害主要有菌核病、白粉病和轮纹斑病。

（1）紫云英菌核病

菌核病是紫云英上常见且危害较重的真菌病害。菌核病主要危害紫云英的茎秆和叶片。病原菌主要以菌丝或菌核在紫云英上越冬，以菌核在种子、土壤和病残体中越夏。当春季平均气温超过 5℃、土壤湿度适宜的条件下，菌核陆续萌发，萌发后多数先形成子囊盘，子囊盘成熟后散出大量的子囊孢子，随气流传播到寄主上，借助机械压力或伤口以及自然空口侵入植株。菌核病的流行与温度、相对湿度、日照和风速等气象因子有关。5 ～ 20℃及较高的土壤湿度有利于发病，密植、田间积水和通气透光性差的田块发病重。

紫云英生育各阶段均可感染菌核病，病菌可侵染地上部分各器官组织，但主要以侵染花期后的茎秆和分枝为主。苗期发生在近地面的基部，病斑呈紫红色，开始为小型病斑，继而扩展成水渍状，严重时幼苗软腐而萎倒，并长成白色菌丝，在田间形成大小不等的窟窿状病穴，群众称之为“鸡窝瘟”或“牛脚瘟”。主茎和分枝感病后，病斑初呈水渍状、浅褐色、椭圆形，后发展为长椭圆形、梭形直至长条状绕茎大斑。在潮湿条件下，病斑扩展迅速，病部软腐，表面长出白色絮状菌丝，所以叫“白秆”。此后，植株渐渐干枯而死或提早枯熟，茎秆极易折断，一些发病茎秆可见鼠粪状黑色菌核。

选留无病种子、做好种子处理可有效预防菌核病。制种田里选留无病健康的种子；未经无病选种的种子，播前用 10% 盐水或 20% 硫酸铵溶液处理，去除菌核和瘪粒。多雨地区或积水田块，开花前应注意及时开沟排水，降低田间土壤湿度和地表空气相对湿度，预防开花期田间渍水。

在初花至盛花期进行施药防治，可选择 25% 咪鲜胺乳油 30 ～ 50mL 或 70% 甲基硫菌灵（甲基托布津）可湿性粉剂 500 ～ 1500 倍液喷雾防治。施药时，尽量将药液喷于植株中下部茎叶上，注意喷洒均匀，全面覆盖。

（2）紫云英白粉病

白粉病是紫云英上常发的真菌病害之一。在广东、广西、福建、江西和湖南南部发病较为严重。由于南方紫云英多为冬季绿肥，其生长期贯穿整个冬季，真菌菌丝即潜伏在紫云英植株体内越冬。翌春，如遇适宜的天气条件即可造成叶片发病，甚至较严重的流行。

白粉病主要发生在叶片上。初期叶两面呈现点状放射形白色粉斑后迅速覆盖叶片的大部分或全部，后期白色病斑上产生许多黑褐色小黑点。病害流行时，整片植株上如同喷过白粉，严重时，可使叶片变黄或枯落。“白粉”是病原菌的菌丝体和分生孢子，而黑褐色的小黑点即病原菌的闭囊壳。

病原菌主要以休眠菌丝或分生孢子在不同寄主间辗转传播危害。病原菌适宜生长的温度为16～28℃，相对湿度为50%～80%。春季3～4月，随着气温的逐渐升高，紫云英生长发育加速，田间小气候表现为相对密闭潮湿，特别是白天气温升高快而夜晚凉爽的天气条件有利于病害发生。强光、多雨或过于潮湿（叶片能形成水滴或水膜）则不利于病害发生，因此，3～4月降雨少是导致病害流行的重要条件。过量施氮肥或磷肥，会加重病害的发生。增施钾肥可抑制菌丝的生长，减轻病情。先发病叶片上产生的分生孢子借风传播可进行多次的再侵染，造成病害流行。

开沟排水、合理稀植，能有效防控白粉病。药剂防治时，要提早防治。病害初发时，则需立即进行药剂防护。药剂防治可选择15%三唑酮（粉锈宁）可湿性粉剂1500倍液喷雾防治，施药时，叶的正反面都要尽量喷到。白粉菌分生孢子在湿度过大时，易吸水破裂死亡，因此，低浓度、大水量喷药，将叶面全部喷施，防治效果更好。

（3）紫云英轮纹斑病

又称轮斑病或斑点病，在南方各省紫云英产区均有发生。整个生育期均能发病，对种子生产影响较大。初次发病时，叶片上呈现针头状大小的褐色斑点，然后慢慢出现淡褐色的圆形或不规则性病斑，有时斑点内稍带轮纹，斑点的边缘带淡紫褐色，中部产生暗灰色霉斑。受害严重时，叶片萎蔫枯死。茎部或花梗处的病斑为红褐色或茶褐色窄条状梭形斑，长约0.5cm，表皮枯死，严重时全茎枯死。病原菌以分生孢子在病部越冬，当气候多雨、田间湿度大时，易发生传播。10月上旬在紫云英第一片真叶上发病，并蔓延到第二、第三片真叶，至11月上旬则停止。翌年3月，又在新叶上发生。

开好排水沟、降低田间湿度以及增施磷钾肥，可增强紫云英抗病能力。药剂防治时，每亩用80%代森锰锌可湿性粉剂800倍液50～60kg喷雾防治，或用0.1%多菌灵液50kg喷雾防治。也可用丙环唑、百菌清可湿性粉剂等药剂进行喷雾防治。

3.5.2.2 苕子病害防治

苕子病害主要为白粉病和匍柄霉叶斑病。

（1）苕子白粉病

主要危害光叶苕子中、下部叶片和茎秆，初期在叶片上产生单独分散病斑，而后联合、扩大成圆形或椭圆形大霉斑，甚至可以覆盖全叶，表面生有白色粉状霉层，影响光合作用，使光叶苕子正常新陈代谢受阻，造成早衰减产。严重感病的植株发育迟缓，长势衰弱，抗性下降，产量降低，种子干瘪，具有毒性。

白粉病发生时，在叶的两面产生霉层，通常是叶面先受侵染。初期病斑为白色絮丝状斑点，此后扩大成合斑，覆盖叶片的大部分或全部。气候干燥时，叶片随发病程度逐渐加重而失绿变黄，叶片焦枯变黄甚至掉落。气候潮湿时，叶片变黑霉烂，老病叶尤为突出。

白粉病多发生于光叶苕子旺长期。茎枝相互缠绕覆盖，致使局部空气湿度大、通风透光较差利于发病。夏季高温多雨、气候潮湿时发病严重，有时天气干旱时也会发生。但在温度较低时不易发病。病原菌可在植物残体上越冬，并以分生孢子进行初侵染和再侵染。

种子繁育田可用高脂膜200倍液加50%多菌灵可湿性粉剂或50%甲基硫菌灵可湿性粉剂600～800倍液组成复配混合液，每亩33L药液量喷雾防治。5%三唑酮、50%瑞霉素等可湿性粉剂1000倍液按每亩33.3L药量喷雾防治，如与200倍液高脂膜复配喷洒，效果更佳。

（2）苕子匍柄霉叶斑病

匍柄霉叶斑病是近年发现的由囊状匍柄霉引起的光叶苕子叶斑病。田间发病率为55%，病害严重程度达35%～72%。发病时，叶部病斑呈椭圆形或宽椭圆形，棕褐色或深褐色。茎部病斑多为长圆形、长形或不规则形，红褐色至褐色。在高温高湿的春末至夏末发病严重，植物下部靠近地表湿度较高、密度较大、通风差的部位发病尤其严重，凋落的病叶或病株残体易成为下茬作物的侵染源。

用福美双、托布津或多菌灵拌种或浸种；福美双、托布津田间喷雾防治。

3.5.2.3 箭筈豌豆病害防治

箭筈豌豆以炭疽病和白粉病为常发病害。

（1）箭筈豌豆炭疽病

箭筈豌豆炭疽病主要危害箭筈豌豆全株。发病初期，在叶片茎秆或果荚上出现圆形、椭圆形的黑褐色小斑点，后期扩展为黑褐色圆形病斑，病斑中央则由黑褐色变为灰白色。病斑上产生轮纹状的小黑点，病斑可形成穿孔，病叶易脱落。发病严重时大量植株变黄最后枯死。

病原菌在土壤和病株残体上越冬，次年春天以分生孢子进行初侵染，并由分生孢子借风雨传播，在生长季节多次再侵染，在田间造成流行，使病害蔓延。种子可以带菌，是远距离传播的介体，同时也是病原菌的越冬场所之一。冬季较暖、夏季湿热时，此病发生严重，雨和露有助于病害蔓延。温度27℃，相对湿度80%是该病的流行条件。植株过于稠密，倒伏严重也有助于此病流行。湿润的叶片上孢子更容易萌发、传播和侵染。

可用25%吡唑醚菌酯悬浮剂（15g/亩）、32.5%苯甲·嘧菌酯悬浮剂（10g/亩）和50%多菌灵可湿性粉剂（25g/亩）来防治箭筈豌豆炭疽病，也可使用50%多菌灵可湿性粉剂和25%吡唑醚菌酯悬浮剂混配剂进行防治。在发病前喷施1次，发病后每10d喷施1次，共喷施3次，即可有效防治箭筈豌豆炭疽病并延长绿期。

（2）箭筈豌豆白粉病

白粉病主要发生在箭筈豌豆叶片正面、茎、叶柄。发病后，出现一层白色霉层。最早出现小圆形病斑，随着病情的加重，病斑逐渐扩大，相互汇合，渐渐覆盖全部叶面，形成一层毡状霉层，发病后期产生粉孢子，病斑呈现白粉状，发病末期霉层为淡褐色或灰色，同时有橙黄色至黑色小点出现，即病原菌闭囊壳。发病严重时整个叶片被白粉层所覆盖，叶片褪绿枯黄并脱落。

箭筈豌豆白粉病病原菌以闭囊壳或菌丝体在植株病残体组织内越冬，寄生能力很强，菌丝体或分生孢子萌发以后可以通过气孔或直接侵入寄主器官的表皮。西北地区一般在 8 月下旬发生病害，分生孢子扩散快，病情蔓延极为迅速，在 9 月上旬达发病高峰。在田间，发病植株可产生大量的分生孢子，分生孢子随风力可传播很远的距离，造成该病的大面积流行。同时，在田地里可发生多次侵染。

播种前，用种子重量的 0.3% 的 70% 甲基硫菌灵或 50% 多菌灵可湿性粉剂，与 75% 百菌清可湿性粉剂以 1∶1 的比例混合拌种处理。发病初期，可用 25% 三唑酮可湿性粉剂兑水配制 1500 倍液，或 10% 苯醚甲环唑水分散粒剂兑水配制 2000 倍液，根据病情喷施防治。一般情况下，每隔 7d 喷施一次，连续喷施 2 ～ 3 次。

3.6 绿肥生产机械装备

农业机械化是发展现代农业的必由之路。绿肥生产作业环节因绿肥品种、种植区域、利用模式不同而有所区别，总体来说主要包括播种、开沟、田间管理、收割、翻压、种子收获与加工等环节，其中播种、开沟、翻压、种子收获与加工环节劳动力消耗最大，对机械化生产装备的需求最为迫切[12]。

3.6.1 绿肥播种装备

（1）手摇撒播机

针对小面积田块、山地陡坡、密植果园等绿肥种植条件，可选用人力背负式手摇撒播机，可满足多个品种绿肥简易播种需求。常见的手摇撒播机，有布袋和扁桶两类种箱形式，整机主要由种箱、甩种盘、落种闸门、摇把及其传动部件组成。

使用时先关闭落种闸门，在种箱中加入适量绿肥种子，将手摇撒播机背负于胸前，转动摇把使甩种盘保持一定的转速，同时通过“S 形”门扣调节落种闸门开口大小，作业人员配以与落种速度相应的前行速度，使种子均匀落至地表，完成播种。手摇撒播机通常载种量为 10 ～ 15kg，播撒宽度为 5 ～ 7m，作业效率为 3 ～ 5 亩 /h，该机型适合播撒颗粒状绿肥种子，操作简便，撒播效率和均匀性较人工有所提高，但需人工背负作业、劳动强度大。

（2）电动撒播机

电动撒播机是在手摇撒播机的基础上，改变甩种盘的驱动方式，用电机驱动甩种盘替换人力手摇，电机由内置电池供电，降低操作人员劳动强度。因解放了操作人员双手，撒播机在设计上可采用外置撒播部件，由软管连接种箱实现供种，提升撒播可控性和撒播均匀性。电动撒播机载种量为 15 ～ 20kg，播撒宽度为 8 ～ 15m，作业效率为 30 ～ 50 亩 /h，作业效率较手摇撒播机大幅提升。

（3）机动喷播机

机动喷播机又称风送式喷播机，是利用高速气流将作物种子撒播于地表，主要由燃油马达、离心式风机、种箱、喷管和排种器等组成。它是由燃油马达带动风机，产生高速气流，由气流把种子输入喷管，然后由喷管内的高速气流将种子吹向远方。为适应绿肥多品种播种需求，部分机型通过采用喷管口匀种叶轮、风量与排种量协同调控和降噪减振等技术，提高绿肥喷播作业质量和生产效率。机动喷播机播种绿肥作业幅宽可达 15 ～ 20m，生产效率达 45 ～ 70 亩 /h，在背负式播种机具中播种效率最好，但因机身较重，作业时噪声振动也较大，造成田间行走困难，大大增加了作业者劳动强度，因此不利于人工长时间连续作业。

（4）绿肥开沟播种一体机

绿肥开沟播种一体机是为了实现播种和开沟复式作业，提高作业效率，特别适用于水稻收获后稻田绿肥播种作业的播种装备。其中，农业农村部南京农业机械化研究所研制的绿肥开沟播种一体机，适用于紫云英、二月兰、油菜、肥田萝卜、苕子、箭筈豌豆、黑麦草、田菁和山黧豆等主要绿肥均匀撒播或条播作业[13]。该机主要由种箱、单通道槽穴组合式电动排种机构、全封闭匀播机构、开沟部件、多功能绿肥播种控制系统等组成，该机集碎秸浅旋、定量播种、后置独立开沟功能为一体，一次性完成旋耕、播种和开沟作业，最多可实现 4 品种绿肥 16 通道自由组配、顺畅、均匀播种。品种播量适应范围为 0.2 ～ 20kg/ 亩，播种效率可达 12 ～ 18 亩 /h。

工作时，首先将棱锥型种箱装满所播绿肥种子，根据所播绿肥品种播种量要求和混播农艺要求，调整槽穴组合式排种器和排种调速组件工作参数，槽穴组合式排种机构在播种调速组件控制下实现定量播种，排种机构落下的绿肥种子经输种管后进入匀播机构，最后经匀播机构均匀地撒播到地表完成播种作业。开沟功能可按需选择，开沟动力自动离合，满足不同开沟间距播种农艺要求。

（5）绿肥种子无人撒播机

无人撒播机是基于无人机平台设计的轻简、高效绿肥播种设备。主要由挂接机构、种箱、排种机构、撒种机构及撒播自动控制模块组成。种箱由挂接机构固定于无人机机体正下方，其出料口与排种机构进料口配合连接，排种机构出料口通过支撑横梁与撒种机构进料口连接[14]。

作业时，绿肥种子由种箱落入排种机构，排种机构内螺旋绞龙将种子推送至撒种机构的甩种盘，高速旋转的甩种盘利用离心力将种子撒播出去[15]。撒播自动控制模块根据绿肥品种单位面积播种量和无人机飞行速度等数据，控制排种机构绞龙电机转速，从而实现排种量实时调控。甩种盘转速的控制，主要是根据不同品种绿肥种子自身物理特性以及作业幅宽要求，通过计算确定甩种盘电机转速，实现不同品种绿肥种子单位面积内均匀、定量撒播。

3.6.2 绿肥田间管理装备

在绿肥生产过程中，田间管理主要是开沟、施肥和植物保护。其中，施肥作业只有在初次种植绿肥或者很贫瘠的地块种植绿肥时才需要，植物保护装备可参考各地常见的装备使用。此处，仅介绍与绿肥田间管理的重点措施——开沟有关的装备。

开沟就是在农田开掘排灌渠道，开沟机是实现农田水利化和田间管理机械化的重要机具，在北方旱地绿肥种植区，利用开沟机进行开沟作业，排水灌溉，防涝抗旱。在南方水田绿肥种植区，田间开小沟排水是保障水田绿肥高产的重要措施。

开沟机按工作部件和工作原理的不同，可分为铧式开沟犁和旋转式开沟机两大类。按与拖拉机的挂接方式分为牵引式、悬挂式和直连式。铧式开沟犁作业过程是将从沟内起出的土垡堆在沟的两侧，不利于排水，需要人工进行清理抛散，在绿肥生产开沟中很少使用，绿肥开沟主要使用旋转式开沟机[16]。

（1）手扶式开沟机

手扶式开沟机安装于手扶拖拉机的后方，由齿轮对接拖拉机动力输出齿轮，内置牙嵌式离合器。手扶式开沟机开沟深度 100 ～ 200mm。手扶式开沟机结构简单，适合在丘陵山地小田块半机械化作业，但开沟方向和深度难以控制，效率低、劳动强度大，且在湿度大的田块开沟效果差。

（2）单圆盘开沟机

单圆盘开沟机通常采用三点悬挂方式挂接于四轮拖拉机尾部，通过万向节与拖拉机动力输出轴连接。主要由分土板、刀盘、开沟刀片、齿轮箱和机架等组成。可一次性完成切土、抛土、碎土、覆盖等工序。适用于高湿大秸秆量田块，开沟沟型规整、可开窄沟。单圆盘开沟机开沟深度 250 ～ 300mm，开沟宽度 200 ～ 250mm，最小配套动力 30kW。

（3）双圆盘开沟机

双圆盘开沟机是较为常用的开沟装置。双圆盘开沟机有左右两个对称配置的刀盘。作业时，两个刀盘同时铣切和抛掷沟渠两侧的土壤，切土抛土更为高效。双圆盘开沟机开沟沟型规整、抛土均匀，对开沟田块的适应性高。开沟深度 250 ～ 300mm，开沟宽度 200 ～ 300mm，最小配套动力 40kW。

（4）旋耕开沟机

旋耕开沟机是在旋耕机的旋耕刀辊中部安装加长开沟刀片，使设备在旋耕作业的同时完成田间开沟作业。由于旋耕刀轴向运土抛土的作用，旋耕开沟机适合低水分大秸秆量田块开沟，沟型完整，沟底清理彻底。开沟深度 200 ～ 250mm，开沟宽度 200 ～ 300mm，最小配套动力 40kW。

（5）播种开沟一体机

绿肥生产过程中的开沟作业通常是播后开沟，为减少装备下田次数和降低开沟对绿肥种子或幼苗的损伤，通常采用专用的开沟播种一体机。设备下田一次，即可完成旋耕、播种和开沟作业，提高生产效率，降低作业成本。具体参见 3.6.1。

3.6.3 绿肥翻压装备

翻压是绿肥生产的重要环节，是实现绿肥养分和有机物质高效利用的关键过程。翻压作业要求做到：能够切断绿肥，翻埋均匀，覆土严密不露青，土草紧密结合，不漏耕重耕。

不同绿肥品种和不同利用模式下，绿肥翻压作业方式可分为干翻和水翻。干翻即耕翻后不上水，主要是北方旱作、林果园间作、单季晚稻区及稻麦油轮作区常用的翻压方法；水翻即耕翻前上水，主要在南方双季稻区绿肥翻压中常用。稻田还有一种翻耕方式，干耕湿沤，即翻压后不上水，5d 左右灌浅水。干耕湿沤是提升绿肥肥效、减少稻田气体排放的高效手段，在有条件的地区应尽可能采取这种方式。

绿肥翻压作业使用的机械装备有通用型和专用型，通用型就是绿肥翻压作业时借用的通用耕地机械，专用型是为绿肥翻压作业而专门设计的装备。随着绿肥生产的发展，新研制的轻简、高效绿肥翻压专用装备将是绿肥生产的首选和主流。

3.6.3.1 通用绿肥翻压装备

绿肥翻压使用的通用耕地机械主要有铧式犁、圆盘犁、旋耕机等。

（1）铧式犁

铧式犁是使用最为广泛的耕地装备。在绿肥翻压作业中常用手扶式单铧犁和多铧悬挂犁，对于大面积规模化绿肥种植区域，也有采用多铧牵引犁进行高效耕翻。绿肥翻耕深度要求 15 ～ 25cm，作业效率根据动力、犁的种类差别较大。因铧犁本身没有绿肥茎秆切断功能，使作物整株翻耕，所以对田菁、柽麻等高茎秆绿肥翻压时存在耕埋不匀且露青多等问题，需先采用灭茬机等进行秸秆粉碎后再翻压，以提高翻压作业质量。

（2）圆盘犁

圆盘犁是利用球面圆盘完成切土、翻土及碎土动作的耕地机械，其作业部件是带有刃口的球面圆盘，直径一般为 60 ～ 70cm。绿肥翻压作业时，机械圆盘转动，达到边切土切秸，边翻土、松土、碎土的作业效果，适合单种绿肥的田块翻压作业。绿肥翻耕深度为 15 ～ 25cm。在旱地，因翻压后绿肥和土壤呈半埋半掩状态，容易跑墒，需及时耙地保墒。

（3）旋耕机

旋耕机是一种由拖拉机动力驱动旋耕刀辊旋转以完成切碎土壤的耕地机械，具有犁耙合一的作业效果，耕深 10 ～ 15cm。在进行绿肥翻压作业时，对绿肥茎秆切碎效果好，耕后地表平整，但绿肥掩埋不够，露青较多。

3.6.3.2 辊筒式绿肥压切机

辊筒式绿肥压切机是由农业农村部南京农业机械化研究所研制的绿肥专用装备。整机主要由辊筒组件、端部支撑装置、挂接组件、旋转轴等部分组成。作业时，在拖拉机的牵引或推动下向前滚动，推倒绿肥的同时，利用装备自重，通过刀组将绿肥等间隔切断，切断过程也会将一部分绿肥茎秆压入土壤。刀片内嵌气槽和 V 型弹性卸土板可确保在高黏性、高水分土壤下作业，土垡快速脱离辊筒组件。整机无需动力输入驱动，利用自重等间距切断绿肥茎秆，压切长度和压力可调，可拓展运用于果园绿肥切碎平铺。可与铧式犁或动力圆盘犁进行组配，更好地完成绿肥翻压作业。

3.6.3.3 栅条型铧式绿肥翻压犁

普通犁的犁壁是由整块钢板制成，在耕黏性重土壤时，不容易脱土。农业农村部南京农业机械化研究所采用全悬液压栅条式翻转犁，研制栅条型铧式绿肥翻压犁，在犁侧板与栅条尾部之间增设犁体曲面调节杆，根据土壤特性进行调整，使犁胸平缓、增大犁翼扭曲度，减小入土阻力，提升翻转土垡性能。犁体主要由犁铧、犁壁、犁柱、栅条、调节螺杆、导向板等组成。作业时，犁铧与犁壁先将土壤和茎秆混合物翻转，再由栅条将翻转的土壤进行碎土，导向板则使栅条和犁工作行程尽量保持在一条直线上。特别适合绿肥生物量大、潮湿及黏重的土壤条件。生产作业证明，栅条型铧式绿肥翻压犁不仅满足低矮的紫云英翻压要求，也能把高秸秆田菁等绿肥推倒，并整体翻压入土。装置翻压耕深 20 ～ 25cm，作业幅宽 140 ～ 200cm，绿肥入土覆盖率＞ 95%。

3.6.3.4 绿肥预切组合翻压装备

由辊筒式绿肥压切机、拖拉机和铧式绿肥翻压犁组成，辊筒式绿肥压切机通过拖拉机前悬挂置于拖拉机前部，铧式绿肥翻压犁通过拖拉机后悬挂挂接在拖拉机后端。作业时，辊筒式绿肥压切机由拖拉机推行前移，将绿肥推倒在地并等间隔预切，切断绿肥茎秆后平铺于地表，后置铧式绿肥翻压犁再将绿肥茎秆翻埋入土。这种组合式作业可以在提升绿肥入土覆盖率的同时，减小作业动力消耗，因前置预切已经将绿肥切断平铺，后置铧式绿肥翻压犁可以用较小的耕深即可完成绿肥翻埋入土，在翻压耕深为 10 ～ 15cm 的时候即可实现 98% 的绿肥入土覆盖率。该机不仅能用于稻田绿肥翻压作业，也可在旱地实施田菁、油菜、肥田萝卜等高秆绿肥翻压作业，具有很好的推广应用前景。

3.6.3.5 绿肥粉碎翻压复式作业机

农业农村部南京农业机械化研究所研制的绿肥粉碎翻压复式作业机，集灭茬粉碎、浅旋翻埋、覆土平整等功能于一体，适用于南方冬绿肥和夏绿肥干翻和水翻，也可用于果园绿肥粉碎平铺作业[17]。该机主要由挂接组件、减速箱、粉碎翻压装置、传动系统、限深装置、罩壳拖板组件、动力镇压辊、液压提升组件等组成。整机传动系统中，粉碎翻压装置动力输入为齿轮传动，动力镇压辊为链条传动。液压提升组件实现镇压辊压土力量的实时调整。

绿肥翻压作业时，通过挂接组件与拖拉机后三点悬挂实现挂接，用万向节连接拖拉机动力输出轴，经减速箱和齿轮传动机构带动粉碎翻压装置刀辊高速旋转，旋耕刀在切断粉碎绿肥茎秆的同时不断切削土壤，使耕作层土壤与绿肥茎秆充分混合后抛向罩壳拖板组件，在与罩壳拖板相撞击后均匀撒落在作业幅宽范围内，动力镇压辊将罩壳拖板组件作用后的绿肥茎秆和土壤混合物进一步镇压，使作业后的地表更加平整，增加土壤保墒效果的同时提高了绿肥翻压的肥效。

该机不仅适用于大规模作业，也非常适用于中小田块绿肥高效翻压，满足干翻或水翻等多种翻压农艺要求。经紫云英、黑豆、印度豇豆、决明子等冬、夏绿肥田间翻压作业试验，该机配套动力为 45 ～ 68kW，作业幅宽 200cm，平均翻压深度为 169mm，绿肥掩埋率为 93.28%，功耗较传统铧式犁作业功耗降低约 36%。该机的研制成功，满足了绿肥规模化种植地区对高效、低能耗、高掩埋率机械化翻压装备需求，在江苏、安徽和河南等地广泛运用，受到用户一致好评。

3.6.3.6 微型绿肥段切翻压机

针对绿肥栽培和土肥试验等小区绿肥翻压作业需求，农业农村部南京农业机械化研究所研制出微型绿肥段切翻压机，实现了小田块绿肥的轻简化翻压，尤其是解决了丘陵山区小田块绿肥机械化翻压的难题，填补了国内微型绿肥翻压作业专用装备空白。整机由微型手扶式拖拉机和段切翻压装置构成，段切翻压装置与手扶式拖拉机的挂接框连接并固定，其间动力传输是皮带传动[18]。作业时，压滑机构先推倒绿肥，并将绿肥整株茎秆压在地面，4 个横向均布的挖掘铲依次利用仿生人工挖掘和反向驱振自平衡技术，将每个挖掘铲幅宽内绿肥的茎秆切断并挖土翻埋。整机作业时仅需提供挖掘和行走动力，省去绿肥粉碎的动力消耗，实现轻简低耗作业。段切翻压机整机质量 157kg，配套动力 6.3kW，作业效率 0.75 ～ 1.2 亩 /h，有效幅宽 75cm，挖掘深度 11 ～ 16cm。

3.6.4 绿肥种子收获装备

绿肥种子收获机械是当前绿肥生产中不可缺少的生产装备。通常对绿肥种子收获装备的要求为：保证收获质量，即机械收获损失小、绿肥种子破碎和损伤少、清洁度高；装备适应性好，能收不同品种的绿肥种子，适应不同自然条件、环境、栽培制度和种植模式；高效率和高可靠性。绿肥种子收获方式主要有分段式收获、两段式收获、联合收获。分段式收获在分散种植小田块以及机械化生产水平较低的地区比较常见。两段式收获常用在油菜、田菁等高茎秆绿肥作物的种子收获。随着农业机械化生产水平的提高，以及绿肥种植面积的快速增长，联合收获已经成为主流方式。

最初绿肥种子联合收获普遍借用通用稻麦联合收获装备进行收获作业，其主要目的是代替大量人工劳动，在适收期内完成大面积绿肥种子收获，短期内有效推动绿肥种植面积的快速增长和种业的发展。但由于稻麦籽粒与绿肥种子差别较大，这种方式损失偏大。针对上述问题，农业农村部南京农业机械化研究所基于全喂入稻麦联合收获机平台，设计防落荚柔性扶禾割台、纵向杆齿式脱粒装置、风筛式分层控杂清选装置等关键部件，优化扶禾器绿肥品种选择配置和分层控杂清选风场分布，研制出绿肥专用的种子联合收获机。

专用绿肥种子联合收获机，主要由割台部件、倾斜输送部件、脱粒部件、发动机、底盘、传动系统、液压系统、电器系统和种箱等部分组成。收获紫云英等绿肥种子时，扶禾器将匍匐状绿肥植株平稳扶起，便于拨禾轮将其引向切割器，切割器将绿肥茎秆切断后，再由拨禾轮将其推送到螺旋推运器上，在螺旋叶片推送下集中至螺旋推运器的中部，再由中部的伸缩拨指将绿肥作物拨送到倾斜输送器，然后由倾斜输送器将绿肥作物喂入脱粒滚筒进行脱粒。脱粒后的绿肥种子连同种皮和碎茎秆经凹板筛孔落到抖动板上，长茎秆则从脱粒滚筒后端落到逐稿器上。抖动板上的种子混合物在向后抖动输送过程中，碎茎秆和颖壳逐渐向上层运动，绿肥种子向下层运动。当经过抖动板尾部的栅条时，种子和颖壳先从栅条中部落下，碎茎秆中的种子在栅条上被进一步分离后进入清选筛。在筛子抖动和风扇气流作用下，碎茎秆、颖壳等轻杂被排出机外，干净的种子落入螺旋输送器，并由升运器送至种箱。长茎秆由逐稿器排出至茎秆切碎器，茎秆被切碎后由抛洒器撒到田间。该机作业幅宽为 2000mm，收获紫云英种子时，作业效率为 9 ～ 12 亩 /h，总机收损失率小于 19%，含杂率小于 31%；收获二月兰种子时，作业效率为 12 ～ 15 亩 /h，种子含杂率小于 3%，总机收损失小于 8%。装备的作业性得到绿肥种植大户和绿肥种子公司的认可，已经在安徽、江苏、河北等地推广应用。

3.6.5 绿肥种子加工装备

种子加工是提高种子质量和品质的重要手段，是种子商品化的关键环节。种子加工过程因作物种子的原始状态不同，以及具体加工要求不同而有所差异，通常主要包括预清选（初清）、基本清选、精选与分级、包衣和丸粒化四个环节。绿肥种子加工的工序主要取决于绿肥品种、种子夹杂物的性质和类别、地域气候条件、加工厂的规模大小及要求达到的种子质量标准等。不同绿肥种子加工工序有所差异，但基本加工工艺主要包括初清、精选、包衣和丸粒化。

（1）绿肥种子初清装备

初清主要是将影响种子流动的碎茎叶、种荚等尺寸较大的杂物，以及比重小的杂物从种子中清除掉。预清选是为基本清选做好准备和创造条件，一般多用简易的风筛机型做预清选。

结合绿肥种子物理特性及机收种子含杂情况，农业农村部南方种子加工工程技术中心研发出适于绿肥种子加工的初清机。该机采用双层筛选和风选组合作业，根据绿肥品种选择不同的筛网组配形式，能够分级去除机收后绿肥种子内不同杂物。振动电机功率 0.75kW，风机功率 3kW，作业效率是人工风选和筛选的 30 ～ 50 倍，初清后的绿肥种子含杂率＜ 15%，生产效率 1000kg/h（紫云英）。

（2）绿肥种子精选装备

精选装备是对初清后的绿肥种子做进一步清选，根据种子的大小和比重进行种子和杂物的分离。农业农村部南方种子加工工程技术中心研制了一款绿肥种子精选装备，是集双层振动筛选和风选为一体，对初清后的种子进行复式精选，可根据绿肥品种选择不同的筛网组配形式。电机功率 3kW，生产效率 700kg/h（紫云英），精选后的紫云英种子含杂率＜ 3%，可达到企业入库存储的净度要求。

（3）绿肥种子包衣装备

农业农村部南京农业机械化研究所在充分消化吸收发达国家先进包衣技术，结合我国国情进一步创新的基础上，成功研制出智能化种子包衣机。该包衣机主要由种子喂入机构、种衣剂供给系统、种子与种衣剂初混合机构、清淤机构、搅拌机构、智能化控制系统和机架等组成。通过试验验证，该装备同样适合绿肥种子包衣处理，比如紫云英、二月兰和毛叶苕子等。该机生产效率 5000kg/h，配套动力 3.35kW，包衣合格率＞ 95%，种药变异系数＜ 1.5%。

（4）绿肥种子丸粒化装备

农业农村部南京农业机械化研究所研制出的一款种子丸粒化装备，可将农药、肥料、生长调节剂、保水剂、增氧剂等有效成分和一些辅助材料有序分层包敷到种子上，使种子包衣并使种子形体放大和规则化，不仅可有效地实现播前植保、带肥下田、调节生长的目的，也为机械化精密播种创造了有利条件。其技术性能和制造质量处于国内领先水平，具有加工能力强、无籽率和多籽率低、供粉均匀、雾化性能好、无滴漏、操作简单、自动化程度高等特点。可适用于绿肥、蔬菜、烟草、牧草、甜菜、花卉、林木种子的丸粒化加工。该机生产率 150kg/ 次，配套动力 1.14kW，单籽率≥ 85%，有籽率≥ 95%，单粒抗压强度≥ 150g。

参考文献

[1] 郭辉，连延浩，赵志博，等．大豆和玉米茬口对冬小麦根际土壤细菌群落结构和功能的影响．河南农业科学，2024,53(7):79-89.

[2] 曹卫东，徐昌旭．中国主要农区绿肥作物生产与利用技术规程．北京：中国农业科学技术出版社，2010.

[3] 刘春增，吕玉虎，李本银，等．不同播期对紫云英“信紫 1 号”生长状况、产量及养分积累的影响．中国土壤与肥料，2018(1):127-133.

[4] 潘福霞，李小坤，鲁剑巍，等．不同播期对紫云英生长及物质养分积累的影响．土壤，2012,44(1):67-72.

[5] 刘彩玲，刘珠，何春梅，等．福建稻区紫云英播期及播种量对其产量和养分含量的影响．福建农业学报，2020,35(4):443-449.

[6] 刘君权，胡兵，陈赐华，等．油菜绿肥适宜播量与播期研究．湖北农业科学，2021,60(S2):114-115, 119.

[7] 曹卫东，徐昌旭，聂军，等．南方稻田冬季绿肥种植与利用技术规范：NY/T 3840-2021. 北京：中国农业出版社，2021.

[8] 刘春增，李本银，郑春风，等．叶面喷钼对紫云英结实特性的影响．中国土壤与肥料，2020(1): 135-140.

[9] 郑春风，刘春增，李本银，等．叶面喷硼对紫云英结实特性的影响．草业学报，2019, 28(11): 192-199.

[10] 郑春风，刘春增，李本银，等．喷施矮壮素和多效唑对紫云英生长发育及结实性状的影响．植物营养与肥料学报，2020, 26(10): 1917-1922.

[11] 刘春增，李本银，张梦，等．紫云英荚果成熟度对落荚及种子产量的影响．草地学报，2019, 27(2): 413-420.

[12] 吴惠昌，游兆延，高学梅，等．我国绿肥生产机械发展探讨及对策建议．中国农机化学报，2017, 38(11): 24-29.

[13] 游兆延，吴惠昌，高学梅，等．水田绿肥无人机装备技术研究与应用．浙江农业科学，2019, 60(2): 314-317，321.

[14] 游兆延，吴惠昌，彭宝良，等．机收水稻留茬地紫云英双圆盘开沟撒播组合作业机设计．农业工程学报，2019,35(6):18-28.

[15] 高学梅，吴惠昌，游兆延，等．一种绿肥种子无人机定量撒播装置：ZL02020260197.3.2021-01-12.

[16] 黄建余，廖育林，孙玉桃，等．稻田绿肥种植开沟装置的研发和应用．湖南农业科学，2022 (9): 62-64,70.

[17] 游兆延，吴惠昌，高学梅，等．GFY-200 型经济绿肥粉碎翻压复式机设计与试验．中国农机化学报，2021,42(1):116-121.

[18] 游兆延，张冲，高学梅，等．紫云英绿肥盛花期埋切翻压组合作业机设计与试验．农业机械学报，2020,51(3):78-86.

中国肥料研究与应用全书

Books of Fertilizer Research and Application in China

FERTILIZER

第 4 章

绿肥作物合理利用

绿肥传统利用方式是将绿色新鲜植物体翻压到土壤中用作肥料，为下茬作物提供养分、减少化肥用量、提升耕地质量，以及兼用饲草、加工等综合利用方式。绿肥不仅是有机肥源，也能与主作物形成健康种植制度，成为优质产品生产、农田土壤退化治理、农业面源污染治理等的高效技术措施和物质基础。本章重点就传统的绿肥肥源和综合利用进行叙述。

4.1 绿肥翻压还田利用

绿肥最普遍而又简单有效的利用方式是就地翻压利用，借助土壤微生物的作用，促使植物有机体腐烂分解，直接为后茬作物提供养分。对于绿肥翻压还田利用，已经有了丰富的经验积累。如果翻压利用不当，可能会引起下茬作物贪青倒伏，或引起下茬作物烧苗、坐蔸等不良后果。因此，需要了解绿肥翻压后分解特征，掌握合理的绿肥翻压时间、翻压量及翻压方式，有利于充分发挥其养分供应与土壤培肥功效。

4.1.1 绿肥分解过程

4.1.1.1 绿肥分解原理

绿肥是来源广泛的一大类有机物料，不仅含有丰富的有机物质，也含有可观的氮、磷、钾、钙、镁、硫、锌等各种作物所必需的营养元素。这些元素绝大部分是以有机结合的形态存在植物体内，通过翻压的方式进入土壤，参与土壤中的物质生物循环。

绿肥的有机合成过程，与所有植物一样，在光合作用的基础上，吸收土壤中的无机营养盐，通过植物体内一系列的转化过程，形成有机物质。但是，它不仅是土壤养分的再集中、再循环，以及物质形态的转化，而且在有机合成过程中有新的创造。特别是豆科绿肥作物，通过根瘤菌的共生固氮作用，能将大气中的游离氮固定到农田中，氮积累量更为明显。同时，绿肥作物与其他农作物不同之处，在于合成的有机物质，不是从农田被取走用于满足生产生活需要，而是归还土壤，为后茬作物提供养分，提高土壤肥力，改善土壤结构，增加土壤生物多样性，因此其具有加速碳氮等营养物质的生物循环作用[1]。

合理翻压绿肥作物用作后茬作物的肥料，重要的是要清楚有机物质的分解过程。新鲜植物体翻压进入土壤后，在温度、水分适宜的条件下，由于微生物的作用，有机物质进行着矿质化和腐殖质化两个相互联系、相互对立的过程。矿质化过程是微生物分解有机物质，产生 H_2O、CO_2 和 N、P 等矿质养分，供给作物所需养分。腐殖化过程是微生物在分解有机物质的过程中，将分解的产物进行重新合成，在土壤中形成结构更为复杂、性质更为稳定的腐殖质，增加土壤有机碳储量。在一定的土壤条件和微生物种群及群落结构的发育过程中，土壤腐殖质也能进行矿化作用，形成矿质营养，同样也释放 CO_2 和 N、P 等矿质养分，但分解过程较为缓慢，可以作为作物营养贮存的仓库，其主要功能是改善土壤理化性状，提高土壤养分供应能力。土壤有机物质的矿质化与腐殖质化过程，是在各种功能性微生物的驱动下完成的，是紧密联系而不可分割的，但在不同的环境条件下，两个过程的速率不尽一致。

从农业生产角度出发，绿肥翻压利用，既要适当的矿质化，以供给作物养分，又要求一定的腐殖质化，以保证土壤腐殖质不断更新和增加。绿肥的矿质化过程，如果太慢，作物不能及时得到必要的养分；若太快，作物来不及利用，养分容易流失，有时分解过于激烈，甚至会对作物根系产生不利影响。同样，绿肥的腐殖化过程太慢，新的腐殖质得不到更新补充，造成土壤肥力逐渐降低。因此，在绿肥翻压利用过程中，必须充分掌握其在土壤中的分解转化规律，并通过耕作、水分、肥料管理等措施，调控其矿质化和腐殖质化过程，以达到保证农作物产量和改良土壤的多重目的。

4.1.1.2　稻田绿肥的分解

水稻生产期间，稻田较长时间处于淹水状态，土壤还原作用强，但干湿交替的水分管理措施，使土壤氧化还原交替进行。在稻田淹水期间，土壤微生物以厌氧微生物为主；在晒田时候，有利于好氧微生物繁殖。一般来说，稻田占优势的土壤微生物种群是兼性细菌和嫌气细菌，硝化细菌相对较弱。稻田绿肥分解的快慢，主要取决于土壤水热条件、土壤肥力水平，以及绿肥的物质组成，因此在稻田合理翻压绿肥的时候，需要掌握土壤微生物区系的变化与绿肥分解过程中由微生物驱动引起的土壤生化过程的变化。

（1）绿肥分解过程中微生物的更替

常用的稻田绿肥，一般含有 70% ～ 90% 的水分，还含有多种有机化合物，主要是糖类、有机酸、矿质盐类等简单的水溶性物质和蛋白质、木质素等较难分解的物质。

绿肥分解依赖微生物的驱动，同一种微生物可以参与不同有机物的分解，一种有机物的分解又有多种微生物参与作用。土壤微生物既有共性，也有其专属性，因此参与绿肥分解的微生物种类尽管非常复杂，但其区系以及各阶段的发育过程，在分解绿肥过程中不断更替。根据江西省农业科学院的研究结果，在绿肥分解初期，细菌数量最高，放线菌较低；约在20d 后，放线菌数量逐步增加；30d 后，细菌数量开始下降；60d 后，由于开始进入夏季高温季节，土壤细菌数量显著下降，而放线菌大量繁殖，其种群数量高于细菌；绿肥翻压 120d后，细菌数量较为稳定，而放线菌数量急剧下降。在细菌类型中，绿肥分解初期，芽孢菌的数量较之无芽孢菌的数量要低，随着细菌总量的下降，无芽孢菌的数量急剧降低，逐渐以芽孢菌为主。由于稻田在淹水条件下，土壤 pH 由弱酸性趋于中性[1]（表 4-1）。

表4-1　稻田绿肥分解过程中土壤pH的变化

绿肥种类	翻压前	分解时间					
		18d	39d	68d	100d	120d	145d
CK	6.0	7.1	5.8	6.0	6.6	6.5	6.6
紫云英	6.0	7.5	6.2	6.3	6.8	6.6	6.7
肥田萝卜	6.0	7.4	6.1	6.2	6.7	6.5	6.7
大麦	6.0	7.2	6.0	6.1	6.7	6.5	6.6

总体上，随着微生物的发育与更替，绿肥逐渐被腐解，前期主要是无芽孢菌对绿肥中易溶性的成分进行分解，随着易溶性成分的减少，无芽孢菌逐渐减少，放线菌逐步增加。放线菌能作用于难以分解的有机物质，甚至对稳定性的腐殖质也有分解能力，因此绿肥翻压后期放线菌数量的急剧增加，标志着绿肥中难溶性的物质正在分解。

（2）绿肥物质组成及其分解强度

不同绿肥作物的物质组成不同，其翻压后的分解速率也会存在差异。江西省农业科学院对紫云英、肥田萝卜和大麦三种绿肥作物有机物质组成分析表明[1]（表 4-2），共同之处在于其水溶性物质含量均较高，因而决定其分解较快、养分供应速效的性质。绿肥翻压后，如果温度适宜，土壤微生物大量繁殖，绿肥被迅速分解。在双季稻田早稻翻压绿肥后，早稻生长期间，主要是绿肥的分解矿化，而在晚稻生长期间主要是土壤有机质的矿化。

表4-2　稻田主要绿肥的有机物质组成成分（干物质）　单位：%

种类	类型	水溶性物质	水溶性碳	水溶性氮	脂蜡	半纤维素	纤维素	木质素
紫云英	茎叶	37.7	1.15	0.81	4.95	9.75	9.55	22.17
	根系	18.3	0.56	0.64	3.05	11.92	10.36	—
肥田萝卜	茎叶	33.5	0.83	0.71	3.96	12.55	13.27	29.33
	根系	20.9	0.52	0.39	1.44	13.30	13.80	—
大麦	茎叶	30.0	1.15	0.48	2.92	21.69	9.20	18.82
	根系	15.4	0.51	0.21	1.15	17.63	6.66	—

由于绿肥组成成分的差异，其分解特点也有所不同。紫云英水溶性物质含量最高，高于肥田萝卜，且半纤维素及纤维素含量较低。大麦水溶性物质含量低于紫云英和肥田萝卜，但其水溶性碳接近于紫云英，同时半纤维素的含量很高。肥田萝卜水溶性碳含量较之紫云英和大麦均低，纤维素含量最高。按照绿肥组成物质中的碳水化合物的分解顺序，水溶性物质最先分解，其次是半纤维素、纤维素，木质素是最难以分解的。因此，在分解前期，紫云英分解较为旺盛，以后急剧下降；大麦分解过程一直较为旺盛，肥田萝卜则分解相对较缓慢。

宋莉等在湖北武汉采用埋袋法研究高温条件下紫云英、油菜秸秆及其不同比例配施还田下的腐解规律，发现紫云英与油菜的不同比例混合处理翻压后在前 10d 腐解较快，其后腐解速率变缓。不同处理之间比较发现，翻埋后第 10d，紫云英腐解率达 48.6%，油菜秸秆仅 33.6%；翻压 90d 后紫云英腐解率达到 60.1%，油菜秸秆仅 40.8%。不同比例紫云英与油菜秸秆混合处理居中，且随着紫云英比例增加，腐解率增加。可见，紫云英易于腐解，油菜较难腐解，紫云英与油菜混合处理中紫云英比例越高，腐解越容易[2]。

4.1.1.3　旱地绿肥的分解

在旱地，绿肥分解速率和养分释放除决定于绿肥物质组分和土壤温度外，更重要的是土壤水分。只有保持适当的土壤水分，才能使绿肥及时分解并释放养分供作物利用。黑龙江省农业科学院1980年在黑土上翻压草木樨，随着土壤含水率的增加和温度上升，在土壤最大持水量60%（土壤含水率30%）和温度30℃时，其分解速率达到最高[3]。

华中农业大学于2009年度在湖北恩施烟区利用埋设尼龙网袋法开展的光叶苕子在土壤中腐解规律试验。结果表明[4]，种植烤烟与否对光叶苕子有机物质的腐解及养分释放动态无明显影响。其有机物质前2周腐解最快，第3～9周腐解速率中等，9周以后较慢，各阶段平均每周腐解量分别占整个烤烟生育期内总腐解量的29.9%～31.8%、2.5%～2.6%和1.4%～1.7%。中国农业科学院德州试验站于2009年利用网袋法在山东陵县棉田，研究油菜、毛叶苕子、冬牧70黑麦翻压于棉花田间15～20cm土层的腐解及养分释放规律。研究表明，绿肥翻压43d内干物重显著降低，前3d腐解速度最快，后降低趋势变缓。翻压43d时油菜、毛叶苕子、冬牧70黑麦腐解率达到81.7%、77.5%、62.2%；翻压113d时腐解率分别达到89.6%、89.5%、76.2%[5]。赵娜等在陕西长武县旱塬小麦田采用田间埋袋法对长武怀豆、大豆和绿豆在土壤中长达287d的养分释放状况进行了监测，旨在查明三种豆科绿肥分解及其养分释放规律。结果表明，三种绿肥均表现为前期腐解快、后期腐解慢，高峰均出现在最初的1个月内；在残留率平稳的阶段，长武怀豆残留率显著高于大豆和绿豆[6]。潘福霞等在湖北武汉利用网袋法通过盆栽模拟研究旱地条件下箭筈豌豆、苕子、山黧豆三种绿肥的腐解和养分释放特征。结果表明三种绿肥均在翻压15d内腐解较快，腐解率均在50%以上，之后腐解速率逐渐减慢，翻压70d时箭筈豌豆、苕子和山黧豆的累积腐解率分别达71.7%、67.3%和74.1%[7]。李正鹏等在青海西宁大田采用埋袋法研究箭筈豌豆与不同量麦秆混合下的有机物料的腐解规律。结果表明，不同处理下有机物料的腐解呈现前期快后期慢的变化规律，至333d腐解结束，麦秆、箭筈豌豆、低量和高量麦秆与箭筈豌豆混合处理的累积腐解率分别为51.5%、82.2%、78.6%和75.2%[8]。

4.1.2　绿肥养分释放

4.1.2.1　稻田绿肥养分释放

绿肥的腐解和矿化速率决定绿肥的适宜翻压利用时期。湖南省农业科学院以紫云英作早稻基肥，研究结果表明，土壤铵态氮释放高峰是在紫云英翻压后2周开始，1个月左右积累达到高峰期，40d后由于水稻对氮的吸收而逐步下降[2]。因此，在水稻栽插前15d左右时间翻压紫云英作绿肥，水稻栽插后就能获得养分供应，提早返青，有利于水稻早发分蘖。由于当前水稻的基肥更多依靠化学氮肥，绿肥一般不作为唯一的基肥氮源。在基施化肥的配合下，绿肥可以与化肥形成更好的有机无机配合方式，在水稻插秧前5～15d内翻压绿肥，均能获得良好的效果，更加便于择机进行翻压操作。在7月高温条件下，紫云英、油菜及其不同配置的有机物料，翻压后其养分的释放快慢不同，表现为钾＞磷＞氮＞碳，在翻压90d时钾的累积释放率为95.1%～97.2%，磷的累积释放率为62.7%～87.1%，氮的累积释放率为70.0%～76.5%，碳的累积释放率为39.5%～64.7%[2]。

在水热条件较差的稻田，绿肥翻压利用后，往往使水稻秧苗在长时期内不能返青分蘖，出现“坐蔸”现象，甚至发生死苗。如果绿肥翻压时期不当或水稻水分、养分管理存在问题，水稻后期出现贪青，稻谷空秕粒多，或出现后期倒伏，这些现象主要是由于绿肥分解过程产生的还原性物质过量以及养分释放与水稻对养分的需求不相协调所致。翻压绿肥后，适当施用石灰，能有效缓解这些问题。石灰不仅能调节稻田酸性土壤的pH，也能补充Ca营养。酸性土壤施用石灰，能促进土壤微生物活动，尤其是在翻压初期，土壤氨化细菌、硝化细菌、纤维分解菌等类型种群数量显著增加，加速绿肥的分解进程。

4.1.2.2 旱地绿肥养分释放

华中农业大学于2009年度湖北恩施烟区利用埋设尼龙网袋法开展的光叶苕子在土壤中养分释放规律试验表明，经过整个烤烟生长季节的腐解，光叶苕子中氮、钾、磷的释放率分别达到70%、98%、41%[4]。光叶苕子在土壤中氮释放规律符合烟草养分需求规律，不存在后期氮素供应过多引发的烟草难以落黄、成熟期推迟的问题。烟田翻压光叶苕子作绿肥时，应在烟苗移栽前择期翻压，并适当减少化肥用量。赵娜等在渭北旱塬进行绿肥腐解试验结果表明，夏季豆科绿肥在翻压后的3周内有20% ～ 40%的氮素会迅速释放出来[6]，而此时是后茬冬小麦的播种时期，往往有大量的化学氮肥作基肥一次性施入土壤。但这个阶段的氮素尚未开始被小麦吸收利用，因此氮素通过各种途径损失的概率增大。根据这些研究结果，提出后茬冬小麦氮肥调控措施：将当地冬小麦常规施氮量降低20%左右；氮肥分次施用，基肥占70% ～ 80%，返青期顶凌追肥20% ～ 30%。王岩等在河南省舞阳县烟草试验场开展的绿肥埋袋试验表明[9]，苜蓿及黑麦草等绿肥翻压后早期分解快。埋袋1周后的苜蓿有机碳的分解率就高达20%，黑麦草的分解率达到15%。但经过5周左右的分解，两种绿肥的分解速率有所减缓，这表明绿肥中易分解的有机物质较少，并逐步进入相对复杂有机物质的分解过程。与苜蓿比较，黑麦草所含纤维物质较多，且C/N比值较高，因此分解速率相对要缓慢。经过13周的分解，苜蓿中有机碳的矿化率高达81%、黑麦草为63%，估计剩余部分有机碳残留于土壤中，并逐步转化为土壤有机质。

4.1.3 绿肥翻压时期

4.1.3.1 绿肥翻压的原则

一般来说，应当在绿肥鲜草产量最高或质量（如养分含量）最佳的时间进行翻压。同时，要考虑到下茬作物的种植时期及养分需求规律，以最大限度发挥绿肥的功效；要尽量避免腐解过程中养分流失或因绿肥腐解产生的还原性物质对接茬作物出苗及幼苗生长不利的影响；根据土壤、气候等自然条件，按照不同绿肥作物的腐解速率确定翻压时期；还要考虑在间作套种条件下绿肥与主作物的共生关系，做到不影响主作物生长发育的前提下，尽量获取较高的生物量。

4.1.3.2 绿肥作物的生物产量

绿肥作物种类及品种、生长发育时期不同，其生物产量均可能不同。同一种类绿肥作物，其生物产量主要取决于气候、土壤条件、播种时期及水肥管理，不同状况下的绿肥作物生物产量存在显著的差异。在南方稻田，紫云英现蕾后迅速生长，地上部鲜草产量快速增加，无论是鲜草产量、干物质量，还是养分含量，均以盛花期至初荚期明显高于其他时期。在北方旱地，利用柽麻、草木樨等作夏季短期绿肥，也是类似表现，例如，柽麻在结荚之前，生物量随着生长天数的增加而显著增加。绿肥作物不同时期根系重量也存在较大的差异。在紫云英现蕾之前，地下部分根系的重量大于地上部，现蕾之后地上部重量高于地下部，初花至盛花期、结荚初期根系重量仍然在增加，至初荚期后根重下降。

4.1.3.3 绿肥作物的养分含量

绿肥作物地上部植株及地下根系的氮、磷、钾养分含量，因种类、品种生育期、土壤条件、施肥水平等不同而有差异。不同生育时期养分含量不同，一般以蕾花期较高。苕子蕾花期鲜草含干物质约 15% ～ 18%、N 0.5% 左右、P_2O_5 0.10% ～ 0.16%、K_2O 0.2% ～ 0.4%。紫云英在春季枝茎伸长以后，地上部植株含氮量逐步下降，一般在盛花期鲜草含氮量为 0.3% ～ 0.5%，干物质含氮量平均为 3.0% 左右。从表 4-3 紫云英不同生育时期地上部植株养分含量可以看出，干物质氮含量以苗期至初花期最高、磷含量以苗期和盛花期最高、钾含量以苗期和初花期最高[10]。

表4-3 紫云英不同生育时期地上部植株养分含量 单位：%

测定单位	生育时期	鲜草养分含量				干物质养分含量		
		H_2O	N	P_2O_5	K_2O	N	P_2O_5	K_2O
江西省农业科学院	花前期	—	0.41	0.15	0.37	3.70	1.35	3.35
	初花期	—	0.41	0.12	0.36	3.69	1.11	3.24
	盛花期	—	0.31	0.16	0.30	2.81	1.44	2.71
	结荚期	—	0.30	0.14	0.32	2.71	1.28	2.88
湖南省农业科学院	苗期	88.08	0.59	0.12	0.31	4.93	1.03	2.61
	现蕾期	89.34	0.48	0.07	0.18	4.50	0.70	1.66
	盛花期	89.36	0.35	0.09	0.16	3.33	0.82	1.56
	成熟期	76.66	0.47	0.09	0.30	1.83	0.38	1.28

同一绿肥作物品种在不同的区域，受栽培管理措施的影响，其养分含量也存在不同。华中农业大学的测试结果表明，在湖北不同地方种植同一紫云英品种，盛花期采样测定养分含量，发现不同地点的绿肥养分含量差异较大（表 4-4）。绿肥作物根、茎、叶、花等器官不同，其养分含量也存在差异。掌握绿肥作物不同器官的养分含量，有利于开展综合利用。紫云英不同器官的养分含量，N：叶、花＞根＞茎；P：花＞叶＞根＞茎；K：茎＞叶、花＞根。

苕子不同部分的养分含量类似，但根部的钾含量较低。

表4-4　不同紫云英品种不同地点的植株鲜样养分含量　　单位：%

品种	N				
	公安	枝江	浠水	崇阳	孝南
湘肥 3 号	0.26	0.46	0.26	0.35	0.26
弋江种	0.32	0.39	0.31	0.23	0.25
宁波种	0.29	0.35	0.30	0.34	0.25
南昌种	0.28	0.38	0.30	0.30	0.24
品种	P_2O_5				
	公安	枝江	浠水	崇阳	孝南
湘肥 3 号	0.06	0.12	0.07	0.05	0.04
弋江种	0.06	0.11	0.08	0.03	0.05
宁波种	0.08	0.12	0.08	0.05	0.03
南昌种	0.06	0.11	0.07	0.04	0.04
品种	K_2O				
	公安	枝江	浠水	崇阳	孝南
湘肥 3 号	0.30	0.31	0.31	0.21	0.29
弋江种	0.24	0.22	0.29	0.16	0.33
宁波种	0.32	0.37	0.26	0.13	0.24
南昌种	0.19	0.27	0.24	0.17	0.29

4.1.3.4　主要绿肥翻压时期

传统上，绿肥的主要功能是作为养分和肥源利用，对于其生物耕作功能的认识并不是很充分，绿肥对于翻压时期也有比较高的要求。当前，建立合理用养结合制度，对于农田土壤保育和可持续利用具有重大意义，翻压时期的选择相对较为宽松。一般来说，可以综合绿肥、接茬作物及农事便利等判断，在绿肥的旺长期、花期、结荚期，都可以择期翻压。以下按照肥源和养分的考虑，介绍几种主要绿肥作物的翻压时期选择。

（1）紫云英翻压时期

根据紫云英不同时期的地上部鲜草产量看，初花期较低，盛花期较高，始荚期最高。在始荚期翻压，尽管鲜草产量高于盛花期，但其纤维增加，分解迟缓，且此时的养分含量较低，因此鲜草总养分含量较之盛花期要低。初花期翻压，鲜草产量低，纤维幼嫩，翻压后分解较快，养分释放快，肥效持久性差，尽管养分含量较高，但总养分仍然比不了盛花期。由于各地气候条件差异，且稻田种植制度及水稻种植方式也不同，紫云英的翻压时期应能与其相适应。春季气温回升快、温度较高的地区，水稻种植较早，翻压期一般在3月下旬；气温较低的地区，水稻种植相对较晚，翻压期一般在4月中旬。但在中稻地区，如果在4月中下旬翻压，仍然与5月底或6月初中稻种植的间隔时间较长，翻压绿肥后的稻田水分管理不当，存在养分流失的风险，故有的地区采取在紫云英种子部分成熟时带荚翻压。传统的双季稻田绿肥在早稻栽插前15d左右翻压，但在江西、湖南和湖北等地联合试验结果表明，早稻种植前5～15d均可就地翻压紫云英作绿肥，早稻产量平均增加8.1%～11.0%，且对晚稻有一定后效，增产2.3%～5.2%；早晚稻增产的翻压时间顺序为移栽前10d＞5d＞15d，提前10d翻压，甚至5d效果都较好。所以，稻区翻压紫云英，一般不必太拘泥于提前时间的限制，在水稻移栽前5～10d均可。

（2）油菜、肥田萝卜翻压时期

油菜、肥田萝卜的翻压适期与紫云英基本一致，必须根据当期气候、土壤质地、水稻种植时期以及油菜或肥田萝卜的生育状况确定。过早过迟均不能充分发挥肥效。气温较高时，油菜、肥田萝卜腐烂分解较快，翻压时期可以适当推迟；气温低时，腐烂分解较慢，翻压时期应适当提前。一般经验是，根据油菜、肥田萝卜的生育状况考虑翻压时期，以半花半角期最佳。翻压过早，鲜草产量低，肥效也不能持久；翻压过迟，腐烂分解慢，前期养分供应少。特别是肥田萝卜的肉质根系，在谢花以后，其养分含量较之半花半角期要下降2/3以上。

（3）毛叶苕子翻压时期

在甘肃河套地区，麦收前套种毛叶苕子，鲜草产量能达到2000kg/亩；于后茬冬小麦播前提前翻压，小麦产量显著高于播前翻压绿肥处理和不种绿肥处理，也高于提前收获后覆盖地表于小麦播前再翻压的处理，因此，小麦播前提前翻压绿肥是保证高产的基础。为了减少绿肥生长期间对土壤水分的过度消耗，提前翻压的时间早晚还应根据绿肥生长期间的降水量灵活掌握，比如，绿肥生长期间降水偏少时采取提前1个月左右翻压措施，绿肥生长期间降水正常的年份可在小麦播前2～3周压青。

（4）光叶苕子翻压时期

2009年在贵州试验表明，玉米播种前5～15d翻压光叶苕子作绿肥，均可显著提高玉米产量，相对而言提前15d翻压绿肥增产效果最明显。2010年进一步增加试验处理，发现提前5～15d翻压光叶苕子作绿肥对玉米产量的影响与2009年结果一致，然而当把翻压期提前到20～25d，玉米产量进一步提高。2011～2015年通过定位试验表明，在翻压光叶苕子1000kg/亩条件下，光叶苕子合理翻压期是玉米播种前15～20d。综合考虑，贵州旱地玉米适宜翻压期是玉米播种前15～25d。

4.1.4 绿肥翻压量

绿肥翻压量取决于绿肥最大生产量和在利用技术上如何充分合理地发挥绿肥作用效果。绿肥翻压量与养分供应量和土壤有机质的保持量呈正相关。翻压量低，矿化较快，土壤有机质的净矿化量也增加，因此少量翻压绿肥有利于养分供应，但不利于土壤有机质累积。同时，在一定范围内，随着绿肥翻压量的增加，农作物产量及土壤质量的提升效果也随之提高。在生产实践中，获取最高的鲜草产量是绿肥作物栽培的目标。在获得最高绿肥鲜草产量的前提下，根据土壤肥力状况、后茬作物种类、作物品种和后茬作物种植时间与绿肥翻压的间隔期等，来确定绿肥适宜的翻压量。

4.1.4.1 稻田绿肥翻压量

紫云英翻压用量，根据土壤质地、耕作条件和水稻品种确定。总结大量的调查数据，在翻压深度 15 ～ 20cm 的条件下，绿肥翻压用量以 1500 ～ 2500kg/ 亩为宜。现代农业生产更加注重轻简、高效，我国多数稻田绿肥鲜草产量在 2000kg/ 亩上下，一般都可以采用全量还田的方式。全量翻压还田时，应结合氮肥调控。种植豆科绿肥，如紫云英、苕子，每翻压 1000kg 的绿肥鲜草应减施纯氮 1 ～ 2kg。

4.1.4.2 旱地绿肥翻压量

我国旱地区域跨度大，各地土壤、降水等条件不同，同时，要考虑土层厚度、灌溉方式等各种因素，选择合适的绿肥翻压量。西北及华北地区绿肥翻压量常为 1500 ～ 2000kg/ 亩，西南地区绿肥翻压量常为 1000 ～ 1500kg/ 亩。如果结合深翻、减氮施肥等手段，翻压量可以适当增加，但一般不超过 2500kg/ 亩。在水肥条件好的情况下，毛叶苕子、光叶苕子的鲜草产量常能达到 3000kg/ 亩以上，此时应结合刈割饲用移出部分绿肥。绿肥地上部作饲草，仅根茬还田，也是西北、西南等地的常见方式。

4.1.5 绿肥翻压技术

4.1.5.1 翻压质量要求

绿肥翻压质量的基本要求是切断绿肥，不漏耕、不重耕，埋压均匀，入土做到不露绿色，压严压实，使绿肥与土壤紧密接触；碎土要细，创造有利于绿肥充分腐解和接茬作物的播种与栽插条件，又能防止绿肥分解过程中的养分流失。

4.1.5.2 翻压深度

旱地翻压绿肥的深度要适中，翻压过深，土壤供氧不足，减缓绿肥的腐解速率，养分释放不能及时，难与后茬作物对养分的需要相协调，如果翻压超过耕层深度，使得底土层翻转于表面，还会导致后茬作物减产；翻压过浅，绿肥掩埋不严实，引起跑墒，也影响其腐解速率和后茬作物的播种。

稻田翻压绿肥，早稻栽插较早，土壤温度低，宜稍浅翻压，促使绿肥腐解，及时释放养分；而中稻田翻压绿肥，则宜结合深耕，深埋绿肥，既延长养分供应，又防止养分流失。选择的翻压机械不同，绿肥翻压的深度也有所差异。1974 年，早稻田翻压绿肥的比较试验结果表明，割青浅耕浅压绿肥较之不割青深耕深压绿肥的早稻返青早、有效穗和结实率增加，稻谷增产 30%（表 4-5）；同期开展的 2 年稻田绿肥干耕试验[11]，一是干耕干耙、灌浅水沤田，二是干耕晒垡 2 ～ 3d 后灌水沤田，结果证实，干耕绿肥有利于早稻返青，促进其生长发育，早稻稻谷产量由 1973 年的平均 365kg/ 亩提高到 1974 年的 417kg/ 亩。

表4-5 绿肥不同耕压方法对早稻产量的影响

绿肥耕压方法	翻压深度 /cm	有效穗 /（10^4 穗 / 亩）	穗粒数 /（粒 / 穗）	实粒数 /（粒 / 穗）	结实率 /%	稻谷产量 （kg/ 亩）
割青浅耕浅压	10 ～ 13	45	46.7	35.5	76.0	272
不割青深耕深压	＞ 16	44	46.5	25.0	53.8	210

4.1.6 绿肥翻压对作物不利影响及调控

在南方部分烂泥田或排水不佳的稻田，由于稻田土壤温度低、地下水位高、氧化还原电位低，翻压后的绿肥腐解慢，造成水稻生长不良，根系基部发黑、新根少，叶小、叶黄，难以分蘖，生长停滞，形成僵苗或“坐秋”“坐蔸”。主要原因是绿肥分解时造成土壤氧化还原电位（Eh）下降，土壤 Fe^{2+}、Mn^{2+}、H_2S 等还原性物质及有机酸积聚，土壤 pH 下降，导致土壤 P、Zn、Fe 等营养元素的有效性降低，引起水稻缺素和产生毒害。

为避免稻田翻压绿肥引起的水稻僵苗问题，在水稻栽插前 10 ～ 15d 翻压绿肥，翻压时宜采用干耕、适度埋深、适当控制绿肥用量，使绿肥与土壤紧密接触，干耕晒垡 5 ～ 7d 后灌浅水沤田。酸性土壤，在翻压绿肥时，适当增施调酸剂（包括生石灰、石灰石粉、白云石粉、磷矿粉、钙镁磷肥等）50 ～ 100kg/ 亩，减少耙田次数，结合分蘖期晒田，能有效防控翻压绿肥引起的水稻僵苗问题。

4.2 绿肥综合利用

随着农业生产形势的变革和乡村振兴战略的实施，种植绿肥仅仅用于为作物提供养分和培肥土壤单一用途已不能满足现实的需要，因此实施绿肥综合利用，在保证粮食产量和耕地质量提升的同时，实现农业增效、农民增收和美丽乡村建设。

4.2.1 肥粮兼用

肥粮兼用的绿肥作物种类主要是蚕豆、豌豆、大豆、鹰嘴豆、绿豆、豇豆等。这些食用豆类作物淀粉和蛋白质含量高，既能作粮食作物栽培，也是重要的绿肥种类。

4.2.1.1 轮作复种，肥粮兼用

在西南和江淮地区，蚕豆-水稻轮作制度被广泛应用。蚕豆的利用方式，一是采摘青荚

后的秸秆还田作绿肥利用；二是刈割嫩梢作绿肥后，留养收获蚕豆。20 世纪 60 年代，安徽部分地区，采用蚕豆-稻或蚕豆-棉花的轮作复种模式发展粮肥兼用蚕豆，在解决肥源的同时满足粮食需求，刈割嫩梢作绿肥，收获蚕豆用作粮食，能收获蚕豆 43kg/ 亩、绿肥 1250kg/ 亩。河南省农业科学院的研究结果表明，实行小麦-绿豆种植制，收获 70% 绿豆后茎叶压青作绿肥，绿豆粮肥兼用，能获得 50kg/ 亩的绿豆、1180kg/ 亩的绿豆鲜草产量；接茬小麦产量达 395kg/ 亩，较之夏休闲的小麦产量增产 21.9%；连续 2 年后，土壤有机质提高 1.02g/kg，速效氮提高 4.6mg/kg[2]。

4.2.1.2 间作套种，肥粮兼用

（1）玉米间作豌豆

在甘肃河西绿洲灌区，利用玉米前期行间大，间作针叶豌豆，收获豌豆后的秸秆还田的粮豆间作模式普遍存在。玉米针叶豌豆间作种植具有明显的增产优势，相比单作，能够显著提高玉米籽粒产量。一方面针叶豌豆的残留物可为下茬作物提供的养分在不断累积，另一方面玉米针叶豌豆在间作体系中的小倒茬减轻了长期玉米单作造成的连作障碍。甘肃省农业科学院等单位的研究结果表明，玉米间作针叶豌豆，在不增加灌水的情况下，玉米产量达到 1038kg/ 亩，较当地对照玉米增产 91kg/ 亩；还可多收针叶豌豆 150kg/ 亩，绿肥鲜草 800kg/ 亩；通过间作针叶豌豆，可以在保证玉米不减产的前提下，减少 15% 的化学氮肥用量。化学氮肥减施 15% 时，可以年均收获 95kg/ 亩针叶豌豆干草和 109kg/ 亩针叶豌豆籽粒；同时，氮肥农学利用率均有所提高，其中在化学氮肥减施 15% 时，6 年的平均氮肥农学利用率相比习惯施肥处理提高 8.42%，差异显著。

（2）玉米间作大豆

玉米间作大豆，在保证玉米产量的同时多收获一茬大豆，同时能提高化肥养分利用效率。玉米采用超常规的宽窄行种植，大行距达到 180 ～ 220cm，在玉米宽行中间作大豆，大豆收获后的秸秆粉碎还田用作玉米后期的肥料。河北省农业科学院的试验结果表明，大豆生长对玉米产量没有明显影响，甚至还有利于提高玉米产量，其中以 2 行玉米间作 3 行大豆的玉米产量 537kg/ 亩为最高，且能收获大豆 48kg/ 亩，同时还提高了玉米对氮肥的利用效率。与单作玉米比较，玉米间作大豆系统的氮肥、磷肥、钾肥利用率平均提高 25.9%、13.6%、33.7%。

（3）甘蔗间作绿豆

广西壮族自治区农业科学院开展甘蔗与绿豆间作粮肥兼用模式研究，甘蔗间作绿肥后，可以提高甘蔗和绿豆根际土壤的速效磷钾素含量、土壤磷酸酶活性，促进磷素向有效态转化，从而提高甘蔗对土壤磷钾素的利用；当甘蔗种植行间距为 120cm，在甘蔗行间间作两行绿豆，绿豆与甘蔗行间距 40cm、绿豆行间距 40cm、绿豆穴距 20cm，通过间作可以积累绿豆秸秆 307 ～ 376kg/ 亩，累积的 N、P_2O_5 和 K_2O 分别达 5.4 ～ 7.5kg/ 亩、3.6 ～ 4.7kg/ 亩和 20.0 ～ 26.2kg/ 亩，在任何时期间作绿豆并压青还田都不会降低甘蔗的产量。绿豆秸秆的干物质、氮、磷和钾在甘蔗生育期内的降解速率分别为 40.4% ～ 50.1%、58.6% ～ 67.4%、50.6% ～ 57.0%、89.3% ～ 93.5%，间作的绿豆秸秆还田可以替代甘蔗 30% 的氮肥或 30% 钾

肥，不会降低甘蔗的产量和土壤养分含量。

4.2.2 肥饲兼用

4.2.2.1 南方稻田肥饲兼用

南方稻区主要绿肥品种紫云英不仅是优良的绿肥作物，还是优质的饲草作物。实行紫云英肥饲兼用，是提高绿肥的经济效益，促进稻区农牧业发展，维持和提高土壤肥力，建立可持续农业生产体系的重要措施。根据20世纪60年代江西农村各地的农民经验，用紫云英喂猪，每1000kg鲜草增加生猪体重15kg左右，作饲料利用后，紫云英原有N量的25%左右转化为生猪利用，75%左右仍随粪尿排出体外。每亩紫云英搭配少量的精饲料，可以养猪1.5头，能得到2500～3000kg厩肥，可供1亩稻田有机肥料，能增产稻谷125～150kg[1]。

吴建富等在江西传统的“肥-稻-稻”农作制的基础上，通过紫云英—喂猪—猪粪尿沼气发酵—沼肥还田途径，构建“农-牧-沼”复合生态模式。紫云英青贮后，其干物质的保存率约为87%，粗蛋白质含量仍保持在15%以上，用以代替部分精饲料喂猪，可以节约粮食30%左右，从而有利于缓解饲料不足的矛盾，促进养猪业的发展；青贮饲料与配合饲料混合喂猪，青贮饲料的料肉比约为50∶1，按此计算，2000kg紫云英所制成的青贮饲料约可增加猪重35kg，显著地提高了紫云英自身的经济效益。此外，紫云英过腹还田，猪粪尿还可回收其中59.7%的N、84.7% P_2O_5和55.1% K_2O，其效益很可观[12]。

4.2.2.2 “稻-萍-鱼”立体种养

“稻-萍-鱼”立体种养体系，最初是福建省农业科学院在水田立体结构模式研究中提出，该体系于水稻宽窄行种植套养红萍，每亩能产红萍鲜体5000kg以上。叶国添等在福建借鉴传统肥稻田养鱼方式，在水稻行间套养红萍后，再套养鲫鱼、尼罗罗非鱼或混养草鱼，在晚稻田放养红萍区比对照区增加喂养38d，且鱼数量少11尾，但增重3%，75g以上的鱼数量增加7%。为了获得当年具有食用价值的商品鱼，发展至双季稻田养鱼，构建初步的“稻-萍-鱼”系统[13]。在此基础上，推行垄畦栽稻，垄畦沟水面放养红萍，畦沟中养鱼，形成稻田立体循环农业新体系。畦栽“稻-萍-鱼”体系，比平栽“稻-萍-鱼”系统，双季稻稻谷产量每亩增加93.2kg，增幅14.8%；稻田鲜鱼产量每亩增加4.1～12.6kg，增产8.1%～24.7%，商品鱼产量提高11.5%～29.8%；红萍鲜草产量亩产5000～5200kg，较平栽“稻-萍-鱼”系统每亩增加922～1051kg，增幅22.6%～25.0%[14]。

4.2.2.3 西南旱地肥饲兼用

1986～1990年，全国绿肥试验网组织的不同农区绿肥综合利用效益研究结果表明[15]，在四川德阳冬闲旱地连续3年试验玉米套种光叶苕子，单位面积的蛋白质生产量较之玉米提高2.4倍；套种的光叶苕子用作饲草，根茬及再生草还田，下茬玉米平均每亩增产50～100kg，5年后，土壤有机质提升，氮磷速效养分显著增加。利用光叶苕子喂养生猪，一般每千克鲜草可转化为1kg活体猪；玉米套种的光叶苕子鲜草产量每亩1290kg，全部用于喂猪，可节省饲料玉米 40 ～ 75kg。1987 ～ 1989 年，在四川德阳和乐山等地推广应用玉米套种苕子，刈割苕子喂养生猪的绿肥种植模式 9 万多亩，总计生产鲜草饲料 2.28 亿千克，每头猪节省饲料平均为 40kg，总计节省投资高达 475 万元。

4.2.2.4 北方农区肥饲兼用

1986 ～ 1990 年，全国绿肥试验网组织的不同农区绿肥综合利用效益研究结果表明，甘肃河西走廊一熟麦田，由于无霜期相对较短，麦收后多以休闲为主，形成小麦连作制；采用麦收后复种或在麦收前套种箭筈豌豆或毛叶苕子等，可以多增收一季优质饲料，改一年一收为一年二收。同时，复种豆科绿肥，改善了土壤环境，减轻了因小麦连作易患全蚀病的危害，使粮食产量增加。如果以蛋白质产出量衡量土地生产力，连作小麦的每亩蛋白质产出量为 58.4kg，而复种绿肥后的麦田因肥饲兼用，蛋白质总产出量为 149.9kg，土地当量比达到 2.57，大大提高了土地的生产能力 [15]。

在黑龙江双城，玉米间作草木樨，根茬及残体还田，下茬大豆亩增产 45.8kg，增幅 32.5%；甘肃河西走廊麦田复种箭筈豌豆或毛叶苕子，根茬及残体还田，能使下茬小麦比连作小麦平均亩增产 96.7kg，增幅 25.3%，刈割的草木樨喂养奶牛，平均每日每头奶牛较之用秸秆喂养的奶牛牛奶产量提高 2.5kg，泌乳期延长 10 ～ 15d，牛奶品质得到提升，鲜奶蛋白质含量提高 0.3 个百分点 [15]。在山西，粮草轮作地，下茬谷子每亩平均增产 168kg、胡麻每亩平均增产 16kg，比单一粮食连作地分别增长 76% 和 33.3%。粮食复种或间作绿肥，绿肥刈割饲草后根茬及残体还田，五年平均土壤有机质增加 0.14%、速效氮提高 35.8mg/kg，总腐植酸含量提高 0.14%，胡敏酸-富啡酸比值平均增加 0.2。在黑龙江双城玉米带间作草木樨，每亩蛋白质产生量提高 33%；尽管每亩玉米减产 35.4kg，但多增收了 800kg 左右的优质饲草，能节省精料投入 111 元，每亩纯收入达到 189.2 元 [15]。

4.2.3 肥菜兼用

4.2.3.1 主要绿肥作物肥菜兼用价值

为提高绿肥作物的直接经济价值，王建红等采集紫云英初花前的嫩梢、鲜食蚕豆的嫩果粒、豌豆初花前的嫩梢、鲜食豌豆的嫩果粒和普通市购青菜，对紫云英、蚕豆、豌豆等几种经济绿肥的可食部分营养成分及价值进行评估 [16]。结果表明，不同绿肥可食部分主要营养指标与普通青菜相比，高低各有差异。总体而言，普通青菜的氨基酸总量较低，但钙含量相对较高。不同绿肥可食部分主要营养指标间的差异也比较明显。紫云英嫩梢的维生素 C、核黄素、钙和氨基酸总量较高，但粗蛋白、β-胡萝卜素含量相对较低；蚕豆嫩果粒的粗蛋白、β-胡萝卜素比较高，维生素 C，钙含量则相对较低；豌豆嫩梢的维生素 C、核黄素、氨基酸总量较高，但粗蛋白、β-胡萝卜素含量一般；豌豆嫩果粒的维生素 C 较高，但粗蛋白、β-胡萝卜素、核黄素、氨基酸的含量相对较低（表 4-6，表 4-7）。总之，绿肥可食部分的主要营养指标各有特点，有些指标明显高于普通青菜，具有较高的营养价值和蔬菜开发前景。

表4-6　豆科绿肥可食部分主要营养指标含量

种类	粗蛋白 /%	维生素C /（mg/100g）	β-胡萝卜素 /（mg/100g）	核黄素 /（mg/100g）	钙 /%
普通青菜（CK）	41.8 c	45.8 b	4.29 b	1.48 b	1.64 c
紫云英嫩梢	27.4 a	56.9 c	3.57 a	2.17 c	1.37 c
蚕豆嫩果粒	46.3 d	25.3 a	6.14 c	1.06 ab	0.18 a
豌豆嫩梢	32.8 b	63.8 d	3.96 ab	2.36 c	0.49 b
豌豆嫩果粒	24.3 a	53.5 c	3.24 a	0.63 a	0.64 b

注：同列数据后小写字母不同表示 $p < 0.05$ 水平差异显著性。

表4-7　豆科绿肥可食部分氨基酸总量和各氨基酸含量　单位：%

氨基酸种类	普通青菜	紫云英嫩梢	蚕豆嫩果粒	豌豆嫩梢	豌豆嫩果粒
天冬氨酸	1.76 a	2.56 b	1.96 a	2.97 c	2.46 b
苏氨酸	0.88 b	1.14 c	0.90 b	1.22 c	0.64 a
丝氨酸	0.84 a	1.11 c	0.94 ab	1.24 c	1.02 bc
谷氨酸	3.34 c	2.76 b	2.42 a	3.28 c	3.68 c
脯氨酸	0.84 b	1.10 c	0.96 b	1.18 c	0.50 a
甘氨酸	1.12 c	1.26 c	0.86 b	1.30 c	0.63 a
丙氨酸	1.41 b	1.46 b	2.66d	1.80 c	1.06 a
缬氨酸	1.08 a	1.28 b	1.20 b	1.40 c	0.98 a
蛋氨酸	0.05 a	0.11 b	0.10 b	0.16 c	0.06 a
异亮氨酸	0.82 b	1.12 c	0.99 b	1.18 c	0.61 a
亮氨酸	1.57 b	2.08 c	1.50 b	2.10 c	0.89 a
酪氨酸	0.42 b	0.76 c	0.50 b	0.66 c	0.25 a
苯丙氨酸	0.98 b	1.34 c	0.85 b	1.31 c	0.55 a
组氨酸	0.50 a	0.90 b	1.40 c	0.75 b	0.51 a
赖氨酸	0.97 b	0.98 b	1.22 c	1.20 c	0.68 a
精氨酸	1.06 a	1.28 b	1.83 c	1.32 b	1.19 a
氨基酸总量	17.64 a	21.24 bc	20.29 b	23.07 c	15.71 a

注：同行数据后小写字母不同表示 $p < 0.05$ 水平差异显著性。

4.2.3.2　蚕豆豌豆肥菜兼用

建立蚕豆-稻种植制度，在秋季水稻收获后整地作畦种植蚕豆，在春节后采摘蚕豆青荚用作蔬菜，采摘青荚后的蚕豆秸秆翻压作绿肥，提高绿肥作物的直接经济效益，为后茬水稻提供养分、减少化肥用量、提升耕地质量，这种模式目前在我国的江浙及西南地区较为普遍。

1984 ～ 1986 年，江苏开展蚕豆菜肥兼用研究结果表明[17]：蚕豆宽窄行种植，宽行间作大麦，翌年 5 月底，蚕豆收获青荚后的秸秆翻压用作棉花的基肥；两年平均每亩产蚕豆青荚 293 ～ 358kg，产鲜草 853 ～ 1122kg。20 世纪 80 年代中期，江苏南通地区大面积推广应用水稻秧田种植蚕豆、豌豆。蚕豆、豌豆在 9 月中旬前茬水稻收获后整地作畦播种，春节前后采摘青荚上市，可采摘 2 ～ 3 次，每亩能产豌豆青荚 400kg 左右，产绿肥 500 ～ 600kg；5 月上中旬可采摘蚕豆青荚 200kg/ 亩，并有 500 ～ 600kg 青豆秸秆用作绿肥。在麦田间作豌豆苗，一般每亩产豌豆苗蔬菜 200kg 以上，产绿肥鲜草 400kg 以上[18]。

近年来浙江省鲜食蚕豆发展较快，种植面积稳定在 30 万亩，主要分布在丽水、台州、宁波、绍兴等地。王建红等通过蚕豆秸秆异地翻压作绿肥方式，研究采摘青荚后的蚕豆秸秆还田对水稻化肥减施及稻谷产量的影响[19]，结果表明，单一常规用量施肥和蚕豆秸秆翻压配施不同比例常规用量化肥处理与 CK 处理相比，稻谷产量分别增加 25.0% 和 6.1% ～ 29.2%，其中以翻压蚕豆秸秆 1000kg/ 亩配施 60% 常规施肥量处理稻谷产量最高（601kg/ 亩）（表 4-8）。

表4-8　蚕豆秸秆配施不同用量化肥对单季晚稻农艺性状和产量的影响

处 理	有效穗数（10^4 穗 / 亩）	每穗实粒数 /（粒 / 穗）	结实率 /%	千粒重 /g	稻谷产量 /（kg / 亩）	秸秆产量 /（kg/ 亩）	成熟期
CK	10.2 d	178.2 a	88.3 a	25.3 a	466 e	348 d	10-05
100%CF	14.2 a	165.3 bc	84.8 b	25.1 a	582 ab	556 ab	10-12
蚕豆秸秆	11.2 cd	178.5 a	88.0 a	25.0 a	494 d	423 c	10-06
蚕豆秸秆 +20%CF	12.0 c	172.6 ab	87.2 a	25.2 a	519 c	464 bc	10-08
蚕豆秸秆 +40%CF	13.5 b	168.9 b	86.6 a	25.3 a	570 b	516 b	10-10
蚕豆秸秆 +60%CF	14.4 a	166.4 b	85.3 ab	25.1 a	601 a	568 a	10-12
蚕豆秸秆 +80%CF	14.8 a	159.2 c	83.2 b	24.9 a	591 a	577 a	10-14

注：蚕豆秸秆翻压量为 1000kg/ 亩。100%CF 为 $N\text{-}P_2O_5\text{-}K_2O$ = 14.0-3.8-7.5kg/ 亩。20%CF、40%CF、60%CF、80%CF 分别为相对于 100%CF 的施肥量。同列数据后小写字母不同表示 $p < 0.05$ 水平差异显著性。

4.2.3.3　紫云英肥菜兼用

季卫英等于 2020 年 1 ～ 3 月期间在紫云英初花前，分 3 次采摘紫云英顶部 10 ～ 15cm 嫩梢作鲜菜，通过蔬菜产量和营养品质评价 7 个不同紫云英品种肥菜兼用经济效益，筛选适用于菜用的紫云英品种，结果表明：宁波大桥紫云英、闽紫 1 号及闽紫 8 号紫云英不仅能获得 2389 ～ 2678kg/ 亩的鲜菜产量，且有较好的营养品质，是适合浙江省推广应用的菜用紫云英品种[20]（表 4-9、表 4-10）。

表4-9　不同品种紫云英菜用特性与鲜菜产量表现

品种	熟期类型	播种日期	第一次采摘日期	产量 /（kg/ 亩）	鲜菜干物质含量 /%
宁波大桥种	迟熟	2019-09-20	2020-01-22	2678 a	10.7
闽紫 1 号	迟熟偏早	2019-09-20	2020-01-04	2418 ab	7.6
闽紫 7 号	迟熟	2019-09-20	2020-01-23	1700 cd	9.2
闽紫 8 号	迟熟偏早	2019-09-20	2020-01-03	2389 b	7.7
弋江籽	迟熟偏早	2019-09-20	2020-01-13	2122 bc	9.4
信紫 1 号	早熟	2019-09-20	2020-01-22	1353 d	10.9
湘肥 3 号	中熟偏早	2019-09-20	2020-01-23	1918 c	12.0

注：同列数据后不同小写字母表示 $p < 0.05$ 水平差异显著性。

表4-10　不同品种紫云英菜用嫩梢营养成分

品种	蛋白质 /%	粗脂肪 /(g/kg)	膳食纤维 /(g/kg)	可溶性糖 /%	钙 /(mg/g)	维生素 C /(mg/kg)	β-胡萝卜素 /(mg/kg)
宁波大桥种	357	68	279	3.30	7.9	161	41.0
闽紫 1 号	319	69	320	2.19	8.8	76	39.9
闽紫 7 号	376	64	265	2.21	7.5	54	39.8
闽紫 8 号	341	64	274	3.41	8.4	249	33.7
弋江籽	339	61	256	5.45	8.9	170	34.8
信紫 1 号	324	66	288	5.06	7.4	130	32.4
湘肥 3 号	309	63	277	7.70	5.8	80	34.8

福建省农业科学院通过对选育的 10 个紫云英新品系和外省引进的 3 个紫云英品种进行蔬菜产量测定和安全品质分析，结果表明，不同紫云英品种（品系）的鲜菜产量为 328 ～ 858kg/亩，紫云英生育期对鲜菜产量的影响较大。鲜菜产量是中熟品种＞早熟偏晚品种＞早熟品种，早熟品种鲜菜产量较低，中晚熟紫云英品种适合用于采摘鲜菜利用。利用紫云英生产鲜菜，有毒有害物质残留远低于国家标准限量值，卫生质量好，具有良好的开发前景。

4.2.3.4　绿肥油菜肥菜兼用

在油菜苗期和薹期采摘用作蔬菜，在我国有长久的历史。在双季稻区，受茬口衔接时间紧的影响，利用油菜作绿肥栽培在部分地区应用。推广三熟制油菜的同时，发展作为绿肥和蔬菜的两用油菜，对提高冬闲田的利用、增加复种指数具有很好的促进作用。首先，油菜摘薹既能带来非常可观的经济效益，在次年花期进行压青作为绿肥又能取得良好的生态效益。其次，将摘薹后的油菜作为绿肥使用，不会影响早稻的种植，能很好地缓解“稻-稻-油”三熟制带来的季节矛盾。在江苏金坛，通过 3 年栽培研究表明，在不增加种植密度和施肥量的情况下，菜薹产量可达370kg/亩。

发展油菜菜肥兼用，应选择营养优势强、感温性弱的早熟油菜品种。采摘菜薹及绿肥压青均需要提高油菜的生物产量，而油菜10月下旬后播种，植株个体一般偏小，需要通过合理密植来提高菜薹及绿肥产量。同时在摘薹后适当追施氮肥可促进油菜枝叶生长，从而提高绿肥产量。

4.2.4 蜜源植物

4.2.4.1 流蜜期与产蜜量

许多绿肥作物都是很好的蜜源植物，尤其是紫云英、草木樨、紫花苜蓿、苕子、三叶草、荆条等，流蜜期长，蜜质优良，已被列入我国主要蜜源植物[3]。发展绿肥生产，在培育耕地质量、减少化肥用量、提高养分利用效率同时，促进养蜂业的发展，振兴乡村经济。根据河南省报道，50亩草木樨种子生产田可养蜂20～30箱，产蜜600～650kg。紫花苜蓿，一般2亩可养1箱蜂，产蜜25kg左右。在辽宁西部地区种植草木樨、沙打旺，加上向日葵和荞麦，采蜜期可达3～4个月。毛叶苕子和光叶苕子花期长，也是优良的蜜源植物。光叶苕子花期长达1个月，蜜质好，每亩可产蜜25kg左右，著名的“雪脂莲蜜”就是产自西南地区的光叶苕子蜜。

绿肥作物产蜜量与其品种花期、花期气候和种植利用目的有关。例如，在同一地区种植同一品种的紫云英，开花期前后约为30～40d，流蜜期为20d左右；如果种植不同熟期的品种，开花期就能延长。花期长，流蜜期长，采蜜期就长，产蜜量就高。紫云英流蜜的白天适宜温度为25℃左右，如果光照充足，流蜜更旺盛；但出现寒流或阴雨天，会减少流蜜或不流蜜。紫云英在盛花期至初荚期，是开花和产蜜量最多的时期，但作绿肥利用的田块其流蜜期为8～12d，留种田则在终花期之前仍然可继续采蜜8～10d。根据李云山1988年在浙江省宁波市的紫云英留种田测定，4亩紫云英供养1箱意大利蜂[1]，从始花期至开花中后期30d内，每箱蜂能采蜜31kg、蜂王浆228g、花粉259g。

4.2.4.2 蜂蜜成分

紫云英蜂蜜是我国重要的出口蜜，颜色呈白色或浅琥珀色，结晶乳白而细，味清洁，清淡芳香，甜而不腻，属于一等蜜。紫云英蜂蜜的主要成分和氨基酸组成见表4-11[21]。根据国家绿肥产业技术体系提供的数据（表4-12），几种主要绿肥作物的蜂蜜重要成分，满足“特级品”蜂蜜标准，蔗糖含量低，果糖+葡萄糖含量接近或大于70%，高出欧盟标准16%～22%；淀粉酶活性17.2～24.3mL/(g·h)，是欧盟标准的2～3倍。

表4-11 紫云英蜂蜜的主要成分和氨基酸组成

主要成分	含量	氨基酸组成	含量/(mg/kg)
水分/%	22.08	天冬氨酸	215
果糖/%	39.79	苏氨酸	50

续表

主要成分	含量	氨基酸组成	含量 /（mg/kg）
葡萄糖 /%	35.19	丝氨酸	50
蔗糖 /%	0.76	谷氨酸	150
麦芽糖 /%	0.51	甘氨酸	50
淀粉酶值	13.36	丙氨酸	65
总酸度	1.835	胱氨酸	5
pH	3.83	缬氨酸	95
蛋白质 /%	5.0	蛋氨酸	35
维生素 B_1/（mg/kg）	0.39	异亮氨酸	90
维生素 B_2/（mg/kg）	0.03	亮氨酸	100
维生素 C/（mg/kg）	1.5	酪氨酸	10
羟甲基糠醛 /（mg/kg）	1.6	苯丙氨酸	60
—	—	赖氨酸	80
—	—	组氨酸	150
—	—	精氨酸	20
—	—	脯氨酸	215

表4-12　主要绿肥作物蜂蜜的主要成分

绿肥蜂蜜种类	水分 /%	酸度 /%	果糖＋葡萄糖 /%	蔗糖 /%	淀粉酶活性 /[mL/(g·h)]	羟甲基糠醛 /（mg/kg）
紫云英蜂蜜	21.8	27.0	70.4	未检出	20.0	2.2
田菁蜂蜜	15.0	10.0	69.7	未检出	17.2	2.2
苕子蜂蜜	17.1	10.7	70.0	未检出	17.6	2.7
二月兰蜂蜜	21.2	16.2	73.0	未检出	24.3	2.5
蜂蜜特级品标准	≤ 19	≤ 40	≥ 70	≤ 5	≥ 8	≤ 20
欧盟蜂蜜标准	≤ 20	≤ 50	≥ 60	≤ 5	≥ 8	≤ 40

4.2.5　加工利用

（1）田菁胶

田菁种子可以提取胚乳胶，每 100kg 种子可提取胚乳胶 5 ～ 15kg，可作为石油工业的压裂剂，也可以在食品加工工业中用作添加剂。根据国家绿肥产业技术体系提供的数据，田菁胶多糖，用途广泛，提取分离纯化田菁胶多糖后，分析其基本结构组成，明确结构特性，采用挤压处理改善了田菁胶多糖存在的水分散性差等问题。提取纯化纯度达96%的田菁胶多糖，挤压改性处理很好地改善多糖分散性，使田菁胶多糖低程度降解，分子量略微下降，体外实验表明在高浓度情况下DPPH、ABTS和羟基自由基清除能力超过80%，亚铁离子螯合能力达到将近98%，且具有浓度依赖性，在低于200μg/mL时经挤压改善的田菁胶多糖无毒且可以提高小鼠巨噬细胞的吞噬能力，具有免疫调节能力。此外，田菁胶多糖可提高糖尿病小鼠的胰岛素敏感性，并提高胰岛素分泌指数1倍以上，具有降低血糖和恢复肠道菌群组成的潜力。以阿魏酸乙酯为酰基供体，在[EMIM]Ac和[BMIM]BF_4的混合离子液体介质中使用脂肪酶Novozym435进行田菁胶的酯化改性，得到最大取代度0.69的高溶解性酯化产品。

（2）箭筈豌豆产品

根据国家绿肥产业技术体系提供的数据，以8份箭筈豌豆为原料制备蛋白质分离物，种子粗蛋白含量为31.8%～41.75%，箭筈豌豆分离蛋白中纯蛋白含量为68.32%～96.37%。同时对箭筈豌豆分离蛋白的理化性能（表面疏水性、热性能）和功能性能（乳化、发泡、吸水、吸油）以及溶解度和氨基酸组成进行了评价，测定其吸水能力为2.05～4.69g/g，吸油能力为1.75～2.22g/g，乳化能力为39.80～135.11m^2/g，乳化稳定性为24.07%～90.66%，起泡能力为70.32%～89.95%，泡沫稳定性为87.59%～100%。箭筈豌豆分离蛋白的溶解趋势呈U形，在pH为4～6时溶解度最低，pH大于7后溶解度开始增大。对箭筈豌豆分离蛋白的氨基酸组成进行了分析：发现该蛋白分离物的氨基酸组成非常丰富，除了含硫氨基酸以外，均可以满足FAO/WHO成人和儿童的要求。大多数箭筈豌豆蛋白的分子量在18～22kDa、33～44kDa和43～66.2kDa区间内。此外，箭筈豌豆分离蛋白的表面疏水性存在显著差异（$p < 0.05$）在487.20～871.91之间，峰值变性温度（95.1～99.1℃）和焓（1.056～20.64J/g）也有所不同。通过对这些性质的研究，发现箭筈豌豆分离蛋白具有作为亲水 / 输水活性分子输送载体的巨大潜力。

针对箭筈豌豆种子，构建多组分分离技术体系，获得蛋白、淀粉等产品，并进一步加工获得高抗性淀粉优质粉丝，其抗性淀粉含量高于绿豆粉丝，是普通豌豆的2倍，血糖指数低至62%（普通豌豆粉丝82%），有望服务于广大糖尿病人群。相较于普通豌豆20%左右的蛋白含量，箭筈豌豆的高蛋白（35%左右）特征引人注目，是潜在的豌豆蛋白来源。

相较于普通豌豆淀粉和鹰嘴豆淀粉来说，箭筈豌豆淀粉可以在较低的温度下实现糊化过程，在黏度特性上比鹰嘴豆和普通豌豆淀粉有一定的优势，并在持续加热和剪切作用下有较好的抗破碎和抗剪切能力。因此，箭筈豌豆淀粉韧性强、粉丝断条率仅为5.4%，显著低于国家标准（10%），加工品质优于豌豆淀粉。经估算，1000kg箭筈豌豆种子可加工300kg粉丝、160kg蛋白粉。

（3）药物原料

部分绿肥作物具有药用功能，例如紫云英。《本草纲目》记载了紫云英的药用功效。《中国药用植物图鉴》也提出，紫云英全草水煎内服，有明目祛风、利尿解热等功用。红萍，全草，性味归经：辛，寒；归肝、肾经；功能主治解表透疹，祛风利湿。现代科学研究表明，红萍多糖具有提高人体免疫能力的功效。

苦豆子是重要的药用植物资源。早在1914年国外就从苦豆子籽实中提出“苦参总碱”。

苦豆子药用研究始于20世纪30年代初，苏联学者将提取出的“苦参总碱”入药后，发现其具有清热解毒，抗菌消炎等作用，又分离出槐定碱、槐胺碱。此后，波兰、美国学者相继研究报道了苦豆子植物体内的多种化学成分。1930年被正式列入《美国药典》，随后美国抗癌研究中心发现苦参碱中槐果碱在临床上有抗癌效果。1977年，苦豆子生物碱制剂——“苦豆子片”作为治疗腹泻的新药问世。1983年开发出“苦参碱制剂妇炎栓”，用于治疗妇科疾病。1984年国内建成了第一条苦豆子生物碱工业生产线。由于苦豆子资源的群落多呈零散分布，采集困难，年有效利用率仅占苦豆子产籽总量的15%～20%，需要通过建立规模化生产基地加以解决。

参考文献

[1] 江西省农业科学院作物研究所. 绿肥栽培与利用. 上海：上海科学技术出版社，1982.

[2] 宋莉，韩上，鲁剑巍，等. 油菜秸秆、紫云英绿肥及其不同比例配施还田的腐解及养分释放规律研究. 中国土壤与肥料，2015(3): 100-104.

[3] 焦彬，顾荣申，张学上. 中国绿肥. 北京：农业出版社，1986.

[4] 孔伟，耿明建，储刘专，等. 光叶紫花苕子在烟田中的腐解及养分释放动态研究. 中国土壤与肥料，2011(1): 64-68.

[5] 宁东峰，马卫萍，孙文彦，等. 华北地区棉田翻压冬绿肥腐解及养分释放规律研究. 华北农学报，2011, 26(6): 164-167.

[6] 赵娜，赵护兵，鱼昌为，等. 旱地豆科绿肥腐解及养分释放动态研究. 植物营养与肥料学报，2011, 17(5): 1179-1187.

[7] 潘福霞，鲁剑巍，刘威，等. 三种不同绿肥的腐解和养分释放特征研究. 植物营养与肥料学报，2011，17(1): 216-223.

[8] 李正鹏，宋明丹，李飞，等. 青藏高原小麦秸秆和箭筈豌豆混合腐解规律和养分释放特征. 农业工程学报，2021, 37(11):104-111.

[9] 王岩，刘国顺. 绿肥中养分释放规律及对烟叶品质的影响. 土壤学报，2006，43(2): 273-279.

[10] 林多湖，顾荣申. 中国紫云英. 福州：福建科学技术出版社，2000.

[11] 荆州地区革命委员会农业局农业组. 改进稻田耕整与压青技术的经验. 湖北农业科学，1975, 3: 27-29.

[12] 吴建富，张美良，刘经荣，等. 稻田紫云英肥饲兼用的技术与效益. 江西农业大学学报，1997, 19(2): 53-56.

[13] 叶国添，陈震南，金桂英，等. 稻-萍-鱼的研究. 福建农业科技，1984(4): 24-25.

[14] 林崇光，叶国添，郑有铨，等. “稻萍鱼”与“垄畦栽”结合试验初报. 福建省农科院学报，1990，5(2): 88-92.

[15] 陈礼智，张淑珍，曹卫东，等. 肥饲兼用绿肥的种植及其综合效益研究. 土壤肥料，1993(4):14-17.

[16] 王建红，张贤，曹凯，等. 几种经济绿肥菜用营养价值初探. 浙江农业科学，2011(5):1001-1002,1005.

[17] 张登辉，苏红，左其海，等. 蚕豆作菜肥兼用的经济效益. 江苏农业科学，1986(12): 20-21.

[18] 蒋观真. 开发大田肥菜兼用的经济绿肥. 作物杂志，1987(4):18-19.

[19] 王建红，张贤，曹凯，等. 等量蚕豆鲜秆还田配施不同比例化肥对单季晚稻的影响. 应用生态学报，2015, 26 (5): 1365-1372.

[20] 季卫英，徐静，王建红，等. 菜用紫云英品种筛选及种植效益初探. 浙江农业科学，2021，62(4): 730-732.

[21] 中国农业百科全书总编辑委员会，养蜂卷编辑委员会. 中国农业百科全书・养蜂卷. 北京：中国农业出版社，1993.

中国肥料研究与应用全书

Books of Fertilizer Research and Application in China

FERTILIZER

第5章

果园、茶园绿肥种植与利用

绿肥由于其强大的有机转化归还能力和生物耕作效应，是改善经济林园土壤性状的高效措施。种植并利用绿肥不仅为果园、茶园增辟有机肥源、改善土壤养分循环，也能对土壤进行生物耕作，提升绿色覆盖，是园地土壤改良、生态环境改善的最有效手段。我国科研工作者长期坚持推行果园绿肥、茶园绿肥，在 20 世纪 90 年代，就已经形成了一系列技术方法，也证明了绿肥在果园、茶园里的良好作用。近些年有大量研究证实，果园、茶园种植利用绿肥作物，能够改善土壤质量，改善果园、茶园小生境，提升果品、茶叶品质，保障果园、茶园的可持续生产[1]。

鉴于绿肥在果园、茶园中的良好效果，结合我国果园、茶园的立地条件较差、有机肥源不足、土壤质量低下等因素，为满足果、茶产业的高质量发展需求，采用绿肥技术是未来我国果园、茶园土壤管理的必由之路。

5.1 绿肥果园、茶园的区域划分及其主要绿肥种类

5.1.1 果园、茶园的区域划分

我国的果园和茶园，可以划分为 4 个区域类型，即：北方（西北、东北）冷凉区落叶果园、华北暖温带落叶果园、南方常绿及落叶果园、茶园。

5.1.2 绿肥种类选择

上述 4 个区域的绿肥种类大致可按以下推荐选择，但各地具体情况复杂、绿肥种类多样，在具体实践中，可因地制宜、结合业内人士推荐等选择具体的绿肥种类。

① 北方冷凉区落叶果园。主要是西北、东北落叶果园。选择毛叶苕子、箭筈豌豆、肥用油菜、二月兰以及习性相近的一年生绿肥，还可选择三叶草等多年生绿肥。

② 华北暖温带落叶果园。冬绿肥选择毛叶苕子、光叶苕子、箭筈豌豆以及肥用油菜、二月兰、多花黑麦草，胶东地区亦可选择鼠茅草。夏绿肥可选择大豆、绿豆、印度豇豆。

③ 南方常绿及落叶果园。冬绿肥选择毛叶苕子、光叶苕子、箭筈豌豆、肥田萝卜、肥用油菜、二月兰、鼠茅草，多年生绿肥可以选择白三叶草；长江流域及以南地区、地势较平坦、水肥条件较好的果园，还可选择紫云英；川渝滇地区果园亦可选择山黧豆。夏绿肥选择乌豇豆、印度豇豆、竹豆、圆叶决明、拉巴豆、硬皮豆、大豆、赤小豆等。

④ 茶园。山东、河南及长江流域的茶园，冬绿肥选择毛叶苕子、光叶苕子、箭筈豌豆、肥用油菜、二月兰；长江流域以南地区、地势较平坦、水肥条件较好的茶园，冬绿肥还可选择紫云英；川渝滇地区茶园冬绿肥亦可选择山黧豆。茶园夏绿肥可选择圆叶决明、硬皮豆、大豆、赤小豆。

5.2　北方冷凉区落叶果园绿肥种植与利用

北方冷凉区落叶果园，主要包括东北三省和西北的新疆、青海、甘肃、宁夏以及陕西北部、山西北部、河北北部等果区。主要气候特点是：冬春季节严寒，夏季暖凉适度，降雨量偏低。适合喜冷凉、耐干旱的绿肥作物生长。

5.2.1　品种选择

选择毛叶苕子、箭筈豌豆等豆科绿肥或习性相近的豆科作物，也可选择肥用油菜、二月兰等十字花科绿肥。多年生绿肥可选择白三叶草。

5.2.2　播种时期

① 春播。一般适宜在3月下旬～4月上旬进行播种，最好在地温5～7℃、表层5～10cm土壤已解冻时进行顶凌播种，可以利用冻融水促进种子萌发。

② 秋播。部分西北地区也种植秋冬绿肥，以7月下旬～8月初播种为宜，可在冬前形成良好覆盖。在部分地区可种植越冬的绿肥，如冬油菜、苕子、二月兰，应在8月进行播种。播种过早，上冻前容易抽薹，不利于越冬；播种过晚，根茎达不到一定粗度，不能安全越冬。

5.2.3　播种量

播种量应按绿肥播种的实际占地面积核算。其中，条播用种量略低，撒播用种量略高；土壤肥力及水分条件较好的地块播种量宜低，较差的地块播种量略高。

不同种类绿肥作物每亩播种量：毛叶苕子3.0～4.0kg、箭筈豌豆6.0～8.0kg、三叶草0.3～0.5kg、肥用油菜0.8～1.0kg、二月兰1.5～2.0kg。

5.2.4　播前整地与灌溉

采用条播时，应在播种前整地，翻耕深度10～15cm。采用顶凌播种的，宜在头年入冬前翻耕15～20cm，春季播种前再深耙或浅旋5～10cm。适宜机械操作的果园，亦可不整地直接撒播，待撒播后利用旋耕机浅旋3～5cm即可。

仔细查看土壤墒情，当土壤含水量较低时，有灌溉条件的果园可以浅浇一次水，保持20cm内土层湿润；没有灌溉条件的果园，应结合降雨抢墒耙耱播种。

5.2.5　播种方式

果园绿肥可全园种植，亦可行间带状种植，条带与果树间的距离可不严格限定。播种方式可条播也可撒播（图 5-1）。

(a) 条播　　(b) 撒播

图 5-1　西北地区果园绿肥条播与撒播

果园优先采用撒播。将大颗粒种子（如毛叶苕子、箭筈豌豆等）或混合小颗粒种子（如肥田萝卜、肥用油菜）均匀撒于播种带内。杂草较多时，应在撒播后用旋耕机浅旋，无浅旋条件的，应在播种后刈割杂草。

采用条播时，毛叶苕子、肥用油菜等绿肥，行距 30 ～ 40cm 为宜；箭筈豌豆、二月兰等绿肥，行距 20 ～ 30cm 为宜。播种深度 3 ～ 4cm 为宜，肥用油菜、二月兰的播种深度应稍浅。播种后覆盖 0.5cm 厚的细土镇压，并使土壤与种子紧密接触。

5.2.6　田间管理

绿肥生长期间，一般无需专门对绿肥进行灌水，水分管理依据果树的需求即可。灌溉要点为：应在果树花前水灌足，春梢旺长期灌好，果实膨大期少灌，封冻水灌溉要适量，有利于绿肥越冬及次年早春返青。

一般情况下，种植绿肥不做施肥管理。在较贫瘠的园地种植肥用油菜或二月兰等十字花科绿肥时，可基施氮肥（N）1.5 ～ 2kg/ 亩、基施磷肥（P_2O_5）3 ～ 4kg/ 亩，苗期施氮肥（N）1.5 ～ 2kg/ 亩。

遇毛叶苕子等绿肥攀爬上树，可在攀爬初期将绿肥藤蔓适当刈割。适当关注白粉病、蚜虫、蓟马等病虫害的发生，若为害较重应及时防治。

5.2.7　作绿肥利用

北方各地，可采用一次播种、自然覆盖、落籽自生 3 ～ 5 年的利用方式，播种第二年可视情形补播 20% ～ 30% 种子。3 ～ 5 年后，翻耕一次。采用自然覆盖至自然枯萎，可以起到持续性地抑制杂草、保持水土、减少水分蒸发的作用（图 5-2）。

春播的绿肥，亦可刈割或翻压利用，选择在绿肥盛花期（一般在 7 月）进行，此时绿肥茎叶营养丰富，秸秆容易腐解，是绿肥翻压的最佳时机。秋季播种的绿肥，一般应以自然覆盖为主。

绿肥覆盖较好的地块，种植一季豆科绿肥后，果树减施氮肥（N）3 ～ 4kg/ 亩；种植两季豆科绿肥后，果树减施氮肥（N）4 ～ 6kg/ 亩。

图 5-2　西北地区苹果园绿肥自然覆盖

5.2.8　综合利用

① 饲用。多数绿肥生物量很大，牲畜喜食，可作为饲草利用，绿肥生长至 40cm 左右时，刈割青贮打包作饲料，也可以直接喂牲口。

② 菜用。肥用油菜、二月兰在春季采摘菜薹，毛叶苕子、箭筈豌豆在旺长期摘取嫩茎尖用作蔬菜。

③ 蜜源利用。在绿肥花期，每亩地可放养蜜蜂 0.4 ～ 0.6 箱。

5.3　华北暖温带落叶果园绿肥种植与利用

华北暖温带落叶果园，主要包括京、津、冀、鲁以及晋、陕南部和河南北部果区。主要气候特点是：冬春季节寒冷，夏秋季暖热，农区适宜冬小麦越冬。上述地区适合冬季可越冬、春季返青快、夏季形成覆盖，绿色期长，生物量大的绿肥作物。

5.3.1　品种选择

华北暖温带落叶果园可选择毛叶苕子、光叶苕子、箭筈豌豆等豆科绿肥，肥用油菜、二月兰等十字花科绿肥，也可选择鼠茅草、早熟禾、多花黑麦草、剪股颖、高羊茅等禾本科绿肥。夏绿肥可选择大豆、绿豆、印度豇豆等。

5.3.2 播种时期

① 秋播。秋播是华北果园冬绿肥播种的主要模式，播种适期为 8 月中下旬～ 9 月中旬。灌溉条件不足的果园，播期宜早，利用雨季后期降雨及时播种。

② 春播。春播绿肥一般应顶凌播种，在 3 月上、中旬完成。春播绿肥一般在没有秋播冬绿肥的园中进行。适宜春播的绿肥主要是春油菜、毛叶苕子、光叶苕子、箭筈豌豆等。

③ 夏播。夏播适宜播期为 5 ～ 6 月中旬，具体播期依不同绿肥种类而定。夏播的绿肥，可以通过与秋播的冬绿肥形成全年绿肥覆盖。

5.3.3 播种量

播种量应按绿肥播种的实际占地面积核算。其中，条播用种量略低，撒播用种量略高；土壤肥力及水分条件较好的地块播种量宜低，较差的地块播种量略高。推荐如下：

① 豆科绿肥：苕子、大豆和印度豇豆播种量为 3.0 ～ 4.0kg/ 亩，箭筈豌豆播种量为 6.0 ～ 8.0kg/ 亩，绿豆的播种量以 2.5 ～ 3.0kg/ 亩为宜。

② 十字花科绿肥：肥田油菜播种量为 0.8 ～ 1.0kg/ 亩，二月兰播种量为 1.5 ～ 2.0kg/ 亩。

③ 禾本科绿肥：鼠茅草播种量为 1.5 ～ 2.0kg/ 亩，早熟禾、多花黑麦草、剪股颖和高羊茅等的播种量为 2.0 ～ 3.0kg/ 亩。

5.3.4 播种方式

一般可参考北方冷凉区果园绿肥的播种方式进行。

优先选择“带草撒播，浅旋覆盖”的轻简化播种方式。可人工带草撒播（图 5-3），也可以采用撒播机，有条件时也可以使用无人机播种。播前控制杂草高度低于 30cm，无需粉碎还田和土壤旋耕，选用绿肥作物旋播一体机或宽幅精量混播播种机，可一次性完成绿肥种子的带草撒播、浅旋入土与杂草覆盖保墒。旋耕深度控制在 5 ～ 8cm，防止绿肥种子入土过深，播后降雨或灌溉后出苗。选用小麦玉米旋耕机完成浅旋入土。撒播后用小四齿耙或者平耙等农具进行翻土掩埋、镇压。

图 5-3 天津桃园绿肥人工撒播

5.3.5 作绿肥利用

种植毛叶苕子、光叶苕子、箭筈豌豆、肥用油菜、鼠茅草等可以落籽再生的绿肥，可采用一次播种、自然覆盖、落籽自生3～5年的利用方式，播种第二年可视情形补播20%～30%种子。3～5年后，翻耕一次。

种植毛叶苕子、光叶苕子、二月兰、鼠茅草等自然覆盖至自然枯萎的一年生绿肥作物（图5-4），每年6～7月种子成熟，地上部枯死覆盖地表，种子经1～2个月高温休眠，于8～9月自然再生，实现一年播种，多年利用。

刈割或翻压利用一般选择在绿肥作物盛花期或最大生物量时期（一般在4月末～5月初）进行。先采用小型秸秆粉碎机将绿肥作物地上部植株粉碎，然后利用旋耕机翻压到10～20cm土层用作肥料（图5-5）。

图5-4 山东果园鼠茅草自然覆盖

图5-5 河北梨园机械翻压绿肥

果树肥料减施、绿肥综合利用等，基本与北方冷凉区果园绿肥的利用方式相似。华北地区京津冀等地，绿肥果园也是良好的休闲观光场所（图5-6）。

图5-6 天津桃园肥用油菜盛花期场景

5.4 南方常绿及落叶果园绿肥种植与利用

5.4.1 亚热带常绿及落叶果园绿肥种植与利用

长江流域及其以南地区亚热带常绿及落叶果园，主要分布在重庆、四川东南部、湖北、湖南、江西、安徽南部、江苏南部、上海、浙江、福建、贵州、云南大部、广西大部、广东大部、台湾大部，以及陕西和西藏部分地区。这些地区气候特点是夏季炎热潮湿，冬季温和少雨，四季分明，降水充沛。绿肥作物需能在冬季绿色越冬，春季生长快，具有绿色期长、生物量大、冬夏周年覆盖的特点。

（1）品种选择

种植模式有冬季绿肥-夏季自然生草覆盖、冬季绿肥-夏季绿肥周年覆盖利用等。冬季绿肥优先选择毛叶苕子、光叶苕子、箭筈豌豆等豆科绿肥，肥用油菜、二月兰、肥田萝卜等十字花科绿肥，鼠茅草、宽叶雀稗、多花黑麦草、结缕草等禾本科绿肥。长江流域及以南地区、地势较平坦的果园还可选择紫云英，川渝地区果园亦可选择山黧豆。夏绿肥选择乌豇豆、印度豇豆、竹豆、拉巴豆、硬皮豆、圆叶决明、大豆、赤小豆等豆科绿肥。

（2）播种时期

冬绿肥于 8 ～ 11 月播种。其中，偏北地区应在 10 月下旬前完成播种。夏绿肥于 5 ～ 7 月播种。

（3）播种量

播种量应按绿肥播种的实际占地面积核算。其中，条播用种量略低，撒播用种量略高；土壤肥力及水分条件较好的地块播种量宜低，较差的地块播种量略高。在同一地块第二年种植，播种量可以减少 1/3。推荐如下：

① 豆科绿肥。苕子、山黧豆、印度豇豆、拉巴豆、大豆和赤小豆播种量为 3.0 ～ 4.0kg/亩，箭筈豌豆播种量为 6.0 ～ 8.0kg/ 亩，紫云英播种量为 1.5 ～ 2.0kg/ 亩，圆叶决明和硬皮豆播种量为 0.5 ～ 1.0kg/ 亩。

② 十字花科绿肥。二月兰播种量为 1.5 ～ 2.0kg/ 亩，肥田萝卜播种量为 0.5 ～ 0.75kg/ 亩，肥用油菜播种量为 0.8 ～ 1.0kg/ 亩。

③ 禾本科绿肥。鼠茅草播种量为 1.5 ～ 2.0kg/ 亩，多花黑麦草播种量为 2.0 ～ 3.0kg/ 亩，宽叶雀稗和结缕草播种量为 3.0 ～ 4.0kg/ 亩。

（4）播种方式

果园绿肥可全园种植，亦可行间带状种植，条带与果树间的距离可不严格限定。播种方式可条播也可撒播。

幼龄期果园采用行间种植，成龄期果园可全园种植。采用人工或无人机撒播均可。在降雨前后或降雨当天，土壤含水量高于田间持水量的 70% 时，进行播种。

种植毛叶苕子、光叶苕子、箭筈豌豆等豆科绿肥，一般不需整地。种植其他种类绿肥，有条件时可在第一次种植绿肥前整地。采用条播时，应在播种前整地，翻耕深度

10 ～ 15cm。适宜机械操作的果园，亦可不整地直接撒播，待撒播后浅旋耕 3 ～ 5cm 即可。

冬季绿肥于 9 月下旬～ 11 月上旬降雨后直接撒播于果树行间，翌年 5 ～ 7 月，将冬绿肥翻压至 15 ～ 20cm 土层，而后撒播或点播夏绿肥；至 9 月下旬，将夏绿肥翻压至 15 ～ 20cm 土层，而后撒播冬绿肥，实现周年覆盖。

（5）田间管理

一般不再进行特别的水分管理。对于具有滴灌、喷灌等灌溉条件的果园，可在旱季无雨、影响绿肥生长时，补充灌水。降雨量大的地区，注意排涝、防渍。

大多数情况下，尤其是种植豆科绿肥、地力中等以上、果树施肥较足的果园，可不对绿肥作物进行施肥。但是地力较弱的果园或种植禾本科、十字花科等绿肥的果园，应在播种时适当施用氮肥和磷肥，施肥量为氮肥（N）2 ～ 3kg/ 亩、磷肥（P_2O_5）3 ～ 5kg/ 亩。土壤酸性较强的果园，磷肥宜采用钙镁磷肥，施肥量 20 ～ 30kg/ 亩。

一般不进行除草作业，如遇高秆或蔓生型恶性杂草，在其开花前进行拔除即可。重点关注白粉病、蚜虫、蓟马等病虫害的发生，及时防治。

遇毛叶苕子、光叶苕子、印度豇豆等绿肥攀爬上树，可在攀爬初期将绿肥的藤蔓适当刈割。

（6）作绿肥利用

① 自然覆盖利用。南方常绿及落叶果园绿肥自然覆盖具有操作简便，鲜草产量高、抑制杂草效果好、易于推广等特点（图 5-7）。采用秋冬春季以绿肥鲜草覆盖为主，5 ～ 6 月种子成熟后掉落，9 ～ 10 月再自然滋生，可以减少播种量 30% 左右。在冬绿肥的基础上，进一步覆盖夏季绿肥，能强化抑制杂草、保持水土、培肥土壤的作用。

② 刈割覆盖树盘。为避免绿肥生长与果树竞争土壤水分，或为有利于夏季绿肥的种植，可在 4 月左右对果树行间的冬季绿肥进行刈割集中覆盖果树树盘（图 5-8），有利于果树保水和集中对果树供肥。

图 5-7 重庆柑橘园冬绿肥自然覆盖

图 5-8 重庆柑橘园绿肥树盘覆盖利用

③ 就地翻压利用。针对可机械化作业的果园，采用灭茬机灭茬或旋耕灭茬一体机就地翻压绿肥，或者结合果树春季施肥将绿肥翻压于施肥沟或者行间。豆科绿肥的翻压时期为盛

花期至终花期，禾本科绿肥最好在抽穗期翻压，十字花科绿肥最好在上花下荚期间翻压。绿肥是清洁优质的有机肥源，养分含量丰富（表 5-1），对于绿肥鲜草产量高、覆盖度较好的地块，种植一季豆科绿肥后，果树减施氮肥（N）3 ～ 4kg/ 亩；种植两季豆科绿肥后，果树减施氮肥（N）4 ～ 6kg/ 亩。

表5-1 橘园不同绿肥品种盛花期主要养分含量（江西进贤，2012年）

类型	绿肥品种	N/（g/kg）	P/（g/kg）	K/（g/kg）	C/（g/kg）	C/N
夏季绿肥	绿豆	21.9	6.3	18.1	371	16.9
	乌豇豆	23.2	6.5	19.7	387	16.7
	印度豇豆	24.0	6.3	20.0	379	15.8
冬季绿肥	毛叶苕子	33.2	6.7	23.8	552	16.6
	紫云英	34.2	4.3	26.9	533	15.6
	鼠茅草	28.6	5.4	28.1	555	19.4

（7）综合利用

南方果园多分布在丘陵山地，生态类型多样，果树种类丰富，果园覆盖绿肥后，可通过刈割饲草、菜用、收蜜及“绿肥 +”文旅结合等方式实现综合利用（图 5-9）。

图 5-9 贵州李园二月兰花期

5.4.2 热带果园绿肥种植与利用

热带果园主要位于北回归线以南，包括广东、广西、海南、南海诸岛以及福建南部部分地区，以及我国台湾南部和云南南部海拔 1500m 以下的谷地。气候特点是全年高温，四季界限不明显，日温度变化比年温度变化大。该区域绿肥种植以夏绿肥和多年生绿肥为主。

（1）品种选择

热带常绿果园绿肥优先选择耐旱、喜高温、耐酸性土壤的印度豇豆、山毛豆、猪屎豆等一年生豆科绿肥，或柱花草、平托花生、毛蔓豆、绿叶山蚂蝗、圆叶决明等多年生豆科绿肥，以及宽叶雀稗、狗牙根等禾本科绿肥。

（2）播种时期

由于热带地区常年光热充足，绿肥可常年播种。但是，从季节性干旱及杂草防治等多方面角度考虑，多年生绿肥播种通常分为两个时段播种：

① 4 ～ 5 月雨季来临前播种。此时，高温多雨，利于绿肥的生长。但是对于多年生绿肥来说，由于出苗生长速度慢，易受杂草压制，杂草防治成本较高。

② 9 ～ 10 月雨季结束前播种。此时，光热及降水充足，杂草特别是一年生杂草较少，这一时段播种可大幅降低杂草防治成本。

一年生绿肥多数具有速生快长的特性，只要降水条件与种植条件适宜，常年可以播种。

（3）播种量

播种量应按绿肥播种的实际占地面积核算。其中，条播用种量略低，撒播用种量略高；土壤肥力及水分条件较好的地块播种量宜低，较差的地块播种量略高。推荐如下：

① 豆科绿肥。印度豇豆、山毛豆、猪屎豆播种量为 3.0 ～ 4.0kg/ 亩；田菁播种量为 2.0 ～ 3.0kg/ 亩；多年生豆科绿肥毛蔓豆、山蚂蝗、柱花草播种量为 0.5 ～ 1.0kg/ 亩；圆叶决明播种量为 1.0 ～ 1.5kg/ 亩；铺地木蓝及平托花生采用扦插方式，按照 800 ～ 1000 株 / 亩进行种植。

② 禾本科绿肥。宽叶雀稗、狗牙根播种量为 3.0 ～ 4.0kg/ 亩。

（4）种植管理

播种方式主要有撒播、穴播、条播等，除播种外，还有育苗移栽、扦插等多种方式。

为保证出苗整齐、减少杂草影响，一般需要播前整地，去除已有杂草，并犁耙确保土地平整，通常在去除大型杂草后用一犁两耙整地。

在绿肥播种后，幼苗期需要良好的水肥管理，此外，热区土壤多为酸性土壤，低磷是普遍的障碍，因此，在绿肥特别是豆科绿肥生长前期，需要施用一定量的磷肥（以钙镁磷肥为主），以助绿肥生长。

多年生绿肥一般前期生长比较慢，竞争力比较弱，需要在苗期除草 2 ～ 3 次，以助绿肥生长。热带绿肥一般病虫害极少，危害较轻，但如果收种，需注意防治豆荚害虫为害。

（5）作绿肥利用

对于不具备刈割或者翻压利用条件或者以保护水土流失等为主要用途的果园绿肥，常采用自然覆盖的利用方式，一般常采用矮秆多年生的绿肥品种，比如平托花生（图 5-10）、柱花草（图 5-11）、铺地木蓝等。

对于多年生高秆绿肥，多数采用刈割利用，否则过高的绿肥将给果园的管理带来诸多问题。刈割后的绿肥可采用就地覆盖或者压青的方式利用。而对于一年生的绿肥作物，在条件良好的果园，可采用机械就地翻压。

（6）综合利用

多数豆科、禾本科绿肥具有较高的饲用价值，很多绿肥本身就是优质的牧草。因此，在条件配套良好的果园，可以采用过腹还田的方式。果园绿肥可以采用刈割或者放牧家禽的方式利用。

图 5-10　海南火龙果园间作平托花生

图 5-11　海南椰子园间作柱花草绿肥

很多绿肥作物比如猪屎豆、田菁、肥用油菜等是优质的蜜源植物，通过蜜蜂养殖可为果园绿肥带来可观的“绿肥 +”效益。

5.5　茶园绿肥种植与利用

5.5.1　茶园绿肥种植

（1）品种选择

山东、河南及长江流域的茶园，冬绿肥选择毛叶苕子、光叶苕子、箭筈豌豆、二月兰、鼠茅草；长江流域以南地区、地势较平坦的茶园，冬绿肥还可选择紫云英、肥田萝卜。茶园夏绿肥可选择圆叶决明、印度豇豆等。南方茶园多年生绿肥可选择白三叶草、铺地木蓝、平托花生、宽叶雀稗等。

（2）播种时期

山东、河南等北方茶园，参考本章 5.3.2 节。在 8 月中旬～ 9 月中旬进行秋播冬绿肥，5 ～ 6 月播种夏绿肥。灌溉条件不足的果园，播期宜早，利用雨季后期降雨及时播种。毛叶苕子、光叶苕子等绿肥也可在 3 月中旬～ 4 月下旬春播。

南方茶园参考 5.4.1 亚热带常绿及落叶果园部分。冬绿肥于 9 ～ 11 月播种。其中，偏北地区应在 10 月下旬前完成播种。夏绿肥于 5 ～ 7 月播种，并应结合茶园管理，在春茶采摘后及时播种。

（3）播种量

播种量应按绿肥播种的实际占地面积核算。其中，条播用种量略低，撒播用种量略高；土壤肥力及水分条件较好的地块播种量宜低，较差的地块播种量略高。推荐如下：

① 豆科绿肥。苕子、山黧豆、印度豇豆播种量为 3.0 ～ 4.0kg/ 亩；箭筈豌豆播种量为

6.0 ～ 8.0kg/ 亩；紫云英播种量为 1.5 ～ 2.0kg/ 亩；白三叶播种量为 0.3 ～ 0.5kg/ 亩；圆叶决明播种量为 0.5 ～ 1.0kg/ 亩。

② 十字花科绿肥。二月兰播种量为1.5～2.0kg/ 亩，肥田萝卜播种量为0.5～0.75kg/ 亩。

③ 禾本科绿肥。鼠茅草播种量为 1.5 ～ 2.0kg/ 亩；宽叶雀稗播种量为 3.0 ～ 4.0kg/ 亩。

（4）种植管理

条播、撒播均可。播种前，根据实际情况整地。杂草少的情况下播前不耕地、不除草；杂草茂密、高度超过 40cm 的情况下在播前采用机械或人工割草。

分枝、攀爬能力强的（如苕子）、高大的（如肥田萝卜、油菜）绿肥，应距离茶树蔸根部 30 ～ 40cm 种植。其他绿肥，可距离茶树蔸 15 ～ 20cm 或者行间全行撒播。

茶园绿肥生长期间，一般不额外进行水分和施肥管理。茶园土壤肥力贫瘠的以及种植非豆科绿肥的，可适当施肥，一般施用过磷酸钙（北方茶园）或钙镁磷肥（南方茶园）10 ～ 20kg/ 亩，硫酸钾 5.0 ～ 10.0kg/ 亩，尿素 3 ～ 5kg/ 亩；或复合肥 10 ～ 15kg/ 亩；或有机肥 100 ～ 200kg/ 亩，于整地前或后施入。

非豆科绿肥，一般不进行除草作业，如遇高秆或蔓生型恶性杂草，在其开花前进行拔除即可。重点关注白粉病、蚜虫、蓟马等病虫害的发生，及时防治。

如遇绿肥攀爬上树，可在攀爬初期将绿肥的藤蔓适当刈割。

5.5.2 茶园绿肥利用

（1）自然覆盖利用

针对一年生绿肥，各地均可采用自然覆盖至自然枯萎，地上部枯死覆盖地表，绿肥种子成熟后自然落籽再生，实现一年播种，多年利用（图 5-12）。针对多年生绿肥，可常年覆盖，3 ～ 4 年后翻压一次，重新播种（图 5-13）。

图 5-12 福建茶园套作紫云英和光叶苕子

（2）就地翻压利用

针对可机械化作业的茶园，采用灭茬机灭茬或旋耕灭茬一体机浅旋即可。一般来说，豆科绿肥的翻压时间为盛花期至终花期，禾本科绿肥最好在抽穗期翻压，十字花科绿肥最好在上花下荚期间翻压。

图 5-13　福建茶园间作平托花生多年生绿肥

绿肥覆盖较好的地块，种植一季豆科绿肥后，茶树减施氮肥（N）3 ～ 4kg/ 亩；种植两季豆科绿肥后，茶树减施氮肥（N）4 ～ 6kg/ 亩。

5.6　果园、茶园绿肥综合效应

5.6.1　提升产量及品质

根据全球果园已经公开发表的数据分析，豆科绿肥可提升果实产量 7.5%[2]。南非柑橘园间作豆科绿肥，柑橘产量提高 7.6% ～ 64.0%[3]。欧洲橄榄园种植豆科绿肥，橄榄果实的含水率和单果重提高，果实产量显著提升 31.6%[4]。四川丘陵柑橘园，种植利用豆科绿肥使柑橘产量提高 13.6% ～ 34.9%，以间作南选山黧豆和光叶苕子效果最佳[5]。四川大渡河干暖河谷，间作紫云英、毛叶苕子、紫花苜蓿、白三叶草均显著提高柑橘的产量和单果重，以紫云英增产效果最佳[6]。落叶果园间作绿肥在不同程度上也提升了猕猴桃园[7]、苹果园[8]和芒果园[9]的果实产量。福建茶园，间作威恩圆叶决明能够促进茶树生长和鲜叶产量[10]。

绿肥果园在改善果园生态环境、提高果品产量的同时，也提升了果实的品质[5,11]。综合全球范围的研究表明，绿肥果园的果品可溶性固形物、糖含量和维生素 C 含量分别平均提高了 6.7%、6.8% 和 16.0%，果实酸度降低了 11.9%[2]。湖北秭归橘园 3 年的定位试验（表 5-2）显示，光叶苕子做绿肥种植利用后，将化肥用量减少 1/3（GM+2/3F），脐橙产量增加 104kg/ 亩，增幅 7.2%。绿肥种植后，即使化肥用量增加 1/3（GM+4/3F），并未对柑橘产量造成不良影响，仍比单施化肥增产 5.7%。表 5-3 列出了我国山东苹果园、湖北柑橘园、四川柑橘园、贵州猕猴桃园、地中海地区葡萄园、葡萄牙东北部橄榄园，以及江苏和福建茶园的研究，结果均表明间作绿肥有提高果实、茶叶品质的效应[4-5,12-17]。

表5-2　绿肥与不同化肥用量配施对脐橙产量和经济效益的影响（湖北秭归，2014年）

指标	CK	F	GM	GM+1/3F	GM+2/3F	GM+F	GM+4/3F
柑橘产量 /（kg/ 亩）	300	1441	392	1231	1545	1560	1523
增产量 /（kg/ 亩）	−1141	—	−1049	−210	104	119	82
增产率 /%	−79.2	—	−72.8	−14.6	7.2	8.2	5.7
经济效益 /（元 / 亩）	1500	7042	1920	6061	7576	7597	7357
增效 /（元 / 亩）	−5542	—	−5122	−981	534	555	316
增效率 /%	−78.7	—	−72.7	−13.9	7.6	7.9	4.5

注：CK 为不施肥对照；GM 为仅进行绿肥覆盖；F 为单施化肥；GM+F 为绿肥覆盖 + 化肥施用。F 处理化肥用量为 N 12.0kg/ 亩、P_2O_5 7.2kg/ 亩、K_2O 6.0kg/ 亩，化肥投入 163.2 元 / 亩，柑橘价格按 5.0 元 /kg，绿肥种子及种植管理费 40 元 / 亩。

表5-3　绿肥提高果品、茶叶品质的效应

研究区域	作物	绿肥种类	品质效应	参考文献
新泰市	苹果	毛叶苕子	可溶性固形物和维生素 C 含量增加 14.9% 和 9.3%，可滴定酸降低 20.2%	[12]
武汉市	柑橘	百喜草	坐果率提高 14.6%、柠檬酸含量降低 7.9%、可溶性固形物含量增加 7.5%	[13]
南充市	柑橘	南选山黧豆、光叶紫花苕和白三叶	果实维生素 C 含量分别提高 0.11、0.28 和 0.15mg/kg，可溶性固形物分别增加 1.9%、0.9% 和 1.0%	[5]
贵阳市	猕猴桃	黑麦草、箭筈豌豆	可溶性固形物、维生素 C 和可溶性糖含量分别提高 3.0% ～ 8.4%、9.8% ～ 18.9% 和 4.6% ～ 19.2%	[14]
地中海地区	葡萄	豌豆	可溶性固形物含量增加 3.6%	[15]
葡萄牙东北部	橄榄	11 种豆科绿肥混播	橄榄中油橄榄素、毛蕊花糖苷、咖啡酸和表儿茶素浓度提升	[4]
南京市	茶	大豆	茶树鲜叶中可溶性糖、氨基酸含量分别提高 84.6% 和 84.4%	[16]
益阳市	茶	紫云英、肥田萝卜、绿肥油菜	茶叶氨基酸含量增加 7.5% ～ 84.9%，茶叶酚氨比值降低 0.3 ～ 6.7	[17]

注：品质效应结果以清耕为对照。

5.6.2　培育健康土壤

5.6.2.1　改善土壤物理性状

绿肥果茶园中，绿肥生长产生的有机体和根系的生物耕作作用，会明显促进土壤团聚体的形成，有利于改善土壤物理性状[18]。湖南柑橘园，绿肥覆盖后土壤容重降低 0.01 ～ 1.11g/cm^3，土壤总孔隙度提高 0.86% ～ 4.71%[19]。福建龙眼园，种植绿肥后 0 ～ 40cm 土层的土壤容重降低 0.68%，总孔隙度提高 1.19%[20]。重庆柑橘园，绿肥覆盖增加了 30 ～ 150μm 孔隙和土壤颗粒的数量，且豆科绿肥比非豆科绿肥具有更大的孔隙连贯度和颗粒结构，利用绿肥 5 年后，提高了＞ 0.25mm 各粒级团聚体的比例和土壤团聚体的平均重量直径、几何平均直径，降低了土壤分形维数。江西柑橘园，黑麦草和白三叶覆盖条件下土壤＞ 0.25mm 水稳性团聚体含量分别增加 15.51% 和 12.19%[21]。湖北橘园种植利用不同类型冬绿肥后，耕层土壤物理性质均得到一定程度改善，有利于土壤含水量增加（表 5-4）。陕西旱地苹果园，间作白三叶显著影响了土壤机械稳定性团聚体构成，其中，0 ～ 5cm 土层中 0.25 ～ 2mm 的团聚体比例高于清耕对照；5 ～ 10cm 土层＞ 5mm 团聚体比例显著高于清耕对照；10 ～ 20cm 土层除粒径＞ 5mm 团聚体外，其他粒径的团聚体比例均低于清耕；20 ～ 40cm 土层＞ 2mm 团聚体比例显著高于清耕对照，＜ 2mm 团聚体比例则显著低于清耕对照（表 5-5）。

表5-4　柑橘园不同类型绿肥对耕层土壤物理性状的影响（湖北秭归，2013年）

处理	毛管孔隙度 /%	总孔隙度 /%	含水量 /%	容重 /(g/cm^3)
光叶苕子	41.39 a	48.01 ab	25.48 ab	1.39 a
毛叶苕子	40.76 a	47.38 b	26.08 a	1.39 a
箭筈豌豆	41.48 a	49.17 ab	25.85 a	1.35 ab
鼠茅草	41.60 a	50.25 a	26.99 a	1.32 b
清耕	40.59 a	47.50 b	24.03 b	1.39 a

注：同一列数值后不同小写字母表示差异显著（$p < 0.05$）。

表5-5　苹果园间种白三叶对土壤团聚体的影响（陕西白水，2012年）

土层 /cm	处理	团聚体比例 /%					
		粒径＞ 5mm	粒径 2 ~ 5mm	粒径 1 ~ 2mm	粒径 0.5 ~ 1mm	粒径 0.25 ~ 0.5mm	粒径＞ 0.25mm 合计
0 ～ 5	白三叶草	38.47 Ba	17.71 Ab	11.95 Ac	13.08 Ac	7.37 Ad	88.58 A
	清耕	44.33 Aa	18.00 Ab	10.31 Ac	11.96 Bc	6.23 Bd	90.83 A
5 ～ 10	白三叶草	52.46 Aa	15.71 Bb	8.08 Acd	9.86 Ac	4.44 Bd	90.55 A
	清耕	38.43 Ba	17.60 Ab	8.06 Ac	10.32 Ac	7.28 Ac	81.69 B
10 ～ 20	白三叶草	42.61 aa	13.13 Bb	8.80 Bc	12.32 Bb	6.61 Bc	83.47 B
	清耕	41.37 Aa	14.90 Ab	9.69 Ac	14.59 Bb	7.13 Ad	87.68 A
20 ～ 40	白三叶草	52.11 Aa	14.79 Ab	6.73 Bc	7.89 Bc	4.37 Bd	85.89 A
	清耕	42.15 Ba	13.13 Bbc	10.15 Abc	15.59 Ab	6.72 Ac	87.74 A

注：不同小写字母表示同一土层不同粒径团聚体比例的差异显著（$p < 0.05$），不同大写字母表示不同土层中同一粒径团聚体比例的差异显著。

5.6.2.2　促进土壤养分循环

种植利用绿肥是增加经济林园土壤碳输入、提高土壤有机质含量的重要措施[22]。一项涵盖国内不同土壤类型绿肥果园的研究表明，豆科绿肥通过促进微生物残体碳的积累提升了土壤稳定性有机碳的固持，土壤有机碳总量和矿物结合态有机碳含量分别提升了23.3%和25.1%[7]，土壤有机质储量平均增加22%[23]。绿肥覆盖使巴西热带地区的橄榄园土壤碳库管理指数从21增加到48[24]。

绿肥能有效提高果园土壤养分含量，且豆科绿肥对氮素营养的提升效应更显著。三峡库区柑橘园中光叶苕子、毛叶苕子、箭筈豌豆、白三叶、紫云英和鼠茅草等绿肥盛花期的生物量和氮养分累积量分别在0.7～1.6t/亩和2.3～6.5kg/亩之间[25]。重庆柑橘园，黑麦草、毛叶苕子和三叶草连续种植5年后，土壤全氮含量分别提高19.5%、40.5%和33.4%，其中土壤有机氮和无机氮含量分别提高0.10～0.30g/kg和7.7～15.7mg/kg，毛叶苕子效果最佳。

如图5-14所示，三峡库区柑橘园绿肥替代化学氮肥技术：10月初在柑橘园播种苕子等冬绿肥，4月初绿肥盛花期翻压作业，6月初种植印度豇豆等夏绿肥，8月初进行翻压作业。在此栽培模式下，绿肥-柑橘的养分匹配模式为：12月初～1月底期间每棵柑橘树补充20g氮肥，以弥补绿肥竞争吸收的氮素；4月初和6月初为柑橘氮素的最大需求时期，此时将冬/夏绿肥翻压至柑橘根际后，分别相当于供应柑橘氮素需求量的10%～12%和4%～5%。此外，山东苹果园行间种植绿肥，0～20cm土层土壤无机氮、微生物量氮、有机氮组分中的酸解氨态氮、酸解未知态氮和非酸解性氮含量均显著提高[26]。海南在椰子园间作柱花草后，土壤全氮、铵态氮、硝态氮含量分别提高55.2%、75.7%和67.3%，土壤有机氮组分提高33.4%～102.2%[27]。河北梨园种植8年黑麦草还田后，土壤有机质、碱解氮、有效磷、速效钾含量，以及土壤铁、锌的有效性显著提高[28]。江苏茶园，间作大豆有效提升土壤肥力，土壤有机质、全氮、无机氮和速效钾含量分别提高了41.9%、74.2%、54.7%和72.7%，且

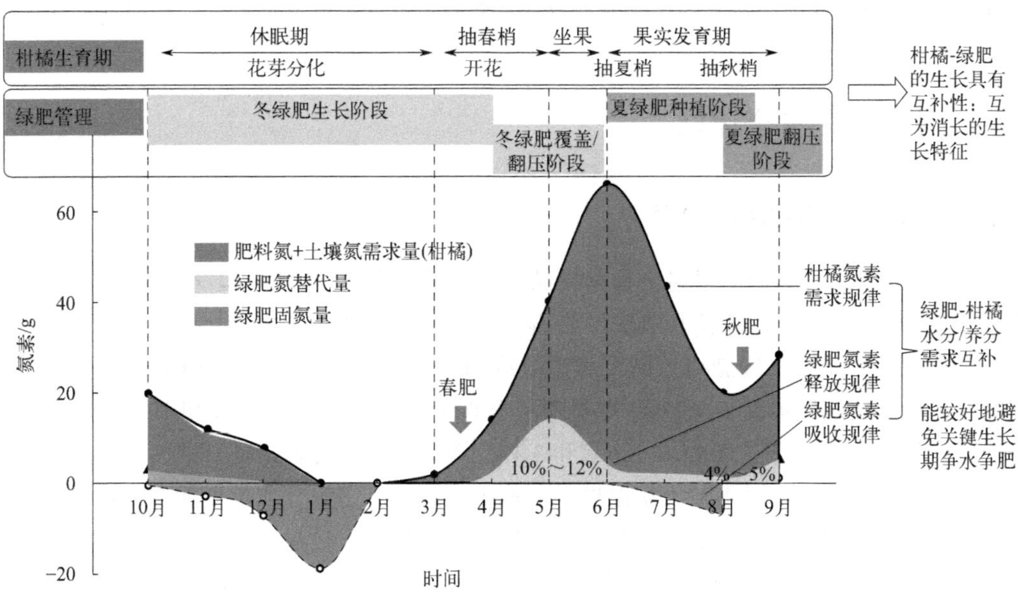

图5-14　绿肥-柑橘养分供需匹配规律

土壤 pH 值达到 5.1，比清耕茶园升高 0.2 个单位，缓解了茶园土壤酸化[16]。

5.6.2.3 改善土壤生物性状

果茶园种植利用绿肥，可有效改善土壤微生物组成、活性等生物性状。陕西苹果园，覆盖黑麦草和白三叶，显著提高了 0 ～ 40cm 土壤酶活性[29]。日本柚园和坚果园，行间种植蚕豆可以在短期内提高土壤微生物生长并促进菌根真菌形成，提高果树根系菌根真菌侵染率和孢子数量[30]。湖北猕猴桃园，覆盖作物提高土壤微生物的代谢活性和功能多样性，增强对D-甘露醇等糖类、L-精氨酸等氨基酸类、γ-羟丁酸等羧酸类、4-羟基苯甲酸等酚酸类碳源底物的利用能力[31]。江苏茶园，间作大豆、紫云英，通过提高土壤碳循环相关酶活性和功能基因丰度，土壤多功能性提高 25.7%[32]。山东桃园，与清耕比较，二月兰和毛叶苕子翻压后可以明显地提高表层土壤脲酶活性，各处理的土壤碱性磷酸酶和蔗糖酶活性均以桃园二月兰覆盖处理最高，分别较清耕处理增加 20.0% 和 28.4%（表 5-6）。

表5-6 不同绿肥对桃园土壤酶活性的影响（山东泰安，2013年）

指标	二月兰	鼠茅草	毛叶苕子	清耕
脲酶 (NH_3-N)/[mg/(g·d)]	8.26 a	7.82 ab	8.23 a	7.26 b
碱性磷酸酶 /[μg(phenol) /(g·h)]	48.35 a	42.74 ab	45.29 ab	40.28 b
蔗糖酶 /[μg(glucose)/(g·d)]	32.71 a	25.76 b	28.27 b	25.48 b
细菌数量 /($\times10^6$ cfu/g)	11.40 a	10.06 a	10.58 a	8.34 b
真菌数量 /($\times10^5$ cfu/g)	18.25 a	12.62 b	16.73 ab	7.29 c
放线菌数量 /($\times10^5$ cfu/g)	16.10 ab	13.09 b	18.26 a	9.68 c

注：同一列数值后不同小写字母表示差异显著（$p < 0.05$）。

5.6.3 优化园地生态环境

5.6.3.1 调控土壤温度和湿度

土壤温度和湿度是影响果树生长和果品品质形成的重要环境因子，绿肥覆盖可有效降低土壤水分无效蒸发，调节土壤耕层温湿度状况，改善果树生长微环境，促进果树生长[33-34]。在干旱地区，绿肥对果园土壤温湿度的改善效果更显著。在新疆干旱区苹果园，绿肥覆盖后土壤湿度提高了 7.2%，夏季高温季节 0 ～ 5cm、5 ～ 10cm 和 10 ～ 15cm 的土层温度较清耕分别降低了 3.8℃、3.6℃和 3.1℃[35]。在川渝极端高温干旱气候条件下，绿肥覆盖下柑橘园夏季高温季节土壤温度显著低于清耕，土壤水分含量增加 3.1% ～ 17.0%，柑橘日灼果的比例大幅度降低，有效保证了果树保果稳果。福建丘陵山地茶园，夏季高温干旱时期，茶园套种圆叶决明使土壤 0 ～ 20cm 的含水量提高 21.8%，空气温度日变化幅度降低 5.1℃，空气湿度日均值提高 3.9%[36]。如图 5-15 所示，重庆市柑橘园的土壤温度监测发现，清耕时夏季 0 ～ 20cm 土壤最高温度在 33℃以上，对柑橘根系生长极为不利，而绿肥覆盖下最高温度只有 29.4℃；与传统清耕相比，种植毛叶苕子和三叶草可以显著降低 5 ～ 8 月表层土壤日均温度 0.54 ～ 4.26℃，土壤月均温度 0.81 ～ 1.24℃。在全球气候变暖和极端高温天气频发的背景下，绿肥通过调节土壤温度和湿度改善果园地表微生态环境的作用更加凸显。

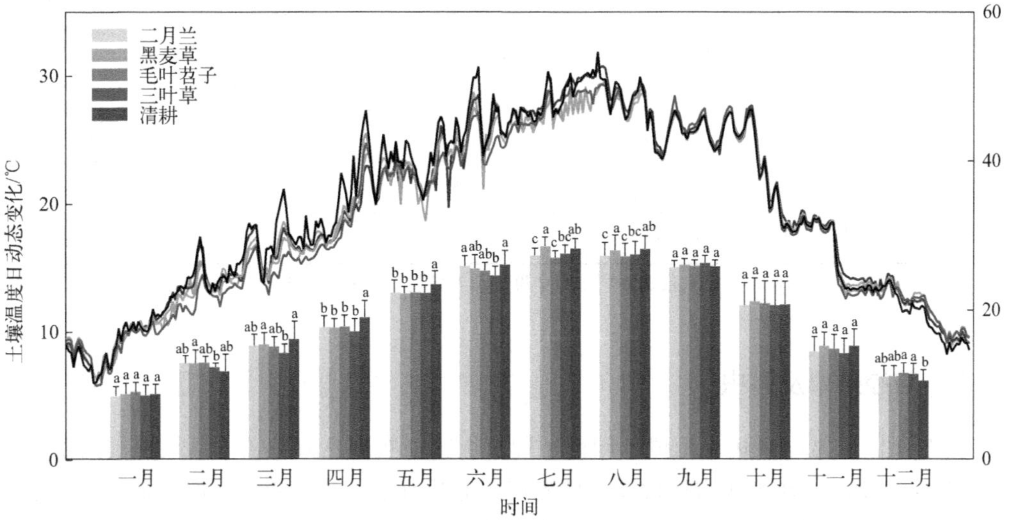

图 5-15 不同绿肥覆盖下柑橘园 0 ～ 20cm 土壤温度变化情况

5.6.3.2 减少水土和养分流失

绿肥覆盖在阻控丘陵山地果茶园水土流失方面也具有重要意义。分析全球范围已发表的茶园研究数据表明，绿肥覆盖平均可减少 48.5% 的径流、70.5% 的土壤侵蚀、53.4% 的氮素流失和 56.9% 的磷素流失 [37]。与传统的清耕方式相比，山东苹果园间作鼠茅草能显著降低 93.5% 的地表径流量、90.0% 矿质氮径流损失，增加 69.9% 渗漏量 [38]。福建蜜柚园，绿肥覆盖下土壤流失量仅为清耕处理的 2.7%，径流中各形态氮磷含量和流失量显著降低 [39]。在三峡库区柑橘园，不同绿肥覆盖处理地表径流和壤中流流失量分别降低 14.5% ～ 26.9% 和 17.0% ～ 32.4%，随径流发生的氮素流失减少 0.8 ～ 1.8kg/ 亩，其中以黑麦草和三叶草覆盖的阻控能力更强 [40]。如表 5-7 所示，不同绿肥处理显著降低氮肥流失率，与清耕对照处理相比，黑麦草、光叶苕子和二月兰处理分别降低年均氮肥流失率 42.1%、13.8% 和 19.1%，第二年光叶苕子与二月兰处理之间没有显著性差异。上海桃园，菊苣、紫花苜蓿和白三叶覆盖可分别显著减少 41.6%、35.0% 和 58.4% 的地表径流，且铵态氮、总氮和总磷流失量也显著降低，以白三叶效果最佳 [41]。福建柑橘园，套种平托花生相比清耕，4 年累计地表径流次数减少 140 次、径流总量减少 757t/ 亩，且无泥沙流失 [42]。在广西坡度为 23°的柑橘园种植绿肥，地表径流中总氮、总磷、铵态氮和硝态氮流失量分别比清耕减少了 24.6%、15.3%、10.0% 和 20.2%[43]。

表5-7 绿肥覆盖对柑橘园径流氮流失阻控效应

试验年份	处理	径流总量/mm	地表径流流失氮量/（g/亩）	壤中流流失氮量/（kg/亩）	氮肥流失率/%
2018.09～2019.09	清耕	314 a	65 a	6.8 a	45.2 a
	黑麦草	250 d	32 c	3.4 d	22.4 d
	光叶苕子	260 c	43 b	5.5 b	36.5 b
	二月兰	294 b	45 b	5.0 c	33.4 c
2019.09～2020.09	清耕	606 a	69 a	7.1 a	52.1 a
	黑麦草	499 d	41 c	4.6 c	33.9 c
	光叶苕子	541 c	53 b	6.5 b	47.4 b
	二月兰	587 b	55 b	6.3 b	45.3 b

注：柑橘施氮量为15.0kg/亩。同列数据不同小写字母表示差异显著（$p < 0.05$）。

5.6.3.3 防控杂草及害虫

在落叶果园、常绿果树未形成郁闭前，种植绿肥能实现良好覆盖，高效抑制果茶园杂草。如图5-16所示，在重庆市柑橘园，黑麦草、毛叶苕子以及二者混播抑制杂草效果十分显著。其中黑麦草的防控效果最好，最高能降低杂草密度91.4%；虽然绿肥在4～7月对杂草的防效强于8～9月，但在杂草高发的夏季也有较好的抑草效果；并且，种植绿肥可以降低土壤杂草种子库大小17%～38%。在江西果园的定位监测试验发现，覆盖绿肥后，春季杂草和秋季杂草密度仅为自然生草的10.9%～24.3%和8.0%～24.2%，毛叶苕子抑制杂

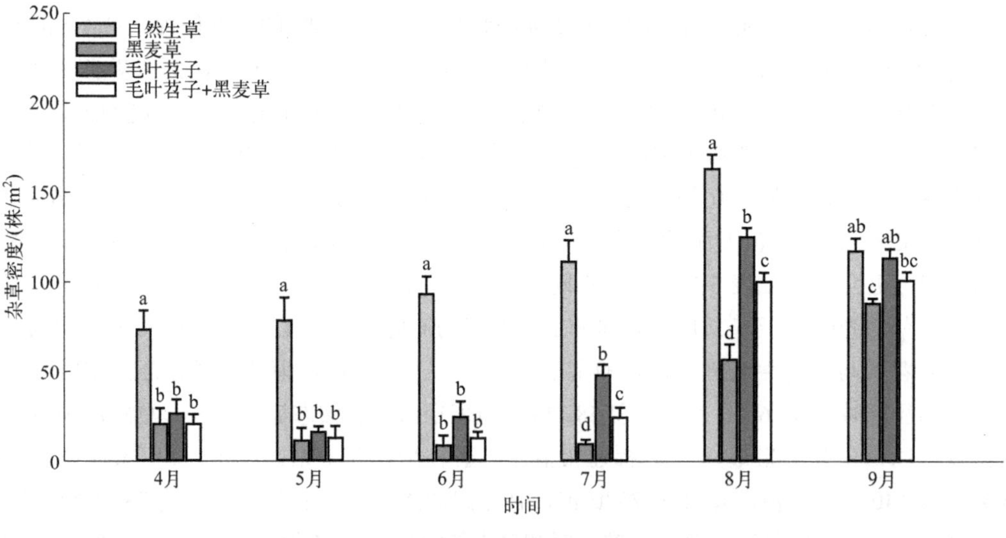

图5-16 绿肥覆盖下柑橘园杂草动态变化

不同小写字母表示同一月份不同处理间差异显著（$p < 0.05$）

草效果最佳。天津桃园，二月兰覆盖对艾蒿、卷耳、婆婆纳、马齿苋都有很强的防除效果，防除率分别达 86%、77%、72% 和 54%[44]。四川柑橘园，山黧豆对稗草、马齿苋和升马唐的株防效分别为 66.2%、63.1% 和 62.2%，光叶苕子对空心莲子草、刺儿菜和牛筋草的株防效分别为 76.7%、80.6% 和 89.4%[5]。桃园间作黑麦草或白三叶草，可抑制杂草种子发芽，提高桃园收益[45]。据国家绿肥产业技术体系调研，绿肥覆盖平均减少除草剂施用 3 次，节约除草剂和喷药人工成本 60 元 / 亩；如果清耕果园采用人工除草，绿肥覆盖可节省人工费用 300 ～ 500 元 / 亩。

绿肥覆盖对害虫也有一定的防控作用。在绿肥苹果园中，覆盖绿肥作物显著增加了苹果园害虫的天敌数量并且具有减少害虫的趋势[46]。不同类型绿肥均显著提高了福建茶园中叶蝉的天敌——缨小蜂的种群数量[47]。智利梅园中绿肥丰富了寄生性天敌的多样性，寄生性天敌食物网的专业化程度更高[48]。甘肃苹果园间作油菜，通过提高瓢虫和草蛉等天敌数量，实现对苹果绣线菊蚜的生态防控[49]。间作铺地木蓝和罗顿豆、圆叶决明和白三叶或者白三叶和平托花生，可以丰富茶园生物的多样性，增加害虫天敌种类和个体数，更有效发挥天敌对有害生物的生态控制作用[50]。如表 5-8 所示，辽宁梨园和桃园研究结果均表明，绿肥覆盖有助于培养天敌，减少害虫数量。除蜘蛛外，绿肥果园的天敌数量明显多于清耕管理果园，其中草蛉、瓢虫、食蚜蝇、寄生蚜增加数量较多。天敌数量的增加，是绿肥果园害虫种群数量相对较低的重要原因。

表5-8　果园树体害虫及天敌数量（辽宁果树所，2011年）　　单位：只/m^2

处理	害虫					天敌								
	害螨	蚜虫	卷叶虫	潜叶蛾	合计	瓢虫	草蛉	六点蓟马	捕食螨	蜘蛛	小花蝽	寄生蚜	食蚜蝇	合计
白三叶草	1351	984	9	9	2353	5.2	7.8	5.1	5.0	3.4	5.5	3.5	4.0	39.5
自然生草	928	916	7	9	1860	5.8	9.0	4.9	6.5	3.5	5.6	3.7	4.5	43.5
清耕	2261	1222	10	12	3505	4.8	6.4	3.1	4.5	3.9	5.3	1.8	3.0	32.8

注：调查时期为 5 月 6 日至 8 月 17 日，数据为 8 次平均数之和。

参考文献

[1] 高嵩涓，张宇亭，曹卫东．“绿肥果茶园”新理念、效应及应用．植物营养与肥料学报，2025, 31(3): 588-596.

[2] Fang L F, Shi X J, Zhang Y, et al. The effects of ground cover management on fruit yield and quality: a meta-analysis. Archives of Agronomy and Soil Science, 2022, 68(13): 1890-1902.

[3] Silwana S, Mulidzi A R, Jovanovic N. Evaluating the effects and benefits of cover crops in citrus orchards: a review. South African Journal of Plant and Soil, 2023, 40(2): 117-126.

[4] Martins S, Silva E, Brito C, et al. Combining zeolites with early-maturing annual legume cover crops in rainfed orchards: Effects on yield, fatty acid composition and polyphenolic profile of olives and olive oil. Molecules, 2023, 28(6): 2545.

[5] 梁琴，蒋进，周泽弘，等．四川丘陵柑橘园种植豆科绿肥的环境和增产提质效应．中国土壤与肥料，2021(6): 143-148.

[6] 龚成宇，石淼，龚荣高．间种不同绿肥对大渡河干暖河谷黄果柑产量及果实品质的影响．应用与环境生物学报，2021, 27(2): 289-293.

[7] 张爱华，姚单君，张宇亭，等．猕猴桃园绿肥对土壤物理性质、猕猴桃产量的影响．北方园艺，2022(1): 86-93.

[8] 吕丽霞．渭北苹果园白三叶和黑麦草养分释放及对果实产量品质的影响．咸阳：西北农林科技大学，2013.

[9] 胡斌，张瀚日，潘宏兵，等．间种绿肥及其还田对攀枝花地区芒果园土壤养分和芒果产量的影响．应用与环境生物学报，

2021, 27(2): 251-260.
[10] 王利民，范平，罗涛，等．培肥措施对茶园土壤碳组分和茶叶产量的影响．亚热带资源与环境学报，2018, 13(1): 45-50.
[11] Whangchai K，Gemma H，Uthaibutra J，et al. Postharvest physiology and microanalysis of mineral elements of ‘Nam Dork Mai’ mango fruit grown under different soil composition. Journal of the Japanese Society for Horticultural Science, 2001, 70(4): 463-465.
[12] 于淑慧，朱国梁，董浩，等．绿肥间作和滴灌对苹果园土壤肥力和果实品质的影响．土壤通报，2022, 53(3): 640-647.
[13] 李国怀，伊华林．生草栽培对柑橘园土壤水分与有效养分及果实产量、品质的影响．中国生态农业学报，2005(2): 161-163.
[14] 吴兴洪．猕猴桃果园适宜绿肥筛选及其对土壤养分、猕猴桃产质量的影响．贵阳：贵州大学，2019.
[15] Pisciotta P, Di Lorenzo R, Novara A, et al. Cover crop and pruning residue management to reduce nitrogen mineral fertilization in mediterranean vineyards. Agronomy, 2021, 11 (1): 164.
[16] 邢弘擎．间作豆科绿肥对茶园土壤性状与茶叶品质的影响研究．南京：南京农业大学，2020.
[17] 周成建，邓涛，彭瑞华，等．绿肥替代对安化茶园土壤肥力与茶叶产量、品质的影响．湖南农业科学，2023(7): 57-61.
[18] Yang J J, Li A Y, Yang Y F, et al. Soil organic carbon stability under natural and anthropogenic-induced perturbations. Earth-Science Reviews, 2020, 205: 103199.
[19] 赵更生，张自蓓，蒋承红．生草少耕对桔园生态及桔树生长的影响．中国柑桔，1991(3): 19-20.
[20] 范光南．绿肥对丘陵红壤幼龄龙眼果园培肥效应的研究．福州：福建农林大学，2002.
[21] 付学琴，陈登云，杨星鹏，等．‘南丰蜜橘’园生草对土壤团聚体养分和微生物特性及果实品质的影响．果树学报，2020, 37(11): 1655-1666.
[22] Ball K R, Baldock J A, Penfold C, et al. Soil organic carbon and nitrogen pools are increased by mixed grass and legume cover crops in vineyard agroecosystems: Detecting short-term management effects using infrared spectroscopy. Geoderma, 2020, 379: 114619.
[23] Xiang Y Z, Li Y, Liu Y, et al. Factors shaping soil organic carbon stocks in grass covered orchards across China: A meta-analysis. Science of the Total Environment, 2022, 807: 150632.
[24] Guimaraes D V, Silva M L N, Beniaich A, et al. Dynamics and losses of soil organic matter and nutrients by water erosion in cover crop management systems in olive groves, in tropical regions. Soil & Tillage Research, 2021, 209.
[25] 韩上．湖北省秭归地区橘园绿肥适宜品种筛选及其种植利用关键技术研究．武汉：华中农业大学，2013.
[26] 聂佩显，李国栋，曾文官，等．苹果园行间自然生草的还田方式对土壤养分及果实品质的影响．落叶果树，2023, 55 (5): 17-20.
[27] 刘许霖．间作柱花草作绿肥对椰子园土壤肥力的影响．大庆：黑龙江八一农垦大学，2022.
[28] 孙计平，张玉星，吴照辉，等．生草配合施用有机肥对省力高效梨园土壤的培肥效应研究．草业学报，2017, 26 (4): 80-88.
[29] 田玉莉，吴小苹，陈欣佛，等．黄土高原果园不同覆盖模式对土壤酶活性的影响．草地学报，2022, 30(10): 2581-2589.
[30] Cruz A F, Pires M, Nascimento L K B D, et al. Cover cropping system and mulching can shape soil microbial status in fruit orchards. Sci agric, 2020;77(4):e20180316.
[31] 李青梅，张玲玲，刘红梅，等．覆盖作物多样性对猕猴桃园土壤微生物群落功能的影响．农业环境科学学报，2020, 39(2): 351-359.
[32] Wang T, Duan Y, Liu G D, et al. Tea plantation intercropping green manure enhances soil functional microbial abundance and multifunctionality resistance to drying-rewetting cycles. Science of the total Environment, 2022, 810: 151282.
[33] Reed-Jones N L, Marine S C, Everts K L, et al. Effects of Cover Crop Species and Season on Population Dynamics of Escherichia coli and Listeria innocua in Soil. Applied and Environmental Microbiology, 2016, 82 (6): 1767-1777.
[34] Yuan B C, Yu D G, Hu A, et al. Effects of green manure intercropping on soil nutrient content and bacterial community structure in litchi orchards in China. Frontiers in Environmental Science, 2023, 10: 1059800.
[35] 赵伟亮，宋璐瑶，席琳乔，等．间作绿肥对苹果园空气温湿度和土壤养分的影响．塔里木大学学报，2021, 33 (3): 71-77.
[36] 詹杰，罗旭辉，董学金，等．垦殖方式对侵蚀果园果实产量与品质的影响．亚热带水土保持，2009, 21 (2): 6-8.
[37] Liu R, Thomas B W, Shi X J, et al. Effects of ground cover management on improving water and soil conservation in tree crop systems: A meta-analysis. Catena, 2021, 199: 105085.
[38] 毕明浩，梁斌，董静，等．果园生草对氮素表层累积及径流损失的影响．水土保持学报，2017, 31 (3): 102-105.
[39] 李发林，谢南松，郑域茹，等．生草栽培方式对坡地果园氮磷流失的控制效果．福建农林大学学报(自然科学版), 2014, 43 (3): 304-311.
[40] 刘瑞，张宇亭，王志超，等．绿肥覆盖对紫色土坡耕地柑橘园氮磷流失的阻控效应研究．水土保持学报，2021, 35(2): 68-74.
[41] 高小叶，张兴兴，朱建国，等．生草栽培对果园面源污染的控制：三种牧草的比较研究．草业学报，2015, 24(2): 49-54.
[42] 黄毅斌，郑仲登，黄秀声，等．平托花生在红壤果园的水土保持作用与综合利用研究．水土保持学报，2004(6): 30-33.
[43] 李婷婷，韦彩会，董文斌，等．生草栽培与坡度对桂东北坡地果园地表径流氮磷流失的影响．水土保持研究，2021, 28(3): 59-64.
[44] 赵秋，高贤彪，宁晓光，等．冬绿肥二月兰间作及翻压对北方桃园生长环境及果实品质的影响．中国土壤与肥料，2013(1): 93-96.
[45] Yang G, Wang Y, Wang S Q, et al. Legume cover with optimal nitrogen management and nitrification inhibitor enhanced net ecosystem economic benefits of peach orchard. Science of the Total Environmental, 2023, 873: 162141.
[46] Judt C, Korányi D, Zaller J G, et al. Floral resources and ground covers promote natural enemies but not pest insects in apple orchards: A global meta-analysis. Science of the Total Environment, 2023, 903: 166139.
[47] 李慧玲，林乃铨，郭剑雄，等．茶园间作绿肥对假眼小绿叶蝉及其天敌缨小蜂的影响．中国生物防治学报，2016, 32(1): 50-54.
[48] Alvarez-Baca J K, Montealegre X, Alfaro-Tapia A, et al. Composition and food web structure of aphid-parasitoid populations on plum orchards in Chile. Insects. 2023; 14(3): 288.
[49] 谢晓丽，孙振宇，郭建国，等．苹果园间作不同绿肥对害虫——天敌关系的影响及其生态调控技术．中国植保导刊，2024, 44(4): 1294-1304.
[50] 李慧玲，郭剑雄，张辉，等．茶园间作不同绿肥对节肢动物群落结构和多样性的影响．应用昆虫学报，2016, 53(3): 545-553.

中国肥料研究与应用全书

Books of Fertilizer Research and Application in China

FERTILIZER

第6章 南方稻田绿肥种植与利用

本章所指的南方稻田为河南和陕西南部及其以南稻区，主要包括河南南部、陕西南部、四川、重庆、湖北、湖南、江西、安徽、江苏、浙江、上海、福建、广东、广西、海南、台湾以及贵州、云南等地的水稻种植区域，是我国水稻主要产区。20 世纪 80 年代以来，南方稻田的肥料投入主要依靠化肥。化肥的快速发展和普及应用，对于水稻产量的稳定提升起到了积极的作用。然而，稻田长期依赖化肥投入的负面影响，在 21 世纪初逐渐凸显，面源污染加重、土壤退化等现象普遍，甚至出现土壤重金属超标导致稻米质量安全问题。南方稻田冬季休闲面积约 1.5 亿亩，休闲时长 5 ～ 6 个月，利用这些土地空间和时间发展冬季绿肥，是增加稻田有机投入，管控土壤退化，实现稻田提质增效、生产力可持续发展的有效手段。

南方稻田水稻种植制度主要是双季稻和单季稻，近年来再生稻种植发展较快。当前，南方稻田形成了广泛可用的冬季绿肥-水稻生产制度，各地均有符合当地实际的冬绿肥品种资源、稻田养分管理方法。此外，稻田养殖红萍是我国重要的传统绿肥生产方式之一，利用红萍和水稻的生态分异、互惠互利的高效协同效应，有效补充稻田养分、提升稻田综合效益。近十几年来的系统研究表明，合理建立稻田绿肥制度，对各地的水稻丰产提质、耕地质量提升、农田生态环境改善起到了积极的推动作用。

6.1 南方稻田绿肥选择

6.1.1 冬季绿肥种类

南方稻田冬季绿肥一般分为豆科和非豆科两大类。豆科绿肥主要包括紫云英、毛叶苕子、光叶苕子、箭筈豌豆、蚕豆、豌豆、山黧豆、黄花苜蓿等。海南省稻田采用田菁、猪屎豆等。台湾稻田冬季绿肥以毛叶苕子、紫云英、埃及三叶草、蚕豆、羽扇豆、肥用油菜为主，夏季绿肥主要是田菁和桎麻。非豆科绿肥主要包括肥田萝卜、肥用油菜、多花黑麦草等。

在长期的生产实践中，各地形成了既高效、又有特色的地方习惯用绿肥种类。表 6-1 至表 6-3 按照地区列出了双季稻田、单季稻田、再生稻田主要推荐冬季绿肥种类。由于绿肥种类众多，推荐表以外的，适宜与当地稻作制度衔接，能起到稻田倒茬、培肥、供肥作用的其他种类作物也可以选用。

表6-1　南方双季稻田冬绿肥推荐表

地区	绿肥种类
安徽	紫云英、毛叶苕子、光叶苕子、箭筈豌豆；肥田萝卜、肥用油菜、多花黑麦草等
江西	紫云英、毛叶苕子、光叶苕子、箭筈豌豆、蚕豆；肥田萝卜、肥用油菜、多花黑麦草等
湖南	紫云英、毛叶苕子、光叶苕子、箭筈豌豆、蚕豆；肥用油菜、多花黑麦草等

续表

地区	绿肥种类
湖北	紫云英、毛叶苕子、光叶苕子、箭筈豌豆、蚕豆；肥田萝卜、肥用油菜、多花黑麦草等
广西	紫云英、毛叶苕子、光叶苕子、箭筈豌豆；肥田萝卜、肥用油菜、多花黑麦草等
广东	紫云英、毛叶苕子、光叶苕子、箭筈豌豆、蚕豆；肥田萝卜、肥用油菜、多花黑麦草等

表6-2　南方单季稻田冬绿肥推荐表

地区	绿肥种类
河南	紫云英、毛叶苕子、光叶苕子、箭筈豌豆；肥用油菜、多花黑麦草等
陕西	紫云英、毛叶苕子、光叶苕子、箭筈豌豆；肥用油菜、多花黑麦草等
江苏	紫云英、毛叶苕子、光叶苕子、箭筈豌豆、蚕豆、豌豆、黄花苜蓿；肥田萝卜、肥用油菜、多花黑麦草等
上海	紫云英、毛叶苕子、光叶苕子、箭筈豌豆、蚕豆、豌豆、黄花苜蓿；肥田萝卜、肥用油菜、多花黑麦草等
浙江	紫云英、毛叶苕子、光叶苕子、箭筈豌豆、蚕豆、豌豆、黄花苜蓿；肥田萝卜、肥用油菜、多花黑麦草等
安徽	紫云英、毛叶苕子、光叶苕子、箭筈豌豆、蚕豆；肥田萝卜、肥用油菜、多花黑麦草等
湖北	紫云英、毛叶苕子、光叶苕子、箭筈豌豆、蚕豆；肥田萝卜、肥用油菜、多花黑麦草等
江西	紫云英、毛叶苕子、光叶苕子、箭筈豌豆、蚕豆；肥田萝卜、肥用油菜、多花黑麦草等
湖南	紫云英、毛叶苕子、光叶苕子、箭筈豌豆、蚕豆；肥田萝卜、肥用油菜、多花黑麦草等
福建	紫云英、毛叶苕子、光叶苕子、箭筈豌豆；肥田萝卜、肥用油菜、多花黑麦草等
广东	紫云英、光叶苕子；肥田萝卜、肥用油菜、多花黑麦草等
广西	紫云英、光叶苕子；肥田萝卜、肥用油菜、多花黑麦草等
四川	紫云英、毛叶苕子、光叶苕子、箭筈豌豆、山黧豆、蚕豆；肥田萝卜、肥用油菜、多花黑麦草等
重庆	紫云英、毛叶苕子、光叶苕子、箭筈豌豆、山黧豆、蚕豆；肥田萝卜、肥用油菜、多花黑麦草等
贵州	紫云英、光叶苕子、毛叶苕子、箭筈豌豆、蚕豆；肥田萝卜、肥用油菜等
云南	光叶苕子、蚕豆；肥田萝卜、肥用油菜等
海南	田菁、柽麻等

表6-3　南方再生稻田冬绿肥推荐表

地区	绿肥种类
河南	紫云英、毛叶苕子、光叶苕子、箭筈豌豆；肥用油菜、多花黑麦草等
陕西	紫云英、毛叶苕子、光叶苕子、箭筈豌豆；肥田萝卜、肥用油菜、多花黑麦草等
四川	紫云英、毛叶苕子、光叶苕子、箭筈豌豆、山黧豆、蚕豆；肥田萝卜、肥用油菜、多花黑麦草等

续表

地区	绿肥种类
重庆	紫云英、毛叶苕子、光叶苕子、箭筈豌豆、山黧豆、蚕豆；肥田萝卜、肥用油菜、多花黑麦草等
江苏	紫云英、毛叶苕子、光叶苕子、箭筈豌豆、蚕豆、豌豆、黄花苜蓿；肥田萝卜、肥用油菜、多花黑麦草等
上海	紫云英、毛叶苕子、光叶苕子、箭筈豌豆、蚕豆、豌豆、黄花苜蓿；肥田萝卜、肥用油菜、多花黑麦草等
浙江	紫云英、毛叶苕子、光叶苕子、箭筈豌豆、蚕豆、豌豆、黄花苜蓿；肥田萝卜、肥用油菜、多花黑麦草等
安徽	紫云英、毛叶苕子、光叶苕子、箭筈豌豆；肥田萝卜、肥用油菜、多花黑麦草等
湖北	紫云英、毛叶苕子、光叶苕子、箭筈豌豆；肥田萝卜、肥用油菜、多花黑麦草等
江西	紫云英、毛叶苕子、光叶苕子、箭筈豌豆；肥田萝卜、肥用油菜、多花黑麦草等
湖南	紫云英、毛叶苕子、光叶苕子、箭筈豌豆、蚕豆；肥田萝卜、肥用油菜、多花黑麦草等
福建	紫云英、毛叶苕子、光叶苕子、箭筈豌豆；肥田萝卜、肥用油菜、多花黑麦草等
广东	紫云英、毛叶苕子、光叶苕子、箭筈豌豆、蚕豆；肥田萝卜、肥用油菜、多花黑麦草等
广西	紫云英、毛叶苕子、光叶苕子、箭筈豌豆；肥田萝卜、肥用油菜、多花黑麦草等
贵州	紫云英、毛叶苕子、光叶苕子、箭筈豌豆、蚕豆；肥田萝卜、肥用油菜、多花黑麦草等
云南	光叶苕子、蚕豆、箭筈豌豆；肥田萝卜、肥用油菜、多花黑麦草等

6.1.2 南方稻区紫云英品种选择

紫云英是南方稻区应用最广的冬季绿肥。相对于苕子等其他豆科绿肥，紫云英区域适应性要求相对较高。长期以来，通过品种引进筛选、新品种选育、生产应用等手段，基本形成了各地的适宜品种（表 6-4）[1]。

表6-4　南方各地水稻种植区适宜的紫云英地方种、育成种及品系

地区	适宜紫云英品种、栽培种、地方种、品系
安徽	弋江籽、弋江籽 2 号、弋江籽 3 号、弋江大叶、皖紫 1 号至 4 号、平湖大叶种、闽紫 5 号至 7 号等
江苏	信阳种、弋江籽、弋江大叶、南京种、平湖大叶种、浙紫 5 号等
浙江	宁波大桥种、浙紫 5 号、平湖大叶种、弋江籽、闽紫 5 号至 7 号等
江西	赣紫 1 号、赣紫 2 号、南城株良种、南昌种、丰城青秆种、萍乡种、弋江籽、闽紫 5 号至 7 号、宁波大桥种等
福建	闽紫 1 号至 7 号、赣紫 1 号、宁波大桥种、浙紫 5 号等
上海	弋江籽、宁波大桥种、平湖大叶种、浙紫 5 号等

续表

地区	适宜紫云英品种、栽培种、地方种、品系
河南	信阳种、信紫 1 号、闽紫系列、湘紫系列、皖紫系列等
湖北	咸宁种、通城大叶种、宜都种、石首种、弋江籽、宁波大桥种、南昌种、赣紫 1 号、湘肥 1 号、闽紫 5 号至 7 号、浙紫 5 号、信阳种等
湖南	湘紫 1 号至 4 号、湘肥 1 号至 3 号、常德种、长沙种、赣紫 1 号等
广东	粤肥 2 号、赣紫 1 号、闽紫 5 号至 7 号等
广西	萍宁 3 号、萍宁 72 号、湘紫 1 号、闽紫 7 号、桂早紫等
四川	升钟紫云英、温江种、南充种、岳池种、湘紫 1 号至 3 号等
重庆	温江种、南充种、岳池种、湘紫 1 号至 3 号等
贵州	赣紫 1 号、湘紫 1 号至 4 号等
云南	赣紫 1 号、湘紫 1 号至 4 号等
陕西	信阳种、弋江籽等

6.1.3　南方稻田红萍选择

红萍（学名满江红），是一种水生蕨类植物，具有生物固氮、固碳富钾等功能，易于繁殖生长并漂浮于水面，放养于稻田，作为天然绿色肥源，能增加土壤肥力、改善土壤结构和理化性质，达到养地不占地的生产效应。在传统农业中，一直把它作为水稻生产中的天然绿色肥源。红萍基本是来源于自然水域的野生种，通过收集评价，引种至各地稻区，成为生产用种。经长期生产实践，各地较为适宜的红萍种类见表 6-5。

表6-5　南方各地水稻种植区适宜的红萍种类

地区	红萍种类
安徽	闽育 1 号小叶萍、毕岭细绿萍、卡州萍
江苏	闽育 1 号小叶萍、毕岭细绿萍、卡州萍
浙江	回交萍、闽育 1 号小叶萍、毕岭细绿萍、卡州萍
江西	回交萍、闽育 1 号小叶萍、毕岭细绿萍、卡州萍
福建	回交萍、闽育 1 号小叶萍、毕岭细绿萍、卡州萍、墨西哥萍
上海	毕岭细绿萍、卡州萍、闽育 1 号小叶萍
河南	闽育 1 号小叶萍、毕岭细绿萍、卡州萍
湖北	毕岭细绿萍、卡州萍
湖南	闽育 1 号小叶萍、毕岭细绿萍、卡州萍

续表

地区	红萍种类
广东	回交萍、闽育1号小叶萍、毕岭细绿萍、卡州萍、墨西哥萍
广西	回交萍、闽育1号小叶萍、毕岭细绿萍、卡州萍、墨西哥萍
四川	回交萍、闽育1号小叶萍、毕岭细绿萍、卡州萍
重庆	回交萍、闽育1号小叶萍、毕岭细绿萍、卡州萍
贵州	回交萍、闽育1号小叶萍、毕岭细绿萍、卡州萍
云南	回交萍、闽育1号小叶萍、毕岭细绿萍、卡州萍、墨西哥萍
陕西	毕岭细绿萍、卡州萍
海南	回交萍、闽育1号小叶萍、毕岭细绿萍、卡州萍、墨西哥萍

6.2 稻田冬绿肥种植与高产栽培管理

6.2.1 稻田冬绿肥种植方式

（1）套复种

秋冬季种植绿肥是南方稻田绿肥种植的主要方式。稻田冬季绿肥种类主要包括：紫云英、苕子、箭筈豌豆、金花菜、山黧豆、蚕豆、豌豆、肥田萝卜、肥用油菜、黑麦草等。在中稻（晚稻）生育后期将冬季绿肥种子套种在其株行间，绿肥主要在中稻（晚稻）收获后生长，称之为套复种。套种绿肥，能克服绿肥早播与前茬水稻未收获的矛盾，延长生育期，且在水稻荫蔽下有利于种子发芽和出苗，杂草也较少，通常是提高绿肥鲜草和种子产量的重要措施之一。图6-1为稻底套种紫云英的苗期效果。紫云英、苕子适应性较广，既适宜稻底套种，也适宜收获中稻（晚稻）后播种。但蚕豆、豌豆、金花菜、肥田萝卜、肥用油菜等绿肥，采用稻底套种，出苗、生长较差，特别是土壤黏重和肥力较低的稻田，适宜在收稻后种植，尤其适宜收稻后翻耕整地播种。

冬季绿肥稻底套种，一般情况下，紫云英、金花菜在水稻收获前10～15d播种，毛叶苕子、光叶苕子、箭筈豌豆、山黧豆等在水稻收获前7d左右播种，蚕豆、多花黑麦草在水稻收获前3～4d播种，肥田萝卜、肥用油菜在水稻收获前2～3d播种。

水稻收获后播种绿肥的，应择机抢时播种，基本采用撒播，但蚕豆不宜在收割后撒播，应采取穴播或点播（压入土壤）方式播种。撒播有人工撒播、器械撒播和无人机撒播，以无人机撒播（图6-2）的效率和出苗效果较好。如田间稻草堆积无序，可以在撒播后灭茬浅旋。在水稻留高茬前提下，紫云英、苕子、箭筈豌豆一般优选无人机直接撒播。

图 6-1 稻底套种的紫云英出苗情况

图 6-2 稻田无人机撒播紫云英现场

（2）绿肥多样性种植

在湖南、江西和浙江等地的低产稻田，素有采用紫云英和肥田萝卜、油菜等多样性混合种植习惯，而在江苏、浙江沿海一带，则有紫云英和金花菜、蚕豆等混合种植习惯。研究发现，紫云英与其他种类绿肥多样性混合种植是提高绿肥产量的有效措施，例如，在浙江，豆科绿肥与禾本科绿肥混播效果明显（表 6-6）。

表6-6 不同绿肥种植方式翻压期鲜草产量（浙江，2008～2009年）

种植方式	鲜草产量		干物质产量		N 积累量 /（kg/ 亩）
	鲜草产量 /（kg/ 亩）	比对照增产 /%	地上部分 /（kg/ 亩）	根系 /（kg/ 亩）	
冬闲（对照）	1008 c	0	132 d	33 d	3.5
单种紫云英	2555 b	153.5	285 c	45 cd	9.7
紫云英黑麦草混播（7：3）	3268 a	224.2	476 b	102 b	10.2
紫花苜蓿黑麦草混播（5：5）	3434 a	240.7	567 a	170 a	9.2
紫云英紫花苜蓿混播（5：5）	2389 b	137.0	231 c	53 c	8.3

注：表中同一列数值后的不同小写字母表示差异显著（$p < 0.05$）。

表 6-7 数据显示，在江西仅靠绿肥也能获得较高的稻谷产量。绿肥作物多样性种植，比单一紫云英种植鲜草产量增加 25.8% ～ 34.0%。在翻压相同量绿肥后，对早稻产量影响也不同。绿肥作物多样性种植能提高早稻产量，比单一紫云英绿肥增产 4.6% ～ 13.7%。

表6-7　绿肥作物多样性种植对绿肥和早稻产量影响（江西，2008～2009年）

指标	紫云英	紫云英＋黑麦草	紫云英＋肥田萝卜	紫云英＋黑麦草＋肥田萝卜
绿肥鲜草产量 /（kg/ 亩）	1666	2192	2096	2233
增产 /%	—	31.5	25.8	34.0
早稻 /（kg/ 亩）	383	436	401	408
增产 /%	—	13.7	4.6	6.4

河南试验结果表明，紫云英与肥用油菜混播效果良好。60% ～ 80% 的紫云英单播用种量（2kg/ 亩）与 20% ～ 40% 的油菜单播用种量（40g/ 亩）混播的鲜草平均产量较单播紫云英提高 25.6%，N、P、K 平均积累量较单播紫云英分别提高 25.2%、71.8% 和 63.1%（表 6-8）。

表6-8　紫云英-油菜不同配比对其鲜草产量、C/N及养分积累量的影响（河南信阳，2010年）

处理	鲜草产量 /（kg/ 亩）	C/N	养分积累量 /（kg/ 亩）		
			N	P_2O_5	K_2O
100% 紫云英	1953	14.60	6.0	1.1	3.1
80% 紫云英 +20% 油菜	2452	20.39	7.6	1.8	5.2
60% 紫云英 +40% 油菜	2454	23.67	7.5	1.9	5.1
40% 紫云英 +60% 油菜	2028	24.12	6.3	1.9	4.5
20% 紫云英 +80% 油菜	1975	28.07	4.5	1.5	4.3
100% 油菜	1550	36.34	2.9	1.4	4.0

6.2.2 播种前准备

（1）稻田准备

在前茬晚稻或中稻收割前 10d 左右，应排干田面水，保证水稻收割时田面干爽，减轻收割机履带对田面的碾压，防止其对套种绿肥的碾压破坏。采用秸秆抛撒式联合收割机收割水稻，稻秆留高茬 30 ～ 40cm，其余稻茬切碎后抛撒还田，尽量做到稻草分散于田表。

（2）接种根瘤菌

对于从未种植过豆科绿肥的田块，应接种根瘤菌。尤其是紫云英根瘤菌专性较强，从未种植或多年未种过紫云英的田块，接种根瘤菌是成功的关键。接种用的根瘤菌必须是适宜当地环境的紫云英专性根瘤菌。河南试验表明，根瘤菌剂拌种处理的紫云英盛花期鲜草量较对照增加 27% ～ 48%（表 6-9）。拌种处理 N、P、K 积累量显著高于对照，并可显著提高紫云英的 N 含量，但对 P、K 含量影响不明显。

表6-9　根瘤菌拌种对紫云英生长状况的影响（河南，2010年）

根瘤菌处理	单株重/g	鲜草量/(kg/亩)	养分含量/%			养分积累量/(kg/亩)		
			N	P	K	N	P_2O_5	K_2O
CK	7.4 c	1478 d	2.44 c	0.37	3.56	3.4 d	0.5 b	5.0 c
菌 A	11.8 a	1911 c	2.52 bc	0.37	3.60	4.6 c	0.7 a	6.6 b
菌 B	10.0 b	1924 c	2.57 b	0.38	3.62	4.7 bc	0.7 a	6.6 b
菌 C	10.1 b	2061 b	2.53 bc	0.37	3.59	5.2 ab	0.8 a	7.3 a
菌 D	11.6 a	2067 b	2.60 b	0.38	3.62	5.3 ab	0.8 a	7.4 a
菌 E	10.3 b	2182 a	2.55 b	0.39	3.64	5.4 a	0.8 a	7.6 a
菌 F	12.1 a	1872 c	2.70 a	0.39	3.57	4.8 c	0.7 a	6.4 b

注：同一列数值后不同小写字母表示差异显著（$p < 0.05$）。

在湖北洪湖，接种根瘤菌显著提高紫云英种子产量，提高幅度为 15.6% ～ 40.6%，根瘤菌拌种效果显著优于苗期撒施（表 6-10）。

表6-10　根瘤菌对紫云英种子产量及其构成因素的影响（湖北洪湖，2012年）

处理	单株分枝数/个	每分枝花序数/个	每花序结荚数/个	每荚粒数/粒	千粒重/g	种子产量/(kg/亩)
对照	1.6 b	6.9 a	6.4 ab	5.9 a	3.41 a	32 c
根瘤菌拌种	2.4 a	8.0 a	7.0 a	6.4 a	3.57 a	45 a
苗期撒施根瘤菌	1.8 b	6.9 a	6.3 b	6.2 a	3.33 a	37 b

注：同一列数值后不同小写字母表示差异显著（$p < 0.05$）。

6.2.3　播种期

适期播种是提高绿肥产量的主要措施之一。因各地气候和茬口不同，播种期有较大的变化。在适期范围内早播绿肥不但可提早开花和种子成熟期，且能延长其营养生长期，尤其是延长冬前生长期，有利于根系生长，多结根瘤，提高越冬抗寒能力。与传统冬季绿肥播种期比较，随着气候变暖和水稻生产季节的延长，稻田绿肥适宜播种期跨度加大，以紫云英为例，从北往南，适宜播期从 8 月下旬到 11 月上旬均可。

（1）长江以南双季稻区绿肥播种期

根据前茬水稻生育期，结合水稻留高茬技术，江西、湖南等典型双季稻区紫云英最晚可推迟到10月下旬～11月初播种，广东、福建、广西等地在加大播量的前提下可以在11月中旬播种。

江西试验表明，相同播种量下，9月底～10月中旬播种的绿肥鲜草产量高且差异不大。随着播种期推迟，鲜草产量有下降的趋势。总体看，赣南地区紫云英适宜的播种期为9月下旬～10月中旬；赣中地区宜在10月中旬前播种完毕；赣北地区，紫云英播种期可以推迟到10月下旬，但在10月下旬播种需要适当增加播种量（表6-11）。

表6-11　不同播种期播种量对紫云英鲜草产量的影响（江西，2008～2009年）　单位：kg/亩

播种日期	播种量 1.0kg/ 亩	播种量 2.0kg/ 亩	播种量 3.0kg/ 亩
9月27日	3063 a	3806 a	4082 a
10月4日	2885 a	4075 a	4354 a
10月11日	2786 a	3606 a	4158 a
10月18日	2194 b	2740 b	3046 b
10月25日	1499 c	2168 c	2850 b

注：同一列数值后不同小写字母表示差异显著（$p < 0.05$）。

传统的紫云英播种期是在晚稻收获前15～25d。湖南研究表明，采用晚稻机械留高茬收割后迟播紫云英技术，紫云英的播种期可推迟到晚稻收获后的2～5d，即10月下旬。采用机动喷雾器或者便携式播种器播种紫云英，不仅播种效率高，而且紫云英鲜草产量平均比传统模式的高34.6%（表6-12）。

表6-12　晚稻收割留高茬种植紫云英的鲜草产量（湖南，2014年）

田块	留高茬种植产量/（kg/ 亩）	传统种植产量/（kg/ 亩）	高茬模式增产率/%
田块1	1721	1481	16.2
田块2	1721	1481	16.2
田块3	1941	1554	24.9
田块4	1908	1441	32.4
田块5	1994	1481	34.6
平均	1857	1487	24.8

（2）长江沿岸及以北单季稻区绿肥播种期

长江沿岸及以北单季稻区的绿肥播种期为8月下旬～10月上旬，最迟不迟于11月初；江南至华南单季稻区为9月中旬～10月下旬，最迟不迟于11月中旬。

安徽桐城试验表明（表6-13），9月15日为紫云英最佳播期。紫云英9月15日播种鲜草产量最高（2288kg/ 亩），随着播种期推迟，产草量明显下降，9月底播种的鲜草产量为1894kg/ 亩，10月5日播种鲜草产量1160kg/ 亩。考虑到农时及绿肥适产的需求，9月底之前播种对于本地稻田都是不错的选择。

表6-13　不同播种期对紫云英植株生长发育和鲜草产量的影响（安徽桐城，2009年）

播种日期	基本苗/（$\times10^4$株/亩）	入冬时		株高/cm	分枝数/（个/株）	茎粗/cm	鲜草产量/（kg/亩）
		株高/cm	鲜重/(g/株)				
9月15日	32.6	5.5	1.34	90.8	2.1	0.41	2288
9月25日	31.7	5.7	1.32	88.4	1.7	0.37	1894
10月5日	30.5	3.9	0.84	62.7	1.0	0.29	1160

河南信阳的试验结果显示，紫云英“信紫1号”8月20日～9月9日播种有利于获得较高的产草量、养分积累量（表6-14）。其中，9月9日播种的紫云英地上部干重最高，盛花期地上部干重高达290kg/亩。9月9日播种也是获得较高紫云英养分积累的最佳播种期，盛花期紫云英地上部碳、氮、硫的最大积累量分别为130kg/亩、11.0kg/亩、1.8kg/亩[2]。虽然不同播种期的产量及养分累积有一定差异，但8月下旬至9月下旬播种，在生产实践中均可以接受。

表6-14　不同播种期对紫云英产量及碳、氮、硫积累量的影响（河南信阳，2009～2010年）

播种日期	分枝数/（个/m^2）	地上干重/（kg/亩）	地下干重/（kg/亩）	积累量/（kg/亩）		
				C	N	S
8月20日	222 a	265 ab	79 a	118 b	9.9 b	1.4 b
8月30日	202 a	245 bc	74 ab	112 b	9.2 b	1.4 b
9月9日	204 a	290 a	67 ab	130 a	11.0 a	1.8 a
9月19日	204 a	225 c	74 ab	101 c	7.7 c	1.1 bc
9月29日	199 a	224 c	66 b	98 c	7.8 c	0.9 c

注：同列数值后不同小写字母表示差异显著（$p < 0.05$）。

播种期对箭筈豌豆种子产量影响显著。在北缘稻区，箭筈豌豆随播种期的延迟，种子产量呈先升高后降低的趋势，以10月10日播种的箭筈豌豆种子产量最高，达198kg/亩，其次为10月4日播种，因此箭筈豌豆种子生产的播种期以10月上旬为宜（表6-15）。

表6-15　不同播种期对箭筈豌豆产量及构成因素的影响（河南信阳，2011年）

播种日期	果荚数/（$\times10^4$个/亩）	果荚籽粒数/粒	千粒重/g	种子产量/（kg/亩）
9月28日	71 b	4.65 b	43.04 b	149 b
10月4日	81 a	4.95 a	42.34 b	187 a
10月10日	84 a	5.19 a	45.20 a	198 a
10月17日	65 bc	4.04 bc	40.35 bc	108 bc
10月24日	61 c	3.58 c	38.78 c	85 c

注：同列数值后不同小写字母表示差异显著（$p < 0.05$）。

（3）沿江双季稻区绿肥播种期

沿江双季稻区绿肥播种期为9月中旬～10月中旬，最迟不迟于11月初。在湖北洪湖的试验结果显示（表6-16），紫云英的密度、株高、单株复叶数、表观叶面积和单株重均随播种期推迟而下降。鲜草产量随播种期推迟而降低，9月25日播种的鲜草产量最高，达2122kg/亩；10月2日的鲜草产量为1941kg/亩。可见，本地紫云英的播种期在10月1日前后，能够满足稻田绿肥鲜草产量的基本需求。在种子产量方面，随着紫云英播种期推迟，种子产量也是逐渐降低，但9月底至10月底的各个播种期差异不大，因此从种子生产的角度看，紫云英在沿江双季稻区播种期的范围较大。

表6-16　不同播种期对紫云英产量的影响（湖北洪湖，2011年）

播种日期	地上部鲜草量/（kg/亩）	根部鲜重/（kg/亩）	播种日期	每株荚数/个	每荚粒数/粒	千粒重/g	种子产量/（kg/亩）
9月25日	2122 a	91 a	9月26日	136.0 a	6.5 a	3.4 bc	56 a
10月2日	1941 b	91 a	10月6日	97.7 b	5.3 a	4.1 a	53 ab
10月9日	1067 c	84 ab	10月14日	91.9 b	5.3 a	3.8 ab	53 ab
10月16日	917 d	83 ab	10月26日	83.1 b	5.6 a	3. 8 ab	51 ab
10月23日	717 e	82 b	11月5日	80.6 b	6.1 a	3.3 c	37 b
10月30日	300 f	58 c					
11月6日	261 f	53 c					

注：同列数值后不同小写字母表示差异显著（$p < 0.05$）。

6.2.4　播种量

合理的播种量也是保证绿肥产量的重要措施之一。具体播种量，需视地块情况做相应调整，土壤基础肥力较弱，或推迟播种，适当提高播种量；土壤肥力较高、播期适宜的，可以适当减少播种量。多种类型绿肥混播，各自播种量应适当小于单播播种量。

绿肥单播时，每亩播种量为[1]：紫云英、黄花苜蓿1.5～3.0kg，毛叶苕子3.0～4.0kg，光叶苕子2.5～3.0kg，箭筈豌豆6.0～8.0kg，田菁、柽麻2.0～3.0kg，山黧豆4.5～6.0kg，蚕豆7.5～10.0kg，肥田萝卜0.5～0.75kg，肥用油菜0.8～1.0kg，多花黑麦草1.5～2.0kg。

多种绿肥混播时，宜采用紫云英与多花黑麦草混播（图6-3左），紫云英与油菜和肥田萝卜混播（图6-3右），以及紫云英、肥田萝卜（或肥用油菜）、多花黑麦草三者混合形式。紫

图6-3　紫云英与多花黑麦草混播（左）、紫云英与油菜和肥田萝卜混播（右）

云英与多花黑麦草混播，每亩播种量为紫云英 1.2 ～ 1.7kg、多花黑麦草 0.5 ～ 0.6kg。紫云英、肥田萝卜（或肥用油菜）、多花黑麦草三者混合的，每亩播种量为：紫云英 1.2 ～ 1.7kg，肥田萝卜 0.1 ～ 0.13kg 或肥用油菜 0.06 ～ 0.1kg，多花黑麦草 0.5 ～ 0.6kg。

各地试验结果表明，紫云英适宜播种量为 1.5 ～ 2.0kg/ 亩。随着播种量的增加，紫云英鲜草产量增加，但增产幅度降低，从经济角度考量，最佳播种量为 2.0kg/ 亩。只要种子净度高，即使是播种量 1.0kg/ 亩，也可以获得较高的鲜草产量，基本能满足当前稻田对紫云英绿肥用量的适宜要求[3]（表 6-17）。湖南试验结果显示，播种量在 1.5 ～ 3.0kg/ 亩之间，鲜草产量虽有差异，但绝对差值并不是很大，从节约用种的角度考虑，播种量宜选择 1.5kg/ 亩。

表6-17　湖北、湖南不同播种量对紫云英鲜草产量及养分累积量的影响（2009年）

播种量 /（kg/ 亩）	湖北				湖南	
	地上部鲜草量 /（kg/ 亩）	养分累积 /（kg/ 亩）			根部鲜重 /（kg/ 亩）	地上部鲜草量 /（kg/ 亩）
		N	P_2O_5	K_2O		
0.5	376d	1.2 d	0.2 c	1.9 f	70 d	
1.0	1033 c	2.6 c	0.4 d	4.0 e	75 d	
1.5	1356 b	3.3 b	0.5 c	5.2 d	87 c	1435 b
2.0	1817 a	4.5 a	0.7 b	6.9 c	88 bc	1643 a
2.5	1941 a	4.6 a	0.7 b	7.0 bc	97 b	1626 a
3.0	2083 a	4.7 a	0.8 a	7.4 ab	105 a	1413 b
3.5	2127 a	4.9 a	0.8 a	7.7 a	106 a	

注：湖北品种为弋江籽；湖南品种为宁波大桥。同列数值后不同小写字母表示差异显著（$p < 0.05$）。

在北缘稻区，箭筈豌豆种子产量随播种量的增加呈先升高后降低的趋势，播种量为 3.0kg/ 亩时箭筈豌豆种子产量最高，达到 168kg/ 亩（表 6-18）。通过回归方程预测，箭筈豌豆种子生产的最佳播种量为 2.5 ～ 3.0kg/ 亩。

表6-18　不同播种量对箭筈豌豆种子产量及构成因素的影响（河南信阳，2011年）

播种量 /（kg/ 亩）	果荚数 /（$\times 10^4$ 个 / 亩）	果荚籽粒数 / 个	千粒重 /g	产量 /（kg/ 亩）
1.0	64.0 bc	3.92 bc	43.5 a	90 c
2.0	65.9 b	4.74 ab	42.1 a	122 b
3.0	71.9 a	5.23 a	42.0 a	168 a
4.0	65.5 b	4.21 b	41.4 a	100 c
5.0	62.4 c	3.67 c	38.8 b	81 c

注：同列数值不同小写字母表示差异显著（$p < 0.05$）。

6.2.5 水分管理

稻田冬季绿肥大多数喜湿不耐渍。在稻底套种绿肥之前 1 ～ 2d，保证田面有浅水，有利于绿肥种子发芽，出芽后保证土壤湿润即可。若遇秋冬持续干旱，及时灌“跑马水”，保证绿肥出苗、齐苗及幼苗生长。持续降雨导致田间渍水时，应及时清沟排水。

水稻收割后，及时开沟。开沟机宜选用圆盘开沟机，碎土抛洒均匀，沟形齐整。沟宽、深均为约 20cm。做到三沟配套，即环田开围沟，每隔 5 ～ 8m 开腰沟，大型田块开“井”字沟，较小的田块开“十”字沟，做到沟与沟、沟与排水口相通。降雨排水时，应保持沟中适当留水，以沟中见水、略低于田面为宜（图 6-4）。

图 6-4 紫云英田开沟效果

实际生产中，经常会遇到稻田积水难排、土壤泥泞的情况，多是由于收割机碾压，田间沟壑纵横、积水过深，无法排水，同时开沟机不能进地。在此情况下，可利用大型拖拉机轮子轧出规整的排水沟，既能轧出排水沟，也能助力尽快排干田间积水，排水后将绿肥种子均匀撒播田间，快速方便，效果良好。

6.2.6 养分管理

肥力较好的稻田，种植绿肥通常不必施肥。对土壤肥力较低田块、种植非豆科绿肥或者追求较高绿肥产量时，需要适当施肥，达到“以磷增氮、小肥换大肥”的效果，提高绿肥截获养分和有机转化能力。

（1）氮、磷、钾养分管理

河南信阳试验结果表明，紫云英鲜草产量在氮、磷、钾肥施用量分别为 4.5kg/ 亩、3.0kg/ 亩和 3.0kg/ 亩时达到最佳，其鲜草产量分别较不施肥对照提高 61%、57%、25%，N、P_2O_5、K_2O 养分累积量较对照分别提高 10% ～ 48%、18% ～ 86% 和 13% ～ 80%（表 6-19）。

表6-19　氮、磷、钾施用量对紫云英产量和养分累积量的影响（河南信阳，2011年）　单位：kg/亩

施肥量	氮				磷				钾			
	鲜草量	养分累积			鲜草量	养分累积			鲜草量	养分累积		
		N	P_2O_5	K_2O		N	P_2O_5	K_2O		N	P_2O_5	K_2O
0	1487 c	5.3 c	1.1 b	6.0 c	1493 d	5.0 d	0.7 c	4.5 c	1880 c	5.3 b	0.8 c	5.8 c
1.5	1933 b	6.6 b	1.3 a	6.8 b	1740 c	6.2 b	1.0 b	5.9 b	2247 b	7.3 a	1.4 a	7.6 b
3.0	2347 a	7.4 a	1.3 a	8.1 a	2347 a	7.4 a	1.3 a	8.1 a	2347 a	7.4 a	1.3 ab	8.1 a
4.5	2400 a	7.4 a	1.2 ab	6.9 b	2040 b	5.5 c	1.0 b	5.6 b	2287 ab	7.2 a	1.2 b	7.1 b

注：施肥量为施用单质肥料纯养分N、P_2O_5、K_2O。同列数值后不同小写字母表示差异显著（$p < 0.05$）。

在湖北洪湖，通过“3414”试验得出，N、P_2O_5、K_2O用量分别为3.0kg/亩、3.0kg/亩、4.5kg/亩时，紫云英种子产量44kg/亩为最高，比不施肥对照增产37.5%（表6-20）。

表6-20　氮、磷和钾肥施用量对紫云英种子产量及其构成因素的影响（湖北洪湖，2011年）

处理	每分枝花序数/个	每花序结荚数/个	每株荚数/个	每荚粒数/粒	千粒重/g	种子产量/（kg/亩）	增产率/%
N0P0K0	7.5 b	6.1 a	82 b	6.2 a	3.6 a	32 c	—
N0P2K2	8.4 ab	6.4 a	110 ab	5.6 a	3.8 a	36 abc	12.3
N1P2K2	10.0 ab	5.9 a	114 ab	6.2 a	3.6 a	39 abc	23.7
N2P2K2	10.7 a	6.6 a	174 a	6.0 a	3.7 a	41 abc	29.0
N3P2K2	8.1 ab	6.4 a	118 ab	6.4 a	3.6 a	40 abc	26.3
N2P0K2	9.6 ab	6.5 a	132 ab	6.0 a	3.7 a	34 bc	5.4
N2P1K2	7.9 ab	6.5 a	120 ab	6.0 a	3.6 a	38 abc	17.8
N2P3K2	7.3 b	6.0 a	114 ab	6.1 a	3.7 a	41 abc	29.0
N2P2K0	8.5 ab	6.1 a	119 ab	6.3 a	3.7 a	39 abc	22.6
N2P2K1	9.7 ab	6.4 a	134 ab	6.5 a	3.5 a	42 ab	32.8
N2P2K3	9.6 ab	6.5 a	162 a	6.4 a	3.8 a	44 a	37.5

注：2水平N、P_2O_5、K_2O分别为3kg/亩，0水平是不施肥，1水平是2水平的1/2，3水平是2水平的1.5倍。肥料种类分别为尿素（46%）、过磷酸钙（12%）、氯化钾（60%），全部作基肥。同列数值后不同小写字母表示差异显示（$p < 0.05$）。

（2）微量元素管理

在河南正阳，施用锌、钼、硼微肥提高了紫云英鲜草产量和养分累积量，其中鲜草

产量较对照增加2.6%～14.1%，氮、磷、钾养分累积量较对照分别增加4.3%～15.9%、0%～20.0%、14.8%～18.5%（表6-21）。微肥钼作种肥、基肥和叶面肥施用均可产生效果，以叶面肥施用效果最佳，基施、拌种次之。

表6-21　不同微肥及施肥方式对紫云英产量与养分累积的影响（河南正阳，2016年）

微肥种类					施肥方式				
处理	鲜草量/（kg/亩）	养分累积/（kg/亩）			处理	鲜草量/（kg/亩）	养分累积/（kg/亩）		
		N	P_2O_5	K_2O			N	P_2O_5	K_2O
对照	2587 c	6.9 bc	0.5	5.4 b	对照	2371 d	5.9 c	0.5	4.9 c
硼砂	2953 a	8.0 a	0.6	6.3 a	基施	2790 b	7.2 b	0.4	5.7 ab
钼酸铵	2740 b	7.2 bc	0.5	6.4 a	拌种	2587 c	6.9 b	0.5	5.4 bc
硫酸锌	2653 bc	7.4 ab	0.6	6.2 ab	叶面喷施	3004 a	7.9 a	0.6	6.2 a

注：同列数值后不同小写字母表示差异显著（$p < 0.05$）。

硼、钼微肥通过增加紫云英每分枝结荚的花序数、结荚数、每荚粒数和千粒重等产量构成指标，从而提高紫云英种子产量，故紫云英种子生产中，除用钼、硼肥浸种或用钼肥拌种外，应在开花期再叶面喷施一次硼、钼肥。在紫云英花荚脱落开始之前，叶面喷施2000mg/L硼肥，可显著增加第3～6层（中上层）花序单位面积花序数、结荚数和单荚籽粒数，促进荚果结实率的提高[4]；叶面喷施400mg/L钼肥，可显著增加第1～4层（中下层）花序荚果结实率、单荚籽粒数和粒重，获得较高的种子产量[5]（表6-22）。此外，在紫云英花期喷施磷酸二氢钾溶液也可提高种子产量，尤其和硼砂一起喷施效果比单独喷施磷酸二氢钾或硼砂效果更好。

表6-22　硼肥、钼肥对紫云英产量构成因素的影响（河南正阳，2016～2018年）

硼肥				钼肥			
处理/（mg/L）	每有效花序结荚数/个	每荚粒数/粒	千粒重/g	处理/（mg/L）	每有效花序结荚数/个	每荚粒数/粒	千粒重/g
CK	3.47 b	3.40 b	2.96	CK	3.96	3.40 b	2.58 b
500	3.56 b	3.43 b	3.01	100	3.99	3.43 b	2.60 b
1000	4.78 ab	4.06 ab	3.25	200	4.26	3.96 ab	2.84 ab
2000	5.67 a	4.94 a	3.18	400	4.48	4.82 ab	3.43 a
4000	4.12 ab	3.94 ab	2.94	600	4.44	4.04 ab	2.96 ab
6000	3.61 b	3.54 b	3.03	800	3.98	3.54 b	2.64 b

注：同列数值后不同小写字母表示差异显著（$p < 0.05$）。

在湖北洪湖，硼、锌、钴单施或混合，无论基施、拌种、喷施，均可增加紫云英种子产量，增产幅度为3.2%～12.9%（表6-23）。

表6-23　微肥及其施用方法对紫云英种子产量及其构成因素的影响（湖北洪湖，2012年）

处理	每花序结荚数/个	每株荚数/个	每荚粒数/粒	千粒重/g	种子产量/（kg/亩）	增产率/%
不施肥	6.1 ab	97 bc	6.3 ab	3.4 ab	31 b	—
基施硼砂	7.0 a	132 a	6.7 ab	3.4 ab	35 a	12.9
基施钼酸铵	6.3 ab	126 a	7.3 a	3.9 a	34 ab	9.6
基施硫酸锌	6.2 ab	106 b	6.0 b	3.6 ab	33 ab	6.4
基施硫酸钴	6.3 ab	117 ab	5.8 b	3.8 ab	33 ab	6.4
混合微肥基施	6.1 ab	89 c	5.7 b	3.6 ab	34 ab	9.6
混合微肥拌种	5.8 a	93 bc	5.7 b	3.2 b	32 ab	3.2
混合微肥喷施	5.7 a	118 ab	5.7 b	3.4 ab	34 ab	9.6

注：同列数值后不同小写字母表示差异显著（$p < 0.05$）。

6.3　稻田冬绿肥利用

6.3.1　作绿肥利用

6.3.1.1　翻压时期

一般情况下，冬季绿肥在盛花期就地翻压作水稻基肥利用。如果绿肥播种早，或者选用早熟品种，早稻栽种前进入花期的，应选择盛花期翻压。对于单季稻田，采用紫云英结荚期还田的，应在50%～70%黑荚时翻压还田。禾本科绿肥最好在抽穗期翻压，十字花科绿肥在上花下荚期翻压最佳。

选择适宜的紫云英绿肥翻压时期，能利用紫云英后期生物量积累快的优势，也有利于绿肥养分释放、规避腐解产物的不利影响，同时为农民安排农事季节提供条件。传统的紫云英翻压时间是在早稻移栽前15d左右。通过多地试验，提前10d甚至5d翻压，效果都较好。所以，稻区翻压紫云英，一般不必太拘泥于提前时间限制，在水稻移栽前5～15d均可。

江西、湖南、湖北三地7年定位研究显示，早稻种植前5～15d均可就地翻压紫云英做绿肥，早稻产量平均增加5.8%～8.6%，且对晚稻有一定后效，增产2.5%～5.4%；早晚稻增产的翻压时间顺序为移栽前10d＞5d＞15d（表6-24）。

表6-24 紫云英翻压时期对双季稻产量的影响（江西、湖南、湖北，2009～2015年）

品种	处理	产量 /（kg/ 亩）			平均	
		江西余江	湖南南县	湖北通城	产量 /（kg/ 亩）	增产率 /%
早稻	CF	428	375	386	396	—
	移栽前 5d	488	404	392	428	8.1
	移栽前 10d	481	414	394	430	8.6
	移栽前 15d	485	387	384	419	5.8
晚稻	CF	413	484	—	448	—
	移栽前 5d	431	504	—	468	4.5
	移栽前 10d	432	511	—	472	5.4
	移栽前 15d	419	498	—	459	2.5

注：CF 为优化施肥，施肥量 N-P_2O_5-K_2O，余江早稻 10.0-5.0-8.0kg/ 亩、晚稻 12.0-5.0-10.0kg/ 亩；南县早稻、晚稻均为 10.0-5.0-8.0kg/ 亩；通城早稻 8.3-2.4-2.4kg/ 亩。

江西试验结果表明（表 6-25），在紫云英翻压量 1500kg/ 亩条件下，双季稻区紫云英绿肥最佳翻压时期为早稻移栽前 10d，此时即使减少化肥 40%，早稻产量依然比 100% 化肥处理增产 2.3%，但差异不显著；晚稻也有较好的增产效果，与常规施肥处理差异显著。在湖北（表 6-25），与当地常规施肥相比，化肥减量 20%、翻压 1500kg/ 亩紫云英条件下，水稻移栽前 5d、10d、15d 翻压紫云英，水稻产量均无显著性差异，但移栽前 5d、10d 翻压紫云英早稻产量比移栽前 15d 有增加趋势。

表6-25 化肥不同施用量、紫云英不同翻压时期对水稻产量的影响

江西（2009 年）			湖北（2009 ~ 2010 年，早稻）		
施肥量及翻压时间	早稻 /（kg/ 亩）	晚稻 /（kg/ 亩）	施肥量及翻压时间	2009 年 /（kg/ 亩）	2010 年 /（kg/ 亩）
当地常规施肥	591 a	519 b	100% 化肥，不种紫云英	425 a	308 c
100% 化肥	570 ab	532 ab	对照	359 b	238 d
60% 化肥 +5d	576 ab	523 b	80% 化肥 +15d	423 ab	336 a
60% 化肥 +10d	583 a	562 a	80% 化肥 +10d	431 a	343 a
60% 化肥 +15d	542 b	529 ab	80% 化肥 +5d	431 a	322 b

注：江西常规施肥 N-P_2O_5-K_2O，早稻 12.0-7.5-7.5kg/ 亩，晚稻 14.0-7.5-7.5kg/ 亩；100% 化肥为优化施肥 N-P_2O_5-K_2O，早稻 10.0-5.0-8.0kg/ 亩，晚稻 12.0-5.0-10.0kg/ 亩。晚稻不减施化肥。湖北 100% 化肥指当地常规施肥 N-P_2O_5-K_2O 为 8.3-2.4-2.4kg/ 亩，氮肥基∶蘖为 80∶20，钾肥基∶蘖为 50∶50，80% 为减施 20% 化肥。5d、10d、15d 分别为早稻移栽前 5d、10d、15d 翻压。同列数值后不同小写字母表示差异显著（$p < 0.05$）。

湖南南县的试验结果表明（表 6-26），紫云英在早稻移栽前 10d 翻压的增产效果最好，

对提高水稻产量效果十分显著。移栽前15d翻压紫云英对早稻的增产效果优于移栽前5d翻压，但对晚稻的后效低于移栽前5d，对两季水稻总产量的增产效果相近。

表6-26 不同化肥施用量、不同紫云英翻压时间对早晚稻产量的影响（湖南南县）

年份	处理	早稻			晚稻		
		产量/(kg/亩)	比CK增产/%	比CF100增产/%	产量/(kg/亩)	比CK增产/%	比CF100增产/%
2009年	CK	437	—	—	457	—	—
	CF100	452	3.4	—	477	4.4	—
	CF60+5d	469	7.4	3.8	482	5.5	1.1
	CF60+10d	491	12.4	8.7	495	8.3	3.7
	CF60+15d	478	9.4	5.8	477	4.4	0
2010年	CK	392	—	—	518	—	—
	CF100	409	4.2	—	527	1.8	—
	CF60+5d	425	8.2	3.8	558	7.7	5.8
	CF60+10d	435	10.8	6.2	552	6.6	4.7
	CF60+15d	436	11.0	6.5	532	2.6	0.8

注：CK为当地习惯施肥，$N-P_2O_5-K_2O$为11.0-4.0-8.0kg/亩；CF100为优化单施化肥，$N-P_2O_5-K_2O$为10.0-5.0-8.0kg/亩。CF60为减施化肥40%。常规施肥氮肥基：蘖为70：30，优化单施化肥基：蘖为50：50。晚稻不减施化肥，施肥量同早稻。

河南情况有所不同。相对于长江沿岸稻区，河南省春季气温略低，紫云英绿肥翻压时间宜适当提前。在豫南稻区，紫云英盛花期在4月15日左右，而水稻的插秧期一般在5月20日，紫云英盛花期距水稻的插秧期有30～35d的时间，明显区别于其他省份。表6-27比较了紫云英盛花期前10d、紫云英盛花期、紫云英盛花期后10d三个时间段翻压紫云英的效果，以紫云英盛花期翻压处理的水稻产量最高[6]。

表6-27 不同紫云英翻压时期对水稻产量的影响（河南）

项目	CK	紫云英盛花期前10d	紫云英盛花期	紫云英盛花期后10d
2009年产量/(kg/亩)	533 c	590 b	619 a	600 ab
2010年产量/(kg/亩)	631 b	648 ab	667 a	653 ab
平均产量/(kg/亩)	582	619	643	627
比CK增产/%	—	6.4	10.5	7.7

注：CK为当地常规施肥，施肥量$N-P_2O_5-K_2O$均为14.5-7.5-7.5kg/亩。同列数值后不同小写字母表示差异显著（$p < 0.05$）。

6.3.1.2 翻压量

多数情况下，紫云英的适宜翻压量为 1500 ～ 2500kg/ 亩。也可以根据水稻品种和土壤肥力水平确定，中高肥力稻田的紫云英翻压量为 1500 ～ 2000kg/ 亩，较低肥力的田块紫云英翻压量为 2000 ～ 2500kg/ 亩。有机稻米生产中，也可采用更高的翻压量，但不宜超过 3500kg/ 亩。对于单季稻田，在移栽水稻前 50 ～ 60d 翻压紫云英，最高翻压量可以达到 5000kg/ 亩。

（1）双季稻田绿肥翻压量

各地定位试验研究结果表明，双季稻田种植并翻压紫云英 1000kg/ 亩以上，早稻化肥氮至少可以减少 20%，并随着紫云英翻压量的增加稻谷产量也随之增加；翻压紫云英 2000kg/ 亩以上，早稻化肥氮可以减少 40%；随着紫云英翻压量的增加，晚稻也有较好的增产效果。

江西、湖南、湖北的定位试验结果显示（表 6-28），翻压紫云英 1000 ～ 2500kg/ 亩，与 100% 化肥比较，早稻化肥减量 20%，稻谷产量平均增产 4.8% ～ 9.3%，随着紫云英翻压量的增加，稻谷增产幅度也随之加大。早稻化肥减量 40%、翻压量小于等于 1500kg/ 亩时，稻谷产量平均降低 0.2% ～ 3.1%，但翻压量大于等于 2000kg/ 亩时，早稻产量增加 2.8% ～ 5.5%。早稻化肥减量 20% 时，晚稻产量随着紫云英翻压量的增加而增加，平均增产 4.1% ～ 8.7%；早稻化肥减量 40%，除翻压紫云英 1000kg/ 亩外，其余处理增产 1.3% ～ 4.4%，同样是随着紫云英翻压量的增加而增加。

表6-28 不同紫云英翻压量下早稻减施化肥的效果（江西、湖南、湖北，2008～2015年）

处理	早稻产量 /（kg/ 亩）			平均产量 /（kg/ 亩）	较 CF100 平均增产 /%	晚稻产量 /（kg/ 亩）		平均产量 /（kg/ 亩）	较 CF100 平均增产 /%
	余江	南县	通城			余江	南县		
CK	168	281	322	257	−34.9	194	611	403	−32.9
CF80+GM1000	425	411	405	414	4.8	409	840	625	4.1
CF80+ GM1500	435	425	417	425	7.8	414	860	637	6.2
CF80+GM2000	448	433	403	428	8.4	418	882	650	8.3
CF80+GM2500	459	437	399	432	9.3	420	884	652	8.7
CF100	405	380	399	395	—	408	792	600	—
CF60+GM1000	396	369	383	383	−3.1	404	779	591	−1.4
CF60+ GM1500	406	384	393	394	−0.2	408	807	608	1.3
CF60+GM2000	427	395	396	406	2.8	412	820	616	2.6
CF60+GM2500	440	405	405	417	5.5	413	840	626	4.4

注：CF100、CF80、CF60 等分别代表全量施用化肥的 100%、80%、60%；GM 为紫云英，1000、1500、2000、2500 为翻压量，kg/ 亩。CF100，N-P_2O_5-K_2O 余江早、晚稻分别为 10.0-5.0-8.0kg/ 亩、12.0-5.0-10.0kg/ 亩，南县早、晚稻均为 10.0-5.0-8.0kg/ 亩，通城早稻 8.3-2.4-2.4kg/ 亩。晚稻不减施化肥。江西、湖北自 2009 年开始试验。

在安徽桐城双季稻区，2008 ～ 2015 年的定位研究结果表明（图 6-5），早稻化肥减量 30% 条件下，翻压紫云英 1000kg/ 亩处理的早稻产量略有增加，翻压紫云英 1500kg/ 亩处理早稻产量最高，平均增产 8.7%。晚稻产量则随早稻紫云英翻压量的增加而增加（晚稻不施化肥）。

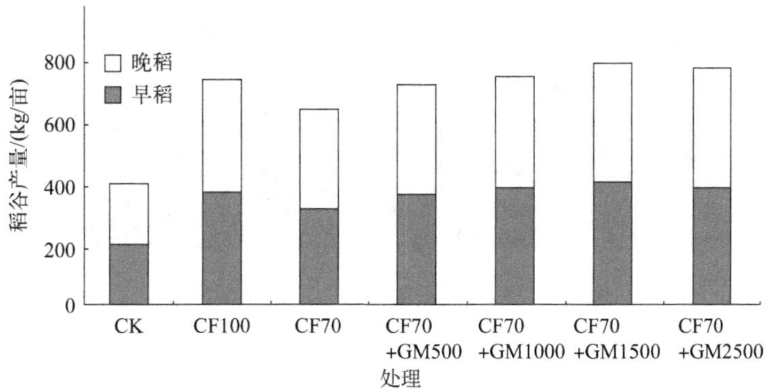

图 6-5　化肥减量 30% 配合紫云英还田对水稻产量的影响（安徽桐城，2008 ~ 2015 年）

CF100 早稻施肥量 N-P_2O_5-K_2O 为 10-5-6kg/ 亩，晚稻施肥量 N-P_2O_5-K_2O 为 12.0-5.0-8.0kg/ 亩

（2）单季稻田绿肥翻压量

河南信阳等北缘单季稻区的紫云英鲜草产量一般为 1500 ～ 2500kg/ 亩，可以直接翻压还田。河南信阳 2009 ～ 2018 年的定位试验研究显示，化肥减施 20% 和 40% 条件下，翻压 1500 ～ 3000kg/ 亩紫云英处理，较常规施肥处理（CF100）水稻增产 6.3% ～ 8.8%，以翻压量为 2000 ～ 2500kg/ 亩时水稻产量较高，且更利于水稻稳产[7-8]（表 6-29）。

表6-29　化肥减量下的紫云英翻压量对单季稻产量影响（河南信阳，2009 ~ 2018年）

项目	CF100	CF80				CF60			
		G1500	G2000	G2500	G3000	G1500	G2000	G2500	G3000
产量均值 /（kg/ 亩）	660	704	712	714	702	704	708	718	701
较 CF100 增产 /%	/	6.6	7.8	8.3	6.5	6.6	7.4	8.8	6.3
年度产量变异 /%	9.3	10.0	9.2	9.0	8.4	7.9	7.8	7.4	9.3

注：CF100 推荐施肥量 N-P_2O_5-K_2O 为 11.0-7.5-7.5kg/ 亩。

（3）翻压方式

稻田绿肥翻压有水耕（旋）湿沤和干耕（旋）湿沤等方式。对于田块较小，或为降低阻力，减少燃油消耗，常用水耕（旋）湿沤方式。绿肥干耕（旋）湿沤方式，能有效减少稻田碳排放。干耕（旋）湿沤方式，即先用机械翻压绿肥（图 6-6），晒垡或晒田 3 ～ 5d 后，灌浅水沤田。翻压作业深度为 15 ～ 20cm，尽量将绿肥埋压至土壤中。有条件的，翻压前施生石灰或石灰石粉 50kg/ 亩。沤田时间，由南向北应适当延长。直播水稻田，绿肥沤制应不少于 10d；抛秧水稻田，绿肥沤制应不少于 7d；插秧水稻田，绿肥沤制应不少于 5d；紫云英结荚期还田的，绿肥沤制应不少于 20d。

图 6-6　紫云英干耕（旋）湿沤机械翻压

6.3.2　综合利用

（1）菜用及饲用

多数绿肥的嫩茎尖、薹、青荚是优质时令蔬菜。采摘时，紫云英、金花菜割取 15 ～ 20cm 嫩茎叶（图 6-7 左），毛叶苕子、光叶苕子、山黧豆摘取 5 ～ 10cm 嫩茎尖，肥用油菜和肥田萝卜采摘 15 ～ 20cm 菜薹。蚕豆、豌豆在 2 ～ 4 月上旬摘取青荚。在绿肥旺长期，可适当刈割作饲草喂养畜禽或青贮利用。

（2）蜜源利用

在紫云英、肥用油菜等花期，每 3 亩田放一箱蜂为宜。紫云英花期较长，作为蜜源植物生产的蜂蜜品质好（图 6-7 右），一亩紫云英泌蜜量 5 ～ 10kg。

图 6-7　紫云英菜（左）、蜜（右）

（3）观光旅游

紫云英、苕子花期长、花色美（图 6-8），是营造大尺度田园景观的绝佳打底色。

图 6-8　紫云英盛花期景观

6.4　绿肥-稻秸联合利用

绿肥-稻秸联合利用，是指稻田种植紫云英等绿肥，同时晚稻、中稻收割留高茬（40cm），稻草全量切碎还田（图 6-9）；次年春天，绿肥与稻草一并还田。此方式下，早期在高茬秸秆的庇护下有利于绿肥出苗、保墒，后期有利于紫云英固氮、促进稻秆腐解（图 6-10）。

图 6-9　水稻留高茬-紫云英苗期

图 6-10　水稻留高茬条件下紫云英根系结瘤（左）及盛花期（右）情况

6.4.1 绿肥-稻秸联合利用对绿肥的影响

在湖南长沙地区，两年的田间调查表明，与传统稻田留低茬相比，绿肥-稻秸留高茬联合利用下，冬季紫云英田间土壤含水量增加了 6.5% ～ 7.1%，有效缓解了紫云英苗期旱情；土壤温度也提高了 1.2 ～ 1.3℃（图 6-11）。通过对湖南南县、资阳、桃江和长沙等地 136 个同田对比试验发现，留高茬种植的紫云英鲜草产量平均比传统种植的增加 54.9%。

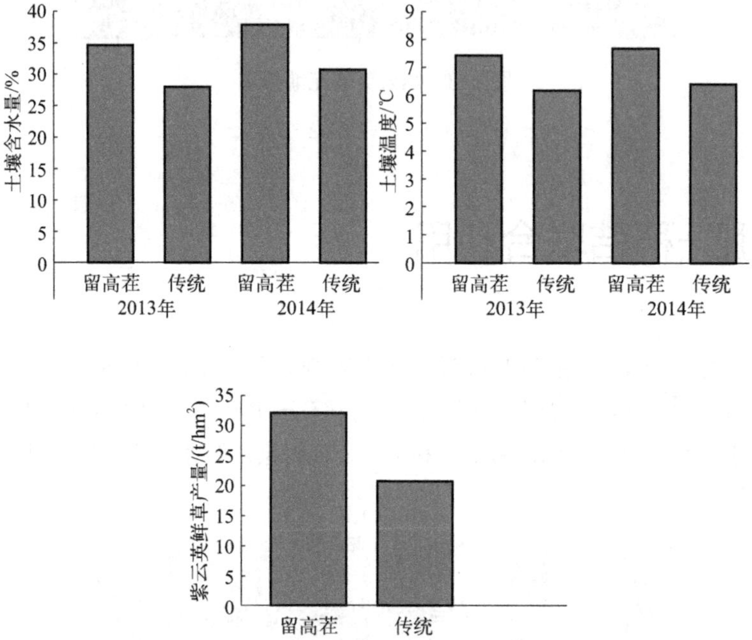

图 6-11 高茬与传统紫云英种植模式下土壤含水量、温度以及紫云英鲜草产量

6.4.2 绿肥-稻秸联合利用对水稻的影响

在江西丰城，2012 ～ 2015 年连续 4 年的定位研究显示，紫云英-稻秸联合还田明显提高了双季稻产量。相比不留茬稻草全量还田，套种紫云英后留茬高度 15cm 和 30cm 下，早稻增产 8.0% 和 12.4%、晚稻增产 3.1% 和 9.4%，且均以留茬 30cm 稻谷产量最高（表 6-30）。

表6-30 碳氮互济对双季稻产量的影响（江西丰城，2012～2015年） 单位：kg/亩

项目	变量	早稻	晚稻	总产量
稻茬高度/cm	0	459	567	1026
	15	496	585	1081
	30	516	620	1136

续表

项目	变量	早稻	晚稻	总产量
稻草还田	不还田	463	566	1029
	还田	511	608	1119
紫云英还田	不还田	432	531	963
	还田	505	606	1111

湖南南县定位研究结果表明（表 6-31），稻草还田和紫云英种植利用大都有利于提高早稻和晚稻产量，且其增产效果随着试验年份的增加而提高。此外，稻草和紫云英协同利用的效果优于各自的单独还田，晚稻留高茬的效果优于留低茬。

表6-31　双季稻田中紫云英与稻草协同利用对水稻产量的影响（湖南南县，2015年）

处理	早稻		晚稻	
	产量 /（kg/ 亩）	较 CK 增产 /%	产量 /(kg/ 亩）	较 CK 增产 /%
CK	180	—	349	—
CF（冬闲）	310	72.3	461	32.2
CK（冬种紫云英）	204	13.4	355	1.8
CF80（冬种紫云英）	323	3.9	493	41.3
稻草还田（冬闲）	169	−6.2	365	4.5
稻草还田（冬种紫云英）	196	9.0	358	2.5
CF80+ 稻草还田（冬种紫云英）	332	84.3	532	52.5
CF80+ 稻草还田（冬闲）	310	72.3	525	50.5
CF80+ 稻草高茬还田（冬种紫云英）	340	88.7	527	51.1

注：CF 为南县推荐施肥量，早稻、晚稻 N-P_2O_5-K_2O 均为 10.0-5.0-8.0kg/ 亩。

在湖北洪湖通过 4 年的定位研究，稻草和绿肥单独还田均可提高水稻产量，紫云英稻草联合还田提高稻谷产量幅度更大（表 6-32）。

表6-32　紫云英配合稻草全量还田对水稻产量的影响（湖北洪湖，2010 ~ 2013年）

处理	稻谷产量 /(kg/ 亩）				平均	
	2010 年	2011 年	2012 年	2013 年	产量 /（kg/ 亩）	较 CK 增产 /%
冬闲-不施肥	386	333 b	323 c	258 c	325	−43.6
冬闲-化肥（CK）	554	571 ab	602 b	580 b	577	—
稻草-化肥	559	602 a	625 ab	621 a	602	4.3
紫云英-化肥	559	610 a	672 a	615 a	615	6.7
稻草 + 紫云英-化肥	572	605 a	621 ab	621 a	620	7.5

注：化肥用量 N-P_2O_5-K_2O 为 11.0-3.0-5.0kg/ 亩，稻草和紫云英全部还田。同列数值后不同小写字母表示差异显著（$p < 0.05$）。

6.4.3 绿肥-稻秸联合利用对稻田土壤质量的影响

江西丰城的定位研究结果表明，紫云英-稻秸联合还田相较低茬套种紫云英，土壤有机质、全氮、铵态氮、速效钾含量显著增加（表 6-33）。

表6-33 绿肥-稻秸联合利用对土壤养分的影响（江西丰城，2012～2015年）

稻茬高度 /cm	pH	有机质 /（g/kg）	有效磷 /（mg/kg）	速效钾 /（mg/kg）	硝态氮 /（mg/kg）	铵态氮 /（mg/kg）	全氮 /（g/kg）	C/N
0	4.51 a	31.2 b	13.6 ab	37.3 b	0.55 a	5.16 c	1.30 c	14.4 a
15	4.62 a	32.2 ab	14.1 a	42.0 a	0.52 a	6.04 b	1.49 b	12.9 b
30	4.64 a	33.8 a	12.9 b	43.1 a	0.44 b	6.70 a	1.75 a	11.7 b

注：晚稻收获后采集土壤样品。同列数值后不同小写字母表示差异显著（$p < 0.05$）。

湖北洪湖的研究结果表明，稻草-紫云英-化肥处理的土壤有机质含量分别比紫云英-化肥和稻草-化肥增加 3.9% 和 2.5%，土壤有效磷、速效钾也有增加趋势（表 6-34）。

表6-34 紫云英配合稻草全量还田对土壤养分的影响（湖北洪湖，2013年）

处理	有机质 /（g/kg）	全氮 /（g/kg）	碱解氮 /（mg/kg）	有效磷 /（mg/kg）	速效钾 /（mg/kg）	pH
冬闲-不施肥	31.6d	1.92 b	116 a	4.05 c	92.0 b	7.76
冬闲-化肥	32.9 c	2.02 ab	115 a	5.01 b	92.6 b	7.76
稻草-化肥	33.9 ab	2.03 ab	122 a	5.84 a	94.7 ab	7.70
紫云英-化肥	33.5 bc	2.01 ab	120 a	5.13 ab	93.6 b	7.73
稻草-紫云英-化肥	34.8 a	2.06 a	125 a	5.99 a	103.6 a	7.74

注：化肥用量 N-P_2O_5-K_2O 为 11.0-3.0-5.0kg/ 亩，稻草和紫云英全部还田。同列数值后不同小写字母表示差异显著（$p < 0.05$）。

6.5 冬绿肥利用后的水稻养分管理

6.5.1 化肥替代

（1）等量紫云英下双季稻田化肥减施效果

2008～2015 年分别在江西丰城、湖南南县、湖北通城和安徽贵池等地开展等量（1500kg/

亩）翻压紫云英下早稻不同的化肥减量水平对双季稻产量的影响。结果表明，在早稻常规施肥的基础上增施紫云英，早、晚稻均有较好的增产效果，分别增产 6.9% 和 5.6%。翻压紫云英后，早稻化肥减量 20%，早、晚稻分别增产 5.9%、0.6%；早稻化肥减量 40%，早稻略减产 0.1%，晚稻减产 2.3%（表 6-35）。其中，江西和湖南早稻化肥减施 40%，早稻产量分别增产 1.5% 和 6.1%，晚稻产量分别增加 −1.1% 和 2.6%。但是，湖北和安徽早稻化肥减施 40%，早稻产量分别减少 2.4% 和 3.7%，安徽晚稻减产 7.4%，可能与各地的土壤条件和试验时期不同有关。

表6−35 等量紫云英下化肥减施对双季稻产量的影响（2008 ~ 2015年）

品种	处理	江西 /（kg/ 亩）	湖南 /（kg/ 亩）	安徽 /（kg/ 亩）	湖北 /（kg/ 亩）	平均值 /（kg/ 亩）	较 F100 增产 /%
早稻	CK	200	257	332	298	272	−32.0
	F100	337	356	511	395	400	
	GM+F100	356	423	529	401	427	6.9
	GM+ F80	363	401	521	408	423	5.9
	GM+ F60	342	377	492	386	399	−0.1
	GM+ F40	312	353	453	375	373	−6.6
晚稻	CK	205	378	320	0	301	−32.7
	F100	365	454	522	0	447	
	GM+F100	377	501	539	0	472	5.6
	GM+ F80	368	482	500	0	450	0.6
	GM+ F60	361	466	484	0	437	−2.3
	GM+ F40	351	439	455	0	415	−7.2

注：GM 为种植翻压绿肥 1500kg/ 亩，各处理晚稻不减施化肥。F100 施肥水平，N-P_2O_5-K_2O 在通城的早稻为 8.3-2.4-2.4kg/ 亩，氮肥基：蘖 =80：20，钾肥基：蘖 =50：50；在南县的早稻和晚稻 N-P_2O_5-K_2O 均为 10.0-5.0-8.0kg/ 亩；在贵池的早稻为 11.0-5.0-6.0kg/ 亩，晚稻为 12.0-5.0-6.0kg/ 亩。安徽试验时间为 2011 ～ 2015 年。

（2）等量紫云英还田下单季稻田化肥减施效果

在河南信阳[9]（2008 ～ 2018 年）和福建闽侯、浙江金华（2011 ～ 2015 年）的定位研究表明，翻压紫云英后，单季稻化肥减施 20%，稻谷产量增加 2.9%；化肥减施 40%，稻谷增产 2.3%；减施 60% 化肥条件下，没有减产（表 6-36）。因此，单季稻区种植利用紫云英后，水稻节肥 20% ～ 40%，能够保障产量。

表6−36 等量紫云英下化肥减施对单季稻产量的影响（2008 ~ 2018年）

处理	河南 /（kg/ 亩）	福建 /（kg/ 亩）	浙江 /（kg/ 亩）	平均值 /（kg/ 亩）	平均较 CF100 增产 /%
CF100	655	548	643	615	—
GM+ CF100	647	568	0	608	−1.2

续表

处理	河南 /（kg/ 亩）	福建 /（kg/ 亩）	浙江 /（kg/ 亩）	平均值 /（kg/ 亩）	平均较 CF100 增产 /%
GM+CF80	665	564	670	633	2.9
GM+CF60	665	542	680	629	2.3
GM+CF40	645	529	675	616	0.2

注：河南试验期间为 2008 ～ 2018 年。GM 为种植翻压紫云英，浙江紫云英用量为 3000kg/ 亩，其他地区为 1500kg/ 亩。CF100 为当地推荐施肥 $N-P_2O_5-K_2O$，河南 11.0-7.5-7.5kg/ 亩，福建 9.0-3.6-6.3kg/ 亩，浙江 14.0-3.8-7.5kg/ 亩。

（3）等氮钾条件下紫云英替代化肥效果

2008 ～ 2015 年分别在江西丰城、湖南南县、湖北通城的 8 年定位研究结果表明，在等氮钾条件下，20% ～ 40% 紫云英氮钾与 80% ～ 60% 化肥氮钾配施，早稻产量增加 2.2% ～ 4.1%，晚稻产量增加 2.3% ～ 5.4%；增加紫云英氮钾用量，减少化肥氮钾用量，早晚稻均表现减产（表 6-37）。江西和湖南的研究结果一致，但湖北的产量表现有所不同：在试验前期，紫云英氮钾与化肥氮钾配施均表现为减产，在试验后期，仅 20% 紫云英氮钾与化肥氮钾配施略有增产。

表6-37　等氮钾条件下紫云英化肥配施对双季稻产量的影响（2008 ~ 2015年）

品种	处理	各省产量 /（kg/ 亩）			平均	
		江西	湖南	湖北	产量 /（kg/ 亩）	较 100%F-NK 增产 /%
早稻	CK	182	227	260	223	−38.5
	100% F-NK	340	360	388	362	—
	80% F-NK+20% GM-NK	356	392	384	377	4.1
	60% F-NK+40% GM-NK	350	383	379	370	2.2
	40% F-NK+60% GM-NK	320	357	375	351	−3.2
	20% F-NK+80% GM-NK	314	331	359	334	−7.7
晚稻	CK	196	378	—	287	−32.3
	100% F-NK	378	469	—	424	—
	80% F-NK+20% GM-NK	388	506	—	447	5.4
	60% F-NK+40% GM-NK	372	496	—	434	2.3
	40% F-NK+60% GM-NK	363	470	—	417	−1.7
	20% F-NK+80% GM-NK	368	433	—	401	−5.5

注：F 为化肥，GM 为翻压紫云英。100% F-NK，湖北通城 $N-P_2O_5-K_2O$ 为 8.3-2.4-2.4kg/ 亩，氮肥基：蘖 =80：20，钾肥基：蘖 =50：50；湖南南县早晚稻施肥量 $N-P_2O_5-K_2O$ 均为 10.0-5.0-8.0kg/ 亩。江西常规施肥 $N-P_2O_5-K_2O$，早稻 10.0-5.0-8.0kg/ 亩，晚稻 12.0-5.0-10.0kg/ 亩。

（4）紫云英对化肥钾的替代效果

江西余江 2012 ～ 2015 年的钾肥替代的研究结果表明，与全量施钾（NPK）比较，翻压紫云英 2000kg/ 亩替代 50% 钾肥，早稻平均产量增加 8.2%、晚稻产量增加 14.1%；替代 100% 钾肥，早稻产量增加 0.1%、晚稻产量增加 12.8%（表 6-38），其产量的增加主要是增加了有效穗数和结实率。

表6-38　紫云英替代钾肥对双季稻产量的影响（江西余江，2012 ~ 2015年）

处理	早稻		晚稻	
	稻谷 /（kg/ 亩）	相对 NPK/%	稻谷 /（kg/ 亩）	相对 NPK/%
CK	178	46.5	231	60.5
NPK	382	—	382	—
NPK+G	433	113.4	394	103.1
NP $\frac{1}{2}$ K+G	413	108.2	436	114.1
NP+G	382	100.1	431	112.8

注：CK 不施肥。NPK 施肥为 N-P_2O_5-K_2O 早稻 10.0-5.0-8.0kg/ 亩，晚稻 12.0-5.0-10.0kg/ 亩。磷、钾肥全部基施，氮肥基：蘖：穗 =4：3：3。G 表示在早稻种植前按 2000kg/ 亩翻压紫云英。晚稻不减施。

经过 3 年的紫云英替代钾肥后，土壤钾素营养状况已经发生了变化。紫云英替代钾肥，土壤全钾含量下降 0.1 ～ 0.2g/kg，而土壤速效钾和缓效钾增加，且随着钾肥替代量的增加愈加明显（表 6-39），表明紫云英能活化土壤钾以供水稻吸收利用。

表6-39　紫云英替代钾肥对土壤钾库的影响（江西余江，2012 ~ 2014年）

处理	全钾 /（g/kg）	速效钾 /（mg/kg）	有效钾 /（mg/kg）	缓效钾 /（mg/kg）
CK	5.7	23.0	42.0	62.7
NPK	5.9	19.8	36.9	63.2
NP $\frac{1}{2}$ K+GM2000	5.8	26.3	40.4	64.8
NP+GM2000	5.7	24.4	39.1	66.2

注：CK 不施肥。NPK 施肥为 N-P_2O_5-K_2O，早稻 10.0-5.0-8.0kg/ 亩，晚稻 12.0-5.0-10.0kg/ 亩。$\frac{1}{2}$ K 为早稻减施 50% 钾肥。

6.5.2　冬绿肥利用下的水稻施肥运筹

总体看，冬绿肥种植与利用条件下，化肥可减施 20%，其中早稻氮肥应适当减少基肥施用比例，增加分蘖肥或穗肥施用比例；化肥减施 40% 时，则应该注重施用基肥，对稳定水稻产量更为重要。

江西丰城2008～2015年定位研究表明（表6-40），紫云英翻压量1500kg/亩，早稻化肥减施20%，氮肥的基肥∶分蘖肥∶穗肥应分别按照3∶4∶3、5∶5∶0进行运筹，比习惯施肥方法（7∶3∶0）显著增产，与0∶5∶5氮肥运筹方式相比差异不显著；早稻化肥减施40%，氮肥按照基肥∶分蘖肥∶穗肥为0∶7∶3施用时，早稻稻谷产量与习惯施肥方法（7∶3∶0）基本持平，其他各施肥方法均显著降低早稻稻谷产量，平均降低4.29%～8.97%。氮肥施用方法也影响晚稻产量。与习惯施肥方法（7∶3∶0）相比，氮肥的基肥∶分蘖肥∶穗肥分别按照3∶4∶3、5∶5∶0施用，晚稻分别增产4.0%～5.3%和1.9%～1.1%；按照0∶5∶5、0∶7∶3和0∶10∶0施用，晚稻产量减产0.5%～2.5%和5.6%～7.6%。

表6-40　化肥减量后的氮肥施用方法对双季稻产量的影响（江西丰城，2008～2015年）

化肥用量	施氮方法（基∶蘖∶穗）	早稻		晚稻		总产量	
		产量/（kg/亩）	较CK/%	产量/（kg/亩）	较CK/%	产量/（kg/亩）	较CK/%
CF80	7∶3∶0（CK）	391	—	374	—	764	—
	3∶4∶3	414	6.0	389	4.0	803	5.0
	5∶5∶0	422	8.1	394	5.3	816	6.7
	0∶5∶5	404	3.4	365	−2.5	768	0.5
	0∶7∶3	391	0.2	372	−0.5	763	−0.2
	0∶10∶0	390	−0.1	365	−2.5	755	−1.3
CF60	7∶3∶0（CK）	403	—	379	—	782	—
	3∶4∶3	386	−4.3	386	1.9	772	−1.3
	5∶5∶0	372	−7.7	383	1.1	755	−3.4
	0∶5∶5	375	−7.0	350	−7.6	725	−7.3
	0∶7∶3	396	−1.8	358	−5.6	754	−3.6
	0∶10∶0	367	−9.0	353	−6.9	720	−8.0

注：CF80为化肥减施20%，CF60为化肥减施40%。

安徽贵池2011～2013年3年的定位研究结果表明（表6-41），翻压紫云英后，早稻化肥不减施，氮肥运筹方式对双季稻产量影响较小，因此可以采用较为简化的方式进行水稻施肥。

表6-41　绿肥与化肥配合下氮肥运筹对双季稻产量的影响（安徽贵池，2011～2013年）

施氮方法（基∶蘖∶穗）	早稻		晚稻	
	产量/（kg/亩）	增产/%	产量/（kg/亩）	增产/%
5∶3∶2	456		474	
10∶0∶0+GM	463	1.0	461	1.0
7∶3∶0+GM	474	1.0	460	1.0
7∶0∶3+GM	481	1.1	480	1.0

续表

施氮方法（基：蘖：穗）	早稻		晚稻	
	产量/(kg/亩)	增产/%	产量/(kg/亩)	增产/%
5∶5∶0+GM	475	1.0	490	1.0
5∶3∶2+GM	491	1.1	525	1.1

注：GM为紫云英翻压量1500kg/亩。单施化肥$N-P_2O_5-K_2O$，早稻为11.0-5.0-8.0kg/亩，晚稻为12.0-5.0-8.0kg/亩。

6.6　冬绿肥种植利用综合效应

6.6.1　改善稻米品质

冬种绿肥改善了水稻的营养品质，提高稻米氨基酸含量。综合4省、6点联合定位试验结果[10]，与冬闲常规施肥相比，冬种绿肥不减氮、减氮40%和不施氮肥处理下稻米总氨基酸含量分别增加32.8%、62.6%和35.7%；冬种绿肥减施40%氮肥下必需氨基酸含量提高30.7%，异亮氨酸、苯丙氨酸、缬氨酸和苏氨酸含量分别提高290.6%、37.5%、54.0%和128.0%[8]（图6-12）。

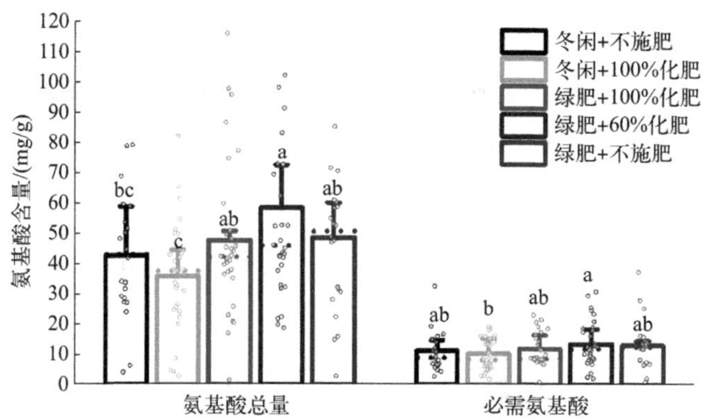

图6-12　绿肥配施不同比例氮肥下的稻米氨基酸总量及必需氨基酸含量

不同小写字母表示处理间差异显著（$p<0.05$）

6.6.2　替代化肥投入

（1）稳产条件下可减施氮肥40%、减施钾肥40%

通过稻区8省、14点、40个定位试验，2008～2021年的试验数据，从多年、多点、长期角度量化稻田绿肥的节肥增效潜力。相比冬闲常规施肥，冬种绿肥不减氮和减氮 20%，稻谷产量分别增加 5.7% 和 3.8%，减氮 40% 时稳产，完全不施氮肥，可达到常规施肥产量的 81.1%（图 6-13）。根据各省氮肥施用量，在稳产前提下，平均节氮（N）量为 4.7kg/ 亩 [10]。

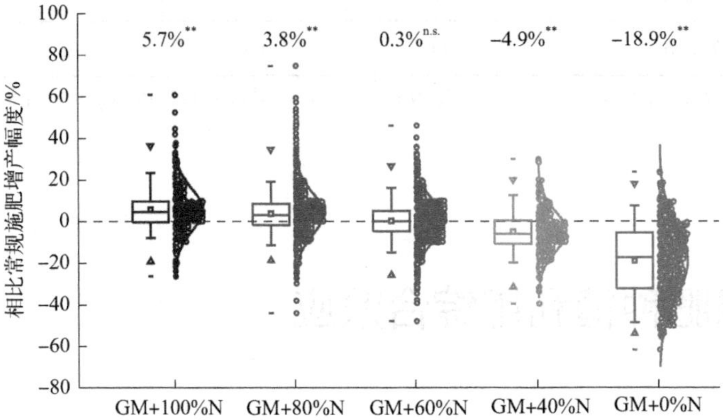

图 6-13　绿肥配施不同比例氮肥相比常规施肥的增产幅度

福建、安徽、湖北、湖南、江西、河南、广西、浙江 8 省，14 点，12 年，n=5821。GM+100%N、GM+80%N、GM+60%N、GM+40%N、GM+0%N 分别代表冬种紫云英配施 100%、80%、60%、40% 氮肥和不施肥。** 表示 $p < 0.01$，n.s. 表示无显著性差异

在单季稻系统中，冬种绿肥配施 100%、80%、60% 氮肥下的稻谷产量分别比冬闲常规施肥高 3.2%、3.0% 和 1.1%。在双季稻系统中，与冬闲常规施肥相比，冬种绿肥配施 100%、80% 氮肥的早稻产量分别增加 9.7% 和 5.9%，晚稻产量分别增加 5.9% 和 2.1%，表明绿肥在第二季仍有显著的节肥效果 [10]。

综合 5 省、6 点联合定位试验的多年结果，相比冬闲常规施肥，冬种紫云英后不减及减施 20% 氮钾肥分别增产 7.0% 和 4.0%，减施 40% 氮钾肥稳产，减施 60% 氮钾肥减产 4.8%（图 6-14）。根据各省钾肥施用量，在稳产前提下，平均节钾（K_2O）量为 3.0kg/ 亩。

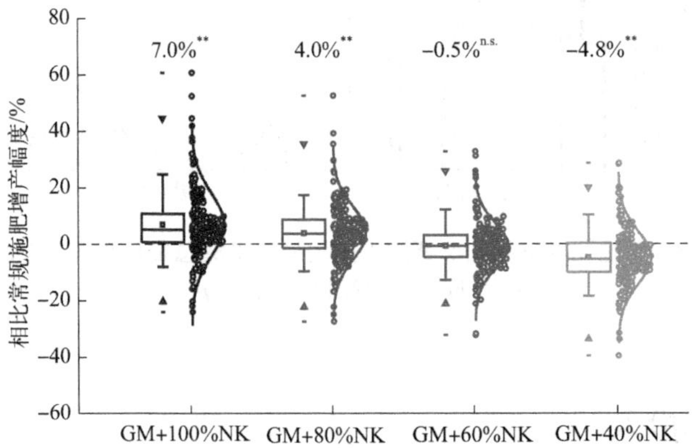

图 6-14　紫云英配施不同比例氮钾肥相比常规施肥的增产幅度

福建、安徽、湖南、江西、河南，5 省，6 点，n=1250。GM+100%NK、GM+80%NK、GM+60%NK、GM+40%NK 分别代表冬种紫云英配施 100%、80%、60%、40% 氮钾肥。** 表示 $p < 0.01$，n.s. 表示无显著性差异

（2）提高肥料利用率

综合 6 省、7 点联合定位试验的多年结果，与冬闲常规施肥相比，冬种绿肥不减氮、减氮 20% 下的作物氮素吸收量（包括籽粒氮和秸秆氮）分别增加了 0.8kg/ 亩和 0.6kg/ 亩，籽粒氮素吸收量分别增加了 0.6kg/ 亩和 0.3kg/ 亩；冬种绿肥减施 40% 氮肥下作物和籽粒氮素吸收量与冬闲常规施肥无差异[10]（表 6-42）。

绿肥配施减量氮肥显著提高了氮肥利用率、农学效率和偏生产力。冬闲常规施肥下的氮肥利用率平均为 31.0%，冬种绿肥配施 100%、80%、60%、40% 氮肥下，分别提高了 7.8%、12.6%、15.8% 和 23.6%；冬闲常规施肥下的氮肥农学效率为 14.4kg/kg，冬种绿肥配施 100%、80%、60%、40% 氮肥，分别增加 2.9kg/kg、4.6kg/kg、6.5kg/kg 和 8.5kg/kg；与冬闲常规施肥相比，冬种绿肥配施 80%、60% 和 40% 下的氮肥偏生产力分别增加 10.3kg/kg、21.9kg/kg 和 44.6kg/kg[10]（表 6-42）。

表6-42　绿肥-水稻轮作配施减量化肥下水稻氮吸收量及氮肥利用率

处理	植株氮吸收量 /（kg/ 亩）	稻谷氮吸收量 /（kg/ 亩）	氮肥利用率 /%	氮肥农学效率 /（kg/kg）	氮肥偏生产力 /（kg/kg）
冬闲常规施肥	8.1±0.1 b	5.4±1 c	31.0±0.9 d	14.4±0.1 e	42.1±0.7 d
绿肥 +100% 氮肥	8.9±0.1 a	6.0±2 a	38.8±1.1 c	17.3±0.5 d	45.0±0.6 d
绿肥 +80% 氮肥	8.7±0.2 a	5.7±2 b	43.6±1.5 b	18.9±0.6 c	52.4±1.0 c
绿肥 +60% 氮肥	8.1±0.2 b	5.3±2 c	46.8±2.1 b	20.8±0.7 b	63.9±1.6 b
绿肥 +40% 氮肥	7.5±0.2 c	4.9±2 d	54.6±2.7 a	22.9±0.9 a	86.7±2.6 a

注：安徽、湖北、江西、福建、湖南、河南，6 省，7 点，n=945。同列数据后不同小写字母表示差异显著（$p<0.05$）。

种植利用紫云英不减肥和减施 20% 氮钾肥条件下，相比常规施肥水稻植株吸钾量分别显著增加 1.7kg/ 亩和 0.7kg/ 亩，稻谷吸钾量分别显著增加 0.2kg/ 亩和 0.07kg/ 亩；冬种紫云英后不减肥及减施 20%、40%、60% 氮钾肥，钾肥利用率分别提高 22.1%、20.5%、10.8% 和 32.4%（表 6-43）。

表6-43　绿肥配施不同比例氮钾肥下植株（稻谷+稻秸）吸钾量、稻谷吸钾量及钾肥利用率

处理	植株吸钾量（K_2O）/（kg/ 亩）	稻谷吸钾量（K_2O）/（kg/ 亩）	钾肥利用率 /%
冬闲常规施肥	12.1 c	2.2 b	66.2 d
绿肥 +100% 氮钾肥	13.9 a	2.4 a	88.3 b
绿肥 +80% 氮钾肥	12.9 b	2.3 b	86.7 b
绿肥 +60% 氮钾肥	10.7 d	2.0 c	77.0 c
绿肥 +40% 氮钾肥	11.0 d	1.9 c	98.6 a

注：福建、安徽、湖南、江西、河南，5 省，6 点，n=915。同列数据后不同小写字母表示差异显著（$p<0.05$）。

湖南祁阳32年的长期定位研究结果表明，冬季绿肥能明显提高化肥的偏生产力（PFP）。无论早稻还是晚稻，冬种紫云英、油菜、黑麦草等绿肥的偏生产力都高于长期冬闲处理，其中以紫云英偏生产力最高，PFP的时间变化的趋势与稻谷产量基本一致（表6-44）。

表6-44 绿肥对水稻的化肥氮磷钾偏生产力（PFP）影响及趋势（湖南祁阳，1982～2014年）

处理	早稻偏生产力				晚稻偏生产力			
	最初/（kg/kg NPK）	最后/（kg/kg NPK）	平均/（kg/kg NPK）	斜率	最初/（kg/kg NPK）	最后/（kg/kg NPK）	平均/（kg/kg NPK）	斜率
冬闲-稻-稻	13.2	15.7	13.3	−0.0343	15.9	12.3	10.9	−0.0774
油菜-稻-稻	14.5	17.5	14.3	−0.0013	18.0	14.7	12.5	−0.0891
紫云英-稻-稻	14.6	18.7	15.4	0.0178	18.8	16.6	13.1	−0.0650
黑麦草-稻-稻	14.5	17.0	14.3	−0.0200	19.2	15.0	12.6	−0.1034

注：祁阳常规施肥量分别为早稻N-P_2O_5-K_2O=10.0-5.6-8kg/亩，晚稻N-P_2O_5-K_2O=10.2- 5.6-8.6kg/亩。

江西余江的定位研究表明，种植利用绿肥明显提高水稻氮肥利用效率。在同等化肥用量条件下，化肥氮、磷、钾的利用率均随着紫云英用量的增加而增加。紫云英配施化肥的氮肥农学利用率、偏生产力、表观利用率和生理利用率分别比单施化肥提高了8.0%～20.6%、12.5%～32.4%、16.3%～38.6%和−1.3%～2.2%；紫云英配施化肥的磷肥农学利用率、偏生产力、表观利用率和生理利用率分别比单施化肥提高了16.1%～41.3%、24.8%～64.7%、5.4%～16.4%和1.5%～16.1%；紫云英配施化肥的钾肥农学利用率、偏生产力、表观利用率和生理利用率分别比单施化肥提高了10.1%～25.8%、15.6%～40.5%、9.3%～30.0%和4.4%～26.4%（表6-45）。

河南信阳2014～2020年试验表明，长期翻压紫云英1500～2500kg/亩，有利于提高水稻氮磷钾养分利用率[7-8]（表6-46）。

6.6.3 培育健康土壤

（1）改善土壤团粒结构

紫云英-稻秸联合还田提高水稻土的团聚体稳定性[11]（图6-15）。紫云英-稻草联合还田相比仅稻草还田处理，土壤大团聚体（0.25～2mm）含量和团聚体平均质量直径（MWD）分别增加18.9%和3.41%，粉黏粒（＜0.053mm）含量降低14.4%。土壤有机碳主要分布在大团聚体（＞0.25mm）和微团聚体（0.053～0.25mm）中（图6-15）。联合还田处理相比紫云英或稻草单独处理，提高了微团聚体和粉黏粒中的总有机碳含量和有机碳富集系数（EF_{SOC}）。

（2）增加土壤碳氮库容

南方稻区8省、71个样点的结果表明[10]，种植利用绿肥显著增加土壤有机碳和全氮含

表6-45 紫云英用量对早稻肥料利用率的影响（江西余江，2011～2014年）

处理	氮肥				钾肥				磷肥			
	NAE /（kg/kg）	PFP /（kg/kg）	RE/%	PE /（kg/kg）	NAE /（kg/kg）	PFP /（kg/kg）	RE /%	PE /（kg/kg）	NAE /（kg/kg）	PFP /（kg/kg）	RE /%	PE /（kg/kg）
CK	—	—	—	—	—	—	—	—	—	—	—	—
F80+GM1000	27.6	49.7	53.3	53.3	55.3	99.3	23.1	247.5	34.6	62.1	48.9	88.0
F80+GM1500	29.1	51.1	55.8	53.2	58.2	102.3	25.6	234.0	36.4	63.9	50.8	90.3
F80+GM2000	30.2	52.2	56.9	54.4	60.4	104.4	26.1	236.0	37.8	65.3	55.9	80.7
F80+GM2500	31.3	53.3	56.9	56.0	62.5	106.6	27.3	234.0	39.1	66.6	54.9	84.3
F100	19.6	37.2	37.0	54.6	39.2	74.5	17.7	232.5	24.5	46.5	39.6	76.3
F60+GM1000	33.0	62.3	62.8	55.7	65.9	124.6	29.5	235.2	41.2	77.9	57.2	102.7
F60+GM1500	34.2	63.6	64.3	56.8	68.4	127.1	30.0	243.5	42.7	79.4	60.3	101.5
F60+GM2000	38.2	67.6	72.2	56.5	76.5	135.2	32.1	248.6	47.8	84.5	64.6	92.7
F60+GM2500	40.2	69.6	75.6	55.2	80.5	139.2	34.1	244.1	50.3	87.0	69.6	88.5

注：F100、F80、F60分别为常规施肥的100%、80%、60%，GM为种植翻压绿肥，1000、1500、2000、2500为翻压量（kg/亩）。NAE为农学利用率，PFP为偏生产力，RE为表观利用率，PE为生理利用率。

量。绿肥稻田的土壤有机碳和全氮含量相比冬闲田，分别增加了 2.37g/kg 和 0.27g/kg，随着绿肥种植年限从 1 年增加到 10 年，有机碳和全氮的增加呈现线性增长趋势，年均增长率分别为 0.40g/kg 和 0.05g/kg（图 6-16）。

表6-46　紫云英不同翻压量对水稻产量及养分利用率的影响（2019 ~ 2020年平均）

处理	稻谷产量 /（kg/ 亩）	农学利用率 /（kg/kg）			偏生产力 /（kg/kg）		
		N	P	K	N	P_2O_5	K_2O
CK	594 c						
CF	723 ab	11.7 abc	39.4 e	20.7 d	65.7 b	221 g	116 e
GM1500	708 b	13.8 a	110.5 a	38.0 a	85.3 a	685 a	235 a
GM2000	736 ab	12.8 ab	103.4 ab	35.4 ab	66.4 b	536 b	184 b
GM2500	758 ab	11.9 abc	95.9 abc	32.9 abc	54.8 c	441 c	151 c
GM3000	744 ab	9.1 bc	73.0 bcd	25.1 bcd	44.8 d	360 d	124 d
GM3500	755 ab	8.3 c	67.0 cde	23.0 cd	39.0 e	314 e	108 f
GM4000	767 a	7.8 c	63.0 de	21.6 d	34.6 f	279 f	96 g

注：CF 为 100% 化肥（N-P_2O_5-K_2O=11.0-7.5-7.5kg/ 亩），GM 为种植翻压绿肥，1500、2000、2500、3000、3500、4000 为翻压量（kg/ 亩）。同列数据后不同小写字母表示差异显著（$p < 0.05$）。

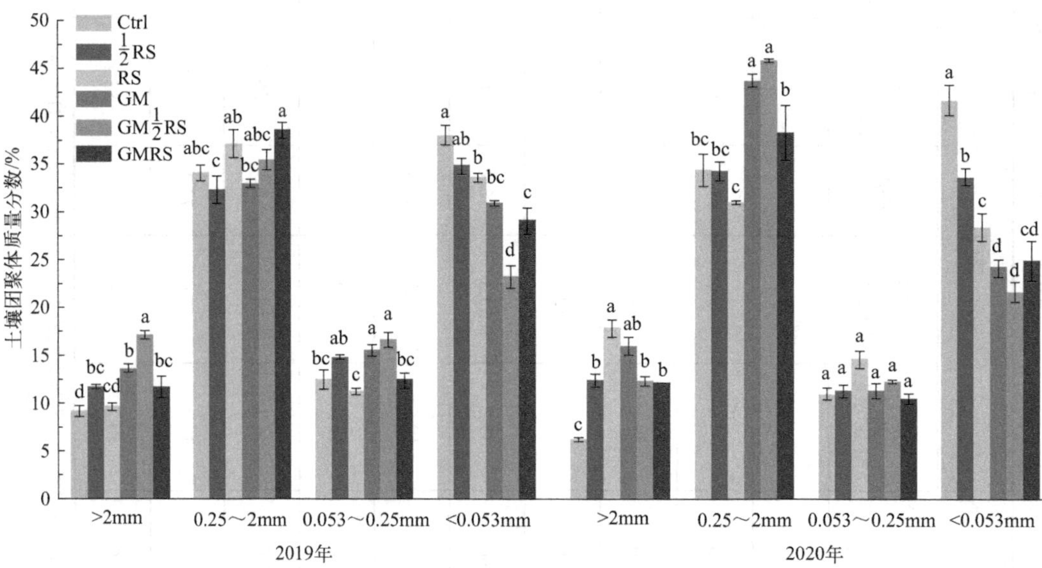

图 6-15　土壤团聚体以及粉黏粒的质量分布

Ctrl、$\frac{1}{2}$ RS、RS、GM、GM $\frac{1}{2}$ RS、GMRS 分别代表冬闲稻秸不还田、冬闲稻秸半量还田、冬闲稻秸全量还田、绿肥稻秸不还田、绿肥稻秸半量还田、绿肥稻秸全量还田。不同小写字母表示处理间差异显著（$p < 0.05$）

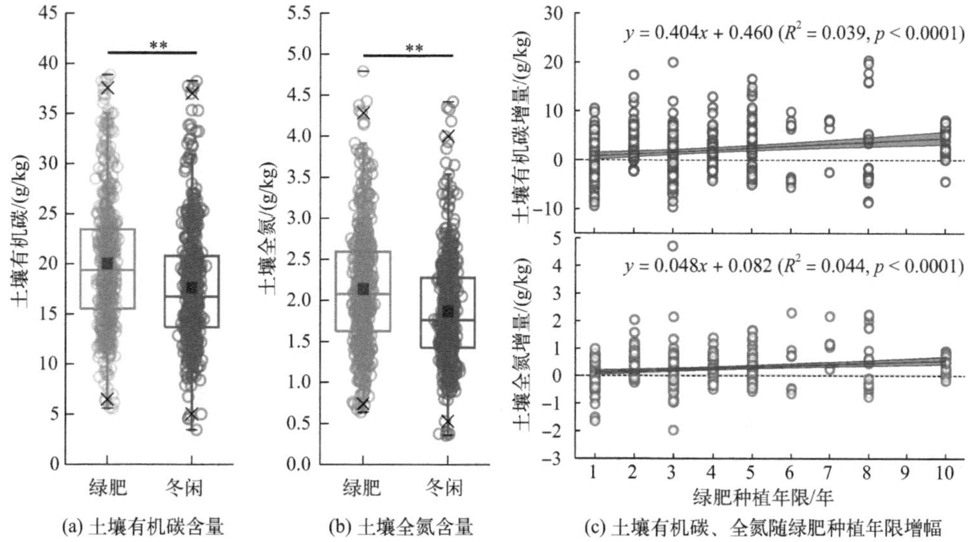

图 6-16 长期冬种绿肥下稻田土壤有机碳、全氮含量及随绿肥种植年限增幅

（3）提高微生物网络稳定性

冬种绿肥条件下土壤微生物组关键类群的改变对稻谷增产有积极影响。依托 6 省联合定位试验开展研究，发现细菌共现网络中，冬种绿肥不施肥及配施化肥处理下的细菌共现网络更复杂，更多的节点聚集在一起。模块化分析聚集可能共享相同的特定功能潜力的类群（模块 #0 ～ #3），通过 Mantel 检验发现，模块 #1 和 #2 与土壤性质和水稻产量呈正相关，模块 #3 与所有参与氮循环的功能基因和水稻产量呈正相关 [10]。模块 #3 与水稻产量之间的极显著相关性表明，聚集在模块 #3 中的细菌类群在调节土壤过程中起着重要作用，核心功能菌均与稻谷产量呈显著正相关 [10]。

6.6.4 绿肥稻田环境效应

（1）减少温室气体排放

在双季稻-紫云英轮作系统中，减施 40% 氮肥条件下紫云英利用处理的 CO_2 周年累积排放量，相较于冬闲常规施氮处理分别降低了 17.0% 和 16.1%；紫云英和冬闲减氮处理的 CH_4 周年累积排放量无明显差异，相较于冬闲常规施氮分别减少了 19.6% 和 28.1%；紫云英减氮处理的 N_2O 周年累积排放量较其他处理显著降低了 19.9% ～ 40.8%[12]（图 6-17）。

（2）降低水稻生产碳足迹

紫云英减氮处理的碳足迹在所有处理中最低（576kg CO_2-eq/ 亩），较冬闲常规施氮显著降低 30.6%；紫云英-稻草联合还田配施减氮肥相对于稻草减氮处理，土壤周年固碳速率提高了 209kg CO_2-eq/ 亩，增幅 78.6%，足以抵消温室气体排放带来的碳足迹增加。紫云英单独和联合利用减氮处理的净初级生产力相比冬闲常规施氮处理显著增加了 130t/ 亩和 164t/ 亩，增幅分别为 17.9% 和 22.6%[12]（表 6-47）。

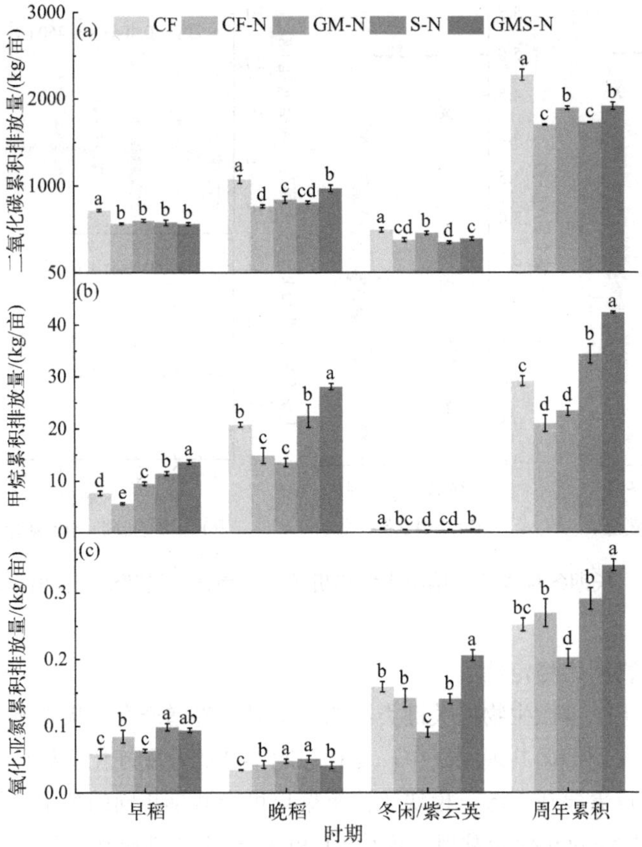

图 6-17　不同处理下各时期温室气体累积排放量

CF、CF-N、GM-N、S-N 和 GMS-N 分别代表冬闲 + 常规氮肥、冬闲 + 氮肥减施 40%、紫云英单独利用 + 氮肥减施 40%、稻草单独还田 + 氮肥减施 40% 和紫云英与稻草联合利用 + 氮肥减施 40%。图中的误差线为标准差（n=3）。同一时期的不同小写字母代表处理间差异显著（$p < 0.05$）

表6-47　双季稻-紫云英轮作周期中不同处理的土壤周年固碳速率、碳足迹及净初级生产力

处理	土壤周年固碳速率 /（kg CO_2-eq/ 亩）	碳足迹 /（kg CO_2-eq/ 亩）	净初级生产力 /[kg (C)/ 亩]
冬闲常规氮	210±40 c	831±15 b	726±3 b
冬闲减氮	158±125 c	640±120 c	667±18 c
紫云英减氮	266±87 b	576±102 c	856±31 a
稻草减氮	265±102 b	913±57 a	727±14 b
紫云英-稻草联合减氮	474±59 a	933±65 a	890±30 a

注：同列数据后不同小写字母表示差异显著（$p < 0.05$）。

紫云英配施 40% 化学氮肥缓解了净全球增温潜势和净温室气体排放强度。其中，紫云英与稻草联合还田配施减氮肥的净全球增温潜势和净温室气体排放强度分别为 −93kg CO_2-eq/亩和 −0.13kg CO_2- eq /kg 稻谷，与冬闲减氮处理无显著差异，表现为碳汇。紫云英减氮处理的

净全球增温潜势（−486kg CO_2- eq / 亩）和净温室气体排放强度（−0.63kg CO_2- eq / kg 稻谷）相比冬闲常规处理分别降低 197% 和 201%，同样表现为碳汇[12]。从稻田生态系统净碳收支（纯碳收支）的角度来看，各处理均表现为碳汇，在减氮 40% 下，紫云英单独利用、稻草单独利用和联合利用的生态系统净碳收入分别为 477kg（C）/ 亩、576kg（C）/ 亩和 828kg（C）/ 亩，较冬闲常规施氮处理分别增加了 355kg（C）/ 亩、454kg（C）/ 亩和 706kg（C）/ 亩，增幅分别为 290.7%、371.3% 和 577.9%[12]。

（3）减少活性氮损失及氮足迹

通过稻区 8 个省份田间实测数据结合模型模拟的方法，估算氨挥发、氮淋失、N_2O 排放和氮径流等活性氮损失，结果发现，氨挥发和氮淋失是稻田活性氮损失的主要形式，分别占总活性氮损失的 57.5% 和 36.3%。与冬闲常规施肥相比，紫云英配施 80%、60%、40% 氮肥下的活性氮损失分别减少了 7.3%、19.2% 和 32.9%。紫云英配施 60% 和 40% 氮肥下，稻田系统氮足迹分别减少了 9.7% 和 23.3%，单位产量氮足迹分别减少了 10.2% 和 20.0%[10]。

6.7 稻田红萍放养与利用

6.7.1 稻田红萍放养

（1）红萍冬季养殖与越冬保种

选择适宜的萍种和越冬基地是冬季养殖红萍的关键。南方各省可选择背风向阳、水质肥、水位稳的河塘、沟渠水面作为越冬萍养殖地（图 6-18 左）。也可以利用冬闲田灌水养殖，不但能够越冬保种，并可沤积有机肥。特别是冬闲田养殖细绿萍，既省水又肥田。若温度低于 5℃，可根据地形，搭设简易薄膜棚、稻草覆盖等保温防冻设施。

（2）红萍春季繁殖

萍母田是红萍春季繁殖的萍种（种苗）繁育基地，萍母田应选择避风向阳、灌溉便利的田块（图 6-18 中）。一般管理水平，每养殖 100 亩稻田，需配置萍母田 4 ～ 6 亩。萍母田多分为三级，面积逐步扩大。例如，根据南方各地经验，如以细绿萍、卡洲萍等为种萍，4 月上旬应为每 0.5 亩越冬萍需准备 1 ～ 2 亩萍母田，4 月中旬再准备 4 ～ 5 亩，4 月底～ 5 月初需 15 亩左右。

南方稻田一般在 3 ～ 4 月放萍，由南向北逐渐推迟。一般每亩放萍量以 400 ～ 500kg 为宜。放萍时，尽量做到全田均匀，不开“天窗”为宜。早放的萍，养殖时间长，放萍量可少些；迟放的，养殖时间短，放萍量可多些。早期放萍的田块可以兼做萍母田。

春季红萍繁殖地要施足基肥。每亩施 500kg 左右有机肥。如施化肥作基肥，每亩可施过磷酸钙 10 ～ 12.5kg 及氯化钾或硫酸钾 2 ～ 3kg。

红萍春季繁殖期间气候多变，应浑水放萍（萍床整好后，或基肥施后及时放萍），排水保萍（放萍后，放水搁萍 1 ～ 2d），浅水养萍（搁萍后，复水至 1 ～ 3cm 水层），深水护萍（遇强寒流，应回灌 7 ～ 10cm 水），满水分萍（7 ～ 10cm 水层）等，尽量保持有细水长流。

（3）红萍越夏保种养殖

红萍在夏季高温环境下易受热害、强光和病虫害威胁，越夏保种养殖是红萍生产中极为重要的工作。

留足优质萍种是红萍越夏的重要环节，品种一般选择以细绿萍为主的平面浮生型萍种和以卡州萍为主斜立型萍种。选择树荫、竹林边或搭建遮阳网（遮光率 50% ～ 70%）的空闲稻田作为越夏萍种培育田（图 6-18 右），保种田块以具有流量稳定、旱季不断流的水源为佳，加深水层至 15 ～ 20cm，利用水体缓冲高温。有条件的可搭设 1.5m 荫棚养殖。

图 6-18　红萍越冬沟（左）、冬闲田萍母田（中）、越夏田（右）

每 2 ～ 3 周喷施 0.2% 磷酸二氢钾溶液，增强萍体抗性。霉病发病初期及时捞除病萍，并喷洒 1% 石灰水或 0.1% 多菌灵。发现萍螟、萍灰螟幼虫时，用苏云金杆菌（BT 制剂）500 倍液喷雾防治。

选择通风、排灌方便的瓜棚和大树下或排灌沟湿润养殖红萍能有效缓解高温矛盾、减少病虫危害。通过科学合理调控温光水肥，红萍越夏保种成活率可达 80% 以上，为秋冬季稻田绿肥利用提供优质种源。

6.7.2　稻田红萍作绿肥利用

（1）绿肥利用方式

红萍作为绿肥利用的主要方式是将红萍萍体翻埋入土壤使之腐解用作绿肥，称为“倒萍”，又称“压青”。倒萍时期应根据当地的气候条件、稻作类型、水稻生育阶段和品种特性确定，一般在插秧前 1 ～ 2 周进行倒萍作基肥，在水稻分蘖期或孕穗期倒萍作追肥。

红萍一般在稻田套养半个月，产量达每亩 1500kg 以上即可倒萍。倒萍主要包括人工倒萍、化学倒萍、自然倒萍三种方式。人工倒萍常结合中耕除草进行，先排干田水，使萍体贴泥，人力或机械使萍体与土壤混合，1 ～ 2d 后覆水。化学倒萍结合施肥、晒田，把田水排干，每亩撒施石灰 25 ～ 50kg 于萍叶面，3 ～ 4d 萍体即腐烂死亡。自然倒萍，则是利用自然因素，让红萍在稻田自然死亡，自然倒萍效果一般不如人工倒萍和化学倒萍。

（2）绿肥利用效果

① 显著提高水稻产量。稻田放养红萍，红萍通过固氮作用为水稻提供氮素，还田腐解后释放的有机质和微量元素（如铁、锌）促进水稻根系发育和分蘖数增加，可使水稻产量提

高 10% ～ 30%[13]。田间试验表明，红萍与水稻共养模式下，田间施氮量为 15kg/ 亩时，水稻增产 21.2%[14]，红萍还田减氮钾肥的同时，还能增产 11.1%[15]。

② 替代化学氮肥，降低生产成本。红萍每季固氮量可达 5 ～ 8kg（N）/ 亩[16]，可替代稻田化学氮肥用量的 30% ～ 50%[16-18]。施用红萍作基肥的稻谷产量与等氮量化肥相当，且红萍氮素利用率（41.3% ～ 48.2%）显著高于尿素基肥（28.0% ～ 31.9%）[19]。减少氮肥投入的同时，水稻产量不降反增，综合收益提高 10% ～ 15%[15]。

③ 改善稻田土壤肥力。红萍翻压后，稻田土壤有机质含量提升 10% ～ 18%，全氮含量增加 5% ～ 10%，有效磷和速效钾含量分别提高 10% ～ 15% 和 10% ～ 20%，土壤容重降低 10% ～ 15%[15,20]。

④ 减少温室气体排放。红萍覆盖稻田水面，阻隔产甲烷菌的氧气供应，减少 CH_4 排放 25% ～ 36%[21]，降低氨挥发 17% ～ 50%[22]。同时，红萍通过竞争吸收硝态氮，减少反硝化作用，N_2O 排放降低 10% ～ 15%[23]。

⑤ 生态抑草与防病。红萍快速覆盖水面（覆盖率＞ 90%），遮蔽光照，使稻田杂草生物量减少 80% 以上。红萍分泌的次生代谢物（如酚类化合物）可抑制水稻纹枯病、稻瘟病等病原菌，病害发生率降低 45% ～ 55%[20]。

6.7.3 “稻–萍–鱼”种养

“稻-萍-鱼”体系的基本技术是在单一以水稻为主体的生物群体中加入红萍和鱼类，通过对红萍和鱼的人工调控而影响整个稻田生态体系。在福建武夷山地区的示范基地连续三年跟踪监测结果显示，水稻稳产增产 5% ～ 15% 的同时，在传统稻鱼种养基础上每亩可增收 20% 鱼产出，减少 50% 以上的化肥和农药使用，农药、化肥减施和人工除草等综合生产成本下降约 20% ～ 30%。

（1）“稻-萍-鱼”体系关键技术

① 品种选择。选择适宜稻萍鱼种养模式的适生、高产、优质的红萍（卡州萍、细绿萍、小叶萍为主的混合萍），各地适宜的杂食性鱼类（福瑞鲤＋瓯江彩鲤、罗非鱼、鲫鱼），耐水淹、不易倒伏、耐肥力、抗病、生育期较长的水稻品种进行有机组合。

② 鱼沟、鱼坑建设。鱼坑设在进水口位置，深 100 ～ 150cm。鱼沟深、宽各为 35 ～ 50cm，根据稻田面积与形状挖成“环形”“十字形”“田字形”“一字形”等（图 6-19 左上、右上）。鱼沟与鱼坑相通，鱼坑、鱼沟的总面积占稻田面积的 8% ～ 10%。在进水口（图 6-19 左下）和出水口（图 6-19 右下）处应使用栅栏，防止鱼逃窜。另外，出水口处应设置溢水装置，以防暴雨时水位快速提升。

③ 红萍利用。3 月陆续将过冬萍母田繁殖的红萍放入稻-萍-鱼种养田中进行繁殖。4 月初放入稻田的红萍开始生长，在水稻插秧前 15 ～ 20d 进行倒萍还田，培肥稻田地力、促进稻田浮游生物生长，也为水稻、鱼类生长提供丰富营养。经过倒萍还田后，剩余田间的红萍继续生长，可以直接为鱼类提供饵料。

④ 养殖管理。水稻扎根返青后（插秧后 10 ～ 15d），把鱼苗放入鱼沟养殖，每亩放入 15 ～ 20kg、约 400 ～ 500 尾的鱼苗。利用翻压剩余红萍以及萍母田红萍补充红萍，陆续为

鱼提供绿色饵料。10月中下旬开始陆续捕鱼上市。捕鱼时提早排水，逐渐降低稻田水位，让鱼自然游入鱼沟（鱼坑）中进行捕捞。捕捞完成后，进行水稻烤田收获。

图 6-19 “稻-萍-鱼”体系鱼坑（左上）、鱼沟（右上）及进水口（左下）、出水口（右下）

（2）“稻-萍-鱼”体系综合效益

稻-萍-鱼立体种养结合，有利于提高稻田养鱼的鲜鱼产量。一是稻田水体扩大，而且浅水区与深水区结合，有利于鱼类的养殖和摄食。二是红萍为鱼类提供了充足的饵料，节约了饲料成本。而且“稻-萍-鱼”体系对水稻不仅不减产，还有增产效果。经大面积生产实际调查，稻-萍-鱼田的水稻产量比单一种植水稻高 5% ～ 12%，单季稻一般亩产稻谷 550kg 左右，水稻平均穗数、结实粒数、结实率和千粒重明显提高，其产量顺序为，稻-萍-鱼>稻-鱼>稻。“稻-萍-鱼”体系在保证水稻（增产或不减产）的前提下，多产了商品鱼和鱼苗，鲜鱼亩产 40 ～ 60kg，同时稻-萍-鱼田由于减少了化肥（减少化肥 30%）和农药（减少 50%）等，明显提高了稻田产值，比单一常规种稻可增收 1500 ～ 2000 元，比稻-鱼可增收 800 ～ 1000 元。

福建地区连续 6 年定位试验测定结果表明，与常规种稻相比，“稻-萍-鱼”体系田面土壤有机质含量由 3.18% 提高至 4.61%，全氮由 0.213% 提高至 0.307%，全磷由 0.144% 提高至 0.151%，且速效养分水平及土壤物理状况均有不同程度改善。可减少稻飞虱 48.9% ～ 65.1%、枯心苗 40% ～ 46.2%、纹枯病 45.5% ～ 53.3% 和稻田杂草发生率 99.5%，化肥用量节省 30% 左右。

6.7.4 “稻-萍-鸭”种养

“稻-萍-鸭”生态种养是融合生物共生原理的立体农业模式，通过红萍固氮、鸭群控害、水稻主体生产的三元协同，实现“一田三收”的生态经济效益（图 6-20）。

图 6-20 “稻-萍-鸭”体系（左：田间工程与鸭棚，右：“稻-萍-鸭”种养景观）

（1）“稻-萍-鸭”体系关键技术

关键技术主要包括：田间工程优化、红萍养殖管理、水稻适度稀植、鸭群驯化管理等。

① 田间工程优化。适当加高加固田埂（高 20 ～ 30cm、宽 40 ～ 50cm），四周围网高度 30 ～ 50cm（防鸭逃逸、防止天敌），搭建简易鸭舍供避风雨、憩息，简易鸭舍附近田间用围网隔开 10 ～ 20m^2 大小的初放区。

② 红萍养殖管理。插秧前 10 ～ 15d，稻田保持 5cm 水层，每亩稻田均匀撒入红萍 100 ～ 150kg。根据不同萍种的特性，可以进行混合养殖，以延长红萍在稻萍田中的养殖时间。如在福建等南方地区，进行细绿萍、卡州萍、小叶萍混养，可保存大部分时间生长。通过水位调节与鸭群采食维持红萍生物量在 1 ～ 2t/ 亩鲜重。

③ 水稻适度稀植。“稻-萍-鸭”生产模式水稻栽培与通常水稻栽培一样，但水稻栽培密度应适当稀于常规种稻的密度，行距可采用 24 ～ 27cm，株距则适当扩大到 18 ～ 21cm，亩栽 1.5 万穴，基本苗 6 万～ 8 万株，有利于水稻、红萍、鸭的生长及活动。

④ 鸭群驯化管理。鸭种选择小型地方品种；水稻分蘖末期投放 7 ～ 10 日龄鸭苗，每亩投放 15 ～ 20 羽；放鸭入稻田前，应先将苗鸭投放于简易棚内，在把鸭放入稻田的时候，先让鸭在初放区活动 1 ～ 2d，再放至整个田间活动采食。水稻抽穗后，鸭会啄食稻穗，要及时将鸭收进简易棚，水稻则继续灌浆成熟，直到收割。

（2）“稻-萍-鸭”体系综合效益

在“稻-萍-鸭”体系中，红萍固氮富钾、固碳减排，既是土壤的肥料，又是肉鸭的饲料，鸭群活动采食，能除草食虫、中耕浑水、施肥，刺激水稻生长，具有良好的生态、经济效益。红萍腐解提供 60% ～ 70% 水稻氮素需求，化肥可减施 40% 以上，鸭日均捕食昆虫 120 ～ 150g/ 羽，农药使用量减少 60% ～ 70%，稻谷产量提高 8% ～ 12%。此外，该体系下鸭产品大幅增收。

6.7.5 红萍稻田作旅游景观

通过合理的规划安排，稻田红萍可以形成独特的田园景观。我国云南、江苏等地，长期以来形成了以红萍为资源循环中心的稻田生态系统（图 6-21），不仅是稻田生产力的物质基础，也是绝佳的风景。平原地区的稻田，通过配置红萍田，也是打造特色乡村旅游的重要手段。

图 6-21　云南元阳哈尼（左）和江苏常熟（右）红萍稻田

参考文献

[1] 全国农业技术推广服务中心．南方稻田绿肥种植与利用技术规范：NY/T 3840—2021.

[2] 刘春增，吕玉虎，李本银，等．不同播期对紫云英“信紫 1 号”生长状况、产量及养分积累的影响．中国土壤与肥料，2018(1): 127-133.

[3] 潘福霞，李小坤，鲁剑巍，等．播种量对紫云英生长及物质养分积累的影响．中国生态农业学报，2011, 19 (3): 574-578.

[4] 郑春风，刘春增，李本银，等．叶面喷硼对紫云英结实特性的影响．草业学报，2019, 28 (11): 192-199.

[5] 刘春增，李本银，郑春风，等．叶面喷钼对紫云英结实特性的影响．中国土壤与肥料，2020 (1): 135-140.

[6] 吕玉虎，刘春增，潘兹亮，等．紫云英不同翻压时期对土壤养分和水稻产量的影响．中国土壤与肥料，2013(1): 85-87.

[7] 张成兰，吕玉虎，刘春增，等．减量化肥配施紫云英对水稻产量稳定性的影响．核农学报，2021, 35(3): 704-713.

[8] 张琳，杜光辉，史鹏飞，等．紫云英翻压量对豫南地区单季稻养分吸收和水稻产量的影响．华北农学报，2023, 38 (6): 94-100.

[9] 张成兰，吕玉虎，刘春增，等．紫云英配施减量化肥对水稻产量稳定性的影响．华北农学报，2020, 35 (3): 136-142.

[10] Gao S J, Zhou G P, Chang D N, et al. Southern China can produce more high-quality rice with less N by green manuring. Resources, Conservation & Recycling, 2023, 196: 107025.

[11] Zhang Z H, Nie J, Liang H, et al. The effects of co-utilizing green manure and rice straw on soil aggregates and soil carbon stability in a paddy soil in South China. Journal of Integrative Agriculture, 2023, 22 (5): 1529-1545.

[12] 李顺．紫云英-稻草联合利用的固碳减排效应及机制．南京：南京农业大学，2025.

[13] Verma G, Prakriti, Kumar A, et al. Implications and future prospects of *Azolla* as a low-cost organic input in agriculture. Agricolation, 2022, 2(2): 1-7.

[14] 陈若谷，胡正华，曾科，等．稻田养萍模式下不同施氮量对稻田氨挥发及红萍生物固氮作用的影响．土壤，2023, 55(2): 245-253.

[15] 邓素芳，詹杰，杨燕秋，等．单季稻红萍绿肥还田的节肥增产效应．福建农业学报，2022,37(7):954-960.

[16] Ventura W, Watanabe I. Green manure production of *Azolla microphylla* and Sesbania rostrata and their long-term effects on rice yields and soil fertility. Biology and Fertility of Soils, 1993, 15(4):241-248.

[17] 王在德，王璞．红萍对水稻及土壤的作用．北京农业大学学报，1987, 13(1):19-26.

[18] 陈炳焕，翁伯琦，唐建阳，等．红萍在稻田氮素平衡中的作用．核农学报，1994, 8(2):97-102.

[19] 翁伯琦，陈炳焕，唐建阳，等．施用尿素、红萍对水稻生长及其氮素利用效率的影响．核农学报，1988,2(2):93-101.

[20] 黄毅斌，翁伯奇，唐建阳，等．稻-萍-鱼体系对稻田土壤环境的影响．中国生态农业学报，2001, 9(1):74-76.

[21] Bharali A, Baruah K K, Bhattacharya S S, et al. The use of *Azolla caroliniana* compost as organic input to irrigated and rainfed rice ecosystems: Comparison of its effects in relation to CH_4 emission pattern, soil carbon storage, and grain C interactions. Journal of Cleaner Production, 2021, 313: 127931.

[22] 朱彤，李红，周艳萍，等．肥料深施、红萍和土壤 pH 对稻田氨挥发的影响．土壤学报，2025,62(1):223-232.

[23] Malyan S K, Bhatia A, Tomer R, et al. Mitigation of yield-scaled greenhouse gas emissions from irrigated rice through *Azolla*, Blue-green algae, and plant growth-promoting bacteria. Environment Science and Pollution Research, 2021,28(39): 51425-51439.

中国肥料研究与应用全书

Books of Fertilizer Research and Application in China

FERTILIZER

第7章

南方旱地绿肥种植与利用

我国南方旱地绿肥生产区域，是相对于南方稻区而言，适宜绿肥生产的旱作地区，主要指长江以南的东南、中南、西南等旱作农区。南方旱作农区的主要农作物有玉米、花生、甘薯、大豆等夏作物以及油菜、小麦、马铃薯等越冬作物。长期以来，这些作物种植模式单一，缺乏有效的土地养育手段，同时有机肥的投入严重缺位，导致南方旱地农田土壤退化趋势明显。因地制宜发展绿肥生产，构建合理的绿肥-主作物生产模式，是解决上述问题的高效、易行手段。

以南方红壤旱地为例，红壤作为我国南方典型农业土壤，其旱地面积约占区域耕地总面积的40%，且中低产土壤占比高。受交通条件、运输成本及连作障碍等因素制约，依靠商品有机肥、旱作物秸秆就地还田或稻草异地还田等措施增加红壤旱地有机物的投入，并不符合经济利益和科学原则。大量试验研究和生产实践证实，绿肥是改良红壤旱地的重要举措。

7.1 南方旱地主要绿肥生产制度及绿肥选择

表7-1是浙江、福建、江西、湖南、广东、广西等南方旱作区主要绿肥种植制度及绿肥种类（品种）推荐表。具体绿肥种类，除表中推荐之外，适宜当地主作物制度、能作为绿肥种植利用的作物种类，大多也可以采用。

表7-1 南方旱地主要绿肥生产制度及绿肥选择

绿肥生产制度（模式）	绿肥种类（品种）选择	适宜的主要区域
冬绿肥-夏作物	紫云英、苕子、箭筈豌豆、蚕豆、豌豆、肥田萝卜、油菜、黑麦草	浙江、福建、江西、湖南、广东、广西
冬作物-夏绿肥-夏作物	田菁、柽麻、印度豇豆	浙江、福建、江西、湖南、广东、广西
绿肥-甘蔗	紫云英、苕子、肥田萝卜、印度豇豆、绿豆、田菁、柽麻	广西、广东
甘蔗间作绿肥	绿豆、田菁、柽麻	广西、广东

7.2 南方红壤旱地绿肥种植与利用

南方红壤旱地夏季作物主要有玉米、红薯、花生、大豆、芝麻、烤烟等。当前，在各地的生产实际中，南方旱地存在大面积的秋、冬闲田地。利用旱地秋冬闲期生产绿肥是改良中低产旱地的重要措施之一。充分利用这个季节的时间和土地空间，利用我国冬绿肥资源丰富的优点，发挥好绿肥的功效，对于南方旱地的养育具有重要意义。

7.2.1 南方红壤旱地冬绿肥种植与利用

7.2.1.1 冬绿肥种类

适宜在南方红壤旱地冬季应用的绿肥种类很多，主要有豆科绿肥紫云英、毛叶苕子、光叶苕子、箭筈豌豆、山黧豆等，十字花科绿肥肥田萝卜、油菜等，其他绿肥还有黑麦草等。此外，南方旱地也非常适合蚕豆、豌豆等经济型豆科作物生长。同时，南方旱地区域跨度大，各地的气候条件差异较大，同一种类的不同品种在各地种植也有明显的差异，尤其是紫云英品种较多，可参考稻田紫云英种植中的品种要求来选择合适的绿肥品种。

在具体选择绿肥种类时，要根据各地的主作物特点、土壤培肥要求、生产传统等多种要素综合考虑。例如，新垦红壤等旱地，由于土壤瘠薄，宜选用耐酸、耐瘠薄和抗旱能力较强的品种，如肥田萝卜、黑麦草等。中度熟化旱地，在冬季宜选择鲜草产量及养分含量较高的绿肥品种，如紫云英、毛叶苕子、光叶紫花苕子、箭筈豌豆等；蚕豆、豌豆等经济型豆科作物，不仅具有极好的冬季绿肥效果，还能提供大量的菜用鲜豆，可以大力应用。

对于夏季作物为豆科的，如花生、大豆，建议选择非豆科绿肥做冬季绿肥，例如黑麦草、肥田萝卜、油菜等。夏季作物为非豆科的，如玉米、红薯、芝麻、烤烟等，冬季绿肥最好选择豆科绿肥，如紫云英、毛叶苕子、光叶紫花苕子、箭筈豌豆、蚕豆、豌豆、山黧豆等。

7.2.1.2 冬绿肥配置

在配置方式上，应优先采用豆科与非豆科绿肥混种，可明显提升有机物质量和养分还田量。其中，黑麦草与紫云英、肥田萝卜与紫云英等两种混种以及黑麦草与紫云英、肥田萝卜的三种绿肥混种方式，均是不错的选择。由于红壤旱地肥力相对瘠薄、土壤含水量较低，可以采用多种绿肥混播以充分利用地上与地下部分的生态空间，大幅度增加根系的活动范围，提高根际微生物的活性，促进绿肥对土壤水分和养分的吸收利用，从而提高绿肥鲜草产量和品质，调节绿肥翻压后的分解速率和强度。

混播方式可以是两种不同种属的绿肥混播，也可以采用三种不同种属的绿肥混播，例如：紫云英与肥田萝卜、苕子（紫云英）与黑麦草，或紫云英（苕子）与黑麦草及肥田萝卜混播。中国科学院南京土壤研究所 1993 年在江西鹰潭红壤旱地的试验结果表明[1]，豆科绿肥与禾本科绿肥混播后，鲜草产量提高 23.6% ～ 113.9%，绿肥养分总量中 N 增加 23.9% ～ 43.2%、P_2O_5 增加 5.3% ～ 56.3%、K_2O 增加 55.8% ～ 187.2%（表 7-2）。

表7-2　红壤旱地绿肥混播对鲜草产量及养分总量的影响

处理	地上部鲜草		根系干重 /（kg/ 亩）	地上部鲜草养分总量 /（kg/ 亩）		
	产量 /（kg/ 亩）	增加 /%		N	P_2O_5	K_2O
紫云英	927	—	7	4.6	1.6	7.7
紫云英 + 黑麦草	1439	55.2	16	5.7	2.5	12.0
苕子	976	—	26	7.0	2.3	4.7

续表

处理	地上部鲜草		根系干重/(kg/亩)	地上部鲜草养分总量/(kg/亩)		
	产量/(kg/亩)	增加/%		N	P_2O_5	K_2O
苕子+黑麦草	1206	23.6	39	9.2	2.9	10.8
箭筈豌豆	503	—	6	2.8	1.1	1.9
箭筈豌豆+黑麦草	1076	113.9	20	3.5	1.2	5.4
白三叶	1086	—	31	4.4	1.9	9.7
白三叶+黑麦草	2023	86.3	42	6.3	2.0	17.0

7.2.1.3 冬绿肥种植管理技术

播种时间随接茬作物而定，多数以10月前后播种较佳。播种方法以条播或点播为好，穴距、行距视绿肥的分枝及株型大小而定，具体参见表7-3。播种后，大粒种子覆土3～5cm，小粒种子覆土2～3cm。播种前需翻耕整地，豆科绿肥适当施用磷肥作基肥（钙镁磷肥20kg/亩），非豆科绿肥要施用氮磷肥作基肥（磷酸二铵15kg/亩）。

表7-3 红壤旱地冬季绿肥的播期与播量

绿肥种类	适宜播期	条播播量/(kg/亩)	点播播量/(kg/亩)	行距/cm
紫云英	9月下旬～10月中旬	1.0～1.5	—	15～20
毛叶苕子	9月下旬～10月上旬	2～3	3～4	30～40
光叶苕子	9月下旬～10月上旬	2～3	2.5～3	30～40
箭筈豌豆	9月下旬～10月上旬	5～6	4～5	25～35
蚕豆	9月底～11月初	—	7.5～10	33～40
豌豆	9月底～11月初	—	4～5	33～40
肥田萝卜	10～11月上旬	—	0.5～0.75	33～40
油菜	10～11月	0.5～1.0	—	30～40
黑麦草	9～11月	1.0～1.5	—	25～33

（1）紫云英栽培管理

红壤旱地种植紫云英，播种时间一般以9～11月为宜。在播种方式上，以条播为宜，播种量1.5～1.8kg/亩，10月中旬以后播种应适当增加播种量。行距15～20cm，播深2～3cm后覆土，起到保墒作用，利于出苗。此外，掌握合适的播种时间、苗期抗旱保墒、适当增施肥料，可以获得较高的鲜草产量和种子产量。

① 施用石灰。酸化是当前红壤主要特征之一。如果土壤pH＜5，紫云英生长将受到影响。故红壤旱地种植紫云英时，在整地前应当施用石灰，石灰用量一般为40～50kg/亩。

② 磷肥拌种和接种根瘤菌。在红壤旱地种植紫云英，施用磷肥有利于根系生长和干物质积

累，能显著增加紫云英养分含量、鲜草产量和种子产量。与 20kg/ 亩用量的钙镁磷肥拌种，紫云英盛花期植株含氮量增加 3.45g/kg，鲜草产量增加 20% 以上。江西省农业科学院的试验结果表明[2]，在未种植过紫云英的红壤旱地，接种紫云英根瘤菌是显著增加其鲜草产量的重要措施之一。播种时接种根瘤菌，根瘤形成早，直到紫云英生育后期仍然有较多的根瘤（表 7-4）。

表7-4　接种根瘤菌对紫云英生长发育的影响

处理	株高 /cm	单株分枝数 / 个	根瘤重 / (g/kg)	单株干物重 /g	种子产量 / (kg/ 亩)
不接种	33.4	1.25	8.4	4.64	23
接种根瘤菌	72.4	2.53	113.7	10.56	37

③ 抢雨播种。在江南红壤地区，9 月下旬～ 10 月中旬一般有 1 ～ 2 次的短期降雨过程，抢雨播种是红壤旱地种植紫云英的关键。江西省农业科学院在南昌、东乡两地的试验结果表明，9 月下旬～ 10 月上旬是红壤旱地播种紫云英的适宜时期（表 7-5）[2]。在此时期，如能抓住雨前雨后的有利时机播种，能保证出苗。播种紫云英时，预先用旋耕机整好地，抢雨前播种，或经过浸种后在雨后抢种。

表7-5　红壤旱地不同播种期对紫云英产量的影响

江西南昌			江西东乡		
播种期	盛花期鲜草产量 / (kg/ 亩)	种子产量 / (kg/ 亩)	播种期	盛花期鲜草产量 / (kg/ 亩)	种子产量 / (kg/ 亩)
9 月 30 日	1334	12	9 月 25 日	1688	35
10 月 10 日	1680	19	10 月 5 日	2160	34
10 月 20 日	2100	21	10 月 16 日	1193	33

④ 抗旱保苗。深沟条播、坡下部种植、稻草覆盖、混播种植等为红壤种植紫云英有效的抗旱保苗措施。深沟条播，沟深 10 ～ 15cm，播种后浅覆盖，留沟蓄水。在红壤旱坡地的下坡种植紫云英，其鲜草产量和种子产量均高于上坡（表 7-6）[2]。苗期覆盖稻草是红壤旱地抗旱保墒的重要措施之一。在紫云英播种后，即在行间覆盖稻草，稻草用量以 100kg/ 亩为宜。行间覆盖稻草，有利于在冬前培育紫云英壮苗，提高鲜草产量和种子产量（表 7-7）[2]。

表7-6　红壤旱地不同地势对紫云英产量的影响

处理	株高 /cm	分枝数 / (个 / 株)	鲜草产量 / (kg/ 亩)	种子产量 / (kg/ 亩)
旱坡地上部	52.6	1.2	1962	21
旱坡地下部	63.3	1.9	2556	23

表7-7 覆盖对红壤旱地紫云英产量的影响

处理	冬前分枝数/（个/株）	越冬活叶数/（片/株）	鲜草产量/（kg/亩）	种子产量/（kg/亩）
播种时覆盖	2.5	11.4	994	18
复叶期覆盖	1.6	6.0	605	15
不覆盖	1.2	3.9	542	14

（2）苕子栽培管理

可采用毛叶苕子和光叶苕子，在9～11月均能播种，但其鲜草产量以早播较高。播种方式以条播为宜，播种量一般为2.0～3.0kg/亩，10月中旬以后播种的适当增加播种量。行距40cm左右，播深3～5cm后覆土。如无条件条播，亦可撒播，此时应适当增加播种量，播后耧耙、镇压，覆盖种子及促进种子与土壤接触。

苕子耐旱能力强，在瘠薄酸化的低丘红壤栽培，鲜草产量一般可达到1500kg/亩、根茬产量达到250kg/亩以上。红壤栽培苕子，一般以毛叶苕子生长表现较好，但其种子产量低；其次是光叶苕子，且光叶苕子的种子产量较高。在缺锌的红壤种植苕子，对锌有明显的富集作用，其根系能从深层土壤中吸收锌，增加表层土壤有效锌含量，是解决红壤缺锌问题的重要措施之一。

① 整地抢雨播种。苕子播种前，可用旋耕机旋耕1～2遍。在红壤地区种植苕子，由于秋冬季干旱，也缺少灌溉设施，为保证苕子能正常出苗和幼苗生长，应充分利用10月初左右的短暂雨季，抢雨前或雨后播种。播种前用钙镁磷肥20kg/亩拌种。

② 混播提高产量。由于苕子生物量较大，红壤地区栽培，其种子产量较低。采用苕子与油菜或肥田萝卜混播，利用油菜或肥田萝卜做支架，能增加苕子种子产量。在苕子苗期，油菜或肥田萝卜能给苕子一定的遮阴作用，在开花结荚期能提供支撑作用，提高苕子的通风透光性，显著增加其种子产量。

（3）肥田萝卜栽培管理

肥田萝卜常作为提高红壤瘠薄地肥力的先锋作物。在9～11月均能播种，早播的鲜草产量高。播种量一般为0.5～0.75kg/亩，10月下旬之后播种应适当增加播种量。播种方式以人工或机械点播为宜，行距40cm、穴距20cm为宜；播深2～3cm后覆土。肥田萝卜耐酸、耐瘠薄能力较强，其根系分泌物能够活化红壤难溶性矿质元素供其利用，因而广泛用于改良红壤。在新垦一年的红壤旱地，翻压肥田萝卜鲜草500kg/亩，后茬花生产量增加26.4%。

① 混播种植。在红壤旱地，利用肥田萝卜与紫云英、苕子或箭筈豌豆等绿肥作物混播，有利于鲜草产量的提高。肥田萝卜与紫云英混播，鲜草产量较之单播增加45%以上。

② 整地施肥。肥田萝卜播种前，撒施石灰25～30kg/亩，再旋耕整地。肥田萝卜对养分敏感，播种前需要施用基肥，磷酸二铵10kg/亩，或者尿素5～8kg/亩加钙镁磷肥20kg/亩有利于肥田萝卜生长。根据江西省农业科学院的试验结果[2]，在新垦红壤种植肥田萝卜，施肥能显著增加其鲜草产量（表7-8）。

表7-8　施肥对肥田萝卜生长发育及鲜草产量的影响

处理	株高/cm	分枝数/（个/株）	鲜草产量/（kg/亩）
不施肥	28.9	0.07	137
化肥	65.7	6.72	849
1/3 有机肥 +2/3 化肥	67.3	3.22	613

7.2.1.4　冬绿肥利用技术

（1）冬绿肥综合利用

苕子再生能力较强，在生长期可刈割 2 ～ 3 次作饲草利用，或覆盖作物行间用作绿肥。在盛花期，就地翻压用作下茬作物绿肥，或刈割用作青饲料或晒制干粉。连作种植，就地翻压用作绿肥，以下茬作物播种前 15 ～ 20d 翻压为宜。豌豆可以先采摘豌豆尖、豆荚等综合利用后，再翻压作绿肥。蚕豆一般可以先收获鲜豆荚后作绿肥。

油菜的菜薹是优质蔬菜，采摘菜薹后待花期翻压作绿肥。肥田萝卜在半花半角时期是鲜草产量和养分总量最高的时期，此期翻压用作绿肥最适宜。若以后茬作物播种期来定翻压期，以后作播种前 15d 翻压最佳。由于肥田萝卜株型高、茎秆又相对较粗，翻压前先用镰刀截断或用机械碾压。翻压时，耕沤要深，覆土要实，适当施用石灰以促进其腐解。肥田萝卜茎叶营养丰富，苗期可供食用或用作青饲料，也可以青贮喂养畜禽；膨大的肉质直根也可食用。

（2）冬绿肥养分及释放

绿肥作物翻压后其有机体的腐解过程，是土壤微生物及酶系统作用下的水解、氧化和还原过程，在释放养分的同时合成土壤有机质。由于绿肥种类不同，其物质组成有所差异，而物质组成性质差异决定着其植物体的腐解速率、养分释放强度及土壤残留量。

① 绿肥养分含量。绿肥作物种类不同，其生理特性及与土壤之间的互作机制也不同。豆科绿肥的根瘤菌能共生固氮，十字花科绿肥根系分泌的有机酸能活化土壤中难溶性磷钾，部分科属的绿肥具有富集土壤矿质元素的能力。有的绿肥作物茎秆柔嫩，而有的绿肥作物茎秆木质化程度相对较高，这些性质的不同决定其养分含量和物质组成存在较大的差异。即使是同一种类或品种，不同的生长环境，不同的生育阶段及不同的部位，其养分含量也有较大的差异。表 7-9 是红壤旱地主要冬季绿肥的养分含量 [3]，总体上豆科绿肥含 N 量较高，十字花科绿肥含 P、K 量较高；豆科绿肥中，紫云英、苕子、箭筈豌豆的养分含量相对较高。

② 绿肥物质组成。新鲜绿肥含有 10% ～ 15% 的有机物，其中木质素含量占 9% ～ 12%，在腐解矿化的同时合成腐殖质。绿肥的物质组成不同，其腐解速率及残留在土壤中的碳量也不尽相同。通常情况下，绿肥中的水溶性物质、苯醇溶性物质和蛋白质分解速率最快，半纤维素次之，再是纤维素，最难分解的是木质素。腐殖化系数是单位重量的有机物质在土壤中分解一年后的残留碳量。有机物质的腐殖化系数与其木质素含量呈正相关，木质素含量越高，其腐殖化系数就越大，对土壤有机质的积累就越高。从表 7-10 看出 [4]，紫云英、蚕豆

表7-9　红壤旱地主要冬季绿肥的养分含量

绿肥种类	干草养分含量													
	C/%	N/%	P/%	K/%	Ca/%	Mg/%	S/%	Si/%	Cu/（mg/kg）	Zn/（mg/kg）	Fe/（mg/kg）	Mn/（mg/kg）	B/（mg/kg）	Mo/（mg/kg）
紫云英	46.0	3.44	0.34	2.29	1.25	0.30	0.39	0.93	15.1	66.1	990	105.8	31.9	3.03
苕子	43.0	3.31	0.33	2.38	1.76	0.28	0.30	0.70	12.1	64.7	1177	79.3	27.3	2.52
箭筈豌豆	41.6	3.01	0.25	2.12	1.80	0.39	0.20	0.99	12.4	83.3	1906	107.9	15.0	2.22
蚕豆	41.8	2.50	0.26	1.60	1.56	0.26	0.19	0.61	13.4	39.2	765	59.5	23.5	1.48
豌豆	39.0	2.76	0.27	1.80	1.78	0.29	0.30	0.65	10.7	48.8	1162	87.3	22.8	2.65
白三叶	41.3	3.41	0.32	2.94	2.51	0.33	0.32	1.13	13.1	49.5	2126	95.5	—	3.36
肥田萝卜	41.1	2.51	0.40	2.65	2.64	0.28	0.73	0.55	10.1	54.6	708	57.4	28.2	1.55
油菜	48.5	3.04	0.37	3.47	0.80	0.21	0.24	—	12.4	67.6	350	154.1	—	0.6

秆等绿肥，易分解的组分高，木质素含量低，故其腐解释放的氮较多，因此，这些绿肥翻压后的氮素供应能力较强。

表7-10 几种绿肥的物质组成 单位：%

绿肥	C	N	组分（占无灰干物质的百分比）					
			苯醇溶性物质	水溶性物质	半纤维素	纤维素	木质素	粗蛋白
苕子	42.8	3.64	6.7	13.7	10.2	23.5	13.5	15.9
蚕豆秆	43.2	3.42	10.2	27.8	7.5	15.9	8.7	19.2
箭筈豌豆	44.7	3.03	13.4	19.4	8.4	15.2	11.5	14.7
紫云英	48.7	3.29	25.3	18.2	7.9	13.1	8.9	22.9
田菁	46.3	1.89	8.1	8.7	9.6	22.1	11.8	10.9
柽麻	48.5	1.70	7.0	11.6	13.5	31.1	15.3	8.6

③ 绿肥养分供应特征。翻压绿肥是绿肥利用的主要方式。一是通过绿肥的腐解与矿化增加土壤养分的供应能力；二是为土壤提供大量的新鲜有机物质以促进土壤腐殖质的更新与积累，从而提升土壤质量。掌握绿肥的腐解及养分供应特征，能够科学确定绿肥最佳翻压时期和翻压量，协调绿肥养分供应与作物对养分需求关系。江西省农业科学院在第四纪红色黏土发育的红壤旱地采用埋袋方法，模拟研究了旱地毛叶苕子翻压后180d内的腐解及养分释放状况[5]。

a．累积腐解特征。累积腐解率在翻压前期（0～20d）增加较快，低（1000kg/亩）、中（1500kg/亩）、高（2000kg/亩）三个翻压量在翻压后20d时累积腐解率分别达到66.7%、62.5%和60.6%；20d后累积腐解率增加变缓；至180d时，最终腐解率依次为84.2%、74.2%和70.2%。毛叶苕子碳的累积释放率大致可以分为4个阶段：翻压0～10d碳的累积释放率增加最快，此阶段内碳释放了49.6%～55.7%；10～60d碳的累积释放率增加较快，此阶段内碳释放了24.1%～29.4%；60～180d碳的累积释放率增加缓慢，此阶段内碳释放了2.1%～4.2%；至180d，毛叶苕子碳的最终释放率为77.3%～88.0%[5]。

b．氮、磷、钾养分释放特征。翻压前10d，氮素累积释放了总量的60.5%～67.6%，10～30d释放了总量的17.9%～25.2%，而此后的150d仅释放了总量的12.3%～14.5%。在180d内，氮累积释放率达到77.8%～88.6%。翻压前10d，磷释放了总量的64.1%～70.8%，10～30d释放了11.4%～23.7%，此后的150d仅释放总量的11.2%～17.9%。180d内，磷累积释放率为88.9%～94.5%，高于氮的释放速率。钾素方面，翻压后的前10d，钾释放了总量的65.7%～78.0%，10～30d释放了总量的20.6%～33.5%，此后的150d仅释放总量的0.8%～2.8%。在腐解180d内，毛叶苕子钾的累积释放率达到95.7%～98.5%，高于磷的释放率，更高于氮的释放率[5]。

c．中量元素释放特征。表7-11表明，Ca在前20d内其腐解完成率达到了43.5%～63.8%，而180d的最终腐解率为86.0%～92.6%，说明前20d时毛叶苕子中的Ca已经完成总释放量的49.5%～68.9%。Mg的释放率在前20d时达到了69.1%～77.9%，其最终腐解率比Ca高，达到了80.7%～89.9%，前20d时毛叶苕子中的Mg已经完成总释放量的76.8%～93.7%。S在前20d的释放率达到了73.4%～79.0%，其最终腐解率达到84.2%～91.6%，前20d时毛叶苕子中的 S 已经完成总释放量的 86.2% ～ 90.2%[5]。

表7-11　毛叶苕子Ca、Mg、S释放率变化　　单位：%

中量元素	时间	低翻压量（1000kg/亩）释放率	中翻压量（1500kg/亩）释放率	高翻压量（2000kg/亩）释放率	平均释放率
Ca	20d	63.8	56.7	43.5	54.7
	180d	92.6	86.0	88.3	89.0
	20d/180d	68.9	65.9	49.5	61.4
Mg	20d	69.1	77.9	75.6	74.2
	180d	89.9	83.7	80.7	84.7
	20d/180d	76.8	93.1	93.7	87.9
S	20d	79.0	77.9	73.4	76.8
	180d	91.6	86.4	84.2	87.4
	20d/180d	86.2	90.2	87.1	87.8

d．微量元素释放特征。表 7-12 为苕子的微量元素释放情况[5]。在腐解后的前 20d 毛叶苕子残体从环境中富集 Fe；180d 腐解结束时，低翻压量处理 Fe 的释放率达到了 39.2%，中翻压量处理仅释放了 3.6% 的 Fe，而高翻压量处理仍然从环境中富集 Fe，其原因可能与红壤旱地 Fe 含量较高有关。Cu 的释放最快，20d 时其释放率超过总量的 93.4%；Zn 次之，在 20d 时其释放率相当于完成了总量的 90.9% ～ 102.5%；Mn 的释放最慢，其在 20d 时仅释放了总量的 20.6% ～ 35.9%，180d 时最终腐解完成率也较低，仅为 54.2% ～ 76.7%。

表7-12　毛叶苕子Fe、Mn、Cu、Zn元素释放率变化　　单位：%

微量元素	时间	低翻压量（1000kg/亩）释放率	中翻压量（1500kg/亩）释放率	高翻压量（2000kg/亩）释放率	平均释放率
Fe	20d	−16.6±5.2	−9.9±3.2	−23.3±1.5	−16.6±6.7
	180d	39.2±15.7	3.6±9.8	−16.3±5.8	8.8±28.1
	20d/180d	−43.1±4.0	−275.0±32.7	150.8±43.9	−55.8±213.2
Mn	20d	35.9±1.1	20.6±14.6	25.4±5.0	27.3±7.9
	180d	76.7±6.0	62.6±3.2	54.2±22.3	64.5±11.3
	20d/180d	47.0±2.2	32.3±21.7	49.1±10.9	42.8±9.2
Cu	20d	81.6±0.6	80.9±17.9	78.6±1.5	80.3±1.6
	180d	87.4±3.3	78.3±0.4	77.8±0.7	81.2±1.6
	20d/180d	93.4±2.8	103.3±22.3	100.9±1.0	99.2±5.2
Zn	20d	84.1±4.1	88.4±7.7	87.7±7.4	86.7±2.3
	180d	92.6±1.9	88.2±1.1	85.5±4.6	88.8±3.6
	20d/180d	90.9±2.5	100.1±7.4	102.5±3.1	97.8±6.1

④ 绿肥养分供应量。在盛花期时将毛叶苕子翻压用作绿肥，可与红壤旱地作物甘薯、芝麻、花生等作物合理衔接，从而起到填闲、养地、供肥等多重效果。江西省农业科学院的研究表明[5]，翻压毛叶苕子 1000 ～ 2000kg/ 亩，甘薯整个生育期内，毛叶苕子腐解后 N、P、K 的释放量分别可以为 3.3 ～ 5.8kg/ 亩、0.3 ～ 0.6kg/ 亩和 4.5 ～ 8.9kg/ 亩（表 7-13），其中绝大部分养分在其翻压前 20d 完成释放。Ca、Mg、S、Cu、Zn 多在甘薯的生育期内释放，Fe 和 Mn 的残留量较高。大量 Ca 的供应，对于缓解红壤旱地的酸性具有重要意义。此外，毛叶苕子腐解过程中释放出大量的 C，有利于改善红壤旱地的物理化学性状。

表7-13　甘薯生育期内毛叶苕子养分释放量

元素	总养分翻压量	0 ~ 20d 释放量	20 ~ 180d 释放量	残留量
C/（kg/ 亩）	43.4 ～ 86.7	29.5 ～ 53.8	8.6 ～ 13.2	5.2 ～ 19.7
N/（kg/ 亩）	3.7 ～ 7.4	2.8 ～ 5.3	0.5 ～ 0.5	0.4 ～ 1.6
P/（kg/ 亩）	0.3 ～ 0.6	0.3 ～ 0.4	0.0 ～ 0.1	0.0 ～ 0.1
K/（kg/ 亩）	4.6 ～ 9.1	4.5 ～ 8.9	0.0 ～ 0.0	0.1 ～ 0.3
Ca/（kg/ 亩）	1.3 ～ 2.5	0.8 ～ 1.1	0.4 ～ 1.1	0.1 ～ 0.3
Mg/（kg/ 亩）	0.3 ～ 0.7	0.3 ～ 0.5	0.0 ～ 0.0	0.0 ～ 0.1
S/（kg/ 亩）	0.6 ～ 1.1	0.4 ～ 0.8	0.1 ～ 0.1	0.0 ～ 0.2
Cu/（g/ 亩）	3.5 ～ 7.0	2.9 ～ 5.5	0.0 ～ 0.2	0.4 ～ 1.5
Zn/（g/ 亩）	2.2 ～ 4.4	1.9 ～ 3.9	0.0 ～ 0.2	0.2 ～ 0.6
Fe/（g/ 亩）	116.7 ～ 233.3	−54.4 ～ −19.3	16.4 ～ 65.1	70.9 ～ 271.3
Mn/（g/ 亩）	7.2 ～ 14.3	2.6 ～ 3.6	2.9 ～ 4.5	1.7 ～ 6.6

7.2.2　南方红壤旱地夏绿肥种植与利用

7.2.2.1　夏季绿肥种类

南方旱地适宜夏季种植的绿肥种类主要有乌豇豆、印度豇豆、绿豆、猪屎豆、田菁、柽麻以及大豆等。夏季绿肥前期生长快，耐瘠薄、耐旱、适应性强，覆盖度高，适合南方旱地养地作物种植或短期填闲。在新垦红壤种植也能正常生长，宜适当补充磷肥，即能生长良好。

在冬季作物收获后与夏季作物播种前的空闲时间，利用夏季绿肥速生的特性，选用生长迅速、生物量大、养分含量高的绿肥品种，如乌豇豆、绿豆、猪屎豆、柽麻、田菁等进行填闲种植，或利用夏作物的苗期行间间作绿肥，如红薯、玉米、高粱行间套种绿豆、饭豆等，短期（40d 左右）就可以获得较高的绿肥鲜草产量。主要夏季绿肥的养分含量见表 7-14[3]。

表7-14　红壤旱地主要夏季绿肥种类养分含量

绿肥种类	干草养分含量													
	C/%	N/%	P/%	K/%	Ca/%	Mg/%	S/%	Si/%	Cu/（mg/kg）	Zn/（mg/kg）	Fe/（mg/kg）	Mn/（mg/kg）	B/（mg/kg）	Mo/（mg/kg）
绿豆	44.8	1.91	0.39	1.70	2.27	0.46	0.25	1.03	11.5	46.0	972	167.6	25.8	1.44
乌豇豆	40.1	2.80	0.34	1.86	2.16	0.45	0.30	0.58	10.6	41.5	512	96.9	27.0	3.57
饭豆	43.8	2.17	0.21	1.48	1.89	0.34	0.28	0.83	9.0	44.7	1171	138.8	25.3	2.52
柽麻	46.4	2.69	0.28	2.03	0.66	0.21	0.19	—	12.4	51.5	89	59.6	11.3	1.04
猪屎豆	42.4	3.49	0.18	1.44	0.79	0.26	0.26	0.11	—	54.3	120	123.4	—	1.25

7.2.2.2　夏季绿肥种植管理

夏季绿肥播种时间随接茬作物而定，多数以 5 ～ 6 月播种较佳。其中，乌豇豆自 4 ～ 8 月均可播种，红壤地区以 4 ～ 5 月上旬播种最为适宜。印度豇豆的生育期较长，4 月播种，6 月下旬至 7 月上旬即可全部覆盖地面。

播种前须翻耕整地，适当用磷肥拌种或作基肥。播种方法以条播或点播为好，穴距、行距视绿肥的分枝及株型大小而定，具体参见表 7-15。

表7-15　红壤旱地夏季绿肥的参考播种条件

绿肥种类	适宜播期	条播播量/（kg/亩）	点播播量/（kg/亩）	行距/cm
印度豇豆	4 月上中旬	1.8 ～ 3.0	1.6 ～ 2.2	35 ～ 45
乌豇豆	4 月上中旬～ 5 月上旬	1.8 ～ 3.0	1.6 ～ 2.2	35 ～ 45
绿豆	4 ～ 7 月	2.0 ～ 3.0	2.0 ～ 3.0	25 ～ 35
竹豆	4 ～ 8 月	3.0 ～ 3.5	2.3 ～ 3.0	25 ～ 35
大叶猪屎豆	3 月下旬～ 4 月中旬	2.0 ～ 2.5	1.6 ～ 2.2	33 ～ 45
田菁	3 ～ 8 月	2.5 ～ 3.0	2.0 ～ 2.5	40 ～ 50
柽麻	3 ～ 7 月	3.0 ～ 4.0	2.3 ～ 3.0	30 ～ 40
大豆	4 ～ 6 月	5.0 ～ 6.0	4.0 ～ 5.0	25 ～ 35

以绿豆为例，绿豆属于速生快发类型，可与红薯、夏玉米、芝麻等旱地作物间作、轮作种植。江西省农业科学院的研究结果表明[2]，绿豆于 4 月下旬至 6 月底播种，出苗率高，鲜草产量也高，是红壤旱地绿豆的最适宜播种期（表 7-16）。

表7-16　不同播种期对绿豆生长及鲜草产量的影响

播种日期	齐苗期	缺苗率/%	开花期	鲜草产量/（kg/亩）
4 月 7 日	4 月 26 日	64.8	6 月 18 日	86
4 月 22 日	4 月 29 日	28.0	6 月 19 日	310
5 月 11 日	5 月 17 日	7.7	6 月 29 日	511
5 月 28 日	6 月 4 日	9.3	7 月 11 日	613
6 月 13 日	6 月 18 日	9.1	9 月 3 日	425
6 月 29 日	7 月 5 日	26.1	9 月 3 日	580
7 月 13 日	7 月 26 日	64.5	9 月 24 日	388
8 月 1 日	8 月 16 日	69.9	9 月 30 日	120

7.2.2.3 夏季绿肥利用方式

在红壤旱地冬作物与夏作物接茬间隙短期填闲，生长40d左右就地翻压用作绿肥。在作物行间间作，可在初花期进行第一次刈割，留高茬15～20cm，刈割后略追肥；相隔30d后，进行第二次刈割，就地覆盖和埋压用作绿肥。作养地作物进行轮作种植，可在收获籽实后实施秸秆还田。

绿肥作物就地翻压后能在短期内增加土壤有机质和氮、磷、钾等养分，有利于提高下茬作物产量和培肥地力，实现用地与养地结合；同时，种植绿肥能增加地面覆盖，雨季可减轻地表径流，截流保肥，降低地面水分蒸发。研究结果表明，在不同的红壤旱地种植制度中纳入短期夏季绿肥，生长40d左右，绿肥鲜草产量为282～1075kg/亩、根茬产量为28～175kg/亩，其中以绿豆鲜草产量最高，其次是柽麻、竹豆、乌豇豆[6]（表7-17）。

表7-17 夏季绿肥短期生长下的鲜草产量

绿肥种植方式		小麦-绿肥-高粱	油菜-绿肥-甘薯	油菜-红薯/绿肥①
生长天数/d		43	40	40
乌豇豆	鲜草产量/（kg/亩）	808	650	534
	根茬产量/（kg/亩）	69	76	43
绿豆	鲜草产量/（kg/亩）	1075	887	418
	根茬产量/（kg/亩）	101	73	35
竹豆	鲜草产量/（kg/亩）	—	825	395
	根茬产量/（kg/亩）	—	132	63
大叶猪屎豆	鲜草产量/（kg/亩）	700	397	282
	根茬产量/（kg/亩）	74	40	28
柽麻	鲜草产量/（kg/亩）	1043	883	537
	根茬产量/（kg/亩）	148	175	81
田菁	鲜草产量/（kg/亩）	700	397	282
	根茬产量/（kg/亩）	74	40	28

①“-”为接茬，“/”为行间间作。

7.2.3 南方旱地绿肥效应

7.2.3.1 绿肥对旱作物产量影响

2014～2017年，江西省农业科学院土壤肥料与资源环境研究所在江西东乡红壤旱地定位研究了复种绿肥对花生产量的影响。研究结果表明，与冬闲-花生处理比较，花生秸秆就地还田能增加下茬花生荚果产量，但差异不显著；改冬闲-花生种植制度为毛叶苕子-花生种植制度，在毛叶苕子盛花期就地用作绿肥翻压还田，则显著增加接茬花生的荚果产量（图7-1）。毛叶苕子-花生与冬闲-花生比较，花生荚果产量逐年增产0.3%、6.5%、10.1%、11.1%，随着毛叶苕子种植利用年限的增加，其增产效果更为显著[7]。

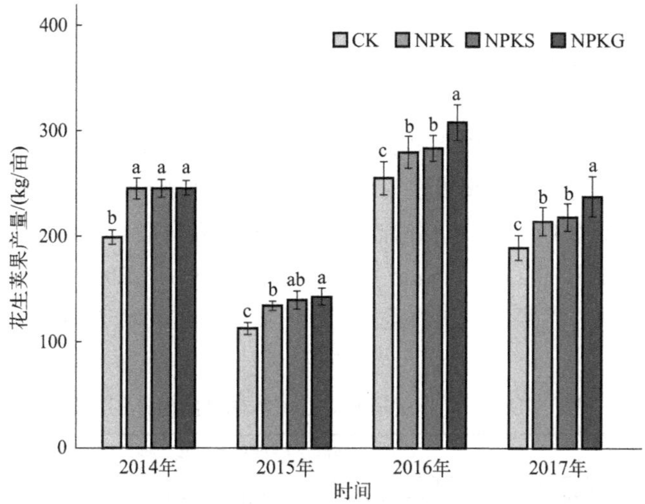

图 7-1 红壤旱地花生复种绿肥对花生荚果产量的影响

CK 为冬闲-花生不施肥，NPK 为冬闲-花生常规施肥，NPKS 为冬闲-花生常规施肥、花生秸秆就地还田，NPKG 为毛叶苕子-花生常规施肥。同一时期不同小写字母代表处理间差异显著（$p < 0.05$）

1975 ～ 1978 年在红壤旱地冬季作物与夏季作物接茬间隙纳入短期速生夏季绿肥种植，结果表明（表 7-18）：在小麦-高粱中填闲短期夏季绿肥，与对照比较，高粱产量增加 6.4% ～ 19.2%；在油菜-红薯种植中填闲短期夏季绿肥，红薯产量增加 18.5% ～ 39.1%，填闲种植绿肥的红薯产量低于间作绿肥下的红薯产量[6]。不同的绿肥种类之间比较，总体上是乌豇豆、绿豆和柽麻的增效效果明显。

表7-18 短期夏季绿肥对红壤旱作物产量的影响

处理	小麦-绿肥-高粱①		油菜-绿肥-红薯②		油菜-红薯 / 绿肥③	
	高粱产量 /（kg/ 亩）	增产 /%	红薯产量 /（kg/ 亩）	增产 /%	红薯产量 /（kg/ 亩）	增产 /%
对照	196	—	1370	—	1907	—
乌豇豆	233	19.2	1905	39.1	2525	32.4
柽麻	221	12.8	1827	33.3	2450	28.5
大叶猪屎豆	208	6.4	1683	22.8	2250	18.0
绿豆	233	18.8	1842	34.4	2305	20.9
田菁	220	12.4	1624	18.5	2167	13.6
竹豆	—	—	1750	27.7	2258	18.4

①绿肥于 6 月上旬播种，7 月中旬翻压；②绿肥于 5 月中旬播种，6 月下旬翻压；③绿肥于 5 月中旬播种，6 月中旬翻压。

7.2.3.2 绿肥对土壤物理性状的影响

绿肥对土壤物理性状的影响主要体现在两方面，一是绿肥密集的根系对土壤的穿插形成根孔，可为下茬作物创造一个深厚且通透性良好的根系活动层；二是绿肥翻压后腐解合成的腐殖质，提高了土壤有机无机复合度，从而提高土壤团聚体结构和孔隙度，降低土壤容重，改善土壤物理性状。

团聚体稳定性是表征土壤结构状况的重要指标，稳定的团聚体能对土壤有机碳库形成重要的物理保护。王兴祥等在江西鹰潭红壤旱地长期花生-油菜（荞麦）种植制度（1988 ～ 1999 年）下进行的施肥结果表明，与单施化肥比较，绿肥、有机肥与化肥配施后的＞ 1mm 团聚体增加 70.6% ～ 167.1%、0.25 ～ 0.5mm 团聚体降低 18.6% ～ 39.3%，而＞ 0.25mm 团聚体则增加 40.0% ～ 44.0%，以绿肥、猪粪配施化肥的效果最佳（表 7-19）[8]。

表7-19　不同施肥措施对红壤水稳性团聚体的影响

处理	水稳性团聚体组成 /%							
	＞ 5mm	5 ~ 3mm	3 ~ 2mm	2 ~ 1mm	＞ 1mm	1 ~ 0.5mm	0.5 ~ 0.25mm	＞ 0.25mm
荒草地	19.35	4.19	2.00	5.77	31.77	10.62	10.16	52.55
F	1.02	2.16	1.70	3.26	8.14	10.73	21.11	39.98
猪粪 +F	8.23	3.74	2.67	7.10	21.74	21.01	12.81	55.56
绿肥 +F	2.91	3.95	3.46	9.78	20.10	22.99	14.49	57.58
秸秆 +F	1.60	1.66	3.39	7.34	13.89	24.79	17.18	56.10
稻草 +F	0.58	3.23	3.36	8.60	16.09	26.29	15.06	57.45

注：F 为化肥。

黄国勤等在江西新建红壤旱地不同复种方式的试验结果表明[9]，不同复种方式下的红壤旱地土壤孔隙度在 51% ～ 56% 之间，以冬季混播绿肥的处理土壤孔隙度最高，较冬季种植小麦和油菜的处理分别提高 7.7% 和 9.8%，其次为冬季种植黑麦草的处理；毛管孔隙度也以冬季混播绿肥处理最高，且与其他处理差异显著；非毛管孔隙度较黑麦草、小麦和油菜处理分别提高 22.7%、46.9% 和 31.9%（图 7-2）。

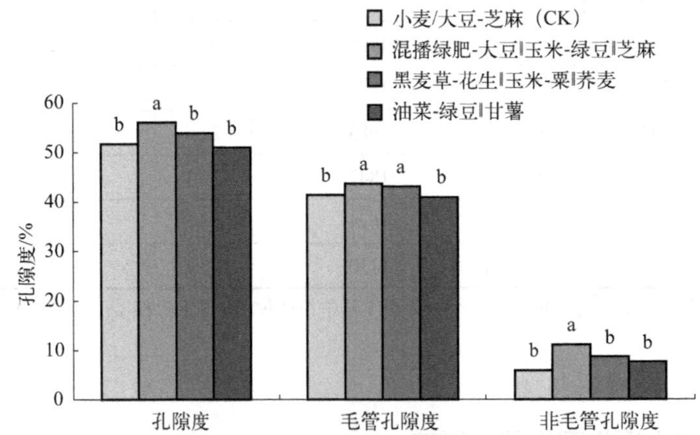

图 7-2　红壤旱地不同复种方式对土壤孔隙度的影响

不同小写字母代表不同复种方式差异显著（$p < 0.05$）

7.2.3.3 绿肥对土壤化学性状的影响

李辉信等在江西南昌利用 1979 年开辟的红壤草地，研究了长期不同绿肥牧草轮作及连作对红壤有机质及组成的影响（表 7-20）。无论是豆科或是禾本科绿肥牧草连作，还是禾本科与豆科绿肥牧草轮作，在 0 ～ 15cm 土层，土壤全碳含量比对照增加 2.52 ～ 2.89 倍，重组碳及复合碳也随之增加，但有机碳的氧化稳定性（难氧化碳 / 易氧化碳）降低，因而有利于土壤养分的释放[10]。

表7-20 绿肥牧草种植方式对红壤0 ~ 15cm土层有机无机复合状况及稳定性影响（1979 ~ 1992年）

处理	全碳 /（g/kg）	重组碳 /（g/kg）	复合碳量 /（g/kg）	易氧化碳 /（g/kg）	难氧化碳 /（g/kg）	难氧化碳 / 易氧化碳
白三叶-黑麦草轮作	14.32	13.27	12.94	9.42	4.90	0.52
白三叶连作	13.88	12.64	12.31	9.01	4.87	0.54
鸡脚草连作	12.52	10.75	10.46	8.08	4.44	0.55
稀草荒地（CK）	4.96	4.52	4.43	3.06	1.90	0.62

与稀草荒地比较，长期种植绿肥牧草后土壤松结合态碳显著增加，占有机碳比例提高，而紧结合态碳所占比例下降（表 7-21）；腐殖质中的胡敏酸、富里酸含量分别增加 361.8% ～ 491.2% 和 63.7% ～ 81.6%，促进了腐殖质向胡敏酸方向发展（表 7-22）。胡敏酸的 E_4/E_6 值反映其缩合度和芳构化程度，该值越低，表明缩合度和芳构化程度越高。红壤长期种植绿肥牧草后，土壤胡敏酸的 E_4/E_6 值显著降低，促进了土壤腐殖质的缩合和芳构化。从绿肥牧草不同种植方式看，对土壤有机碳的影响为豆科-禾本科轮作＞豆科连作＞禾本科连作[10]。

表7-21 绿肥牧草种植方式对红壤0 ~ 15cm土层有机碳形态的影响（1979 ~ 1992年）

处理	结合态碳 /（g/kg）	有机碳形态			
		松结态碳 /（g/kg）	稳结态碳 /（g/kg）	紧结态碳 /（g/kg）	松结态碳 / 紧结态碳
白三叶-黑麦草轮作	13.27	8.31	0.89	4.07	2.04
白三叶连作	11.74	7.84	0.82	3.08	1.97
鸡脚草连作	10.75	6.60	0.72	3.43	1.92
稀草荒地（CK）	4.52	2.07	0.33	2.12	0.98

表7-22 绿肥牧草种植方式对红壤0 ~ 15cm土层腐殖质组成的影响（1979 ~ 1992年）

处理	胡敏酸（HA）/%	富里酸（FA）/%	HA/FA	腐殖化系数 /%	E_4/E_6
白三叶-黑麦草轮作	2.01	3.35	0.60	14.04	4.96
白三叶连作	1.93	3.45	0.56	13.90	5.45
鸡脚草连作	1.57	3.11	0.50	12.54	5.87
稀草荒地（CK）	0.34	1.90	0.18	6.85	8.22

试验结果表明，在中等肥力低丘红壤旱高粱与再生高粱接茬间隙短期填闲种植乌豇豆绿肥，再生高粱的单穗重增加25.5%，土壤肥力水平明显提高（表7-23）[11]。由于不同的绿肥种类特性不同，无论是短期填闲还是短期间作，与对照比较，土壤有机质、全氮均显著增加（表7-24）[11]。

表7-23 夏季绿肥短期填闲对红壤旱地养分的影响

取样时间	种植制度	有机质 /（g/kg）	全氮 /（g/kg）	水解氮 /（mg/kg）
4月8日	旱高粱-再生高粱	19.78	2.44	27.0
旱高粱收获期	旱高粱 / 乌豇豆-再生高粱	22.54	1.21	37.0
10月30日	旱高粱-再生高粱	17.81	1.09	35.0
再生高粱收获期	旱高粱 / 乌豇豆-再生高粱	19.55	1.31	46.0

表7-24 不同的夏季绿肥品种短期填闲对红壤旱地养分的影响

处理	小麦-绿肥-红薯		小麦-红薯 / 绿肥	
	有机质 /（g/kg）	全氮 /（g/kg）	有机质 /（g/kg）	全氮 /（g/kg）
CK	11.2	0.679	10.0	0.730
乌豇豆	11.3	0.706	12.3	0.728
柽麻	12.1	0.722	12.2	0.755
大叶猪屎豆	17.0	0.701	11.3	0.684
绿豆	11.4	0.706	15.9	0.768
田菁	13.4	0.697	11.8	0.713
竹豆	12.5	0.732	14.9	0.739

7.2.3.4 绿肥对土壤微生物及酶的影响

在江西新建红壤旱地不同复种方式下的研究结果表明，纳入绿肥种植（混播绿肥、黑麦草）的土壤较之对照，细菌、放线菌、真菌等基础微生物类群数量显著增加；氨氧化细菌、自生固氮菌、纤维素分解菌等功能性微生物种群数量也有所增加，其中纤维素分解菌显著增加（表7-25）[9]。

表7-25 不同复种方式下土壤微生物数量及组成

处理	基础微生物类群			功能微生物种类		
	细菌 /10^7g	放线菌 /10^6g	真菌 /10^5g	氨氧化细菌 /10^7g	自生固氮菌 /10^5g	纤维素分解菌 /10^7g
Ⅰ	1.96	0.92	1.23	0.48	1.13	1.17
Ⅱ	2.85	1.09	2.47	0.53	1.17	1.97
Ⅲ	2.71	1.03	2.53	0.44	1.33	2.57
Ⅳ	2.37	0.98	1.60	0.47	1.50	1.07

注：Ⅰ为小麦 / 大豆-芝麻，Ⅱ为混播绿肥-大豆 ‖ 玉米-绿豆 ‖ 芝麻，Ⅲ为黑麦草-花生 ‖ 玉米-粟 ‖ 荞麦，Ⅳ为油菜-绿豆 ‖ 甘薯。

土壤酶活性反映土壤生物活性和土壤生化反应程度，是表征土壤中物质、能量代谢旺盛程度和土壤质量水平的一个重要指标。黄国勤等研究结果表明，旱地冬季复种绿肥（绿肥混播、黑麦草）能降低土壤过氧化氢酶活性，增加尿酶、转化酶活性[9]。图 7-3 显示，与小麦 / 大豆-芝麻比较，混播绿肥-大豆 ‖ 玉米-绿豆 ‖ 芝麻、黑麦草-花生 ‖ 玉米-粟 ‖ 荞麦等复种方式，土壤过氧化氢酶活性分别降低 27.8% 和 43.8%，尿酶活性提高 8.3% 和 40.1%，以黑麦草-花生 ‖ 玉米-粟 ‖ 荞麦复种方式差异显著；土壤转化酶活性提高 4.6% 和 12.7%，但不同复种方式之间差异不显著。

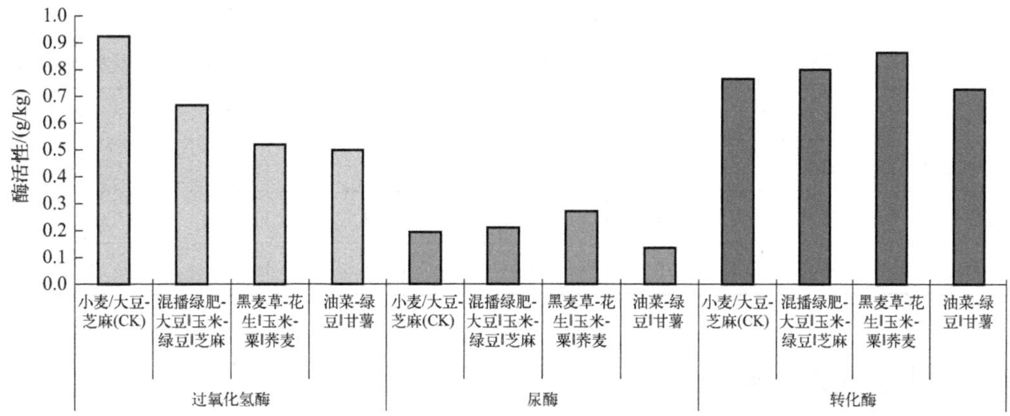

图 7-3　不同复种方式对红壤旱地土壤酶活性的影响

7.3　南方旱地甘蔗-绿肥种植与利用

7.3.1　南方旱地甘蔗-绿肥配置

甘蔗田可以配置冬季和夏季绿肥，冬季绿肥宜选择紫云英、光叶苕子，夏季绿肥宜选择绿豆、饭豆、豇豆、田菁、柽麻等。

甘蔗多集中连片种植，收获期迟，有的地区宿根 2 ～ 3 年，有的每年栽植新蔗苗。宿根栽培甘蔗，由于其收获期迟，收获后残存田间大量的叶、梢、残茬，对冬季绿肥的配置会造成一定困难。除宿根甘蔗外，春植甘蔗一般在 3 月中旬～ 4 月上旬种植，11 月上中旬收获。

春植甘蔗，可在甘蔗收获后抢时清理蔗田、撒播光叶苕子。宿根甘蔗，在秋季甘蔗生长后期清理好甘蔗残存物，畦两侧套种冬季绿肥，能生长良好且适宜留种。除配置冬季绿肥外，由于甘蔗行距较宽，苗期生长慢且需肥较少，可在前期间作套种夏季绿肥作物作短期绿肥利用，在 6 月下旬～ 7 月上旬全部压青作为甘蔗肥料。小暑以后，甘蔗进入旺盛生长期，分蘖多，对养分的需求大，同时正值高温时期，绿肥压青后，腐烂分解快，短期套种作绿肥利用，绿肥鲜草产量一般可达 750 ～ 1000kg/ 亩，正好满足甘蔗茎伸长和长粗对养分的大量需求。

广西大学 2003 年 5 月～ 2005 年 1 月在南宁开展的甘蔗复种绿肥试验结果表明[12]，种植利用两季大豆、绿豆作绿肥能显著增加甘蔗蔗茎产量，促进蔗糖早积累早成熟，提高甘蔗蔗糖含量（表 7-26）。

表7-26　广西南宁甘蔗复种绿肥对甘蔗产量及品质的影响

处理	甘蔗产量 /（t/ 亩）	甘蔗品质		蔗糖品质		
		蔗糖分 /%	纤维分 /%	锤度 /%	蔗糖分 /%	重力锤度 /%
花生-甘蔗	10.0	12.79	13.02	19.8	17.03	88.77
大豆-甘蔗	11.1	14.33	14.30	19.97	16.98	85.04
绿豆-甘蔗	10.9	13.45	14.31	19.58	17.84	91.14
休闲-甘蔗	9.4	12.75	14.43	19.48	16.99	87.22

7.3.2　甘蔗田绿肥播种期

在广西甘蔗产区，广西壮族自治区农业科学院的研究结果表明，尽管在甘蔗播种同时或甘蔗开始出苗期间作绿豆作绿肥会影响甘蔗的出苗率和分蘖率（表 7-27），但从绿肥利用后的甘蔗蔗茎产量分析，间作绿肥后均能提高甘蔗蔗茎产量，因此在与甘蔗播种同期间作绿豆或甘蔗播种至开始出苗时间作绿豆作绿肥均为适宜时期。

表7-27　甘蔗间种绿肥时期对广西甘蔗幼苗生长的影响

绿豆播种期	绿肥翻压期	出苗率 /%	分蘖率 /%	甘蔗苗数 /（$\times 10^4$ 株 / 亩）
甘蔗单作	—	96.9	121.3	1.45
甘蔗 / 绿豆同期	初花期	89.1	108.6	1.32
	盛花期	88.1	109.5	1.32
	结荚期	87.7	108.8	1.31
甘蔗播种后 10d	初花期	94.8	117.1	1.41
	盛花期	95.0	117.1	1.41
	结荚期	95.6	116.2	1.41
甘蔗出苗 20% 时	初花期	94.6	124.1	1.46
	盛花期	94.2	120.1	1.43
	结荚期	95.4	117.6	1.42

7.3.3 甘蔗田绿肥翻压还田期

广西壮族自治区农业科学院的研究表明，与甘蔗单作处理相比，间作绿肥后甘蔗有效茎数、株高、茎径和单茎重等农艺性状均有明显改善；尤其是在甘蔗播种期间作绿豆并在结荚期翻压的处理，其甘蔗有效茎数、株高、茎径和单茎重等均较甘蔗单种有显著的提高（表7-28）。与甘蔗单作比较，除甘蔗播种期间种植绿豆并于初花期翻压处理外，其余间作绿肥处理的甘蔗蔗茎产量增产 7.3% ～ 28.5%，但对蔗糖锤度无明显影响。

表7-28　甘蔗间作绿豆对广西甘蔗农艺性状的影响

绿肥播种期	绿肥还田期	株高 /m	茎径 /mm	单茎重 /kg	有效茎数 /（条/亩）	蔗茎产量 /（t/亩）	锤度 /%
甘蔗单作	—	3.11	31.40	1.479	4543	6.72	18.90
蔗肥同播	初花期	3.13	31.46	1.533	4315	6.61	18.10
	盛花期	3.17	31.58	1.574	4679	7.35	18.90
	结荚期	3.39	34.31	1.900	4556	8.63	19.20
甘蔗播种后 10d	初花期	3.19	31.73	1.598	4729	7.50	18.07
	盛花期	3.25	32.11	1.616	4920	7.95	18.77
	结荚期	3.27	32.50	1.775	4432	7.87	18.93
甘蔗出苗 20% 时	初花期	3.17	32.29	1.535	4704	7.21	18.67
	盛花期	3.23	32.11	1.582	4636	7.32	18.90
	结荚期	3.27	32.32	1.606	4784	7.69	18.83

7.3.4 绿肥还田后的甘蔗养分管理

广西壮族自治区农业科学院的研究表明，与甘蔗单作比较，甘蔗 / 绿豆压青还田处理的甘蔗氮吸收量在不同的施氮水平下均有提高，甘蔗蔗茎产量也显著增加（表 7-29）。间作绿豆甘蔗减氮 30% 处理（N 15.4kg/ 亩）的蔗茎产量仅比甘蔗单种常规施氮减产 2.7%，差异不显著，表明甘蔗间作绿肥可以较大幅度地减少甘蔗氮肥用量，实现氮肥减施增效。

表7-29　间作绿肥对广西甘蔗产量及构成的影响

种植模式	施氮水平 /（kg/亩）	出苗数 /（株/亩）	分蘖数 /（个/亩）	有效茎数 /（条/亩）	氮素吸收量 /（kg/亩）	蔗茎产量 /（t/亩）
甘蔗	0	6467	5913	3247	4.27	3.73
	15.4	6420	8073	3840	6.72	5.55
	22	6453	8087	4553	9.53	6.78

续表

种植模式	施氮水平/(kg/亩)	出苗数/(株/亩)	分蘖数/(个/亩)	有效茎数/(条/亩)	氮素吸收量/(kg/亩)	蔗茎产量/(t/亩)
甘蔗/绿豆	0	5787	5260	3620	5.62	4.67
	15.4	5800	7193	4480	9.55	6.60
	22	5833	7253	4560	12.57	8.16

参考文献

[1] 曹景勤，陈碧云. 低丘红壤豆科绿肥与非豆科绿肥黑麦草混播的效果研究. 土壤通报，1993，24(6):278-279.

[2] 江西省农业科学院作物研究所. 绿肥栽培与利用. 上海：上海科学技术出版社，1982.

[3] 全国农业技术推广服务中心. 中国有机肥料养分志. 北京：中国农业出版社，1999.

[4] 焦彬. 中国绿肥. 北京：农业出版社，1986.

[5] 刘佳，张杰，秦文婧，等. 红壤旱地毛叶苕子不同翻压量下腐解及养分释放特征. 草业学报，2016, 25(10):66-76.

[6] 段时纠，古国裁. 红壤旱地短季绿肥利用研究初报. 江西农业科技，1979，6:15-16.

[7] Xiang X, Adams J M, Qiu C, et al. Nutrient improvement and soil acidification inducing contrary effects on bacterial community structure following application of hairy vetch (*Vicia villosa* Roth L.) in Ultisol. Agriculture, Ecosystems and Environment, 2021, 312:107348.

[8] 王兴祥，张桃林，鲁如坤. 施肥措施对红壤结构的影响. 中国生态农业学报，2001，9(3):70-72.

[9] 黄国勤，周丽华，杨滨娟，等. 红壤旱地不同复种方式养地效果. 生态学报，2014，34(18):5191-5199.

[10] 李辉信，卢瑛，徐盛荣. 种植不同牧草对红壤碳氮的影响. 南京农业大学学报，1996，19(1):48-52.

[11] 谢为民，贺湘逸，王明珠，等. 江西红壤. 南昌：江西科学技术出版社，1988.

[12] 张丽琼，陈超君，欧丽萍，等. 绿肥对甘蔗产量及品质的影响. 亚热带农业研究，2007, 2(2):91-93.

FERTILIZER

第8章

西南旱地绿肥种植与利用

我国西南地区旱地大田作物主要有玉米、大春马铃薯、烤烟等夏作物以及油菜、小春马铃薯等越冬作物。近年来，长期有机肥施用不足、水土流失等问题造成耕地质量下降明显，同时烤烟田及马铃薯田土壤连作障碍问题也逐年加重。推行用地与养地结合、克服连作障碍、提升耕地质量、减少水土流失，是该地区农业持续发展亟待解决的问题。

与南方其他区域旱地不同，西南地区大多数地区海拔较高，气候相对冷凉，冬闲旱地较为普遍，玉米、马铃薯以及烤烟等夏作物收获后有长达半年的闲置时期。种植与利用耐冷凉、干旱的绿肥作物品种，构建冬绿肥与玉米、马铃薯、烤烟轮作的用养结合型一体化生产技术，对于解决本地区的旱作生产困扰有明显的效果。同时，在川渝一带的玉米-小麦种植系统中，引入绿肥生产，也可提升该系统可持续生产能力。

8.1　西南旱地冬绿肥选择

8.1.1　西南旱地冬绿肥种类

适宜在西南冬闲旱地种植的绿肥包括光叶苕子、箭筈豌豆、肥田萝卜（蓝花子）、豌豆、蚕豆等。光叶苕子是西南地区最常用的绿肥，光叶苕子能和玉米、马铃薯、烤烟等大春作物形成良好的用养结合种植制度。光叶苕子不仅养地作用好，也是西南地区最重要的畜禽饲草来源，当地常在春季用光叶苕子晒制草粉（图 8-1），育肥家畜。西南地区是我国光叶苕子种子的核心产区，特别是在云南昭通、云南曲靖、贵州毕节（图 8-2）、四川凉山彝族自治州等地，利用坡耕地发展苕子种业、草粉产业，是当地农户的重要收入来源。此外，光叶苕子也是优质蜜源作物，苕子蜜，品质优异，也称“雪脂莲蜜”，是我国著名蜂蜜种类。

图 8-1　光叶苕子晾晒场景（左：就地晾晒；右：利用玉米秆晒制）

图 8-2　贵州毕节地区坡耕地光叶苕子繁种（后茬种植玉米）

8.1.2　西南旱地冬绿肥配置

根据种植制度和区域的不同，除光叶苕子外，也可以选择其他绿肥种类，如豆科的紫云英、毛叶苕子、蚕豆，十字花科的肥用油菜、肥田萝卜（图 8-3），禾本科的黑麦草等。同时，可以参考南方旱地冬绿肥的选择要求。例如，在新垦旱地，宜选用耐酸、耐瘠薄和抗旱能力较强的绿肥种类，如肥田萝卜、肥用油菜及黑麦草等。此外，要考虑绿肥的前茬和接茬作物类型、收获和播种时间的实际需要，选择适宜的绿肥种类。

图 8-3　西南地区肥田萝卜-玉米轮作

不同科属间的绿肥混播有利于提升绿肥效能，包括提升绿肥鲜草产量和养分累积量，同时也能增加绿肥根系量。其中，山黧豆与黑麦草混播、箭筈豌豆与黑麦草混播、光叶苕子与肥田萝卜混播，均有明显的协同增效作用。

8.2　西南旱地冬绿肥种植与管理

西南地区冬季干旱现象较为普遍，掌握合理的种植管理技术，对于冬季绿肥高产十分重要。首先，注意播种方式，在播种量 3.0kg/ 亩的情况下，撒播较条播光叶苕子干草产量明显降低（表 8-1），如果采用撒播，可以适当加大播种量，并在撒播后采取镇压或浅旋耕等方式促进种子入土。其次，是合理的播种时间。在云南，条播和撒播冬绿肥皆以 8 月底～ 9 月中旬播种的产量最高；在四川，以 9 月播种的苕子鲜草产量较高，但种子产量则以 10 月播种的较高（表 8-1）。

表8-1　播种时间对光叶苕子产量的影响　　单位：kg/亩

云南干草产量			四川产量		
播种时间	条播	撒播	播种时间	鲜草	种子
2010-07-31	356	173	2010-09-10	2711	31.4
2010-08-15	498	231	2010-09-25	3286	29.0
2010-08-30	787	289	2010-10-10	1758	35.0
2010-09-14	658	276	2010-10-25	1230	35.7
2010-09-29	382	182	2010-11-10	1581	31.3

注：云南产量为干草，2011 年 2 月 16 日测产；四川产量为鲜草，2011 年 3 月 15 日测产。

表 8-2 归纳了西南旱地主要冬绿肥的播种时间、播种量和播种方式。在播种时间上，8 月底～ 11 月上旬均较适宜，其中，云南、贵州及四川凉山州地区应尽量在 9 月完成播种，重庆及四川大部地区应尽量在 9 月下旬～ 10 月上旬完成播种。在播种方式上，可选择撒播、条播、穴播等方式。墒情较好的地块，撒播是优先选择，但应适当加大播种量，并耧耙或浅旋，促进种子入土。但是，西南旱地区域跨度大、海拔落差大、作物类型多，气候、地势、地力、墒情等情况复杂，要视具体情况决定。如果土壤墒情较好或冬前降水有保障，除蚕豆、豌豆外，多数绿肥可选择撒播。冬季旱情频繁的云南、贵州及四川凉山州等地应以条播或穴播为主。需要注意的是，条播或穴播时播种量应比撒播减少 20% ～ 30%。

表8-2　西南旱地主要冬绿肥的播种条件

绿肥种类	播种时间	播种量 /（kg/ 亩）			条播、穴播行距 /cm
		条播	穴播	撒播	
光叶苕子	8 ～ 11 月上旬	2.5 ～ 3.5	2.0 ～ 3.0	4.0 ～ 4.5	30
毛叶苕子	9 ～ 11 月上旬	3.0 ～ 4.0	2.0 ～ 3.0	4.0 ～ 5.0	30
箭筈豌豆	9 ～ 11 月上旬	6.0 ～ 8.0	5.0 ～ 6.0	8.0 ～ 9.0	20
山黧豆	9 ～ 11 月上旬	4.0 ～ 5.0	3.0 ～ 4.0	5.0 ～ 6.0	20
紫云英	9 ～ 11 月上旬	1.5 ～ 2.0	—	2.0 ～ 2.5	15
豌豆	9 ～ 11 月上旬	6.0 ～ 8.0	5.0 ～ 6.0	—	30

续表

绿肥种类	播种时间	播种量 /（kg/ 亩）			条播、穴播行距 /cm
		条播	穴播	撒播	
蚕豆	9 ～ 11 月上旬	8.0 ～ 10.0	6.0 ～ 8.0	—	30
肥田萝卜	8 ～ 11 月上旬	0.7 ～ 0.8	0.5 ～ 0.6	1.0 ～ 1.5	35
油菜	8 ～ 11 月上旬	0.8 ～ 1.0	0.6 ～ 0.8	1.0 ～ 1.5	30
黑麦草	9 ～ 11 月上旬	1.0 ～ 1.5	—	1.5 ～ 2.0	25

8.3　西南旱地冬绿肥利用

8.3.1　光叶苕子-烤烟轮作绿肥利用

近年来，由于烤烟连作中出现产量和质量下降、病虫害加剧、经济效益差等问题，烤烟种植后复种绿肥，烤烟-绿肥轮作制度的作用逐渐被认识，应用范围不断扩大。

烤烟复种绿肥时，主要采用的绿肥种类为光叶苕子，品种主要是云光早苕和凉山苕子等。在旱地植烟采烤“上二棚”烟叶时，套种光叶苕子（图 8-4），也可以在墒情较好或者降雨前的适宜播期内播种，烤烟收获后播种的可以整地后条播。在采烤未结束时播种的，应在烟垄两侧穴播或者全田撒播。苕子在春季全田覆盖后，可以刈割部分青草作为饲草。烤烟移栽前 20 ～ 50d，刈割、翻压光叶苕子鲜草，翻压量以 1000 ～ 1500kg/ 亩为宜。后作烤烟氮肥用量减少 15% ～ 30%。

图 8-4　烤烟套种光叶苕子

（1）光叶苕子翻压时间对烤烟生长及产值的影响

2008～2015年，依托在云南省马龙的定位试验，观测了光叶苕子翻压时间对烤烟产量、产值及农艺性状的影响。结果表明（表8-3），在常见的翻压量（1000kg/亩）条件下，随着烤烟移栽时间的延后，烤烟的株高、茎粗、产量均有增加，绿肥翻压24d后进行烤烟移栽产值最高。综合考虑，云南烟田翻压光叶苕子的时间，在烤烟移栽前24d至1个月较为合适。

表8-3 光叶苕子不同翻压期对烤烟生长及产值的影响

绿肥翻压距烤烟移栽时间	株高/cm	茎粗/mm	烤烟产量/(kg/亩)	相对增加产量/%	烤烟产值/(元/亩)	相对增加产值/%
0d	100.9 a	40.0 b	186 ab	—	2260 b	—
8d	109.7 a	43.3 ab	172 b	−7.8	2264 ab	0.2
16d	109.6 a	39.0 b	197 ab	5.6	2575 ab	13.9
24d	116.1 a	45.8 a	206 a	10.7	2672 a	18.2

注：光叶苕子翻压量为1000kg/亩；施肥量N-P_2O_5-K_2O为6.0-6.0-12.0kg/亩。同一列数值后的不同小写字母表示差异显著（$p < 0.05$）。

（2）光叶苕子翻压量对烤烟产量及产值的影响

四川省5年（2011～2015年）的试验结果表明（表8-4），翻压光叶苕子鲜草500～1000kg/亩均有提高烟叶产量的趋势，且翻压光叶苕子鲜草1000kg/亩时最有利于烟叶产量和产值的双提升。单纯翻压光叶苕子鲜草1000kg/亩，能达到100%化肥烟叶86.9%的产量水平和84.0%的产值。

表8-4 翻压不同数量光叶苕子鲜草对烤烟产量、产值的影响（四川冕宁，2011～2015年）

处理	烤烟产量/（kg/亩）					产值/（元/亩）				
	2011年	2012年	2013年	2014年	2015年	2011年	2012年	2013年	2014年	2015年
无肥对照	40	18	46	42	36	311	176	1034	1169	540
GM1000	108	60	111	116	115	1159	1020	3182	3283	2183
CF100	137	62	124	132	132	1720	773	3248	3550	2598
GM500+CF100	145	65	140	142	139	1729	1035	4246	4278	2930
GM1000+CF100	162	86	166	158	156	1878	1317	5031	5099	3488
GM1500+CF100	172	81	155	149	142	1829	1400	3915	4266	2868

注：CF100为常规化肥量N-P_2O_5-K_2O=6.0-6.0-12.0kg/亩。GM为翻压光叶苕子，其后数值为翻压量（kg/亩）。

云南马龙7年（2009～2015年）的试验结果表明（表8-5），光叶苕子翻压量对烤烟产量、产值有明显影响，翻压量为1000kg/亩时的单位面积产值最高。另外，化肥减少30%条件下，种植并翻压500～2000kg/亩光叶苕子均显著增加烤烟产量、产值，增幅分别为

12.8% ～ 25.1% 和 12.4% ～ 16.7%；化肥减少 15% 条件下，种植并翻压 500 ～ 2000kg/ 亩光叶苕子，同样能显著增加烤烟产量、产值，增幅分别为 9.2% ～ 20.4% 和 8.6% ～ 14.8%。但是，烤烟翻压光叶苕子鲜草不宜过多，当高于 1000kg/ 亩时，反而使得烟叶品质下降，导致产生增产减收问题。

表8-5　光叶苕子翻压量对烤烟产量和产值的影响（云南马龙，2009～2015年）

处理	烤烟平均产量 /（kg/ 亩）	相对增加产量 /%	平均产值 /（元 / 亩）	相对增加产值 /%
GM0+CF70	147 b	—	2493 b	—
GM500+CF70	166 ab	12.8	2803 b	12.4
GM1000+CF70	174 a	18.4	2910 a	16.7
GM1500+CF70	181 a	23.2	2866 b	14.9
GM2000+CF70	184 a	25.1	2851 b	14.3
GM0+CF85	164 b	—	2640 b	—
GM500+CF85	179 ab	9.2	2868 a	8.6
GM1000+CF85	188 a	15.0	3030 a	14.8
GM1500+CF85	192 a	17.5	2971 a	12.5
GM2000+CF85	197 a	20.4	2892 a	9.5

注：常规化肥量为 N-P_2O_5-K_2O=6.0-6.0-12.0kg/ 亩。CF85、CF70 分别为常规化肥用量的 85%、70%。同一列数值后的不同小写字母表示差异显著（$p < 0.05$）。

（3）种植利用光叶苕子后的烤烟化肥减施效果

在四川，连续种植并翻压光叶苕子 5 年，烤烟上可减少 15% ～ 30% 的化肥施用，当季烟叶的产量略有增加，同时产值也有不同比例增加（表 8-6）。

表8-6　翻压光叶苕子后减少化肥施用量对烤烟产值的影响（四川冕宁，2011～2015年）单位：元/亩

处理	2011 年	2012 年	2013 年	2014 年	2015 年	5 年平均
无肥对照	311	861	3982	1821	850	1565 c
GM	1159	935	3777	3105	2151	2225 b
CF100	1720	738	4918	4297	3179	2970 a
GM+CF100	1878	1641	4357	4115	3740	3146 a
GM+CF85	1763	1354	4258	4752	4180	3261 a
GM+CF70	1865	1575	4872	3990	3537	3168 a

注：GM 为翻压光叶苕子 1000kg/ 亩；CF100 为常规化肥量 N-P_2O_5-K_2O=6.0-6.0-12.0kg/ 亩。CF85、CF70 为常规化肥用量的 85%、70%。同一列数值后的不同小写字母表示差异显著（$p < 0.05$）。

云南红壤旱地8年定位试验结果（表8-7），翻压等量光叶苕子配合化肥减量15%～30%能有效提升烤烟效益。种植并翻压光叶苕子鲜草1000kg/亩条件下，烤烟产量和产值以减施15%化肥+绿肥翻压处理最高，8年平均产量187kg/亩、产值2867元/亩，较单施100%化肥处理增产11.5%，产值增加264元/亩。减施30%化肥+绿肥翻压处理烤烟产量、产值较单施100%化肥处理也增产12kg/亩、增效138元/亩，增幅分别为7.3%和5.3%。

表8-7　翻压光叶苕子下减施氮肥对烤烟产量、产值的影响（云南，2008～2015年）

处理	产量 /（kg/亩）	相对增加产量 /%	产值 /（元/亩）	相对增加产值 /%
GM	164	−2.0	2561	−1.6
CF100	168	—	2603	—
GM+CF100	183	9.2	2727	4.8
GM+CF85	187	11.5	2867	10.1
GM+CF70	180	7.3	2741	5.3

注：GM为翻压光叶苕子1000kg/亩；CF100为常规化肥量N-P_2O_5-K_2O=6.0-6.0-12.0kg/亩。CF85、CF70为常规化肥用量的85%、70%。

云南2008～2015年的定位试验表明，等氮养分条件下，绿肥有机养分等量替代部分氮肥，利于烤烟产量和产值增加，光叶苕子替代化肥15%～60%的效果均表现良好，产量、产值分别提高3.8%～5.7%和4.9%～7.2%（表8-8）。

表8-8　等氮条件下光叶苕子与化肥配施对烤烟产量、产值和养分利用率的影响

处理	平均产量 /（kg/亩）	相对增加产量 /%	平均产值 /（kg/亩）	相对增加产值 /%	氮肥偏生产力 /（kg/kg）	氮肥农学效率 /（kg/kg）
0%GM+CF100	170	—	2645	—	7.2	2.3
15%GM+CF85	177	3.8	2775	4.9	8.0	2.8
30%GM+CF70	179	5.0	2810	6.3	8.8	3.1
45%GM+CF55	180	5.7	2835	7.2	9.6	3.4
60%GM+CF40	178	4.6	2786	5.3	10.6	3.7

注：GM为绿肥养分投入量，%为绿肥氮素占总氮素投入比例，CF100为常规化肥量N-P_2O_5-K_2O=6.0-6.0-12.0kg/亩。CF85、CF70、CF55、CF40为常规化肥氮素用量的85%、70%、55%、40%。

在云南马龙8年的定位试验显示，光叶苕子配合化肥减施，有降低烤烟根结线虫病发生率和提高土壤肥力的趋势（表8-9，表8-10）。种植并翻压光叶苕子鲜草1000kg/亩条件下，化肥减量0%、15%、30%和100%，烤烟根区线虫总数、寄生性线虫数较无肥对照分别增加27.3%～69.9%和22.8%～70.0%，但烤烟根结线虫病发生率降低34.6%～40.8%。相比

常规施氮的冬闲处理，土壤有机质、碱解氮、速效磷、速效钾和总孔隙度增加，增幅分别为7.3% ～ 13.3%、23.7% ～ 61%、1.3% ～ 26%、31.7% ～ 86.5%、3.6% ～ 4.3%，植烟土壤容重也有降低趋势。

表8-9　翻压等量光叶苕子与化肥氮减量对烤烟根区线虫数量及危害的影响

处理	线虫总数/(条/100g土)	较对照/%	寄生性线虫/(条/100g土)	较对照/%	烤烟根结线虫病发生率/%	较对照/%
CK	528	—	333	—	64.5	—
CF100	675	27.8	463	39.0	63.8	−1.1
GM+CF100	880	66.7	566	70.0	42.2	−34.6
GM+CF85	897	69.9	552	65.8	42.1	−34.7
GM+CF70	672	27.3	409	22.8	41.8	−35.2
GM	698	32.2	432	29.7	38.2	−40.8

注：CK为无肥对照，GM为翻压光叶苕子鲜草1000kg/亩，CF100为常规化肥量N-P_2O_5-K_2O=6.0-6.0-12.0kg/亩。CF85、CF70为常规化肥用量的85%、70%。

表8-10　翻压等量光叶苕子与化肥氮减量对红壤化学性状的影响

处理	有机质/(g/kg)	碱解氮/(mg/kg)	速效磷/(mg/kg)	速效钾/(mg/kg)	容重/(g/cm^3)	总孔隙度/%
CF100	34.6	107	22.3	187	1.06	59.9
GM+CF100	37.2	172	28.1	349	1.00	62.1
GM+CF85	37.9	152	24.9	303	1.00	62.2
GM+CF70	39.2	162	22.6	289	0.99	62.5
GM	37.7	132	24.1	246	1.00	62.4

注：GM为翻压光叶苕子鲜草1000kg/亩，CF100为常规化肥量N-P_2O_5-K_2O=6.0-6.0-12.0kg/亩。CF85、CF70为常规化肥用量的85%、70%。

（4）光叶苕子根茬还田对烤烟产量和土壤的培肥效果

在云南，农户常将光叶苕子地上部作为饲草，仅保留根茬还田。通过8年的定位观测，这种烟田肥饲兼用方式，仅靠根茬还田，同样可以改善土壤理化性状，提高烤烟产量和产值。表8-11表明，光叶苕子根茬还田、单独翻压光叶苕子鲜草1000kg/亩、种植光叶苕子并翻压鲜草1000kg/亩处理烤烟分别增产4kg/亩、17kg/亩、21kg/亩，增幅3.4%、14.0%、16.9%，增加产值140元/亩、348元/亩、391元/亩，增幅7.2%、17.8%、20.1%。3种不同利用方式均可改善土壤理化性状，显著降低植烟土壤容重，提高植烟土壤总孔隙度、pH、有机质、碱解氮、速效磷和速效钾（表8-12）。

表8-11 光叶苕子利用方式对烤烟产量的影响

处理	产量 /（kg/亩）	相对增加产量 /%	产值 /（元/亩）	相对增加产值 /%
CK	121	—	1950	—
光叶苕子根茬	125	3.4	2090	7.2
光叶苕子地上部	138	14.0	2298	17.8
光叶苕子根茬＋地上部	142	16.9	2341	20.1

注：CK 为不翻压绿肥对照。

表8-12 光叶苕子利用方式对土壤理化性状的影响

处理	容重 /（g/cm^3）	总孔隙度 /%	pH	有机质 /（g/kg）	碱解氮 /（mg/kg）	速效磷 /（mg/kg）	速效钾 /（mg/kg）
CK	1.03	61.0	5.34	27.6	115	19.4	171
光叶苕子根茬还田	1.01	61.8	5.39	30.0	118	21.4	163
光叶苕子地上部还田	0.98	63.1	5.38	32.8	198	24.8	244
光叶苕子根茬＋地上部还田	0.98	63.0	5.39	33.0	198	23.4	236

注：CK 为不翻压绿肥对照。

（5）绿肥调控烟田土壤微生态的作用

通过定位试验，研究了烤烟与绿肥光叶苕子、黑麦草、肥田萝卜轮作调控烟田土壤微生态的效应。结果发现，绿肥可增加细菌共现网络的复杂度。非根际土和根际土、根际土和根表、根表和根内的共现网络节点主要属于变形菌门（42%～70%）、放线菌门（10%～28%）和拟杆菌门（5%～9%）。节点数由外向内递减（非根际土—根际土—根表—根内），根际土和根表的边数量显著高于其他区室。不同处理下根际土和根表节点数相近，但光叶苕子、黑麦草和肥田萝卜处理下根际土和根表边数量分别为6140、7453、9836，均高于冬闲处理的5066[1]。

绿肥促进了细菌群落在不同区室间的水平扩散。溯源分析发现在各处理中，烤烟根际土、根表和根内的细菌类群均主要来自相邻的区室。冬闲处理下，根内细菌79.0%来自根表，根表细菌58.1%来自根际土，而根际土中细菌来自非根际土的比例为56.2%；与冬闲处理相比，不同绿肥处理下根内83.3%～84.3%的细菌来源于根表，根际土中58.1%～65.0%的细菌来源于非根际土。

绿肥增强了相邻区室间细菌的潜在相互作用。各处理不同区室间扩散-生态位连续体指数均为负值，说明微生物群落在不同区室间的构建过程以扩散为主。相比冬闲处理，绿肥处理下细菌群落在相邻区室间的扩散增强，特别是由非根际土向其他区室的扩散，表明绿肥塑造的土壤物种通过水平扩散进入作物根系的概率增加。

（6）绿肥定向调控微生物组

种植光叶苕子、黑麦草、肥田萝卜后，对绿肥措施敏感响应的微生物类群（apsASVs）

可改善土壤氮循环过程，并减少潜在土壤病原体，具有真菌病害防控潜力。

研究表明，在绿肥盛花期、翻压腐解期（翻压后20d）和烤烟旺长期（移栽后65d）的细菌apsASVs主要属于Proteobacteria、Bacteroidetes以及Actinobacteria，ASV数目分别为168、192和196。在盛花期、翻压腐解期和烤烟旺长期，光叶苕子、黑麦草和肥田萝卜处理的细菌apsASVs相对丰度分别1.5%、3.1%和2.8%，1.2%、3.2%和2.2%，1.9%、2.4%和2.1%，均高于冬闲的0.32%、1.29%和1.45%。不同时期的真菌apsASVs分别有48、52及79个，主要属于Mortierellomycota和Ascomycota。上述3个时期，冬闲处理真菌apsASVs相对丰度分别为0.7%、0.5%和1.1%，光叶苕子真菌apsASVs丰度分别为10.9%、15.6%和17.7%，黑麦草真菌apsASVs丰度分别为4.3%、12.4%和8.9%，肥田萝卜真菌apsASVs丰度分别为2.6%、9.9%和14.3%，表明绿肥处理通过显著提升土壤中关键细菌和真菌敏感微生物类群的丰度，优化了土壤微生物群落结构，其中光叶苕子对微生物群落的促进作用最显著。研究还发现，在绿肥翻压腐解和烤烟旺长期，绿肥处理提升了土壤氮循环基因丰度（硝酸盐呼吸、硝酸盐还原和固氮）；肥田萝卜处理的硫循环功能基因丰度增加[2]。

（7）绿肥防控土传真菌病害的潜力

分析了绿肥防控土传真菌病害的潜力，在绿肥翻压腐解和烤烟旺长期，各绿肥处理均显著降低潜在病原菌 *Fusarium* spp. 和 *Fusarium solani* 相对丰度，增加有益细菌 *Pseudomonas* spp. 的相对丰度。绿肥处理中apsASVs与潜在致病性真菌 *Fusarium* spp.、*Fusarium solani* 的相对丰度显著负相关，与有益细菌 *Pseudomonas* spp. 的相对丰度显著正相关，说明了绿肥措施具有较强的土传真菌病害防控潜力[2]。

8.3.2　光叶苕子-玉米轮作绿肥利用

玉米是西南地区主要旱粮作物。在玉米收获前后的9月中下旬，可抢时播种光叶苕子（图8-15）。早播有利于苕子在第二年早春良好生长，在冬前光叶苕子长势较好时可刈割留茬，鲜草晾干后作饲料，新生长的苕子翻压作绿肥。在翌年春季玉米播种前15～25d，将光叶苕子翻压用作玉米基肥。根据翻压苕子鲜草数量，玉米季化肥用量减少15%～30%。

图8-15　玉米田套播光叶苕子

（1）光叶苕子翻压期与翻压量

在贵州省，2009年试验结果表明，玉米播种前5～15d翻压光叶苕子作绿肥，均可提高玉米产量，其中提前15d翻压绿肥增产效果最明显。2010年进一步的验证试验也发现，提前5～15d翻压光叶苕子对玉米产量影响与2009年结果一致，当把翻压期提前到20～25d，玉米产量进一步提高（表8-13）。2011～2015年进一步试验，在翻压光叶苕子1000kg/亩条件下，光叶苕子合理翻压期是玉米播种前15～20d，此时翻压较100%化肥处理增产13.1%～192.1%。翻压量方面，贵州的试验结果显示，玉米常规化肥用量减少15%～30%的基础上，光叶苕子的翻压量以1000～2000kg/亩为佳。其中，以85%化肥配合翻压1000～1500kg/亩、70%化肥配合翻压1500～2000kg/亩光叶苕子玉米产量最高。

表8-13 绿肥不同翻压期对玉米产量的影响

处理	玉米产量/（kg/亩）	
	2009年	2010年
化肥	584	427
播种前5d翻压绿肥	607	449
播种前10d翻压绿肥	627	457
播种前15d翻压绿肥	632	462
播种前20d翻压绿肥	—	478
播种前25d翻压绿肥	—	488

注：化肥处理为$N-P_2O_5-K_2O$ = 12.0-8.0-12.0kg/亩；绿肥为光叶苕子为1000kg/亩。

（2）利用绿肥后的玉米化肥减量效应

将光叶苕子纳入玉米复种体系中，不仅提高玉米产量，还可减少化肥用量。贵州织金（2012～2015年）试验结果（表8-14），随着翻压绿肥年份的增加，玉米的化肥减量潜力逐渐增加，在翻压光叶苕子1000kg/亩的条件下，配施70%～85%化肥可显著提高玉米产量。可见，翻压光叶苕子1000kg/亩，玉米可减施化肥15%～30%。

表8-14 化肥减量对玉米籽粒及秸秆产量的影响（贵州织金，2012～2015年）

处理	产量/（kg/亩）									
	2012年		2013年		2014年		2015年		4年平均	
	籽粒	秸秆	籽粒	秸秆	籽粒	秸秆	籽粒	秸秆	籽粒	秸秆
CK	279	310	180	198	292	350	317	380	267	310
CF100	330	366	286	260	365	402	378	416	340	361
GM+CF100	339	376	353	321	416	449	410	442	380	397
GM+CF85	396	440	370	337	420	478	404	461	398	429

续表

处理	产量/（kg/亩）									
	2012 年		2013 年		2014 年		2015 年		4 年平均	
	籽粒	秸秆	籽粒	秸秆	籽粒	秸秆	籽粒	秸秆	籽粒	秸秆
GM+CF70	346	384	381	347	454	503	421	467	401	425
GM+CF55	345	384	346	315	401	453	408	462	375	404

注：GM 为光叶苕子翻压量 1000kg/ 亩，CF100 为常规化肥量 N-P_2O_5-K_2O =12.0-8.0-12.0kg/ 亩。CF85、CF70、CF55 分别为常规化肥量的 85%、70%、55%。

8.3.3 光叶苕子–马铃薯轮作绿肥利用

马铃薯连作障碍问题是制约马铃薯产业发展的重要难题，利用马铃薯生产的空闲季节，在云南、贵州、四川凉山州等相对冷凉的旱地进行“光叶苕子-马铃薯”轮作，是解决这些问题的良好措施。

光叶苕子-马铃薯轮作制度的技术要点为：7 月下旬～ 8 月中旬，马铃薯收获后及时整地抢时播种光叶苕子，以充分利用晚秋季节的光热资源促进其鲜草的生长；然后在翌年 2 月底～ 3 月初，马铃薯播种前 20 ～ 30d，将头年种植的光叶苕子刈割用作饲草或者直接翻压用作马铃薯基肥。翻压光叶苕子的地块，马铃薯能减少 15% ～ 20% 的农家肥和化肥用量。

（1）绿肥利用方式对马铃薯产量的影响

云南马龙 5 年的定位试验表明，绿肥不同利用方式对红壤旱地马铃薯产量有积极的影响。不减施氮肥条件下，光叶苕子根茬还田、翻压光叶苕子鲜草、翻压光叶苕子鲜草和根茬、翻压肥田萝卜鲜草和根茬四个处理马铃薯产量较仅施用化肥对照处理分别增加 292kg/ 亩、639kg/ 亩、615kg/ 亩、501kg/ 亩。氮肥减施 30% 时，绿肥处理也有明显增产效果，其中翻压光叶苕子处理的马铃薯产量与不减施氮肥处理的产量相近（表 8-15）。

表8–15 不同绿肥利用方式对红壤旱地马铃薯产量的影响（云南马龙，2010 ~ 2015年）

处理	不减氮肥			减氮肥 30%		
	产量/(kg/ 亩)	较对照/%	较 CF/%	产量/(kg/ 亩)	较对照/%	较 CF/%
对照	1418	—	—	1418	—	—
CF	1953	37.7	—	1712	20.7	—
CF+ 绿肥根茬	2245	58.3	15.0	1806	27.4	5.5
CF+ 绿肥鲜草	2592	82.8	32.7	2570	81.2	50.1
CF+ 绿肥根茬 + 鲜草	2568	81.1	31.5	2258	59.3	31.9
CF+ 肥田萝卜	2454	73.1	25.7	1844	30.0	7.7

注：CF 为常规化肥量 N-P_2O_5-K_2O =12.0-8.0-12.0kg/ 亩。绿肥为光叶苕子。

（2）绿肥翻压量对马铃薯产量的影响

在四川省开展的绿肥翻压＋化肥减施试验表明（图 8-6），施用 100% 的化肥水平下，随着绿肥翻压量的增加，马铃薯的产量也逐渐增加，在绿肥翻压量为 1500kg/ 亩时产量最高。而在翻压 1000kg/ 亩绿肥并配合施用化肥的条件下，随着化肥施用量的逐步减少，产量有逐渐减少的趋势，但化学肥料减施 15% 情况下，马铃薯产量与常规施肥相当。

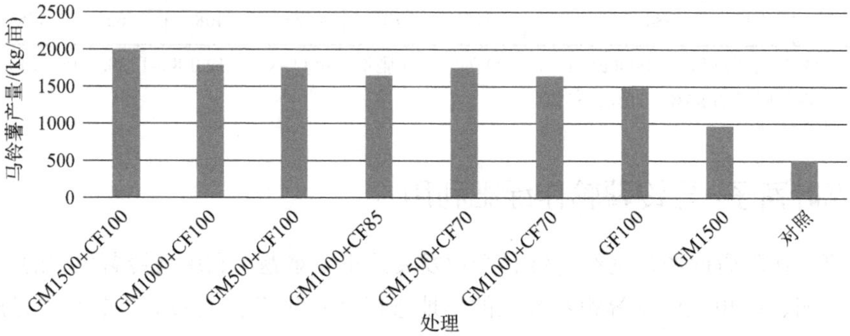

图 8-6　光叶苕子翻压量及配施不同比例化肥对马铃薯产量的影响（四川，2009 年）

CF100 为常规化肥量 N-P_2O_5-K_2O =12.0-8.0-12.0kg/ 亩，CF85、CF70 分别为常规化肥量的 85%、70%

（3）绿肥翻压量对马铃薯品质的影响

研究结果表明，翻压绿肥有助于马铃薯品质改善（表 8-16）。施肥量不减前提下，淀粉含量随着绿肥翻压量的增加而增加；在翻压 1500kg/ 亩绿肥情况下，淀粉含量随化肥用量减少而增加。绿肥与化肥配合有利于降低马铃薯还原糖含量，并且有明显提升维生素 C 含量的效果。翻压 1000kg/ 亩绿肥的地块，马铃薯应适当减施化肥 15% 左右，马铃薯还原糖含量会略有增加。

表8-16　光叶苕子翻压量及配施不同比例化肥对马铃薯品质的影响（四川，2009年）

处理	淀粉（原样）/%	维生素 C/（mg/100g）	还原糖 /%
无肥对照	18.5	9.4	0.443
GM1500	17.2	12.3	0.500
CF100	16.5	11.7	0.591
GM500+CF100	14.7	15.2	0.363
GM1000+CF100	14.9	14.0	0.336
GM1500+CF100	15.9	10.4	0.462
GM1000+CF85	15.1	13.4	0.495
GM1000+CF70	15.6	12.2	0.351
GM1500+CF70	17.3	9.5	0.488

注：CF100 为常规化肥量 N-P_2O_5-K_2O =12.0-8.0-12.0kg/ 亩，CF85、CF70 分别为常规化肥量的 85%、70%。

8.3.4　玉米–小麦–大豆–绿肥带状复合种植绿肥与利用

小麦-玉米两熟或小麦-玉米-甘薯三作区常年高强度利用土地，有机肥投入不足，导致土壤质量下降，利用粮食作物的空行套种或利用空闲季节复种绿肥是解决这些问题的良好措施。

在西南旱地玉米-小麦-大豆复合种植区域，常在小麦种植季节预留种植玉米的带状行，这些空间插种光叶苕子或扁荚山黧豆，形成小麦-大豆轮作、绿肥-玉米轮作的带状轮种模式。这种模式可以增加饲草供应，培肥地力。绿肥作物可撒播或条播，在冬前绿肥长势较好时，刈割一次作饲草。次年玉米移栽或播种前 10 ～ 15d 将其翻压，化肥用量可减少 15% ～ 30%。

研究表明（表 8-17），通过预留玉米带宽 2m 的模式，在预留带种植豆科绿肥，对同季小麦有显著增产效果，对后季玉米也有一定增产作用，虽然麦茬后的大豆减产，但综合周年粮食产量均增产。以带状轮种扁荚山黧豆效果较好，使小麦增产 8.8%、玉米增产 6.3%、周年粮食增产 9.2%，其次是豌豆、蚕豆，周年粮食产量分别增加 3.6% 和 3.5%。

表8-17　玉米-小麦套种预留带间种植与利用冬绿肥对粮食作物产量的影响（四川）

间种处理	小麦		玉米		大豆		绿肥收种/(kg/亩)	周年粮食	
	产量/(kg/亩)	较对照/%	产量/(kg/亩)	较对照/%	产量/(kg/亩)	较对照/%		产量/(kg/亩)	较对照/%
小麦-大豆 // 山黧豆-玉米	124	8.8	330	6.3	81	−5.8	22	557	9.2
小麦-大豆 // 豌豆-玉米	121	6.0	310	0.0	80	−7.0	17	529	3.6
小麦-大豆 // 蚕豆-玉米	120	5.3	313	1.0	78	−9.3	16	528	3.5
小麦-大豆 // 预留带-玉米	114	—	310	—	86	—	—	510	—

在贵州，玉米-小麦带状轮种冬绿肥光叶苕子，小麦和苕子各 2m 条带种植。苕子翻压利用作玉米基肥，当季玉米产量显著高于冬闲-玉米模式，同时增收小麦籽粒 177kg/ 亩和苕子鲜草 1858kg/ 亩。与玉米复种苕子模式比较，虽然玉米产量稍微降低，但后者却无小麦产量（表 8-18）。可见玉米-小麦带状轮种冬绿肥光叶苕子为该地区良田用养结合提供了可以选择的技术途径。

表8-18　玉米-小麦带状轮种苕子对各作物产量的影响（贵州，2009年）

处理	玉米/(kg/亩)	小麦/(kg/亩)	苕子鲜草/(kg/亩)
苕子-玉米	554	0	1913
小麦，苕子-玉米	500	177	1858
冬闲-玉米	363	0	0

参考文献

[1] Liang H, Fu L B, Chen H, et al. Green manuring facilitates bacterial community dispersal across different compartments of subsequent tobacco. Journal of Integrative, Agriculture, 2023, 22(4): 1199-1215.

[2] Liang H, Li S, Zhou G P, et al. Targeted regulation of the microbiome by green manuring to promote tobacco growth. Biology and Fertility of Soils, 2024, 60(1):69-85.

中国肥料研究与应用全书

Books of Fertilizer Research and Application in China

FERTILIZER

第9章

西北旱地绿肥种植与利用

西北旱作农业区（陕西、甘肃、青海、新疆、宁夏以及内蒙古西部地区）的特点为光照资源丰富，昼夜温差大，但水热资源时空分布不均衡，部分地区气候寒冷。作物生长季较短，多数地区一季有余，两季不足。该区域主栽作物包括玉米、麦类、马铃薯、油葵、油菜以及高原蔬菜等，形成雨养农业与灌溉农业并存的格局。作为我国重要的农牧交错带，该区域土地资源种类丰富、面积广阔，但存在生态系统脆弱的问题，耕地保育与生态安全协同发展需求迫切。

西北地区是我国旱地绿肥作物的发祥地，在旱地绿肥作物种植与利用方面具有悠久的历史。长期以来，利用耐低温型豆科、短期速生禾本科及十字花科等绿肥作物，探索形成了适宜玉米、小麦、马铃薯、油葵、夏菜等作物的用养结合型种植制度，在充分利用土地资源的同时，能够养育土壤并补充牧业饲草来源。绿肥技术的应用与实践，有效破解了作物集约化生产方式中“用地”与“养地”间的矛盾，并通过优化平衡碳氮循环、增加作物多样性和地表生物覆盖度进而强化农田生态服务功能，在耕地保育与农业高质量发展中发挥着重要作用。

9.1 西北农区主要绿肥生产制度及绿肥选择

表 9-1 是西北地区陕西、甘肃、青海、新疆、宁夏以及内蒙古西部地区的主要绿肥种植制度及绿肥种类推荐表。在生产实践中，除了表中推荐的绿肥种类外，适宜当地主作物制度、能作为绿肥种植利用的作物种类，大多也可以采用。

表9-1 西北农区主要绿肥生产制度及绿肥选择

绿肥生产制度（模式）	绿肥种类选择	适宜的主要区域
玉米-绿肥间套作	毛叶苕子、箭筈豌豆、针叶豌豆、甜豌豆、草木樨	甘肃、青海、内蒙古西部
麦后复种绿肥	毛叶苕子、箭筈豌豆、草木樨、冬油菜	甘肃、青海、新疆、宁夏、内蒙古西部的春麦区
玉米-小麦复种秋绿肥带状复合种植	毛叶苕子、箭筈豌豆、草木樨	甘肃、青海、宁夏、内蒙古西部
黄土高原冬小麦复种绿肥-夏玉米 2 年 3 作	长武怀豆，当地大豆	陕西北部、甘肃东部雨养农业区
高原夏菜复种绿肥	毛叶苕子、箭筈豌豆、草木樨、冬油菜	甘肃河西、陇西高原
马铃薯-绿肥间作	毛叶苕子、箭筈豌豆、草木樨	甘肃、青海、陕西
春绿肥-油葵间套作	毛叶苕子、箭筈豌豆、针叶豌豆、甜豌豆、草木樨	甘肃、青海、宁夏、内蒙古西部

9.2　西北冷凉区玉米间作绿肥

9.2.1　绿肥配置

冷凉地区玉米生育期长，几乎占据整个无霜期，如甘肃河西走廊灌区，一般在 4 月中下旬播种到 9 月底～ 10 月中旬收获，生育期长达 150d 以上。由于气候冷凉，玉米前期生长较缓慢，行间有较大空间。利用这个特点，在玉米生长前期通过合理间作，将喜冷凉的豆科作物纳入玉米种植系统，从而充分利用玉米生长前期的光、热资源，提高光、温、水等因子利用效率，增加产量，缓解土地压力；同时，绿肥既是培肥改土的好肥料，又是农区发展养畜业的好饲草，可实现粮肥或粮饲双丰收。

在绿肥作物种类选择上，以春季速生、短期的豆科绿肥为主，包括毛叶苕子、箭筈豌豆、草木樨、豌豆类作物。豌豆类作物有针叶豌豆、甜豌豆、麻豌豆等。豌豆能共生固氮、与其他作物间作高效兼容，耐凉，耗水量相对较小，是与玉米配置的良好绿肥种类。玉米间作豌豆是近年来我国甘肃省河西走廊地区兴起的新型种植模式。2005 年以来因其显著的节水、高效和推进农牧结合的潜力而得到迅速推广，应用面积已突破 30 万亩 [1]。在长期应用中，玉米间作豌豆能够提高作物氮素利用效率，增加农田产出，其增产增效与生态保育等方面的综合功能得到了广泛证实。

玉米采用宽窄行形式，宽行 80cm，窄行 40cm，宽行种植 4 行绿肥，窄行种植 2 行玉米。亦可采用大宽行等宽种植，玉米和绿肥带宽分别为 120cm 和 80cm，玉米种植 3 行，绿肥种植 4 行（图 9-1）。降低株距以保障玉米密度。这种模式在甘肃、青海等地较为常见。

图 9-1　玉米间作针叶豌豆（甘肃武威，2017 年）

9.2.2 种植管理

（1）种植时间及种植方式

前茬作物收获后整地，第二年3月中下旬播种绿肥，露地种植。绿肥出苗后（4月10～15日，表层土壤温度稳定在10℃时）播种玉米，玉米覆膜种植。

玉米宽窄行种植时，首先在玉米带覆盖80cm地膜（膜边距绿肥10cm左右），膜侧压土10cm左右，膜间距80cm作为绿肥带。种植绿肥时，绿肥条播或穴播4行，行距15～20cm。种植玉米时，在覆膜带上距膜边15cm处打点穴播玉米，每膜2行（实现玉米行距40cm），穴距18cm，穴深2～3cm，每穴播1～2粒种子，穴口覆湿土。此方式下，玉米与绿肥总幅宽135～150cm，玉米保苗约5000～5500株/亩。

等行距种植时，玉米带覆膜宽120cm（膜边距绿肥10cm左右），预留膜间距80cm作为绿肥带。绿肥条播或穴播4行，行距15～20cm。种植玉米时，在覆膜带上距膜边15cm处打点穴播玉米，每膜3行（实现玉米行距40cm），穴距18～20cm，穴深2～3cm，每穴播1～2粒种子，穴口覆湿土。此方式下，玉米与绿肥总幅宽175～190cm，玉米保苗约5800～6300株/亩。

（2）豆类绿肥种植与利用技术

参照区域推荐的单作绿肥播种量，按照其占地比例折算间作绿肥的播量。其中，单作针叶豌豆、鲜食豌豆播量为15.0～18.0kg/亩，单作毛叶苕子播量为4.0～5.0kg/亩，单作箭筈豌豆播量为8.0～10.0kg/亩，单作草木樨播量为1.0～1.5kg/亩。

播种后7～10d绿肥基本出苗。在箭筈豌豆或毛叶苕子苗高5～7cm时，针叶豌豆、鲜食豌豆封垄前中耕除草1次。各类绿肥不单独灌水，利用玉米灌水即可。

豌豆类在6月可以采摘青豆菜用，亦可在籽粒成熟时收籽，豆秸留田；其他类绿肥作物可以结合中耕刈割翻压还田或者自然覆盖还田。收籽方式经济效益较高，此外，考虑到本地区农牧结合的特点，在毛叶苕子、箭筈豌豆、草木樨等生物量较大的时候，刈割作饲草、根茬还田，也是比较常用的利用方式。

9.2.3 绿肥种植利用效应

玉米-绿肥间作模式可增加冷凉区玉米田作物多样性，在同年保证玉米产量的前提下，产出更多的有机肥源、豆类产品和饲料，丰富了农田产品种类，并能够改善土壤质量，提高作物水肥利用效率，对增强农田生态服务功能、耕地用养结合、持续稳产丰产发挥重要的支撑作用。

（1）产量与经济效益

通过7年的试验表明（表9-2），玉米||草木樨、玉米||豌豆、玉米||苕子压青处理的玉米与单作玉米比较略有增产，但差异不显著。压青处理产量均高于相同绿肥作物的根茬处理。

由表9-3可以看出，玉米间作绿肥较单作玉米能够增加经济效益，而且玉米间作针叶豌豆的经济效益均高于玉米间作毛叶苕子，其中三行和两行玉米间作三行针叶豌豆的经济效益最高。

表9-2 玉米||绿肥种植模式对玉米产量的影响（甘肃武威，2009～2015年）

处理	玉米产量 /（kg/ 亩）								较单作玉米增产	
	2009 年	2010 年	2011 年	2012 年	2013 年	2014 年	2015 年	平均	产量 /（kg/ 亩）	增产率 /%
单作玉米	718	978	913	1056	860	1035	973	933	0	0.0
玉米 || 针豌（根茬）	726	1053	864	1058	848	956	969	925	−9	−0.9
玉米 || 针豌（压青）	742	1055	889	1070	855	958	979	935	2	0.2
玉米 || 甜豌（根茬）	806	1034	863	1028	795	936	966	918	−15	−1.6
玉米 || 甜豌（压青）	813	1066	905	1041	821	969	979	942	9	0.9
玉米 || 麻豌（根茬）	753	982	814	975	807	946	966	892	−42	−4.4
玉米 || 麻豌（压青）	779	1115	901	1007	887	952	973	945	11	1.2
玉米 || 箭筈（根茬）	716	992	803	1034	908	974	954	912	−22	−2.3
玉米 || 箭筈（压青）	756	1042	928	1043	932	1020	975	956	23	2.5
玉米 || 草木樨（根茬）	806	961	885	1038	877	959	953	925	−8	−0.8
玉米 || 草木樨（压青）	835	1089	939	1068	883	975	973	966	33	3.5

注：|| 是指间作；根茬是指地上部移出农田、根茬还田；压青是指地上部、根茬全量还田。

表9-3　不同带型下玉米间作绿肥的产量和经济效益（甘肃武威，2011～2014年）

处理	玉米 /（kg/ 亩）		绿肥 /（kg/ 亩）		效益 /（元 / 亩）			
	籽粒	增产量	鲜草	籽粒	收入	增加成本	纯收益	增收
2 玉 + 无绿肥	863	—	—	—	1813	—	1813	—
2 玉 +2 针豌	871	8	2506	102	2335	33	2301	488
2 玉 +2 箭毛	849	−14	167	—	2042	20	2023	210
2 玉 +3 针豌	843	−20	217	148	2486	47	2439	626
2 玉 +3 箭毛	778	−85	225	—	1933	27	1906	93
3 玉 + 无绿肥	926	63	—	—	1945	7	1938	125
3 玉 +2 针豌	932	69	143	70	2340	25	2315	502
3 玉 +2 箭毛	920	57	187	—	2157	16	2141	328
3 玉 +3 针豌	926	63	207	97	2483	33	2450	637
3 玉 +3 箭毛	899	36	227	—	2162	20	2142	329

注：2、3 分别 2 行、3 行。玉为玉米，针豌为针叶豌豆，箭毛为箭筈豌豆与毛叶苕子混播。各农产品价格和关键投入为玉米籽粒 2.10 元 /kg；针叶豌豆秸秆 1.2 元 /kg、籽粒 3.0 元 /kg；毛苕子秸秆 1.20 元 /kg；针叶豌豆种子 4.0 元 /kg；毛苕子种子 10.0 元 /kg；绿肥收种人工 100 元 / 亩。

（2）肥料减施效应

2009～2015 年在甘肃武威的定位监测结果（表 9-4）表明：在等量施肥条件下，间作毛叶苕子、箭筈豌豆的后茬玉米较不施肥增产 11.2% 和 9.1%；在氮肥减施 10%～30% 情况下，玉米不减产。

表9-4　绿肥根茬对后作物玉米产量的氮肥减施效果（甘肃武威，2009～2015年）

处理	毛叶苕子		箭筈豌豆	
	玉米产量 /（kg/ 亩）	较对照 /%	玉米产量 /（kg/ 亩）	较对照 /%
常规施肥	1032	11.2	1013	9.1
减氮 10%	997	7.4	998	7.5
减氮 20%	994	7.1	930	0.2
减氮 30%	953	2.6	926	−0.2
减氮 40%	877	−5.5	893	−3.8
对照	928	0.0	928	0.0

注：常规施肥量 N、P_2O_5 分别为 25.0kg/ 亩、15.0kg/ 亩，对照为不施肥处理。

2012～2015 年的玉米产量结果表明（表 9-5），间作针叶豌豆或毛叶苕子时，玉米均在农民习惯施氮减量 10% 条件下不减产。玉米间作绿肥后能够增加经济效益，而且间作针叶豌豆的经济效益均要高于间作毛叶苕子，其中以玉米间作针叶豌豆施用95%化学氮肥处理的经济效益最高，相比全量施肥处理可增收24.0%。而玉米间作毛叶苕子在施用90%化学氮肥的情况下经济效益最高，相比全量施肥处理可增收9.4%。

表9-5　玉米间作绿肥对玉米产量的影响（甘肃武威，2012～2015年）

处理	玉米产量/(kg/亩)		增产率/%	经济效益/(元/亩)		增收率/%
	产量	较100%化肥增产		收益	较100%化肥增收	
CK	732	−274	−27.3	1537	−576	−27.3
100%	1006	—	—	2113	—	—
95%+针豌	1015	8	0.8	2621	508	24.0
90%+针豌	997	−9	−0.9	2590	477	22.6
85%+针豌	962	−45	−4.4	2518	405	19.2
80%+针豌	937	−70	−6.9	2481	368	17.4
0%+针豌	769	−237	−23.6	2021	−92	−4.4
90%+苕子	980	−26	−2.6	2312	199	9.4
80%+苕子	923	−83	−8.3	2196	83	3.9
70%+苕子	890	−116	−11.6	2144	31	1.5
60%+苕子	844	−162	−16.1	2029	−84	−4.0
0%+苕子	735	−272	−27.0	1775	−338	−16.0

注：针豌为针叶豌豆，苕子为毛叶苕子。95%、90%、85%、80%、0%分别为减施5%、10%、15%、20%、100%化肥。100%化肥处理施肥量N、P_2O_5分别为25.0kg/亩、15.0kg/亩，对照为不施肥处理。

（3）培肥与减排效应

间作绿肥压青能够明显改善地力。依托2009年建立的玉米间作针叶豌豆、甜豌豆、麻豌豆、毛叶苕子、草木樨5种绿肥作物间作模式的定位试验，2013年测定结果表明（表9-6），玉米间作绿肥土壤碱解氮、速效磷含量增加的顺序为绿肥压青＞根茬还田＞单作玉米。此外，间作绿肥可显著增加土壤中有益微生物细菌数量，其中针叶豌豆压青处理细菌数增加最多，较对照增加60.3%。

表9-6　玉米间作绿肥对土壤养分的影响（甘肃武威，2013年）

处理	有机质/(g/kg)	全氮/(g/kg)	速效磷/(mg/kg)	速效钾/(mg/kg)
单作玉米（CK）	20.8	1.16	44.2	122
玉米‖针豌（根茬）	21.2	1.20	39.8	124
玉米‖针豌（压青）	21.6	1.21	43.8	131

续表

处理	有机质 / (g/kg)	全氮 / (g/kg)	速效磷 / (mg/kg)	速效钾 / (mg/kg)
玉米 ‖ 甜豌（根茬）	20.0	1.19	30.6	124
玉米 ‖ 甜豌（压青）	21.1	1.25	38.4	135
玉米 ‖ 麻豌（根茬）	19.2	1.20	29.7	142
玉米 ‖ 麻豌（压青）	20.8	1.20	36.0	125
玉米 ‖ 箭毛（根茬）	20.4	1.18	33.4	120
玉米 ‖ 箭毛（压青）	21.2	1.24	35.3	142
玉米 ‖ 草木樨（根茬）	20.0	1.17	39.6	125
玉米 ‖ 草木樨（压青）	20.4	1.20	40.8	133

玉米-绿肥间作 11 年后的监测结果表明[2]，相比农民习惯施氮量（25kg/ 亩）的单作玉米，玉米间作豆科绿肥在化肥减量 20% 下不仅可以稳产，而且 0 ～ 1m 的土壤容重下降 6.4% ～ 14.2%、0 ～ 20cm 的土壤有机碳含量增加 6.7% ～ 12.4%；0 ～ 100cm 土层有机碳储量增加 14.8%、0 ～ 100cm 土层无机氮残留降低 30.8%。

玉米间作豆科绿肥具有氮素互补高效利用的特点。玉米间作豌豆土地当量比可达到 1.24 ～ 1.30，较单作玉米和单作豌豆增产效果显著，并且作物氮素利用效率较单作玉米可增加 4% ～ 113%[3]。另外，与玉米间作可以增强豆科绿肥的生物固氮。玉米对土壤碱解氮（硝态氮、铵态氮）的较强的竞争迫使针叶豌豆更多地依赖于生物固氮，起到“氮阻遏缓解效应”。研究表明，间作玉米使针叶豌豆较单作根瘤数增加 16% 以上，玉米密度从 3500 株 / 亩增加到 4000 株 / 亩，对针叶豌豆的“氮阻遏缓解效应”增强 63%[4]。

玉米-绿肥间作提高了玉米磷吸收。2009 年开始的定位试验研究表明[5]，2020 年、2021 年和 2023 年，间作玉米籽粒的磷积累量显著高于单作玉米，平均增幅为 10.6%（毛叶苕子 15.9%，针叶豌豆 5.2%，甜豌豆 10.8%）（图 9-2）。主要与玉米-绿肥间作增加玉米根长密度、有机酸含量和土壤磷酸酶活性，降低土壤 pH 有关。表 9-7 表明，与单作玉米相比，间作增加了 0 ～ 15cm 土层中玉米的根长密度，毛叶苕子和针叶豌豆处理分别增加 32.4% 和 47.8%；间作增加了玉米的有机酸释放速率，毛叶苕子处理下玉米的有机酸总释放速率约为

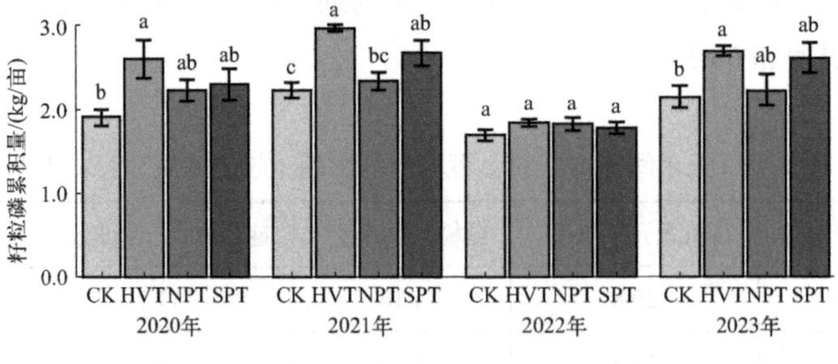

图 9-2　玉米籽粒磷累积量（甘肃武威，2020 ~ 2023 年）

CK 为玉米单作，HVT、NPT、SPT 分别为玉米间作毛叶苕子、针叶豌豆、甜豌豆。图柱上不同小写字母表示在相应的年份处理间差异显著（$p < 0.05$）

CK 的两倍；同时，毛叶苕子处理表层土壤（0 ～ 15cm）中的酸性磷酸酶和碱性磷酸酶活性较 CK 分别提高了 88.5% 和 38.5%[5]。此外，玉米-绿肥改变了土壤磷组分，与单作玉米相比，间作降低了耕层土壤无效态磷库的占比，提高了缓效态磷库占比。

表9-7　不同处理玉米根长密度、有机酸释放速率、土壤pH值、酸性和碱性磷酸酶活性

处理	根长密度/（cm/cm³）	有机酸释放速率/（μmol/g）	土壤酸性磷酸酶活性/（U/g）	土壤碱性磷酸酶活性/（U/g）	土壤 pH 值
CK	0.71 b	0.86 b	8865 c	6303 b	8.44 a
HVT	0.94 ab	2.11 a	16711 a	8730 a	8.07 b
NPT	1.05 a	1.43 ab	13643 ab	7979 a	8.33 a
SPT	0.73 b	1.57 ab	11191 bc	7682 ab	8.10 b

注：CK 为玉米单作，HVT、NPT、SPT 分别为玉米间作毛叶苕子、针叶豌豆、甜豌豆。

玉米间作豌豆较单作玉米能够降低农田碳足迹。多年田间定位试验结果表明[6]，玉米间作针叶豌豆较单作玉米 CO_2 和 N_2O 排放量分别降低 19.2% 和 50.0%、碳足迹降低 5.4%。玉米间作豌豆能够同时提高作物产量和减少环境影响，主要得益于作物多样性系统中种间正效应的协同过程，具体包括土壤水分与养分共享的根系效应、根际间相互作用以及带状轮作倒茬种植两种作物之间产生的互补效应。

玉米间作豆科绿肥因替代部分化学氮肥而减少土壤 N_2O 排放。针对玉米间作绿肥（箭筈豌豆、油菜）的研究表明[7]，间作绿肥增加了玉米与绿肥共生期的土壤呼吸速率，但减量25% 施氮可使玉米生育期内土壤 N_2O 排放速率降低 10.7% ～ 16.5%，其中在玉米间作箭筈豌豆中可降低土壤 N_2O 排放速率 5.6% ～ 11.1%。基于能量产量的碳排效率则以玉米间作箭筈豌豆 18kg（N）/ 亩施氮处理最高，较其他处理平均高 8.9%（图 9-3）。

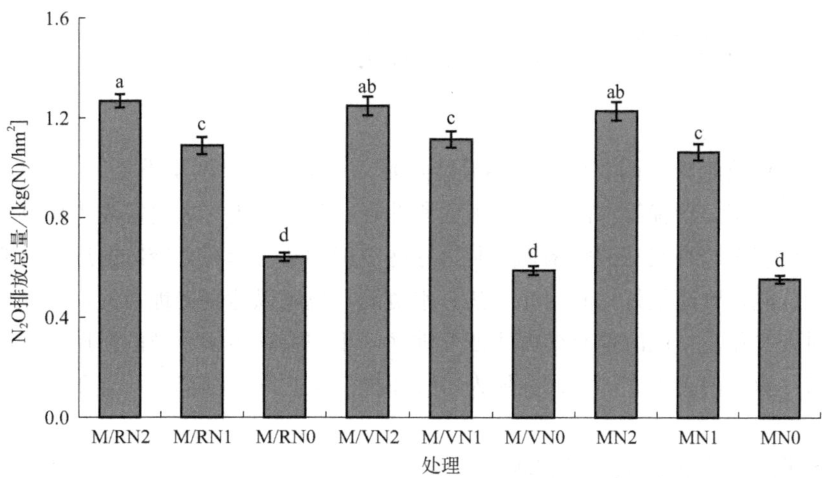

图 9-3　玉米间作绿肥 N_2O 排放量（甘肃武威，2018 年）

M/R、M/V、M 分别为玉米间作油菜、玉米间作箭筈豌豆、单作玉米，N0、N1、N2 的施氮量分别为 0kg(N)/ 亩、18.0kg(N)/ 亩、24.0kg(N)/ 亩。图柱上不同小写字母表示处理间差异显著（$p < 0.05$）

另一个玉米-绿肥间作 11 年的定位试验结果显示[8]，相比农民习惯施肥量下的单作玉米，玉米间作豆科绿肥在化肥减量 20% 下的温室气体排放量降低 17.8%，其排放强度降低 15.4%。

（4）水分效应

豆科绿肥能够在氮肥减量条件下提高玉米水分利用效率。在减量施氮 25% 条件下，间作油菜、间作箭筈豌豆下的玉米籽粒产量较单作玉米分别增加 8.1% ～ 10.1% 和 10.9% ～ 12.0%[9]。玉米间作箭筈豌豆较单作玉米水分利用效率提高 14.9% ～ 15.6%；玉米间作油菜、玉米间作箭筈豌豆在减量 25% 施氮条件下的水分利用效率，分别较地方推荐施氮量处理［24kg(N)/ 亩］提高 3.4% ～ 5.2% 和 5.7% ～ 6.5%（图 9-4）。

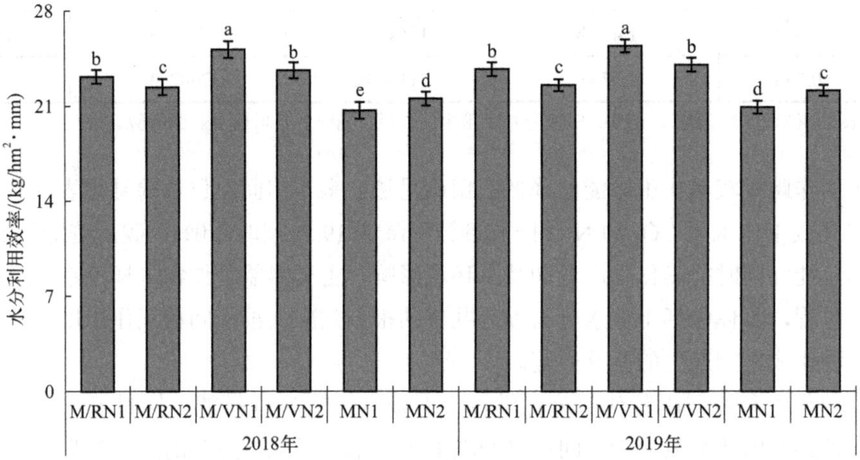

图 9-4　不同种植模式及施氮水平下玉米的水分利用效率（甘肃武威，2018 ～ 2019 年）

M/R、M/V、M 分别为玉米间作油菜、玉米间作箭筈豌豆、单作玉米，N1、N2 分别为施氮量 18.0kg(N)/ 亩、24.0kg(N)/ 亩。图柱上不同小写字母表示处理间在同一年份内差异显著（$p < 0.05$）

9.3　西北冷凉区小麦复种绿肥

对于麦类作物来说，西北地区的热量特点是“一季有余、两季不足”。甘肃大部、青海东部、内蒙古河套、新疆等地区，有较大面积的春（冬）小麦、大麦等麦类作物，麦类作物收获到入冬前有 3 个月左右的空闲期。利用这些空闲期适宜套种喜冷凉的速生绿肥作物，称为麦后复种绿肥，既能很好地利用光、热、水资源，也可以达到养地目的，还能起到轮作倒茬、培育耕地等作用，同时能有效解决西北地区一季作物秋冬闲季节的耕地裸露的问题，防止冬春季节沙尘，改善生态环境，并能为畜牧业提供优质绿肥饲草，社会和生态效益巨大。

9.3.1　河西绿洲小麦复种绿肥

（1）绿肥种类选择

甘肃西部以春麦为主，小麦收获期大约在 7 月底前后。甘肃小麦套（复）种毛叶苕子、箭筈豌豆、草木樨、冬（春）油菜、二月兰、香芥等豆科和十字花科绿肥作物。

毛叶苕子宜选用速生早发的土库曼、郑州 7406、徐苕 1 号等品种。箭筈豌豆宜选用速生早发的苏箭 3 号、陇箭 1 号、春箭碗等品种。草木樨宜选用中早熟的两年生黄花草木樨、白花草木樨等品种。

箭筈豌豆、毛叶苕子、草木樨，都是一年生或越年生豆科绿肥作物，具有适应性强、生长周期短、营养价值高、肥地作用显著等特点，尤其它可在不与主栽作物争地的情况下进行间套复种栽培，利用方式主要为：翻压肥田、过腹还田、刈割肥田。能大幅度提高农民收入。油菜、香芥秋季生长快，花色美丽，是绿肥、观光兼用的良好配置。二月兰可以越冬生长，第二年不仅花色美，也能获得种子高产。

（2）绿肥种植方式与管理

麦田套种绿肥是在麦类作物（小麦或啤酒大麦）收获前，将绿肥种子撒播于麦田中，当年 9 月下旬～ 10 月上旬刈割作饲草或翻压作绿肥的种植利用方式。绿肥作物可以选择毛叶苕子、箭筈豌豆、草木樨、油菜单播，也可以按一定比例将毛叶苕子和箭筈豌豆混播。

小麦接茬绿肥是在麦类作物收获后抢时播种箭筈豌豆、毛叶苕子，或箭筈豌豆与毛叶苕子混播的方式。可灭茬播种，也可硬茬播种。绿肥种类也可以采用草木樨、油菜。

① 播种时期。小麦套种绿肥，可在最后一次麦黄水前撒播，或者在小麦收获前撒播。小麦接茬种植绿肥，尽可能抢时播种，在 8 月上旬前完成。毛叶苕子和箭筈豌豆在冬（春）小麦、啤酒大麦抽穗至腊熟期均可套播，最适套播期为冬（春）小麦、啤酒大麦扬花至灌浆阶段（即 6 月 20 日～ 7 月 5 日）。套播草木樨时，春小麦、啤酒大麦在灌第一次、第二次苗水时套播，冬小麦灌返青水（4 月 15 日左右）或灌二水（5 月 15 日）时套播。草木樨播种前一天，将处理过的种子浸种催芽，催芽后的种子，播后必须立即灌水。

② 播种量。毛叶苕子播种量为 5.0 ～ 6.0kg/ 亩，箭筈豌豆播种量为 8.0 ～ 10.0kg/ 亩，草木樨播种量为 1.5 ～ 2.2kg/ 亩，冬（春）油菜播种量为 1.0 ～ 2.0kg/ 亩，二月兰播种量为 2.0 ～ 2.5kg/ 亩，香芥播种量为 2.0 ～ 3.0kg/ 亩。毛叶苕子与箭筈豌豆混播时，毛叶苕子与箭筈豌豆约 1∶4，即毛叶苕子约 1.5kg/ 亩，箭筈豌豆约 6.0kg/ 亩。

③ 绿肥播前整地与灌水。前茬作物小麦收获后，将绿肥作物毛叶苕子或箭筈豌豆种子撒播于麦茬田中，耙耱覆土、灌水。或前茬作物小麦收获前 15 ～ 20d 撒播绿肥作物毛叶苕子或箭筈豌豆之后立即浇水（麦黄水）。麦收时留茬高度 20cm 以上收割，麦收后及时灌水。

④ 水肥管理。整个生长季节灌水 2 ～ 3 次。播种后和苗期各一次，分枝期遇干旱结合追肥灌一次水。每次灌水量为 50 ～ $70m^3$/ 亩。农田土壤肥力较低时，在绿肥作物毛叶苕子或箭筈豌豆分枝期时，追施尿素 5 ～ 10kg/ 亩，以促进生长，达到小肥换大肥的目的。

⑤ 前茬小麦要求。麦田套播绿肥时，小麦应选中矮秆、中早热、抗倒伏和丰产性好的品种。如果计划套播草木樨，小麦最好实行宽窄行（宽行 20cm、窄行 10cm）条播。

（3）绿肥利用

麦田复种绿肥，绿肥的利用方式基本上为割青利用和翻压还田两种形式。

① 割青利用。刈青养畜、根茬还田是目前最常用的利用方式。毛叶苕子和箭筈豌豆在 10 月中旬为适宜收割期，收后备作饲草。草木樨用作饲草，9 月下旬将地上部分割青利用。收割时最好留茬 15 ～ 20cm，有利于防止风沙、保护耕地。

② 翻压还田。翻压还田时，草木樨、毛叶苕子和箭筈豌豆在 9 月中下旬，先用机引圆盘耙纵横切割一次，然后翻压，平整田面，灌好冬水，促进腐解。草木樨翻压时，尽量做到草木樨根系全部倒栽于土中。翌年春季，残留少量草木樨，可用人工拔除。

麦田种植绿肥的后茬肥料管理。绿肥刈青养畜、根茬还田的地块，可减少化肥氮 10%。全部翻压作绿肥的地块，后茬作物的施肥，可以减少施氮 20% ～ 30%。

9.3.2 河湟灌区小麦复种绿肥养畜种养循环

青海省贵德县等河湟灌区，虽不能满足两季作物生长需求，但生长一季作物后却有较多剩余。从空间上讲，小麦收获后的剩余生长季集中在青海省水肥条件最适宜的地区；从时间上看，剩余的生长季又出现在雨热最为丰富的 7、8、9 三个月内。然而，这些地区除有少部分复种蔬菜等生育期较短的作物外，大多数土地处在闲置、裸露状态，从而造成土地及气候资源的巨大浪费，并有可能导致水土流失。

经过多年的研究和实践，构建了豆科绿肥-麦类的生产技术模式，形成了冬小麦复种绿肥-青稞（或春小麦）-冬小麦复种绿肥-青稞（或春小麦）的循环种植模式。该模式下，复种的绿肥可以育肥牛羊，同时可以发挥绿肥的养地效果，实现了农业、牧业可持续发展的种养循环模式（图 9-5)。该模式很好地解决了青海省农田秋季闲置、土壤裸露问题，可以有效改善生态环境，综合应用潜力巨大。

图 9-5　河湟地区冬小麦复种绿肥的绿肥田间景观（左）和放养牛羊（右）场景

（1）绿肥种类选择

河湟灌区冬小麦的收获期为 7 月中下旬，该地区 11 月进入霜期。根据此季节的气候特点，考虑到畜牧业的饲草需求和农田养地的效果，绿肥作物选择以豆科的毛叶苕子、箭筈豌豆为主。另外，也可以选用燕麦或青稞，采用毛叶苕子、箭筈豌豆与燕麦或青稞混种形式，可以明显增加饲草供应量，提升饲草品质。

（2）绿肥种植管理

① 播种时期。播种时间为 7 月中下旬～ 8 月上旬。

② 播前整地与灌水。前茬作物小麦收获后，将绿肥作物毛叶苕子或箭筈豌豆种子撒播于麦茬田中，耙耱覆土、灌水。或前茬作物小麦收获前 15 ～ 20d 撒播绿肥作物毛叶苕子或箭筈豌豆之后立即浇水（麦黄水）。麦收时留茬高度 20cm 以上收割，麦收后及时灌水。

③ 播种量。毛叶苕子播种量 5.0 ～ 6.0kg/ 亩，箭筈豌豆播种量 10.0 ～ 12.0kg/ 亩。混播比例为 1∶1，即毛叶苕子 2.5 ～ 3.0kg/ 亩、燕麦 9.0 ～ 10.0kg/ 亩；箭筈豌豆 5.0 ～ 6.0kg/ 亩、燕麦 9.0 ～ 10.0kg/ 亩。

④ 水肥管理。播种后和苗期各一次，分枝期遇干旱结合追肥灌一次水，每次灌水量为 50 ～ 70m^3/ 亩。农田土壤肥力较低时，在绿肥作物毛叶苕子或箭筈豌豆分枝期时，追施纯尿素 5 ～ 10kg/ 亩。

（3）绿肥综合利用

① 饲用。绿肥饲喂牛羊，根茬还田，牛羊粪过腹还田。在 11 月中下旬下霜后，绿肥自然杀青，留 15 ～ 20cm 茬口刈割饲用。抑或利用霜冻自然杀青后，牛羊在田间直接采食，营养丰富且全面，不用再往里面添加任何饲料就可以满足牛羊每日的营养所需。采食时间每天 2 次，每次 1 小时。1 亩绿肥可以解决 3 头羊的饲草，实现共赢、双收。此模式，不仅可减施化肥 20% ～ 30%，面粉、牛羊肉品质优，而且供不应求，可大幅增加农牧民收入，经济效益显著，每年仅鲜草可亩收入 300 ～ 400 元，为该地区乡村振兴提供了样板。牧养家畜的粪便均匀散布到草地上，促进草地养分再循环，培肥土壤，也没有规模化舍饲养殖的大量粪污。据农户反映，尤其是产奶期的羊，产奶量高，羊羔成活率高，并且根茬还田，培肥土壤。

② 翻压还田。在 9 月下旬～ 10 月上旬进行翻压。翻压深度为 15 ～ 20cm，平整地面，灌冬水。绿肥作物翻压还田后的后茬作物总施肥量在原来的基础上减少 20% ～ 30%，减氮量为 3 ～ 5kg/ 亩。

9.3.3 冷凉区小麦复种绿肥利用效应

（1）产量效应

由表 9-8 可知，大豆根茬处理小麦产量高于大豆秸秆还田处理，复种毛叶苕子能够提高小麦产量，毛叶苕子根茬肥田可使小麦增产 6kg/ 亩，增产率为 1.4%；毛叶苕子压青可使小麦增产 34kg/ 亩，增产率为 8.5%。复种绿肥能多收绿肥干草 219 ～ 233kg/ 亩。小麦间作大豆模式中的小麦产量有所降低，但可多收大豆 157 ～ 158kg/ 亩。

表9-8　不同小麦-绿肥模式对小麦产量的影响（甘肃武威，2009～2015年）

处理	小麦产量 /（kg/ 亩）								较单作小麦增产	
	2009年	2010年	2011年	2012年	2013年	2014年	2015年	平均	产量 /（kg/ 亩）	增产率 /%
单作小麦	403	486	401	475	291	333	388	397	—	—
小麦 / 大豆（根茬）	371	396	328	438	286	316	361	356	−42	−10.5
小麦 / 大豆（压青）	359	368	318	444	280	308	345	346	−52	−13.1
小麦-毛叶苕子（根茬）	422	496	430	461	283	320	414	404	6	1.4
小麦-毛叶苕子（压青）	450	534	447	482	281	371	459	432	34	8.5

小麦间作、复种不同绿肥的经济效益显著高于单作小麦（表 9-9），以小麦间作大豆根茬经济效益最高，为 1827 元 / 亩，较单作小麦增值 637 元 / 亩，经济效益提高 50.5%。虽然小麦间作大豆与复种毛叶苕子略微增加了生产成本，但是所生产的大豆和绿肥饲草具有较高的经济价值。由此可见，小麦间作大豆或复种毛叶苕子的经济效益较高，具有推广意义。

表9-9　间作、复种绿肥对经济效益的影响（甘肃武威，2009 ~ 2015年）

处理	产量 /（kg/ 亩）			经济效益 /（元 / 亩）			合计 /（元 / 亩）	较单作小麦增加	
	小麦	大豆	干草	小麦	大豆	干草		收益 /（元 / 亩）	增收率 /%
单作小麦	397	—	—	1190	—	—	1190	—	—
小麦 / 大豆（根茬）	356	157	114	1069	722	137	1827	637	53.5
小麦 / 大豆（压青）	346	158	—	1038	727	—	1765	575	48.3
小麦-毛叶苕子（根茬）	404	—	219	1211	—	263	1374	184	15.5
小麦-毛叶苕子（压青）	432	—	233	1296	—	280	1476	286	24.0

注：小麦、绿肥干草、大豆单价分别为 3.0、1.2、4.6 元 /kg。各复种处理按增加成本 100 元 / 亩计算。

（2）化肥减施与替代效应

7 年定位试验表明（表 9-10），种植并翻压绿肥 2000kg/ 亩，可减施化肥 20% ～ 40%，并使小麦增产 10.3% ～ 12.4%。根据绿肥的产量和旱地实际，在大田种植并翻压绿肥条件下，绿肥产量在 1000 ～ 1500kg/ 亩时，建议化肥减施量为 20% ～ 30%。根据 2010 ～ 2015 年连续监测结果，绿肥产量平均稳定在约 1300kg/ 亩（表 9-11）。因此，种植翻压绿肥的小麦田，可以参考上述推荐肥料管理方式。

表9-10　不同施肥处理对小麦产量的影响（甘肃武威，2009 ~ 2015年）

处理	小麦产量 /（kg/ 亩）								较 100% 化肥增产	
	2009 年	2010 年	2011 年	2012 年	2013 年	2014 年	2015 年	平均	产量 /（kg/ 亩）	增产率 /%
空白（CK）	313	195	162	265	234	186	224	226	−205	−47.6
化肥 100%	444	516	474	435	298	392	456	431	—	—
绿肥 + 化肥 100%	486	527	488	488	336	436	477	463	32	7.4
绿肥 + 化肥 90%	486	556	479	485	370	439	482	471	40	9.4
绿肥 + 化肥 80%	523	561	498	477	344	450	473	475	44	10.3
绿肥 + 化肥 70%	545	571	493	470	361	460	488	484	54	12.4
绿肥 + 化肥 60%	533	550	494	475	380	428	470	476	45	10.5
绿肥 + 化肥 0%	460	406	415	334	346	265	342	367	−64	−14.8

注：绿肥为种植绿肥，翻压量 2000kg/ 亩，产量高移出、低则从其他地块移入。100% 化肥处理，指 N、P_2O_5 分别为 15.0、10.0kg/ 亩；对照为不施肥处理。

表9-11 增施绿肥与降低化肥对复种绿肥作物毛叶苕子产量的影响（甘肃武威，2010～2015年）

单位：kg/亩

处理	毛叶苕子产量						
	2010年	2011年	2012年	2013年	2014年	2015年	平均
绿肥＋化肥 100%	1242	1364	1073	1641	1417	1234	1329
绿肥＋化肥 90%	1239	1236	1050	1709	1406	1184	1304
绿肥＋化肥 80%	1211	1211	1045	1627	1428	1187	1285
绿肥＋化肥 70%	1191	1209	1039	1641	1423	1267	1295
绿肥＋化肥 60%	1190	1202	1017	1682	1412	1234	1289
绿肥＋化肥 0%	1198	1176	867	1600	1317	984	1190

注：100%化肥处理，指N、P_2O_5分别为15.0、10.0kg/亩；对照为不施肥处理。

连续7年施用绿肥N与化肥N不同配比之间的小麦产量差异不显著（表9-12），表明绿肥N可替代化肥N。以施用70%化肥N+30%绿肥N处理产量最高，较100%施用化肥N处理增产5.0%。其次为55%化肥N+45%绿肥N处理，增产率为4.1%，证明了绿肥N可替代部分化肥N。

表9-12 绿肥与化肥配施对小麦产量的影响（甘肃武威，2009～2015年）

处理	小麦产量/(kg/亩)								较100%化肥增产	
	2009年	2010年	2011年	2012年	2013年	2014年	2015年	平均	产量/(kg/亩)	增产率/%
对照（CK）	379	219	164	255	264	173	222	239	−205	−46.1
100%化肥	477	458	474	473	372	415	440	444	—	—
85%化肥+15%绿肥	477	483	462	477	384	427	453	452	8	1.8
70%化肥+30%绿肥	484	571	479	452	416	417	456	468	24	5.0
55%化肥+45%绿肥	479	563	496	453	373	413	458	462	18	4.1
40%化肥+60%绿肥	474	552	445	458	375	403	448	451	7	1.5

注：100%化肥处理，指N、P_2O_5分别为15.0、10.0kg/亩；对照为不施肥处理。

（3）水氮协调效应

在减氮节水条件下保障作物产量。麦后复种绿肥可在减氮条件下保证春小麦持续高产[10]复种毛叶苕子在氮肥减量15%处理下［10kg（N）/亩］，较麦后休闲地方常规施氮量处理使小麦籽粒产量增加7.9%，收获指数提高16.7%，并且显著增加小麦单位面积穗数、穗粒数和千粒重（表9-13）。

表9-13 不同种植模式及施氮水平下小麦产量及氮肥减施潜力（甘肃武威，2018～2019年）

种植模式	施氮水平	产量构成因素			籽粒产量/（kg/亩）	收获指数
		单位面积穗数/（×10⁴穗/亩）	穗粒数/粒	千粒重/g		
W-G	N0	54.5 b	27.9 ef	48.2 fg	490.9 cd	0.36 b
	N1	55.2 b	30.8 de	49.9 de	497.0 c	0.35 b
	N2	59.0 a	32.1 cd	51.4 c	542.2 b	0.35 b
	N3	59.7 a	40.5 a	56.3 a	612.4 a	0.42 a
	N4	60.2 a	35.8 bc	54.7 b	587.3 ab	0.41 a
W	N0	51.1 c	25.1 f	47.0 g	394.8 e	0.28 d
	N1	51.7 c	31.1 de	49.4 ef	448.1 d	0.29 cd
	N2	58.1 a	34.1 cd	48.0 g	481.6 cd	0.32 bc
	N3	58.8 a	38.8 ab	51.2 cd	572.8 ab	0.33 bc
	N4	59.5 a	35.0 bcd	54.3 b	567.4 ab	0.36 b

注：W-G为小麦复种毛叶苕子；W为小麦收获后夏休闲；N0为不施氮，N1、N2、N3、N4处理依次为减少常规施氮量（N 12kg/亩）的45%、30%、15%、0%；同列数据后不同小写字母表示相应的模式处理间差异显著（$p < 0.05$）。

在西北绿洲灌区不同灌水量下的研究表明，小麦复种绿肥（箭筈豌豆）可提高小麦水分利用效率，在减量灌水时保障小麦籽粒产量[11]。绿肥全量翻压还田分别较麦后绿肥根茬还田、麦后休闲处理提高小麦水分利用效率15.3%和17.8%。绿肥全量翻压还田低灌水处理（小麦生育期灌水量127m³/亩）较中灌水处理（小麦生育期灌水量160m³/亩）水分利用效率提高12.4%，较麦后休闲高灌水处理提高29.9%（图9-6）。麦后绿肥全量翻压还田较麦后休闲处理小麦增产7.8%，较麦后绿肥根茬还田处理增产5.4%（图9-7）。

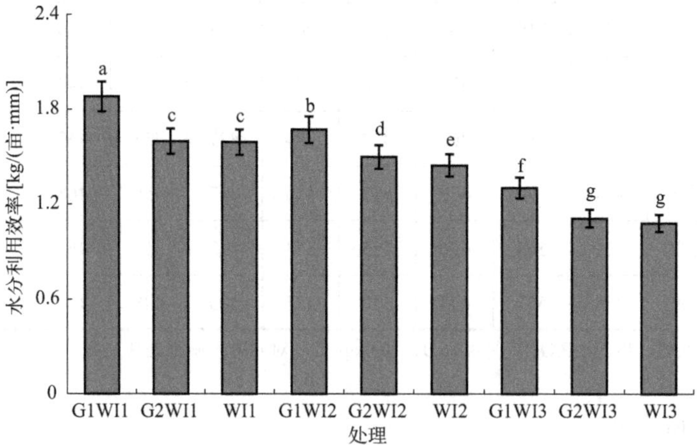

图9-6 不同绿肥处理方式及灌水下的小麦水分利用效率（甘肃武威，2019年）

G1W表示麦后绿肥全量翻压；G2W表示麦后绿肥移除；W表示麦后休闲处理；I1为低灌水水平，小麦季灌水量127m³/亩；I2为中灌水水平，小麦季灌水量160m³/亩；I3为高灌水水平，小麦季灌水量193m³/亩。绿肥季统一灌水2次，分别在箭筈豌豆苗期和现蕾期灌水40m³/亩和47m³/亩。图柱上不同小写字母表示处理间差异显著（$p < 0.05$）

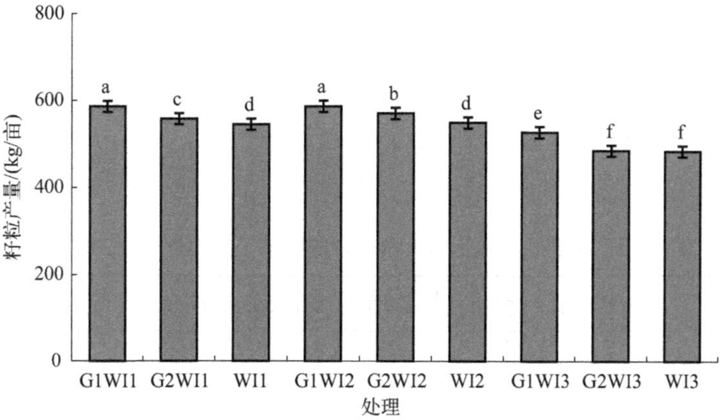

图 9-7　不同绿肥处理方式及灌水下小麦籽粒产量（甘肃武威，2019 年）

图柱上不同小写字母表示处理间差异显著（$p < 0.05$）

（4）小麦籽粒品质提升效应

在 2020 ～ 2021 年的田间定位试验中检测结果表明（表 9-14），在减量灌水条件下，复种绿肥不仅可以维持春小麦较高的籽粒产量，还能够显著改善籽粒营养品质。复种箭筈豌豆低灌水处理（127m^3/ 亩）春小麦籽粒产量达到 478kg/ 亩以上，与麦后休闲处理高灌水处理（193m^3/ 亩）之间差异不显著，但蛋白质、湿面筋含量分别平均增加了 24.7% 和 19.1%。

表9-14　绿肥还田方式及小麦不同灌水水平对小麦籽粒品质的影响（甘肃武威，2020 ~ 2021年）

年份	处理	蛋白 /%	淀粉 /%	灰分 /%	容重 / (g/L)	湿面筋 /%
2020 年	复种-127m^3/ 亩	13.7	59.9	0.49	798.2	29.7
	秋闲-127m^3/ 亩	11.9	61.9	0.49	786.3	26.2
	复种-160m^3/ 亩	12.8	59.9	0.48	798.4	29.5
	秋闲-160m^3/ 亩	11.7	61.8	0.48	785.8	25.8
	复种-193m^3/ 亩	13.2	59.8	0.48	798.3	29.4
	秋闲-193m^3/ 亩	10.2	61.9	0.45	783.4	22.7
2021 年	复种-127m^3/ 亩	14.5	59.6	0.53	798.9	29.0
	秋闲-127m^3/ 亩	13.1	61.2	0.51	775.7	28.4
	复种-160m^3/ 亩	13.9	60.5	0.51	809.0	30.2
	秋闲-160m^3/ 亩	12.1	61.3	0.51	794.8	26.6
	复种-193m^3/ 亩	13.5	59.5	0.52	793.9	31.2
	秋闲-193m^3/ 亩	12.6	61.1	0.49	785.9	27.0

注：复种为小麦复种箭筈豌豆，秋闲为麦后休闲处理。

（5）养地效应

连续7年的定位试验结果表明，间套种绿肥能够显著提升耕地肥力。麦田套种绿肥后土壤养分含量均较基础土壤有明显提高，以复种绿肥压青最高。土壤有机质含量从高到低依次为毛叶苕子（压青）＞毛叶苕子（根茬）＞大豆（压青）＞大豆（根茬）＞单作小麦（表9-15）。

表9-15　小麦间套绿肥对土壤养分的影响（甘肃武威，2014年）

处理	有机质/(g/kg)	碱解氮/(mg/kg)	有效磷/(mg/kg)	速效钾/(mg/kg)
基础土壤	19.4	63.2	17.9	121
单作小麦（CK）	20.6	62.1	21.5	111
小麦/大豆（根茬）	21.3	66.5	23.0	109
小麦/大豆（压青）	22.0	70.9	20.4	112
小麦套种绿肥（根茬）	22.9	69.1	20.0	109
小麦套种绿肥（压青）	23.0	75.6	23.9	123

从5年定位试验土壤养分分析结果可以看出，翻压绿肥后减施化肥可以改善土壤养分状况。当减施化肥N、P、K为80%施用量时，土壤有机质含量最高，为23.0g/kg；各处理碱解N含量随着化肥量的减少而降低，但差异不显著；速效P含量以绿肥+80%化肥处理最高，为36.3mg/kg；速效K含量以减施化肥处理较单施化肥增加10～15mg/kg。因此，翻压绿肥2000kg/亩具有较好的培肥效果，能够支撑减少化肥施用量20%～30%（表9-16）。

表9-16　翻压绿肥减施氮肥对土壤养分含量的影响（甘肃武威，2013年）

处理	有机质/(g/kg)	碱解氮/(mg/kg)	速效磷/(mg/kg)	速效钾/(mg/kg)
基础土壤养分	19.1	74.3	29.9	120
对照	20.5	59.0	19.0	122
绿肥+氮肥0%	21.5	64.1	27.2	145
100%氮肥	21.8	63.3	35.7	127
绿肥+氮肥100%	21.6	71.2	35.3	147
绿肥+氮肥90%	22.7	69.0	35.6	142
绿肥+氮肥80%	23.0	68.5	36.3	141
绿肥+氮肥70%	22.5	67.9	35.4	137
绿肥+氮肥60%	22.2	67.6	28.2	137

注：绿肥为种植绿肥，翻压量2000kg/亩，产量高则移出、低则从其他地块移入。100%氮肥处理，指N、P_2O_5分别为15.0、10.0kg/亩。对照为不施肥处理。

由土壤养分结果可以看出，绿肥氮替代化肥氮有利于土壤养分提高。绿肥氮代替化肥氮的各处理，碱解氮、速效磷和速效钾均高于对照，且随着绿肥施用量的增加而增加。碱解氮含量以 40% 化肥氮 +60% 绿肥氮处理最高，为 83.2mg/kg；速效磷和速效钾含量以 55% 化肥氮 +45% 绿肥氮处理最高，分别为 39.2mg/kg 和 145mg/kg（表 9-17）。

表9-17　绿肥与化肥配施对土壤养分的影响（甘肃武威，2009年、2013年）

处理	有机质 /（g/kg）		碱解氮 /（mg/kg）		速效磷 /（mg/kg）		速效钾 /（mg/kg）	
	2009 年	2013 年	2009 年	2013 年	2009 年	2013 年	2009 年	2013 年
播前	19.1		74.3		29.9		170	
对照	18.1	21.0	53.1	64.6	36.7	18.9	112	129
100% 化肥	17.2	21.7	62.0	66.3	40.9	30.9	114	120
85% 化肥 +15% 绿肥	18.1	22.0	65.2	70.4	41.1	31.2	117	145
70% 化肥 +30% 绿肥	19.0	22.4	70.3	70.5	31.0	38.3	127	130
55% 化肥 +45% 绿肥	19.9	22.2	71.6	72.6	25.8	39.2	127	145
40% 化肥 +60% 绿肥	21.5	22.5	77.8	83.2	23.7	34.8	130	161

注：100% 化肥处理，指 N、P_2O_5 分别为 15.0、10.0kg/ 亩；对照为不施肥处理。

（6）生态和景观效应

西北绿洲与荒漠交错区秋冬春风大沙多，沙尘暴频繁、风蚀严重。引入冬绿肥（草木樨、二月兰、冬油菜）实行草田轮作，变一年一收为二年三收，实现秋冬季生物休眠覆盖、春季生长、夏季肥田（图 9-8），可减少农田风蚀量 80% 以上，既增加了经济效益，又显著改善了生态环境。

(a) 冬季

(b) 春季

图 9-8　冬、春季覆盖冬绿肥二月兰

9.4 西北冷凉区小麦复种绿肥-玉米带状轮换种植与利用

该地区是传统的春玉米和春小麦兼顾的生产区域，实践中形成了小麦和玉米条带种植的习惯。针对小麦玉米带田种存在的小麦带秋闲问题，建立了玉米 / 小麦-绿肥超常规宽幅种植模式。该模式早期主要是玉米间作小麦 150cm 带宽种植（玉米带宽 70cm，小麦带宽 80cm）（图 9-9）。随着农机农艺结合的需要，研发出玉米和小麦大带宽轮种方式（图 9-10）。

图 9-9 早期“二粮一肥”种植模式

图 9-10 优化后的“二粮一肥”种植模式

生产实践中，可以根据小麦、玉米播种机械的播种幅宽或者收获幅宽，来确定玉米、小麦的带宽，带宽可以分别在 2m 及以上，从而使玉米、小麦均能良好生长。一般可以实行玉米、小麦等宽种植，小麦按照当地的习惯方式复种绿肥，实现了“二粮一肥”的种植方式。第二年，玉米带和小麦带轮换。

此模式下粮食产量稳定，还能生产绿肥饲草、培肥地力，同时通过轮种手段实现地块内的轮作，对于耕地保育有积极作用。由于轮种种植和边际效应等综合因素，玉米、小麦的密度可以适当提高；而且，小麦提前玉米约1个月种植，更充分地利用了玉米早期的闲置土地，从而实现土地高效利用和小麦、玉米双丰产。此种植模式下的小麦、玉米、绿肥，都可以采用机械化生产，达到农艺农机有效融合，极大提高劳动效率。

9.4.1　绿肥种植利用技术

该种植模式下，小麦、玉米均应适当提高播种密度，以充分发挥两个作物生育期不同步的互补优势，前期突出小麦生长，中后期突出玉米生长，中间利用豆科绿肥补充。

① 小麦种植。于3月中旬露地播种。播种前整地，全田施基肥。适当提升小麦播种区的小麦密度（以提高20%左右为宜），其他按小麦种植管理方式进行即可。

② 玉米种植。小麦出苗后，于4月20日前后，覆膜种植玉米。适当提升播种区的玉米密度（以提高20%左右为宜），其他按玉米种植管理方式进行即可。

③ 绿肥种植与利用。参考西北冷凉区小麦复种绿肥要点进行，但绿肥种类以毛叶苕子、箭筈豌豆、香豆子等豆类为主，更有利于提供优质饲草和培肥地力。绿肥在玉米收获后结合秋翻地直接将绿肥翻压到土壤中培肥地力，或者采用“刈青喂畜、过腹还田、根茬肥地”的综合利用方式。

9.4.2　绿肥种植利用效应

（1）提高产量

通过2009～2011年定位试验，研究了大宽幅带状种植与传统窄幅带状种植的绿肥（毛叶苕子）产量效果。在玉米收获后于10月10～16日刈割绿肥鲜草（表9-18），宽带幅模式下，绿肥鲜草产量991～1245kg/亩，对照窄带幅绿肥520～1052kg/亩，增产470～1926kg/亩，3年平均增产49.4%，表明宽带幅对于绿肥鲜草产量有明显的提升效果。

表9-18　不同带幅组合对绿肥鲜草产量的影响（甘肃武威，2009～2011年）

处理	产量/(kg/亩)				平均增产	
	2009年	2010年	2011年	平均	产量/(kg/亩)	增产率/%
（小麦→绿肥）/玉米4行400cm带幅	1076	1245	991	1104	365	49.4
（小麦→绿肥）/玉米2行150cm带幅	644	1052	520	739	—	—

注：150cm带幅即玉米带宽70cm、2行，小麦带宽80cm、6行；400cm带幅即玉米带宽160cm、4行，小麦带宽240cm、16行。

带幅不同组成的边行多少不一，从而影响植株个体的发育，使产量有一定的差异。试验结果表明（表9-19），各处理小麦、玉米产量合计基本持平。因此，采用小麦/玉米间作中玉米400cm带幅小麦带套种绿肥的种植模式，既能使主作物不减产，又可套种一季绿肥饲草，是比较优化的种植方式。

表9-19 不同带幅组合对小麦/玉米产量的影响（甘肃武威，2009～2011年）

处理	产量/（kg/亩）			平均增产	
	小麦	玉米	合计	产量/(kg/亩）	增产率/%
（小麦→绿肥）/玉米4行400cm带幅	309	644	953	−4	−0.5
（小麦→绿肥）/玉米2行150cm带幅	300	655	955	−3	−0.3
小麦/玉米2行150cm带幅	304	654	958	—	—

甘肃武威25年的长期定位试验结果表明，绿肥连续施用10年之后可以替代50%的氮肥，而且可以保持小麦/玉米带田产量不减。平均产量以绿肥替代一半化学氮肥时最高，为851kg/亩。其中当绿肥还田10年后，绿肥替代一半化学氮肥的产量和全施氮肥的产量趋于一致，还田20年后，绿肥替代一半化学氮肥的产量高于全施氮肥（图9-11）。

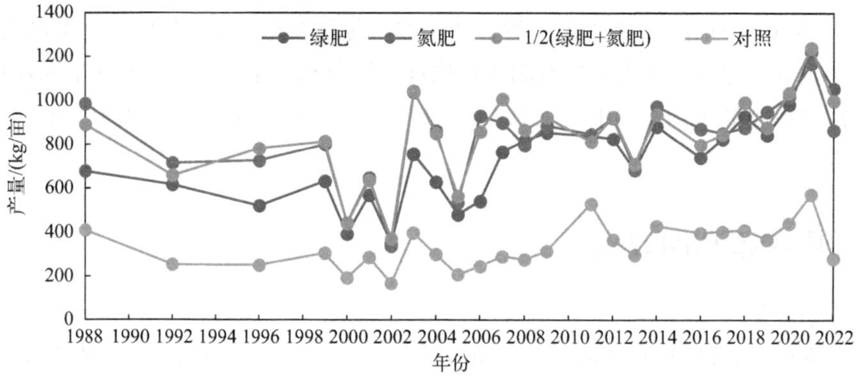

图9-11 小麦复种绿肥-玉米带状轮种的长期效应

（2）改善土壤养分和物理性状

长期翻压绿肥后，土壤养分含量明显提高，可较单施化肥处理提高土壤有机质17.4%～26.8%、全氮20.2%～31.6%、有效氮15.4%～28.5%、有效磷100.2%～324.8%、有效钾1.1%～53.3%。

长期绿肥还田能有效提高0～30cm土壤的有机碳和微生物碳含量，绿肥单独还田、绿肥化肥各50%处理的土壤有机碳、微生物量碳含量明显高于单施氮肥处理（表9-20）。较单施化肥处理，土壤蔗糖酶提高39.2%～42.1%，土壤过氧化氢酶提高3.4%～3.9%(表9-21)。

表9-20 长期施用绿肥对土壤有机碳和微生物碳的影响（甘肃武威，2015年）

参数	有机碳/（g/kg）					微生物碳/（mg/kg）				
土层/cm	0～7.5	7.5～15	15～30	30～50	平均	0～7.5	7.5～15	15～30	30～50	平均
CK	12.4	11.6	11.1	8.9	11.0	238	227	195	111	193
单施氮肥	12.9	12.0	10.6	8.7	11.0	264	158	132	127	170
单独绿肥	15.1	13.7	13.1	8.9	12.7	264	264	243	143	228
绿肥、氮肥各50%	13.4	13.0	11.9	8.8	11.8	243	216	164	106	182

表9-21　长期施用绿肥对土壤酶活性的影响（甘肃武威，2015年）

处理	蔗糖酶 /[mg/(g 土·d)]	碱性磷酸酶 /[mg/(g 土·d)]	脲酶 /[mg/(g 土·d)]	过氧化氢酶 /（mL/g）
CK	28.3	1.38	0.46	5.19
N	33.6	1.23	0.53	5.07
G	47.8	1.27	0.35	5.24
1/2GN	46.8	1.18	0.44	5.27

注：CK 为不施肥对照，N 为单施化学氮肥，G 为单独绿肥，1/2GN 为绿肥、化学氮肥各占 50%。

研究还发现[12]，与不施肥对照（CK）相比，长期施肥处理下 0 ～ 60cm 土层 SOC 储量增加了 11.4% ～ 28.2%（表 9-22）。土壤碳固存速率以绿肥处理最高（18.8%），有机肥处理最低（8.2%）。基于土壤酶化学计量比可知，绿肥处理在 0 ～ 20cm 和 20 ～ 40cm 土层的微生碳利用效率最大，分别是化肥处理的 1.3 倍和 3.5 倍；长期施肥显著降低 0 ～ 60cm 土层土壤微生物磷限制，表现出 GM ＜ WS≈CM ＜ NF ＜ CK 的整体变化趋势。可见，绿肥处理在缓解土壤微生物磷限制、提升微生物碳利用效率及降低微生物代谢熵方面优势显著，其土壤固碳效率显著高于有机肥和秸秆还田处理。

表9-22　长期不同施肥制度下0 ~ 60cm土壤有机碳储量变化、固碳速率

土层 /cm	处理	SOC_{stock} /[t(C)/hm^2]	ΔSOC_{stock} /[t(C)/hm^2]	CSR /[kg(C)/(hm^2·年)]	CSE /%
0 ～ 20	CK	32.35 d	6.03 d	188.60 d	—
	NF	35.68 cd	9.36 cd	292.62 cd	—
	WS	39.11 bc	12.79 bc	399.78 bc	—
	CM	48.66 a	22.34 a	698.14 a	—
	GM	42.66 b	16.34 b	510.89 b	—
20 ～ 40	CK	24.68 b	−1.80 c	−56.29 c	—
	NF	28.73 ab	2.24 ab	51.29 b	—
	WS	27.38 ab	0.90 b	49.25 b	—
	CM	28.81 a	3.40 a	106.29 a	—
	GM	27.63 ab	2.50 ab	78.19 ab	—
40 ～ 60	CK	23.20 b	−1.17 b	−52.89 c	—
	NF	27.59 a	0.60 a	18.59 b	—
	WS	25.67 ab	1.29 ab	40.46 a	—
	CM	25.41 ab	1.03 ab	32.44 a	—
	GM	26.92 a	2.54 a	46.43 a	—

续表

土层 /cm	处理	SOC_{stock} /[t(C)/hm^2]	ΔSOC_{stock} /[t(C)/hm^2]	CSR /[kg(C)/(hm^2·年)]	CSE /%
0 ～ 60	CK	80.24 d	3.06 d	79.41 d	—
	NF	89.39 c	12.20 c	381.51 c	—
	WS	92.17 bc	14.99 bc	489.50 bc	10.81 b
	CM	102.89 a	25.71 a	836.88 a	8.24 b
	GM	97.22 ab	20.04 ab	656.44 ab	18.80 a

注：CK 为对照，NF 为化肥，WS 为麦秸，CM 为牛粪，GM 为绿肥。SOC_{stock} 为土壤有机碳储量，ΔSOC_{stock} 为 SOC_{stock} 变化，CSR 为固碳速率，CSE 为固碳效率。不同小写字母表示在相应的土层处理间差异显著 ($p < 0.05$)。

持续 27 年的定位试验结果表明（表 9-23），小麦收获后间作小麦带绿肥与化肥配施处理明显低于单施化肥处理，0 ～ 180cm 土层 NO_3^--N 积累量分别为 4.8、5.4kg/ 亩，较单施化肥的 10.3kg/ 亩降低 53.4%、47.6%；0 ～ 60cm 土层 NO_3^--N 积累量分别为 2.4、3.0kg/ 亩较单施化肥的 3.4kg/ 亩降低 29.4%、11.8%。玉米收获后，间作小麦带和间作玉米带土壤剖面 NO_3^--N 积累量绿肥与化肥配施处理也明显低于单施化肥处理。

表9-23　长期施用绿肥及绿肥与化肥配施对土壤NO_3^--N积累量的影响（甘肃武威，2012年）

土层 /cm	处理	小麦收获时土壤 NO_3^--N 累积 /（kg/ 亩）		玉米收获时土壤 NO_3^--N 累积 /（kg/ 亩）	
		小麦带	玉米带	小麦带	玉米带
0 ～ 60	CK	2.3 b	3.0 b	0.7 b	0.6 c
	N	3.4 ab	6.4 a	2.8 a	1.7 a
	G	2.4 b	2.0 b	1.1 b	0.6 c
	1/2GN	3.0 ab	2.8 b	1.4 ab	1.4 a
0 ～ 180	CK	4.0 c	5.9 b	1.7 b	1.1 b
	N	10.3 a	12.4 a	5.2 a	8.2 a
	G	4.8 c	5.3 b	4.3 ab	1.6 b
	1/2GN	5.4 bc	6.7 b	3.4 ab	3.3 b

注：CK 为不施肥对照，N 为单施化学氮肥，G 为单独绿肥，1/2GN 为绿肥、化学氮肥各占 50%。同一列不同小写字母表示在相应的土层处理间显著差异 ($p < 0.05$)。

较单施化肥处理，长期翻压绿肥能够改善土壤物理性状，其中土壤容重降低 2.3% ～ 3.9%、总孔隙度增加 1.3% ～ 1.9%、田间持水量增加 13.3% ～ 20.4%、土壤大团粒结构（＞ 5mm）增加 20.2% ～ 22.5%、水稳性团聚体（＜ 0.25mm）增加 17.0% ～ 18.8%（表 9-24）。

表9-24　长期施用绿肥对土壤物理性状的影响（甘肃武威，2015年）

处理	容重/（g/cm³）	总孔隙度/%	田间持水量/%	＞5mm 大团粒/%	＜0.25mm 水稳性团聚体/%
CK	1.29	51.4	26.8	18.6	32.2
N	1.29	51.4	26.6	23.8	38.2
G	1.26	52.4	32.0	29.1	44.7
1/2GN	1.24	52.0	30.1	28.6	45.4

注：CK 为不施肥对照，N 为单施化学氮肥，G 为单独绿肥，1/2GN 为绿肥、化学氮肥各占 50%。

（3）改善土壤功能微生物性状

利用位于甘肃武威的 1988 年开始的田间定位试验研究发现[13]，尽管绿肥处理下外源投入的氮量远低于化肥处理，但前者的小麦产量仍高于后者。与 CF 相比，有机肥、麦秸和绿肥处理显著提高了土壤多功能性与碳氮磷养分循环功能，尤以有机肥与绿肥处理对深层（20 ～ 100cm）土壤功能的增幅最大。从具体土壤过程来看，各施肥处理土壤有机碳矿化、N_2O 排放及自生固氮潜力均高于 CK 处理，依次以有机肥、化肥、绿肥处理增幅最大。

进一步构建了土壤细菌-真菌共生网络，根据网络拓扑特征将其划分为 4 个主要的微生物生态集群，即集群 #0 ～ #3。其中，集群 #0 和集群 #3 主要在有机肥和绿肥处理下富集，其大多数微生物与土壤碳氮磷养分循环的功能基因丰度及土壤功能呈正相关关系，两个集群的丰度和生物多样性与大多数土壤功能基因及土壤功能正相关，拥有更多的土壤养分循环代谢通路和驱动养分循环及植物健康的促生菌。研究还发现，绿肥在驱动土壤微生物沿土壤剖面迁移方面优势显著，有利于提高深层土壤微生物网络稳定性和关键微生物组群的丰度和生物多样性，进而提升土壤功能。

利用该研究同时发现[14]，土壤自生固氮活性大小顺序依次为绿肥＞秸秆还田＞有机肥≈化肥＞不施肥处理；有机肥、秸秆还田、绿肥均增加土壤中固氮菌和丛枝菌根真菌（AMF）的绝对丰度。基于土壤固氮菌和 AMF 构建二者间的共生网络，网络拓扑参数显示，化肥处理的节点数和边数均低于其他处理，表明长期施用化肥降低了土壤固氮菌与 AMF 共生网络的复杂性。长期施肥增加微生物生态集群 #0 和 #3、降低集群 #2 的相对丰度，其中以绿肥处理对集群 #0 的增幅最大。土壤自生固氮活性与土壤固氮菌、丛枝菌根真菌丰度及二者共生网络中的关键微生物生态集群集团 #0 高度相关。长期绿肥处理加强了关键生态集群集群 #0 中固氮菌与 AMF 之间的协同关系，进一步说明了该处理下土壤具有较高的固氮活性。

9.5　黄土高原小麦-绿肥-玉米两年三作种植与利用

陕西旱塬、陇东地区的黄土高原，属于雨养农业区。当地百姓在长期的生产实践中，摸索出合理运用豆类作物，作为小麦、玉米生产的倒茬进行养地，充分发挥水资源效率，形成了夏大豆-春玉米-冬小麦两年三熟的种植制度。

近年来，进行了一系列栽培管理、养分管理等技术优化，强化了豆科绿肥经济效益和生态效益双赢效果。绿肥生长期间形成的遮阴效果，在一定程度上降低了夏秋季土表水分的蒸发，在此基础上种植春玉米在该地区通常不会造成明显的水分消耗，且在生育期能利用季节性降水，有利于土壤水分的储备。此模式下，豆类绿肥能够正常成熟、收获豆荚，翻压豆蔓可以培肥土壤，使夏季丰富的水、热、光资源得到充分利用。

9.5.1 绿肥种植利用技术

（1）绿肥种类选择

针对渭北旱塬土壤全氮和有机质缺乏的特点，以长武怀豆、绿豆和大豆等豆科绿肥作为对象进行比较研究，发现当地普遍种植的长武怀豆出苗率高、根瘤数量多、对土壤肥力贡献较大（表 9-25），是最佳的绿肥品种。除长武怀豆外，当地常用大豆品种亦可采用。

表9-25 不同绿肥还田生物量及养分量（陕西长武）

绿肥组织	地上部			根系			地上部＋根系		
绿肥种类	大豆	怀豆	绿豆	大豆	怀豆	绿豆	大豆	怀豆	绿豆
生物量鲜重 /（kg/ 亩）	1022	986	859	50	21	13	1072	1007	872
生物量干重 /（kg/ 亩）	154	187	153	39	18	10	193	205	163
有机碳含量 /（g/kg）	435.8	418.6	406.1	415.9	416.3	416.9	—	—	—
含氮量 /（g/kg）	25.6	29.1	15.1	8.5	12.1	7.3	—	—	—
含磷量 /（g/kg）	3.71	2.8	2.99	3.4	1.9	2.7	—	—	—
含钾量 /（g/kg）	19.1	23.8	20.2	14.1	10.9	15.7	—	—	—

（2）绿肥种植与利用

在 6 月，小麦收获后抢墒播种。可撒播、条播、免耕硬茬播种。条播及免耕硬茬播种，一般播深 3 ～ 5cm 即可，长武怀豆的播种量为 6.0 ～ 8.0kg/ 亩。

豆类作物的利用方式主要有以下三种。①摘豆荚，茎叶翻压。豆类成熟时收获豆荚，然后将其余部分翻压还田。②摘豆荚，茎叶覆盖地表，玉米播前翻压。在收获豆子后，将地上部分覆盖在地表，来年玉米播前再行翻压。有利于土壤在冬季休闲期间保蓄水分，促进春玉米顺利出苗。③直接翻压。如果不收豆子，可于盛花期（一般在 8 月下旬）直接翻压作绿肥。

（3）绿肥利用后的玉米种植与管理

来年 4 月 5 ～ 20 日，按当地一般方式种植地膜玉米即可。

9.5.2 绿肥种植利用效应

（1）产量与效益

与夏休闲-冬小麦相比，夏季种植豆类绿肥后冬小麦产量在 2009 ～ 2010 年增加，增产率最高的提前翻压达到43%，在2010～2011年小麦产量则显著降低，其他年份小麦产量则无显著差异[15]。在2010～2011年和2012～2013年，豆类绿-春玉米-冬小麦与豆类绿肥-冬小麦轮作同时收获小麦。豆类绿肥-春玉米-冬小麦轮作下的小麦产量显著高于豆类绿肥-冬小麦的小麦产量，在2010～2011年、2012～2013年均能收获213～287kg/亩的小麦产量（表9-26）[15]。

表9-26 不同绿肥处理方式下各作物产量（陕西长武，2009～2013年）

<table>
<tr><th rowspan="3">轮作方式</th><th rowspan="3">绿肥处理方式</th><th colspan="6">作物产量/（kg/亩）</th></tr>
<tr><th>2009～2010年</th><th colspan="2">2010～2011年</th><th>2011～2012年</th><th colspan="2">2012～2013年</th></tr>
<tr><th colspan="6">冬小麦</th></tr>
<tr><td rowspan="3">豆类绿肥-冬小麦</td><td>播前翻压</td><td>120</td><td colspan="2">183</td><td>385</td><td colspan="2">139</td></tr>
<tr><td>提前覆盖</td><td>146</td><td colspan="2">206</td><td>347</td><td colspan="2">130</td></tr>
<tr><td>提前翻压</td><td>170</td><td colspan="2">213</td><td>336</td><td colspan="2">130</td></tr>
<tr><td>夏休闲-冬小麦</td><td>无绿肥</td><td>119</td><td colspan="2">287</td><td>403</td><td colspan="2">139</td></tr>
<tr><th>轮作方式</th><th>绿肥处理方式</th><th>怀豆</th><th>玉米</th><th>小麦</th><th>怀豆</th><th>玉米</th><th>小麦</th></tr>
<tr><td rowspan="3">豆类绿肥-春玉米-冬小麦</td><td>茎干覆盖</td><td>43</td><td>776</td><td>216</td><td>100</td><td>629</td><td>262</td></tr>
<tr><td>茎干翻压</td><td>46</td><td>766</td><td>237</td><td>104</td><td>637</td><td>284</td></tr>
<tr><td>茎干移出</td><td>43</td><td>700</td><td>220</td><td>102</td><td>593</td><td>243</td></tr>
</table>

由表9-27可知，无论是2009～2011年还是2011～2013年，豆类绿肥-春玉米-冬小麦轮作的产值、纯收入和产投比均显著高于豆类绿肥-冬小麦和夏休闲-冬小麦，而夏休闲-冬小麦的纯收入和产投比在2009～2011年显著高于豆类绿肥-冬小麦，在2011～2013年则只有产投比显著增加[15]。

表9-27 不同处理经济效益指标（陕西长武，2009～2013年） 单位：元/亩

轮作方式	绿肥处理方式	2009～2011年			2011～2013年		
		产值	纯收入	产投比	产值	纯收入	产投比
豆类绿肥-冬小麦	播前翻压	618	111	1.22	1195	609	2.04
	提前覆盖	718	212	1.42	1089	502	1.86
	提前翻压	783	277	1.55	1065	479	1.82
夏休闲-冬小麦	无绿肥	824	435	2.12	1233	786	2.76
豆类绿肥-春玉米-冬小麦	绿肥覆盖	2070	1588	4.29	2273	1740	4.26
	绿肥翻压	2058	1576	4.27	2356	1823	4.42
	绿肥移除	1891	1409	3.92	2160	1626	4.05

（2）对土壤水分、碳氮库的影响

与不种绿肥的夏休闲-冬小麦相比（表 9-28），豆类绿肥-冬小麦轮作各处理小麦播前 0 ～ 200cm 土壤储水量均较低，即夏季种植绿肥消耗了较多的土壤水分，减少了小麦播前土壤剖面的储水量，豆类绿肥-春玉米-冬小麦轮作条件下小麦播前土壤储水量显著高于豆类绿肥-冬小麦[15]。

表9-28　不同处理小麦播前和收获后0 ~ 200cm土壤储水量（陕西长武，2009 ~ 2013年）

单位：mm

轮作方式	绿肥处理方式	2009 ~ 2010 年		2010 ~ 2011 年		2011 ~ 2012 年		2012 ~ 2013 年	
		麦播前	麦收后	麦播前	麦收后	麦播前	麦收后	麦播前	麦收后
豆类绿肥-冬小麦	播前翻压	345	260	466	300	605	313	327	298
	提前覆盖	353	251	459	270	577	317	361	260
	提前翻压	364	243	496	264	592	315	367	262
夏休闲-冬小麦	无绿肥	425	268	518	272	615	302	437	293
豆类绿肥-春玉米-冬小麦	茎秆覆盖			568	312			466	277
	茎秆翻压			568	304			420	273
	茎秆移出			564	297			416	279

与 4 年不种绿肥的夏休闲-冬小麦轮作相比，豆类绿肥-冬小麦轮作并没有显著提高 0 ～ 20cm 土壤全氮含量，两年三作模式的土壤全氮含量则有降低趋势。与夏休闲-冬小麦轮作相比，绿肥-小麦轮作和 2 年 3 作模式均有提高 0 ～ 20cm 有机碳含量的趋势，其中覆盖处理（豆类绿肥-冬小麦轮作中的提前覆盖和豆类绿肥-春玉米-冬小麦轮作中的茎秆覆盖）的有机碳含量显著高于夏休闲-冬小麦轮作。豆类绿肥-冬小麦轮作条件下，提前覆盖处理的有机碳含量略高于另外 2 个处理；豆类绿肥-春玉米-冬小麦轮作条件下，茎秆覆盖处理的有机碳含量略高于茎秆翻压而显著高于茎秆移出处理。试验开始前 0 ～ 20cm 土层有机碳储量为 1.34t/ 亩，4 年后除了豆类绿肥-冬小麦轮作的提前覆盖处理和豆类绿肥-春玉米-冬小麦轮作的茎秆覆盖处理，其余处理有机碳储量都有不同程度降低（表 9-29）[15]。

表9-29　小麦收获后土壤全氮含量和有机碳变化（陕西长武，2013年）

轮作方式	绿肥处理方式	全氮 /（g/kg）	有机碳 /（g/kg）	有机碳储量 /（t/ 亩）	4 年后有机碳储量变化 /（kg/ 亩）
豆类绿肥-冬小麦	播前翻压	1.036	8.11	1.33	−5.7
	提前覆盖	0.943	8.43	1.38	46.6
	提前翻压	0.988	8.03	1.32	−19.6
夏休闲-冬小麦	无绿肥	0.963	7.82	1.28	−53.3

续表

轮作方式	绿肥处理方式	全氮/(g/kg)	有机碳/(g/kg)	有机碳储量/(t/亩)	4年后有机碳储量变化/(kg/亩)
豆类绿肥-春玉米-冬小麦	茎秆覆盖	0.919	8.36	1.37	35.2
	茎秆翻压	0.915	8.02	1.31	−21.9
	茎秆移出	0.923	7.78	1.28	−60.9

豆类绿肥-冬小麦轮作小麦播前、收获后0～200cm土壤硝态氮储量均高于不种绿肥的夏休闲-冬小麦轮作。豆类绿肥-春玉米-冬小麦轮作条件下，小麦播前、收获后0～200cm土壤硝态氮储量均有低于豆类绿肥-冬小麦轮作的趋势（表9-30）[15]。

表9-30　不同处理小麦播前和收获后0～200cm土壤硝态氮储量（陕西长武，2009～2013年）

单位：kg（N）/亩

轮作方式	绿肥处理方式	2009～2010年	2010～2011年		2011～2012年		2012～2013年	
		麦播前	麦收后	麦播前	麦收后	麦播前	麦收后	麦播前
豆类绿肥-冬小麦	播前翻压	12.1	20.5	16.7	15.5	16.6	4.7	22.3
	提前覆盖	10.8	18.5	16.8	20.7	15.4	12.2	18.7
	提前翻压	14.1	23.3	17.2	20.0	19.2	13.7	18.1
夏休闲-冬小麦	无绿肥	5.3	18.6	9.7	8.0	20.5	5.3	9.6
豆类绿肥-春玉米-冬小麦	茎秆覆盖	—	22.1	11.9	—	—	8.7	10.7
	茎秆翻压	—	16.2	12.7	—	—	10.0	10.5
	茎秆移出	—	19.6	11.4	—	—	7.5	12.9

9.6　特色作物复种绿肥技术与效应

9.6.1　西北马铃薯间作绿肥

（1）种植利用技术

针对马铃薯的连作障碍等问题以及马铃薯前期生长特点和栽培技术要求，改马铃薯单作为绿肥与马铃薯间作的保育土壤生产模式。

薯、肥均于4月上旬播种。马铃薯种植采用垄幅0.9m、垄宽0.6m、垄沟0.3m，在马铃薯行间（沟内）种植2行绿肥（图9-12）。绿肥作物在6月上旬现蕾期收获或翻压。

图 9-12　马铃薯间作绿肥种植模式

（2）绿肥种植利用效应

马铃薯间作绿肥可较大幅提高产量和效益。马铃薯间作不同绿肥，可收获绿肥鲜草 435 ～ 601kg/ 亩（表 9-31）。以间作针叶豌豆压青处理的马铃薯产量最高，为 1240kg/ 亩，较单作马铃薯增产 9.8%(表 9-32)。此外，间作针叶豌豆或甜豌豆可收豌豆 100 ～ 150kg/ 亩。

表9-31　马铃薯间作绿肥不同处理对绿肥鲜草产量的影响（甘肃武威，2011 ~ 2015年）　单位：kg/亩

处理	2011 年	2012 年	2013 年	2014 年	2015 年	平均
单作马铃薯（CK）	—	—	—	—	—	—
马铃薯 / 箭、苕混播	452	345	678	688	656	564
马铃薯 / 箭、苕混播	448	289	474	679	636	505
马铃薯 / 针豌	481	308	332	538	524	436
马铃薯 / 针豌	464	307	312	556	534	435
马铃薯 / 甜豌	630	250	592	838	696	601
马铃薯 / 甜豌	625	210	501	859	748	588

注：施肥量 N、P_2O_5、K_2O 分别为 15.0、10.0、5.0kg/ 亩。

表9-32　马铃薯/绿肥模式不同处理对马铃薯产量的影响（甘肃武威，2009 ~ 2015年）

处理	马铃薯产量 /（kg/ 亩）								较对照增产	
	2009 年	2010 年	2011 年	2012 年	2013 年	2014 年	2015 年	平均	产量 /(kg/ 亩)	增产率 /%
对照	1583	1548	1082	723	939	716	1269	1123		
箭苕-根茬	1647	1614	1134	948	1017	718	1201	1183	60	5.3
箭苕-压青	1303	1634	1197	1088	993	770	1225	1173	50	4.2
针豌-根茬	1149	1759	1114	1035	1048	768	1434	1187	64	5.7

续表

处理	马铃薯产量 /（kg/ 亩）								较对照增产	
	2009 年	2010 年	2011 年	2012 年	2013 年	2014 年	2015 年	平均	产量 /（kg/ 亩）	增产率 /%
针豌-压青	1326	1831	1136	1029	994	858	1509	1240	117	9.8
甜豌-根茬	1588	1499	1063	1158	1070	838	1356	1224	101	8.2
甜豌-压青	1457	1519	1101	886	1000	892	1392	1178	55	4.5

注：施肥量 N、P_2O_5、K_2O 分别为 15.0、10.0、5.0kg/ 亩。

由表 9-33 可知，马铃薯间作绿肥能够提高土壤养分，其中压青肥效高于根茬肥效，以马铃薯间作箭筈豌豆 + 毛叶苕子压青土壤有机质、速效氮、速效磷和速效钾含量最高。2012 年 8 月下旬对马铃薯病害调查发现，间作绿肥使马铃薯病害减少 26.8% ～ 37.0%，以间作箭筈豌豆、毛叶苕子压青处理的马铃薯病害最少（图 9-13）。

表9-33　马铃薯间作绿肥作物对土壤养分的影响（甘肃武威，2012年）

处理	有机质 /（g/kg）	速效氮 /（mg/kg）	速效磷 /（mg/kg）	速效钾 /（mg/kg）
基础土壤（2009 年）	19.4	23.2	95.2	121
单作马铃薯（CK）	19.6	27.6	90.4	192
马铃薯 / 箭、苕（根茬）	19.9	28.2	88.1	186
马铃薯 / 箭、苕（压青）	21.2	35.1	109	204
马铃薯 / 针叶豌豆（根茬）	20.2	28.6	114	191
马铃薯 / 针叶豌豆（压青）	20.7	27.2	94.0	189
马铃薯 / 甜豌豆（根茬）	20.6	32.4	92.8	183
马铃薯 / 甜豌豆（压青）	20.7	28.0	99.4	186

注：施肥量 N、P_2O_5、K_2O 分别为 15.0、10.0、5.0kg/ 亩。

图 9-13　马铃薯间作绿肥种植模式病害防治效果

9.6.2　西北冷凉区蔬菜绿肥

我国西北冷凉区高原夏菜，以绿色、健康、安全及原生态的优良品质深受消费者喜爱。

近年来，随着生产规模的进一步扩大，高原夏菜在西北冷凉区的种植模式单一，集约化种植模式导致产品品质降低、土壤健康受损、病虫害发生加剧等问题日益突出。亟须基于耕地用养结合的蔬菜品质调优绿色种植技术的研发与应用。

利用绿肥的倒茬及增加农田有机物料投入等效应，采用菜后复种绿肥模式（图 9-14）。年内以蔬菜复种绿肥的种植模式保证蔬菜产出及经济收益，而下年蔬菜与上年绿肥形成年际间倒茬，在不降低当年经济产出的同时，以绿肥替代部分化肥，实现保障冷凉区蔬菜产量和改善产品品质目的。

图 9-14　菜后箭筈豌豆混作大麦（甘肃永昌，2020 年）

（1）绿肥种类选择

针对西北冷凉区水、热资源不足，作物种植一季有余两季不足的特点，应选择耐寒抗旱、早生速发、生育期短的绿肥种类和品种。另外，针对不同蔬菜种类的生物学特性，搭配与蔬菜养分互补的绿肥种类。例如娃娃菜、小油菜等十字花科蔬菜，配置箭筈豌豆、毛叶苕子等豆科绿肥或小黑麦、大麦等禾本科绿肥较好。推荐使用不同种类绿肥混作模式。早生速发型豆科绿肥与禾本科绿肥混作能够增加冷凉区绿肥生物量，从而增强绿肥效应。在甘肃永昌田间试验表明，菜后箭筈豌豆混作大麦模式分别较菜后箭筈豌豆混作毛叶苕子、箭筈豌豆单作、毛苕子单作的绿肥生物量增加 8.1%、14.1% 和 22.2%（表 9-34）。

表9-34　菜后不同绿肥种植模式的绿肥生物量表现（甘肃永昌，2020年）　　单位：kg/亩

处理	2018 年	2019 年	2020 年
箭筈豌豆单作	387	381	412
毛叶苕子单作	342	413	334
箭筈豌豆 × 毛叶苕子	417	422	414
箭筈豌豆 × 大麦	—	453	450

（2）绿肥种植与利用技术

① 播前准备。蔬菜收获后抢种绿肥。对于娃娃菜等尾菜含水量较大、难以腐解不宜

还田的蔬菜收获后，及时将尾菜清理出农田，紧跟灭茬整地，抢时适墒浅旋镇压。胡萝卜等尾菜可还田的蔬菜收获后直接浅旋镇压整地。初种或从未种过豆科绿肥的地块应接种根瘤菌。

② 播期。根据蔬菜收获期，绿肥应在蔬菜收获后抢时播种，一般不迟于 8 月初，为绿肥争取足够多的生长时间。

③ 播量。一般亩播量为：毛叶苕子单播时 4 ～ 6kg/ 亩；箭筈豌豆单播时 10 ～ 15kg/ 亩；大麦、小黑麦 20kg/ 亩。大麦与箭筈豌豆混播时，分别为 4 ～ 5kg 和 8 ～ 10kg。播量应充分考虑耕地肥力，肥田适当减少播量，瘦田适当增加播量。

④ 播种方式。绿肥推荐使用豆科绿肥箭筈豌豆或毛叶苕子，与大麦、小黑麦等禾本科绿肥混作。面积较小时可采用人工撒播，之后用镇压机械压紧地表，保证种子与土壤接触；面积较大时采用谷物播种机进行条播。一般，机械条播绿肥出苗整齐，苗期长势健壮，可获得较大生物量。在甘肃永昌研究表明，绿肥机械播种较撒播方式可使绿肥生物量增加 10.5% ～ 117.2%（表 9-35）。

表9-35　菜后绿肥不同播种方式及种植模式的绿肥生物量

绿肥种植方式	机械条播 /（kg/ 亩）	撒播 /（kg/ 亩）	条播 / 撒播
箭筈豌豆混作毛叶苕子	422	382	1.11
箭筈豌豆混作大麦	453	340	1.33
箭筈豌豆单作	381	211	1.80
单作毛叶苕子	413	190	2.17

⑤ 田间管理。绿肥出苗后 5 ～ 7d 内若遇干旱要及时灌水，以利幼苗扎根，保证全苗，生长中期视需水情况，灌水 2 ～ 3 次，水量不宜过大。菜田种植绿肥不需额外施肥。

⑥ 还田 / 割青。可使用秸秆还田机粉碎全量翻压，或地表覆盖免耕来年春季浅旋还田。当绿肥生物量较大刈割饲用时，为保证肥田效果，收割时最好提高割台，留茬 20 ～ 25cm，同时利于抑制沙尘，保护耕地；根茬还田翻压时可适当施用磷肥，因为豆科绿肥氮素含量较高，配合磷肥施用，利于氮磷养分平衡供应。

（3）绿肥种植利用效应

菜后复种绿肥模式可充分利用蔬菜收获后农田休闲期，增加农田有机物投入，实现蔬菜增产增效。经调查，在西北绿洲灌区，菜后复种绿肥模式利用蔬菜收获后 7 月中下旬～ 10 月中旬的休闲期，绿肥混作可获得 453kg/ 亩的生物量，碳累积量达 181kg/ 亩，氮素累积 17.6kg/ 亩。该模式使娃娃菜增产 279kg/ 亩，增效 168 元 / 亩。

菜后复种绿肥模式可显著改善娃娃菜营养品质和商品品质。在西北绿洲灌区田间试验研究表明，与菜后休闲处理相比，菜后复种绿肥模式娃娃菜维生素 C 含量提高 5.2% ～ 19.2%，可溶性糖含量提高 4.9% ～ 23.3%；单株毛重和净菜率分别提高 13.3% ～ 26.7% 和 8.1% ～ 40.8%（表 9-36）。

表9-36 不同菜后复种绿肥模式娃娃菜产品关键品质（甘肃永昌，2020年）

处理	营养品质		商品品质	
	维生素 C/（mg/kg）	可溶性糖 /（g/kg）	单株毛重 /kg	净菜率 /%
娃娃菜-箭筈豌豆 × 大麦	319 a	115 a	2.1 a	72.8 a
娃娃菜-箭筈豌豆 × 毛叶苕子	282 b	104 b	1.9 b	62.5 b
娃娃菜-箭筈豌豆单作	285 b	104 b	1.9 b	64.4 b
娃娃菜-大麦单作	279 bc	100 bc	1.8 bc	62.3 b
娃娃菜-毛叶苕子单作	272 c	98 bc	1.7 c	55.9 c
娃娃菜连作	268 c	93 c	1.5 d	51.7 c

注：同一列不同小写字母表示处理间显著差异（$p < 0.05$）。

菜后复种绿肥能够降低娃娃菜产品的硝酸盐含量。在甘肃河西灌区田间试验结果表明，菜后复种绿肥模式娃娃菜产品硝酸盐含量较菜后休闲降低 6.4% ～ 11.9%，其中娃娃菜-箭筈豌豆 × 大麦模式效果最佳（图 9-15）。

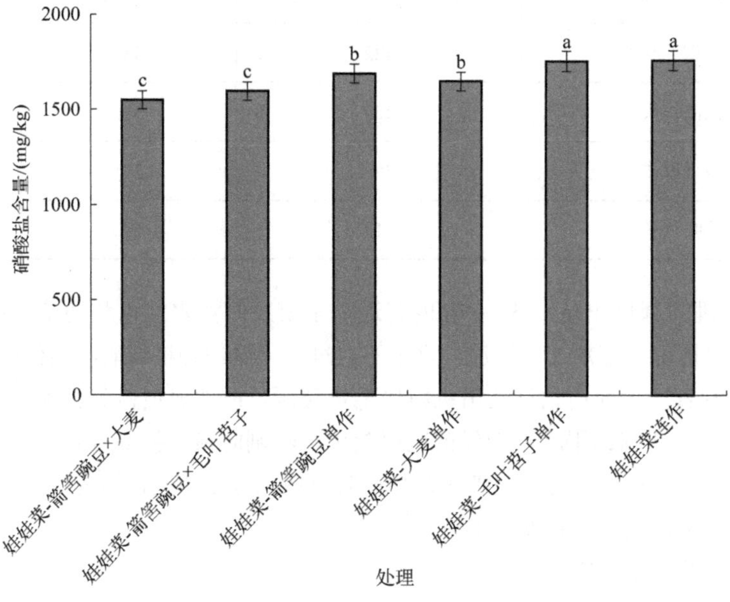

图 9-15 不同菜后复种绿肥模式娃娃菜硝酸盐含量（甘肃永昌，2020 年）

图柱上不同小写字母表示处理间差异显著（$p < 0.05$）

9.6.3 春小麦间作绿肥“一季两收”

青海、甘肃一带的春小麦生产，长期依赖化肥投入，耕地养育手段不足。同时，小麦效益相对较低，如何实现麦田提质增效、地力可持续发展，是麦区面临的重大问题。通过在麦田创新调整田间结构，引入养地的豆科绿肥作物，建立小麦间作绿肥“一季两收”模式。

（1）绿肥种类选择与田间布局

绿肥采用毛叶苕子。采用大宽窄行种植，宽行为 50 ～ 60cm，种植 2 行毛叶苕子；窄行为 20 ～ 40cm，种植 2 行或 3 行小麦（图 9-16）。此模式下，小麦可获得约 50% 的籽粒产量，毛叶苕子种子产量 45 ～ 55kg/ 亩，综合效益大幅提升。

图 9-16　小麦间作毛叶苕子

毛叶苕子在本地区的成熟期与小麦同步，其种子高产的主要措施之一就是合理密植、通风透光。利用合理间作，以小麦作支架，有利于毛叶苕子的生殖生长，实现种子高产。同时，毛叶苕子与小麦可以实现生态互补，既有利于毛叶苕子固氮、生长，也有利于小麦氮素利用。

（2）绿肥种植与管理

3 月下旬～ 4 月上旬，小麦和毛叶苕子同期播种。按上述布局机械播种或者手推圆鼓式播种机播种。小麦和毛叶苕子播后镇压。

播前整地。播前可浅旋、耙耱，使土地平整，形成上松下实的苗床。整地前施用基肥，施肥量为纯氮 5 ～ 6kg/ 亩、五氧化二磷 5 ～ 6kg/ 亩。

小麦播种量 10.0 ～ 12.0kg/ 亩，毛叶苕子播种量 1.0 ～ 1.5kg/ 亩。

（3）小麦和绿肥种子收获

毛叶苕子荚果的 80% 左右变黄白时，用全喂入式联合收割机，全田收获。种子收获后用螺旋分选机，将毛叶苕子和小麦种子分开。

参考文献

[1] 柴强，胡发龙，陈桂平. 禾豆间作氮素高效利用机理及农艺调控途径研究进展. 中国生态农业学报，2017, 25(1): 19-26.

[2] Yang L, Luo Y, Lu B L, et al. Long-term maize and pea intercropping improved subsoil carbon storage while reduced greenhouse gas emissions. Agriculture, Ecosystems & Environment, 2023, 349: 108444.

[3] Fan Z, Zhao Y, Chai Q, et al. Synchrony of nitrogen supply and crop demand are driven via high maize density in maize/pea strip intercropping. Scientific Reports, 2019, 9(1): 10954.

[4] Zhao C, Fan Z, Coulter J A, et al. High maize density alleviates the inhibitory effect of soil nitrogen on intercropped pea. Agronomy, 2020, 10(2): 248.

[5] 赵鑫. 博士后研究报告. 兰州：中国农业科学院，2025.

[6] Chai Q, Nemecek T, Liang C, et al. Integrated farming with intercropping increases food production while reducing environmental footprint. Proceedings of the National Academy of Sciences, 2021, 118(38): e2106382118.

[7] 王琦明. 减氮及间作绿肥对玉米产量和土壤温室气体排放的互作效应. 兰州：甘肃农业大学，2019.

[8] Yang L, Luo Y, Lu B L, et al. Long-term maize and pea intercropping improved subsoil carbon storage while reduced greenhouse gas emissions. Agriculture, Ecosystems & Environment, 2023, 349: 108444.

[9] 李含婷，柴强，王琦明，等. 绿洲灌区不同施氮水平下玉米绿肥间作模式的水分利用特征. 中国农业科学，2021, 54(12): 2608-2618.

[10] 王玉．绿肥及减量灌水对小麦复种绿肥水碳足迹的影响．兰州：甘肃农业大学，2020.
[11] 姚致远，王峥，李婧，等．旱地基于豆类绿肥不同轮作方式的经济效益分析．植物营养与肥料学报，2016, 22(1): 76-84.
[12] Ma Z B, Liang T, Fu H R, et al. Long-term green manuring increases soil carbon sequestration via decreasing qCO_2 caused by lower microbial phosphorus limitation in a dryland field. Agriculture, Ecosystems & Environment, 2024, 374: 109142.
[13] Zhou G P, Fan K K, Li G L, et al. Synergistic effects of diazotrophs and arbuscular mycorrhizal fungi on soil biological nitrogen fixation after three decades of fertilization. iMeta, 2023: e81.
[14] Zhou G P, Fan K K, Gao S J, et al. Green manuring relocates microbiomes in driving the soil functionality of nitrogen cycling to obtain preferable grain yields in thirty years. Science China Life Sciences, 2024, 67(3): 596-610.
[15] 姚致远，王峥，李婧，等．轮作及绿肥不同利用方式对作物产量和土壤肥力的影响．应用生态学报，2015, 26(8): 2329-2336.

中国肥料研究与应用全书

Books of Fertilizer Research and Application in China

FERTILIZER

第10章

华北、东北农区绿肥种植与利用

我国华北地区主要包括北京、天津、河北、山西、内蒙古等地，从气候特点及种植制度角度考虑，山东大部地区与京、津、冀相近，也将其列入华北地区绿肥种植范围。华北地区主要农作物是玉米、棉花、花生、大豆、甘薯、冬小麦等。此外，山西、内蒙古等地的马铃薯、谷子、莜麦、油葵、胡麻等特色作物以及河北坝上地区的夏菜，在全国也有重要地位。河北、天津、山东、山西等地，也是我国盐碱地的重要分布区域。近年来，华北北部农田冬春季节裸露问题没有解决，加之传统冬小麦的面积有所减少，冬闲田面积呈扩大趋势。这些地区的农田冬春季节地表裸露，加剧了区域生态环境恶化风险。研究将绿肥纳入作物种植系统，提升华北冬春季节的农田绿色覆盖，对于减少水土流失、养育农田土壤、改善农村环境具有重要意义。目前，针对华北地区主要的大田作物及各类耕地，都可以有相应的绿肥种类及对应的措施来解决问题。

东北农区主要为黑龙江、吉林、辽宁，以及与内蒙古交界地区，气候属于温带半干旱大陆性气候，年降水量 350 ～ 500mm，雨水多集中在夏季，春旱严重，年平均气温 3 ～ 9℃，无霜期 100 ～ 150d。与西北冷凉区相似，东北地区适宜农作物的生长季较短，多数地区一季有余两季不足。该地区是我国重要的黑土资源区，肩负保障国家粮食安全重任，但近年来黑土地退化严重，生态环境脆弱，发展绿肥生产进行黑土地保护与培育十分重要。

10.1 华北地区主要绿肥生产制度及绿肥选择

华北地区主要农作物及特色作物种类较多，各地的农田种植制度也有较大差异，表 10-1 列出了华北各地的主要绿肥生产制度及绿肥选择。

表10-1 华北各地主要绿肥生产制度及推荐绿肥种类

绿肥生产制度（模式）	推荐绿肥种类	主要区域
冬绿肥-玉米	毛叶苕子、光叶苕子、冬油菜、二月兰	河北南部、山东
	冬油菜、二月兰	天津、北京、河北、山西、山东
	黑麦、小黑麦	河北南部、山东
春玉米 // 大豆带状种植-冬绿肥	夏大豆；冬绿肥：毛叶苕子、光叶苕子、冬油菜、二月兰	河北、山东、天津、北京
春绿肥-玉米	春油菜、肥田萝卜、箭筈豌豆、毛叶苕子	河北、山西、天津一季玉米区
冬绿肥-棉花	毛叶苕子、冬油菜、二月兰、黑麦、小黑麦	河北、山东
冬绿肥-花生（大豆）	毛叶苕子、冬油菜、二月兰、黑麦、小黑麦	河北、山东
春绿肥-油葵	豌豆、毛叶苕子、箭筈豌豆	内蒙古西部
夏菜-绿肥	毛叶苕子、箭筈豌豆	河北坝上地区
冬绿肥-谷子	二月兰、冬油菜	山西
绿肥-莜麦“一季两收”	毛叶苕子、箭筈豌豆	内蒙古中部

续表

绿肥生产制度（模式）	推荐绿肥种类	主要区域
绿肥与经作多年轮作	毛叶苕子、箭筈豌豆	内蒙古南部、山西北部
盐碱地青贮玉米-绿肥带状轮种	拉巴豆、饲用大豆、田菁	山西盐碱地区
盐碱地绿肥-旱碱麦	田菁	沧州
滩涂绿肥	田菁、柽麻	河北、天津、山东盐碱地区

10.2 华北地区冬绿肥-玉米轮作

10.2.1 绿肥种植与利用

华北地区的玉米包括夏玉米和春玉米，随着生产制度的变革，部分地区冬小麦退出种植，因此一季玉米的种植时间并没有严格的区分。一般情况下，一季玉米的种植时间集中在4～5月，收获时间集中在9～10月，有足够的空闲时间开展绿肥生产。

10.2.1.1 绿肥种类选择

在华北偏北的一季玉米区，如天津、北京、山西等地，一般采用冬油菜、二月兰等十字花科绿肥作物。在华北中部及以南地区，如河北南部、山东、山西晋东南等地，可以选择豆科绿肥毛叶苕子，禾本科绿肥黑麦、小黑麦等，十字花科绿肥二月兰、冬油菜等。

天津4年定位试验结果表明[1]（表10-2），毛叶苕子、冬油菜和二月兰冬春地表覆盖度在95%～98%之间，粗糙度在4.6～5.4之间，越冬率在88.2%～95.4%之间，地上部生物量（干重）在404～459kg/亩之间；黑麦草和草木樨地表覆盖效果相对较差。

表10-2 绿肥冬春覆盖效果及干生物量（天津武清，2012～2015年）

处理	覆盖率/%	粗糙度	越冬率/%	地上部干物质量/（kg/亩）
冬闲	11.2	1.2	—	75
毛叶苕子	97.5	5.4	90.7	435
黑麦草	82.7	3.8	79.6	241
冬油菜	95.2	4.6	88.2	459
二月兰	94.1	5.1	95.4	404
草木樨	76.5	3.6	65.8	269

天津 8 年定位试验结果表明（表 10-3），6 种类型绿肥总干物质产量、地上部分和地下部分干物质产量均显著高于冬闲。绿肥处理总生物产量在 333 ～ 484kg/ 亩之间，比冬闲高 280.3% ～ 453.3%；绿肥处理地上部生物产量比冬闲增加 214.4% ～ 386.9%；绿肥处理地下部生物产量也高于冬闲[2]。

表10-3　不同冬绿肥干物质产量（天津武清，2012 ~ 2019年）　单位：kg/亩

处理	地上部生物产量	地下部生物产量	总生物产量
冬闲杂草	70 d	18 d	87 d
二月兰	317 b	127 ab	444 b
毛叶苕子	253 c	79 c	333 c
黑麦草	220 c	150 a	370 c
黑麦	341 a	143 ab	484 a
毛叶苕子 + 二月兰	267 c	103 b	370 c
毛叶苕子 + 黑麦	303 b	110 b	413 b

注：同一列数据后的不同小写字母表示处理间差异显著（$p < 0.05$）。

同时天津 8 年定位试验结果还表明[2]（表 10-4），6 种类型绿肥中以黑麦含碳量最高，为 43.6%，其次是二月兰和毛叶苕子，二者数值相近，均为 41.5%，黑麦草含碳量最低，为 40.4%。毛叶苕子含氮量最高，其次是毛叶苕子和二月兰混播，含氮量 2.9%，黑麦全氮仅为 1.5%。黑麦 C/N 比最高，为 29.9，毛叶苕子 C/N 最低，为 10.9。黑麦草、毛叶苕子磷含量最高；黑麦的钾含量最高，其次是毛叶苕子 + 黑麦。

表10-4　不同处理地上部分与地下部分养分含量

冬绿肥	地上部分 / 地下部分				
	C/%	N/%	C/N	P/%	K/%
冬闲杂草	41.2 b/38.2 c	1.5 d/1.5 d	28.2 a/21.1 a	0.3 d/0.4 c	3.1 c/3.1 c
二月兰	41.5 b/38.0 c	2.2 c/2.9 b	18.7 b/13.1 c	0.4 c/0.4 c	3.4 b/3.4 b
毛叶苕子	41.5 b/36.7 d	3.8 a/3.9 a	10.9 d/9.4 d	0.7 a/0.6 ab	3.3 b/3.2 c
黑麦草	40.4 c/44.0 a	2.4 c/1.9 d	16.6 b/23.2 a	0.7 a/0.7 a	3.1 c/3.1 c
黑麦	43.6 a/40.0 b	1.5 d/2.3 c	29.9 a/17.4 b	0.5 c/0.5 b	3.7 a/3.6 a
毛叶苕子 + 二月兰	41.2 6 b/37.9 c	2.9 b/3.1 b	14.5 c/12.24 c	0.6 b/0.5 b	3.4 b/3.2 c
毛叶苕子 + 黑麦	42.9 ab/39.3 b	2.3 c/3.0 b	18.6 b/13.1 c	0. 6 b/0.5 b	3.5 ab/3.4 b

注：同一列数据后不同小写字母表示处理间差异显著（$p < 0.05$）。

10.2.1.2　绿肥种植与管理

（1）播种方式与播期

二月兰、毛叶苕子可以与玉米套播，在玉米最后一次中耕前撒播较好（图 10-1 左），撒播后中耕。此时降雨较为丰富，大部分地表还未郁闭，结合中耕，有利于种子落地及全苗。应当注意除草剂对绿肥幼苗的影响，必须在除草剂药效基本结束后播种绿肥。玉米收获时间允许的，可以在玉米收获后播种，玉米灭茬后开沟条播或者撒播后灭茬。对于华北偏北地区，玉米播期较晚的，可以在冬前冻土前条播毛叶苕子，寄籽后第二年春天出苗。二月兰繁种田，一般会有较多的种子洒落田间，接茬种植玉米的，玉米播种后会陆续出苗，与玉米共同生长（图 10-1 右），能起到很好的保墒、压草效果。在京津地区，以 9 月中旬播种的鲜草产量较高，也有利于氮、磷、钾的累积（表 10-5）[3]。

图 10-1　二月兰自然落籽（左）及苗期撒播（右）的效果

表10-5　不同播期对二月兰产量和养分累积的影响　　单位：kg/亩

播种日期	鲜草产量	干草产量	种子产量	养分累积		
				氮素	磷素	钾素
9 月 14 日	1395 a	194 a	44.5 a	3.4 a	0.5 a	6.2 a
9 月 22 日	1116 b	135 b	41.2 a	3.3 a	0.5 a	4.5 b
10 月 1 日	503 c	59 c	26.8 b	1.9 b	0.3 b	2.0 c
10 月 8 日	147 d	18 d	17.3 c	0.7 c	0.1 c	0.6 d

注：同一列数据后的不同小写字母表示播种期间差异显著（$p < 0.05$）。

（2）播种量

二月兰的播种量为 1.5 ～ 2.0kg/ 亩，毛叶苕子的播种量为 4.0 ～ 5.0kg/ 亩，冬油菜的播种量为 0.8 ～ 1.2kg/ 亩，黑麦的播种量为 9.0 ～ 11.0kg/ 亩。墒情好、早播、条播的少播，反之多播。不同撒播方式比较，飞播在播种效率、成本支出、播种质量等方面均优于人工撒播。

（3）水肥管理

绿肥一般不进行单独水分管理，如果需要春季采摘，或对观光有较高要求的，应加强水分管理，主要是浇越冬水、返青水，提高出苗率和整齐度。地力较好的不必施肥，地力较弱的适当施肥。十字花科、禾本科绿肥，基施尿素 5 ～ 10kg/ 亩；豆科绿肥，基施磷酸二铵 5kg/ 亩。

二月兰是近些年引入华北农田的绿肥种类，其对氮肥投入敏感。试验表明（表 10-6）[4]，施用氮肥（基施、春季追施各 50%）可以显著提高二月兰的鲜草产量、养分累积量和籽粒产量，以施氮 9kg/ 亩时最高，鲜草产量达到 1423kg/ 亩，氮、磷、钾累积量分别达到 4.48、1.77、6.99kg/ 亩，籽粒产量达到 66.2kg/ 亩；施氮可以提高二月兰鲜草和籽粒中的氮素含量。

表10-6　氮肥用量对二月兰产量及养分吸收的影响

施氮量 /（kg/ 亩）	产量 /（kg/ 亩）		盛花期干草养分含量 /%			盛花期养分累积量 /（kg/ 亩）		
	盛花期鲜草	籽粒	N	P	K	N	P_2O_5	K_2O
0	606 d	36.1 c	2.12 c	0.33 bc	3.28 a	1.60 d	0.57 c	2.99 c
45	876 c	49.9 b	1.99 c	0.30 c	3.07 b	2.21 c	0.77 c	4.12 c
90	1258 b	58.0 ab	2.47 b	0.37 b	3.30 a	3.91 b	1.34 b	6.27 ab
135	1423 a	66.2 a	2.57 ab	0.45 a	3.35 a	4.48 a	1.77 a	6.99 a
180	1195 b	49.7 b	2.80 a	0.43 a	3.32 a	3.88 b	1.37 b	5.56 b

注：同列数据后不同小写字母表示差异显著（$p < 0.05$）。

10.2.1.3　绿肥利用

（1）翻压利用

在绿肥盛花后期粉碎旋耕还田或直接深翻（大于 20cm）还田（图 10-2），翻压 7 ～ 15d 后播种玉米。种植冬油菜、二月兰等非豆科冬绿肥的后茬玉米施肥量，较之冬闲-玉米化肥用量减施 10% ～ 20%，种植豆科绿肥的后茬玉米减施化肥 20% ～ 30%。种植并翻压绿肥的田块，可以实施玉米高产创建，施肥量按当地推荐的高产田形式管理即可。

图 10-2　冬油菜、二月兰绿肥翻压现场（天津）

（2）综合利用

二月兰可以在 4 月初现蕾后、开花前及时采摘菜薹用作蔬菜。二月兰、冬油菜的花期约 1 个月，可以用于放蜂收蜜、观光旅游（图 10-3）。二月兰菜薹在早春采食（图 10-4），能填补华北地区该季节露地蔬菜的空白。二月兰菜薹不仅产量高，而且口感好、无污染，有很大的综合利用前景。冬绿肥作为蜜源植物，主要是冬油菜、二月兰、毛叶苕子等。豆科、禾本科绿肥也可作为良好饲料，对促进种植业与草食畜牧业的有机结合发挥重要作用。综合利用后再翻压作绿肥，对肥效影响不大。

图 10-3 冬油菜、二月兰景观

图 10-4 二月兰作为蔬菜

10.2.2 绿肥种植利用效应

10.2.2.1 不同二月兰翻压量对后作玉米产量的影响

北京二月兰不同翻压量试验结果表明（表 10-7），在常规施肥条件下，2013 年春玉米产量，翻压绿肥处理的均高于不翻压处理，不同翻压量之间差异不显著，但以翻压 1500kg/ 亩的产量最高；2014 年，翻压绿肥均提高了青贮玉米生物产量，增产幅度为 0.5% ～ 35.4%，其中以翻压 2500kg/ 亩最高。因此，在华北地区，绿肥翻压量的增大并不影响后作玉米的产量。

表10-7 绿肥不同翻压量对春玉米产量影响（北京大兴，2013 ~ 2014年）

绿肥翻压量 /（kg/ 亩）	2013 年春玉米			2014 年青贮玉米		
	生物量 /（kg/ 亩）	较不翻压增加		生物量 /（kg/ 亩）	较不翻压增加	
		产量 /（kg/ 亩）	增产率 /%		产量 /（kg/ 亩）	增产率 /%
不翻压	3217	—	—	3824 c	—	—
500	3133	−84	−2.6	3842 bc	18	0.5

续表

绿肥翻压量/(kg/亩)	2013年春玉米			2014年青贮玉米		
	生物量/(kg/亩)	较不翻压增加		生物量/(kg/亩)	较不翻压增加	
		产量/(kg/亩)	增产率/%		产量/(kg/亩)	增产率/%
1000	3421	204	6.3	3924 bc	100	2.6
1500	3524	306	9.5	3989 bc	164	4.3
2000	3247	29	0.9	4322 b	498	13.0
2500	3449	232	7.2	5176 a	1352	35.4

注：常规施肥为48%复合肥（$N-P_2O_5-K_2O$=20-6-22）40kg/亩，基肥一次性施入，后期不追肥。

10.2.2.2 种植翻压绿肥后的-玉米养分运筹及效应

绿肥有一定的养分供应能力，翻压二月兰后的玉米生物量、籽粒产量、养分吸收量显著提高，并随绿肥翻压量增加而增加。单翻压绿肥能满足玉米拔节期以前的生长需求，该处理玉米在拔节期的生物量、氮磷钾吸收量均与单施化肥处理相似（表10-8）[5]。绿肥化肥配施提高玉米产量，进一步促进玉米养分吸收，绿肥与化肥配施处理使成熟期玉米整株氮、磷、钾吸收量比单独化肥处理分别增加了10.8%、28.1%、45.8%，籽粒产量提高了9.1%[5]。

表10-8 绿肥与化肥配施对玉米产量的影响（盆栽试验） 单位：g/株

生育时期	部位	对照	50%绿肥	100%绿肥	化肥	化肥+绿肥
拔节期	地上部	7.74 b	12.21 a	13.38 a	10.66 ab	8.81 b
	根系	2.41 b	3.19 ab	3.55 a	2.76 ab	2.56 b
吐丝期	地上部	33.33 d	54.21 c	64.80 bc	71.92 ab	81.51 a
	根系	5.08 c	7.59 bc	9.70 ab	7.95 bc	12.22 a
成熟期	地上部	41.25 e	71.94 d	96.08 c	158.47 b	172.71 a
	籽粒	5.17 e	27.54 d	38.84 c	91.46 b	99.78 a
	根系	4.91 c	6.6 b	8.07 ab	6.67 b	8.49 a

注：同一行数据后的不同小写字母表示处理间差异显著（$p < 0.05$）。

由表10-9关于不同处理的氮素平衡计算结果可以看出，绿肥处理下玉米吸氮量均较相应的化肥处理高，即玉米氮肥利用率提高；土壤氨挥发量基本相当，土壤残留氮素相差不大，氮淋洗量（100cm以下）均高于相应的化肥处理。值得关注的是冬绿肥配施70%化肥处理的吸氮量表现最高，氨挥发较低，淋洗量几乎为零，在本试验中是最佳处理。

表10-9　不同处理在玉米生长季的氮素平衡（河北廊坊，2012年）　　单位：kg/亩

处理	玉米季总投入氮	土壤残留无机氮	玉米吸收氮	氨挥发损失氮	淋洗氮
G+F0	7.87	0.60 (7%)	8.67 (90%)	0.20(2%)	0.13 (1%)
G+F70	18.33	1.93(9%)	16.33 (79%)	2.20(11%)	0.13(1%)
G+F85	20.60	3.00(11%)	15.67 (59%)	2.73(10%)	5.53 (20%)
G+F100	22.87	4.73(14%)	16.13 (49%)	3.20 (10%)	8.73 (27%)
F0	1.27	0.40(11%)	3.40(89%)	0.20(5%)	−0.20 (−5%)
F70	11.73	2.47 (16%)	14.07 (92%)	1.93 (12%)	−3.13 (−21%)
F85	14.00	3.87(18%)	13.27 (63%)	2.73 (13%)	1.27 (6%)
F100	16.27	4.73(18%)	13.80 (54%)	3.20 (13%)	3.93 (15%)

注：淋洗氮指运移至100cm土层以下的土壤及地下水氮。G为绿肥，翻压量1000kg/亩；F100为常规化肥，F85、F70、F0分别为减施15%、30%化肥和不施化肥。

10.2.2.3　二月兰作冬绿肥的土壤培肥效应

由图10-5可以看出，与无绿肥冬闲相比，翻压绿肥（二月兰）能显著提高土壤全氮和有机氮含量，其中全氮在整个生育期表现一致，土壤有机氮除拔节期外均表现为绿肥处理高于冬闲处理。

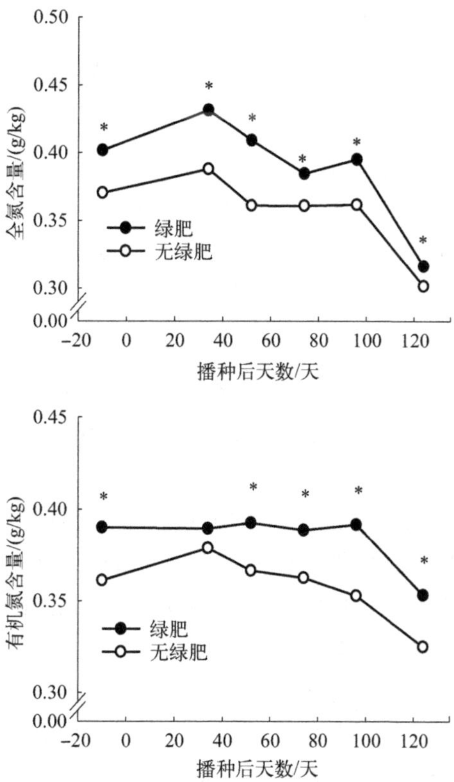

图10-5　翻压二月兰对土壤全氮及有机氮含量的影响（河北廊坊，2012年）

由图 10-6 可以看出，与无绿肥冬闲对照相比，翻压绿肥（二月兰）能显著影响土壤活性氮库含量。随着玉米生育进程的发展，各个活性氮库的变化规律尽管不同，但绿肥与无绿肥处理间的变化规律表现一致，且绿肥处理下的活性氮库在大部分玉米生长季均显著提高。因此，绿肥翻压能相对稳定地提高土壤供氮能力。

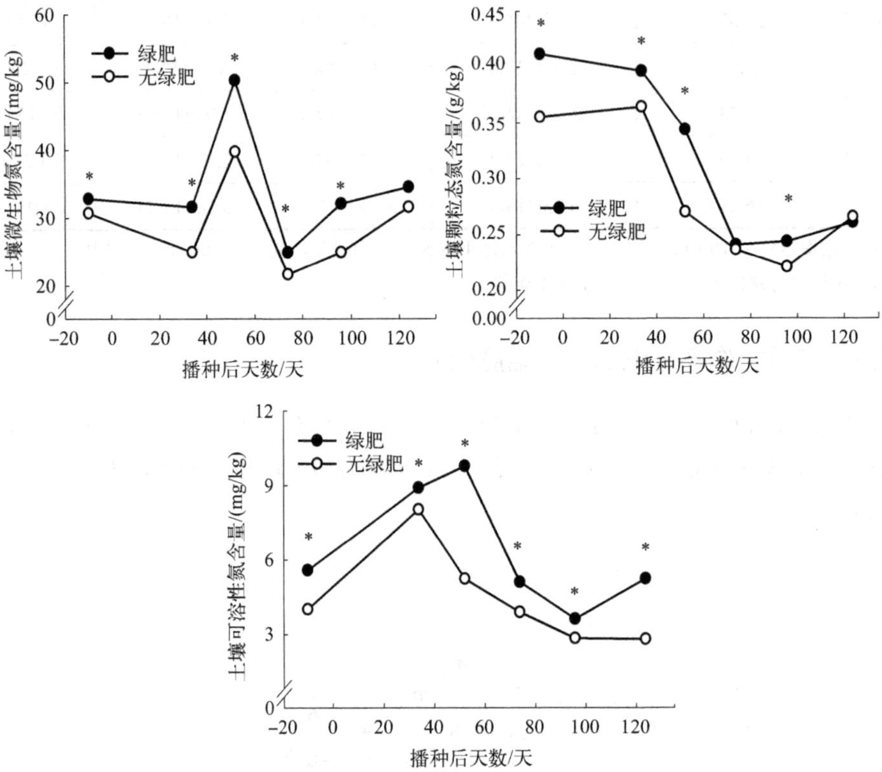

图 10-6　翻压二月兰对土壤微生物氮、颗粒态氮和可溶性氮含量的影响（河北廊坊，2012 年）

土壤氮库组成方面，绿肥处理全氮、有机氮和可溶性氮库与冬闲处理无显著差异。但不施肥与 70% 施肥处理土壤微生物氮含量有显著差异，绿肥处理均高于冬闲处理。可见，种植翻压绿肥有利于土壤无机氮向微生物氮的转化，促进土壤氮素循环，有益于活性氮库向稳定性有机氮库的转化，从而培肥土壤。

表 10-10 为冬绿肥种植对土壤化学性质的影响。与冬闲对照相比，6 类冬绿肥处理土壤有机质增加 14.6% ～ 21.5%，全氮含量增加 0.8% ～ 14.5%。毛叶苕子和二月兰处理土壤微生物量碳和微生物量氮的含量高于黑麦和黑麦草处理。冬绿肥处理土壤有效磷和速效钾含量分别比对照增加 14.3% ～ 46.8% 和 10.5% ～ 32.4%[2, 6]。

从表 10-11 可以看出，冬绿肥-春玉米轮作种植体系有利于改善土壤物理性状。与冬闲相比，轮作 6 类冬绿肥 8 年后，土壤含水量增加 3.2% ～ 6.8%，土壤容重降低 3.1% ～ 5.4%，土壤总孔隙度提高 3.2% ～ 5.8%，土壤饱和持水量提高 7.5% ～ 14.7%，不同绿肥处理改善土壤物理性状程度存在差异，整体以二月兰和黑麦草表现较优[2]。

表10-10　长期冬绿肥-玉米轮作种植对土壤化学性质影响（天津）

处理	有机质/（g/kg）	全氮/（g/kg）	微生物量碳/（mg/kg）	微生物量氮/（mg/kg）	碱解氮/（mg/kg）	有效磷/（mg/kg）	速效钾/（mg/kg）
冬闲	17.0 c	1.24 c	79 e	11.6 e	75.3 a	36.4 c	303 c
二月兰	19.7 a	1.32 ab	164 c	18.9 bc	87.5 a	42.9 ab	335 b
毛叶苕子	20.1 a	1.42 a	162 c	21.2 b	89.5 a	53.5 a	401 a
黑麦草	19.5 b	1.25 ab	138 d	13.7 d	78.3 a	45.6 ab	340 b
黑麦	20.7 a	1.26 b	141 d	16.3 cd	85.7 a	41.6 b	344 b
毛叶苕子＋二月兰	19.7 a	1.32 ab	288 a	27.8 a	84.4 a	41.9 b	390 a
毛叶苕子＋黑麦	19.9 a	1.37 ab	261 b	25.3 a	78.8 a	43.5 ab	392 a

注：同一列数据后不同小写字母代表处理间差异显著（$p < 0.05$）。

表10-11　长期冬绿肥-玉米轮作种植对土壤物理性质影响

处理	含水量/%	容重/(g/cm^3)	总孔隙度/%	饱和持水量/%
冬闲	20.69	1.29 a	46.94 b	48.70 c
二月兰	21.36	1.24 b	49.52 a	52.33 b
毛叶苕子	21.52	1.26 ab	48.71 ab	54.02 ab
黑麦草	21.57	1.23 b	49.66 a	52.80 b
黑麦	21.99	1.26 ab	48.44 ab	53.41 b
毛叶苕子＋二月兰	22.10	1.26 ab	48.71 ab	55.84 a
毛叶苕子＋黑麦	21.64	1.26 ab	48.44 ab	53.60 ab

注：同一列数据后不同小写字母代表处理间差异显著（$p < 0.05$）。

在天津持续8年的定位试验显示，玉米冬闲季节轮作不同类型冬绿肥并翻压利用，可以较好地改善玉米根际土壤酶活性。与冬闲相比，轮作绿肥处理土壤碱性磷酸酶活性提高4.1%～46.9%、蔗糖酶活性提高0.2%～6.4%、过氧化氢酶活性提高0.4%～7.4%、多酚氧化酶活性提高4.2%～8.0%、脲酶活性提高6.6%～20.5%。

试验田土壤微生物以细菌为主，其次是放线菌和真菌。与冬闲处理相比，冬绿肥处理土壤细菌数量提高26.7%～75.9%，土壤真菌数量提高61.9%～97.9%，土壤放线菌数量提高51.4%～92.1%，春季高于秋季。土壤放线菌数量表现为黑麦草处理显著高于二月兰、黑麦和毛叶苕子处理。

10.2.2.4　二月兰作冬绿肥的环境效应

二月兰-春玉米轮作下，土壤硝态氮含量呈玉米生育前期高、后期低的时间变化特征和硝态氮含量峰值随着生育期的推移逐渐下移的空间变化特征，且土壤硝态氮含量随施肥量的增加而显著增加。冬春季种植二月兰可降低 0 ～ 180cm 土壤硝态氮累积量，二月兰翻压后春玉米苗期与喇叭口期土壤硝态氮规律基本一致，主要集中在 0 ～ 20cm 土层，0 ～ 100cm 土壤剖面为有二月兰处理高于无二月兰处理（表 10-12），100 ～ 180cm 土壤剖面则为有二月兰处理低于无二月兰处理；抽雄期以后，土壤硝态氮含量普遍较低，100 ～ 180cm 土层土壤硝态氮含量为有二月兰处理略高于无二月兰处理（表 10-13）[7]。总体上，翻压二月兰可以增加 0 ～ 180cm 土层土壤硝态氮保蓄量。

表10-12　春玉米不同时期0～100cm土壤硝态氮累积量　　单位：kg/亩

处理	施基肥前	苗期	喇叭口期	抽雄期	灌浆期	收获期
二月兰	1.75 c	7.93 ef	5.17 d	1.56d	0.69 d	0.63 f
二月兰 +70% 化肥	2.26 c	13.83 cd	9.47 c	5.05 c	1.93 d	1.95 e
二月兰 +85% 化肥	6.30 b	19.76 ab	14.94 ab	7.37 b	3.75 c	4.05 c
二月兰 +100% 化肥	9.97 a	24.96 a	17.21 a	11.11 a	7.17 b	5.96 a
不施肥对照	2.53 c	2.83 f	1.63 e	0.98 d	0.39 d	0.41 f
70% 化肥	3.56 c	12.22 de	8.51 c	4.33 c	2.07 d	2.17 e
85% 化肥	7.15 b	18.56 bc	9.84 c	6.66 b	3.73 c	3.76 d
100% 化肥	9.41 a	22.21 ab	12.89 b	11.10 a	9.05 a	4.73 a

注：同一列数据后不同小写字母代表处理间差异显著（$p < 0.05$）。

表10-13　春玉米不同时期100～180cm土壤硝态氮累积量　　单位：kg/亩

处理	施基肥前	苗期	抽雄期	收获期
二月兰	8.08 b	8.01 c	7.24 d	4.40 e
二月兰 +70% 化肥	9.57 b	7.95 c	7.42 cd	9.63 c
二月兰 +85% 化肥	7.93 b	10.19 b	8.23 bcd	10.52 c
二月兰 +100% 化肥	9.57 b	13.85 a	13.31 a	17.90 a
不施肥对照	9.16 b	10.47 b	8.38 bc	3.71 e
70% 化肥	9.18 b	8.12 c	7.09 d	7.69 d
85% 化肥	8.53 b	9.77 b	8.23 bc	10.26 c
100% 化肥	11.49 a	14.32 a	9.21 b	14.32 b

注：同一列数据后不同小写字母代表处理间差异显著（$p < 0.05$）。

由表 10-14 可以看出，氨挥发量主要与施氮量有关。施基肥后氨挥发量绝对值较低，所引起的氮损失率为 1.3% ～ 2.9%。追肥时期氨挥发导致的氮损失率为 34.5% ～ 41.6%，同一施氮水平下有无绿肥处理之间的氨挥发量无明显差异。从整个生育期来看，两次施肥春玉米季氨挥发引发的氮损失率为 16.3% ～ 20.2%，同一施氮水平下有无绿肥之间无明显差异。但是，绿肥配施高量化肥时，总挥发量略低于对应的单施化肥处理。

表10-14 不同处理春玉米季施肥后的氨挥发量及其引起的氮损失率

处理	基肥后氨挥发			追肥后氨挥发			氨挥发总量	
	挥发量/(kg/亩)	占基施氮/%	占总氨挥发/%	挥发量/(kg/亩)	占追施氮/%	占总氨挥发/%	总量/(kg/亩)	占总施氮/%
G+F0	0.11 bcd	—	47.8	0.12 e	—	52.2	0.23	—
G+F70	0.13 bc	2.49	6.0	2.06 d	39.3	94.0	2.19	18.7
G+F85	0.16 ab	2.56	6.0	2.55 c	40.0	94.0	2.71	19.5
G+F100	0.22 a	2.91	6.8	2.99 ab	39.9	93.2	3.21	19.9
F0	0.06 d	—	32.9	0.13 e	—	67.1	0.19	—
F70	0.09 cd	1.70	4.7	1.81 d	34.5	95.3	1.90	16.3
F85	0.09 cd	1.47	3.4	2.64 bc	41.5	96.6	2.74	20.0
F100	0.10 cd	1.34	3.1	3.12 a	41.6	96.9	3.22	20.2

注：G 为翻压量 1000kg/ 亩；F100、F85、F70、F0 分别为常规化肥、减施 15%、30% 化肥和不施化肥。

针对春玉米套播冬绿肥定位试验研究表明，与无绿肥相比，春玉米套播冬绿肥条件下无论是冬绿肥单播还是混播，均能不同程度降低春玉米田 40cm 以下土层土壤硝态氮的含量。因而，春玉米套播冬绿肥对有效抑制土壤硝态氮淋溶具有重要作用。

与冬闲处理相比，在风速达到 15m/s 之后，二月兰、冬油菜、毛叶苕子等 3 种绿肥覆盖模式土壤风蚀量非常小，均显著低于冬闲对照，具有较强的抗土壤风蚀能力[1]。

10.3 华北地区春玉米 // 大豆超常规宽窄行带状复合种植

适用于夏玉米-夏大豆与冬小麦轮作、春玉米-春大豆与冬绿肥（二月兰等）轮作。利用豆科绿肥作物与玉米形成立体空间搭配，考虑到豆科绿肥生长需要的空间以及未来机械化操作的需要，在保证玉米基本苗的前提下，创新性地提出玉米超常规宽窄行概念，利用大宽行发展豆类作物或豆科绿肥，并研发了针对大宽行种植大豆的专用大豆联合收割机（图 10-7）。该种植模式可以发挥兼用型豆科绿肥的固氮作用，拓展了大豆生产空间，可以实现在玉米稳产下增收大豆或绿肥饲草，大幅度提高肥料利用率。

图 10-7 大豆-玉米超常规宽窄行种植模式及专用大豆联合收割机

10.3.1 复合种植概述

春玉米-大豆超常规宽窄行带状复合种植模式增产增效的基本理论依据：一是通过玉米与大豆等绿肥作物的间套作种植模式，有效扩展了主作物的生长空间，通风透光、边行效应更加明显；二是通过在窄行施肥方式、实现肥料集中施用，提高肥料利用率；三是增收豆类作物，显著提高经济效益；四是作物间轮换种植，促进玉米和大豆互赢式生长。

其基本形式是，实行玉米-大豆（豆科绿肥）超常规宽窄行种植。窄行 120 ～ 160cm，播种 3 ～ 4 行玉米；宽行 120 ～ 220cm，播种 4 ～ 5 行大豆。玉米适度增密。总施肥量降低 20% 左右。玉米基肥全田施用，追肥集中在玉米行施用。大豆借用玉米全田施用的基肥即可，不再单独施肥管理。

由于植入了大豆种植，利用大豆的空间种植利用冬绿肥更为便利。夏玉米和夏大豆复合种植与冬小麦接茬，有利于克服长期夏玉米-冬小麦单一种植的弊端。

10.3.2 绿肥种植利用效应

10.3.2.1 产量效应与养分运筹

山东德州研究了夏玉米宽窄行间作大豆模式下的施氮效应（表 10-15）。总体看，所有施氮处理下，间作模式比单作模式的玉米籽粒产量和地上部生物量均有增加，说明间作模式有一定的产量优势。

表10-15　不同种植模式和氮肥用量对作物产量的影响（山东德州，2014年）　单位：kg/亩

施氮量	玉米籽粒		玉米地上部生物量		大豆地上部生物量
	单作	间作	单作	间作	
0	265	251	524	468	67
9	393	443	681	791	68
12	478	490	901	913	78
15	526	541	933	976	79
均值	415	431	760	787	—

春玉米间作大豆复合种植、轮作冬绿肥二月兰时，种植翻压二月兰条件下，间作模式的大豆产量与冬闲处理相比显著提高，平均提高率为28.1%（表10-16）。总体看，80%、100%施肥水平下，玉米产量差距不大，但大豆产量明显提升，说明此模式中可以考虑适当减少化肥的投入。

表10-16　种植翻压二月兰后春玉米-大豆间作的施肥效应（河北廊坊，2011年）

施肥处理	玉米产量			大豆产量		
	冬闲区/(kg/亩)	二月兰区/(kg/亩)	增产/%	冬闲区/(kg/亩)	二月兰区/(kg/亩)	增产/%
不施肥	393 c	492	25.1	49	61 b	25.0
60% 化肥	502 b	555	10.5	50	67 ab	34.7
80% 化肥	544 ab	560	2.8	54	69 a	28.4
100% 化肥	558 a	551	−1.2	56	69 a	24.8
平均	499	539	8.0	52	67	28.1

注：玉米∶大豆为3∶3种植模式。玉米密度4900株/亩，大豆密度2万株/亩。100%化肥为$N-P_2O_5-K_2O$ = 20.0-10.0-10.0kg/亩。同一列数据后不同小写字母代表处理间差异显著（$p < 0.05$）。

复合模式下，种植翻压二月兰时，施用常规施肥量60%的化肥可以显著增加玉米不同时期的生物量，但继续增加施肥量，玉米生长没有明显响应（表10-17）。各施肥处理在后期有明显提高玉米生物量积累的效果，表现为灌浆期和成熟期玉米的生物量总体高于不种绿肥处理。

表10-17　不同处理对玉米不同时期生物量的影响（河北廊坊，2011年）　单位：kg/亩

绿肥处理	施肥处理	拔节期	喇叭口期	抽雄期	灌浆期	成熟期
冬闲	不施肥	42 ab	181 abc	426 c	738 b	1205 c
	60% 化肥	48 a	208 a	496 ab	877 a	1679 a
	80% 化肥	46 a	209 a	504 ab	885 a	1698 a
	100% 化肥	46 ab	214 a	533 a	819 ab	1732 a
	平均	46	203	490	830	1578
二月兰	不施肥	44 ab	167 bc	467 bc	801 ab	1364 b
	60% 化肥	42 ab	203 ab	516 ab	887 a	1703 a
	80% 化肥	42 ab	205 a	509 ab	896 a	1723 a
	100% 化肥	36 b	164 c	532 a	826 ab	1774 a
	平均	41	185	506	853	1641

注：同一列数据后不同小写字母代表处理间差异显著（$p < 0.05$）。

种植翻压二月兰也能显著提高大豆整个生育期的生物量，在低施肥处理中（不施肥和60%化肥处理）表现更为明显（表10-18）。二月兰区各个施肥水平的大豆生物量无明显差别，但总体产量水平明显高于不种二月兰的区域。

表10-18　不同处理对大豆生物量的影响（河北廊坊，2011年）　单位：kg/亩

绿肥处理	施肥处理	五节期	花期	初荚期	鼓粒期	成熟期
冬闲	不施肥	24 b	70 bc	118 bc	215 b	173 c
	60% 化肥	25 b	84 abc	112 bc	220 b	203 bc
	80% 化肥	24 b	67 c	107 c	212 b	243 ab
	100% 化肥	25 b	78 bc	119 bc	217 b	243 ab
	平均	24	75	114	216	216
二月兰	不施肥	32 a	104 a	165 a	272 ab	278 a
	60% 化肥	32 a	90 ab	163 a	310 a	273 a
	80% 化肥	30 a	89 ab	146 abc	258 ab	270 a
	100% 化肥	31 a	92 ab	150 ab	247 ab	275 a
	平均	31	94	156	272	274 a

注：同一列数据后不同小写字母代表处理间差异显著（$p < 0.05$）。

种植翻压二月兰能显著增加超常规种植模式中大豆氮素积累，但不同施肥量间无显著差异（表10-19）。种植翻压二月兰促进大豆对磷素的积累，但其影响与氮素积累不同，主要

在后期体现，对大豆生长前期磷素吸收无显著影响。大豆钾素的积累规律与氮素积累规律类似，二月兰翻压在大豆生长前期就促进了钾素的吸收，在收获期同等施肥量条件下，二月兰翻压均能显著增加植株钾素吸收。

表10-19 不同处理对大豆氮磷钾吸收量的影响（河北廊坊，2011年） 单位：kg/亩

绿肥处理	施肥处理	吸氮量			吸磷量			吸钾量		
		花期	初荚	成熟	花期	初荚	成熟	花期	初荚	成熟
冬闲	不施肥	1.77 bc	2.45	6.15 d	0.21 b	0.31 bc	0.82 d	1.29 d	2.08 c	3.75 d
	60% 化肥	2.39 ab	2.43	6.97 cd	0.24 ab	0.31 abc	0.95 cd	1.63 bcd	2.27 bc	4.37 cd
	80% 化肥	1.64 c	2.34	7.77 bc	0.19 b	0.27 c	1.02 bc	1.21 d	1.83 c	4.87 bcd
	100% 化肥	2.09 abc	2.55	7.51 c	0.22 ab	0.30 bc	1.05 bc	1.41 cd	2.01 c	4.93 bc
	平均	1.97	2.44	7.10	0.21	0.30	0.96	1.39	2.05	4.48
二月兰	不施肥	2.85 a	3.26	8.69 ab	0.29 a	0.41 a	1.18 ab	2.17 a	3.10 a	6.55 ab
	60% 化肥	2.34 abc	3.33	9.11 a	0.23 ab	0.39 ab	1.21 ab	1.85 abc	3.15 a	6.55 ab
	80% 化肥	2.43 ab	3.03	9.05 a	0.25 ab	0.37 abc	1.22 a	2.02 ab	2.99 ab	5.91 ab
	100% 化肥	2.74 a	3.31	9.50 a	0.28 ab	0.40 ab	1.27 a	2.05 ab	3.07 ab	6.41 a
	平均	2.59	3.23	9.09	0.27	0.39	1.22	2.02	3.07	5.99

注：同一列数据后不同小写字母代表处理间差异显著（$p < 0.05$）。

10.3.2.2 夏玉米与大豆复合种植对冬小麦籽粒产量和生物量的影响

冬小麦施氮试验表明（表 10-20），复合模式下冬小麦籽粒产量均高于对照夏玉米-冬小麦常规轮作，且减施氮肥条件下、复合模式冬小麦籽粒产量仍高于常规轮作，表明复合模式对后茬冬小麦有良好的增产效应。

表10-20 氮肥减量对冬小麦籽粒产量和生物量的影响（3年均值）（河北石家庄，2012～2014年）

单位：kg/亩

处理	单作模式		复合模式		复合相对单作增产	
	籽粒	生物量	籽粒	生物量	籽粒	生物量
常规施肥	496	963	520	997	24	34
减氮 20%	479	944	525	1003	46	59
减氮 100%	442	873	477	898	35	25
增氮 20%	493	937	513	996	20	59

10.3.2.3 玉米与大豆复合种植轮作冬小麦对土壤肥力的影响

在冬小麦拔节期、扬花-灌浆期、收获期，夏玉米与大豆复合种植轮作冬小麦，麦田土壤碱解氮含量显著高于夏玉米-冬小麦常规轮作模式（表 10-21）。说明复合种植模式可明显增加后茬冬小麦拔节期、扬花-灌浆期等关键生育时期土壤速效氮含量，提高土壤肥力。

表10–21 不同氮肥处理下冬小麦农田耕层土壤碱解氮含量变化（河北石家庄，2015年）

单位：mg/kg

处理	返青期		扬花–灌浆期		收获期	
	间作	单作	间作	单作	间作	单作
常规施肥	74.7	67.1	72.0	74.2	90.9	89.8
减氮 20%	73.2	68.0	75.1	70.9	89.7	89.3
减氮 100%	67.1	63.0	71.2	71.2	85.9	84.7
增氮 20%	72.1	66.9	79.2	71.6	96.1	89.1

10.4 华北地区春绿肥–夏玉米复种

春绿肥-夏玉米复种是充分利用一季玉米播种前 3 ～ 5 月的土地空间生产一季绿肥的技术措施，能显著提高土地利用率。绿肥种类可以选择春油菜、肥田萝卜、毛叶苕子和箭筈豌豆等。

10.4.1 绿肥种植与管理

（1）播种方式与播期

一般情况下，绿肥采用条播方式，行距 30cm。撒播采用飞播，可播种 2 遍，播种量是条播的 1.5 ～ 2 倍，播种后耙田，有利于绿肥出苗和齐苗。播种时间，一般在 2 月末～ 3 月初采取顶凌播种，在春季干旱季节利用土壤冻融水以保障绿肥发芽和出苗。

（2）播种量

按单作播种的面积核算，推荐播种量如下，在实际生产中注意按绿肥实际占地面积折算。

春油菜为 1.0 ～ 1.1kg/ 亩，肥田萝卜为 0.75 ～ 1.0kg/ 亩，毛叶苕子为 4.0 ～ 5.0kg/ 亩，箭筈豌豆的播种量为 7.0 ～ 8.0kg/ 亩。

（3）水肥管理

一般不进行单独水肥管理，如果绿肥出苗后植株长至 10cm 以上，遇到极其干旱天气，有灌溉条件可适当进行喷灌或漫灌。地力较差的地块可随水追施尿素 5 ～ 10kg/ 亩。

10.4.2　绿肥利用

10.4.2.1　绿肥翻压时期

春油菜和肥田萝卜等绿肥在 5 月中旬～ 5 月末在盛花期粉碎翻压，毛叶苕子和箭筈豌豆一般在 5 月末～ 6 月初盛花期粉碎翻压。绿肥翻压后 1 周可以种植玉米。

10.4.2.2　绿肥利用效应

（1）提高玉米产量

在天津，种植 9 种品系的春油菜做绿肥（表 10-22），后茬玉米产量均增加，增幅在 3.4% ～ 41.3% 之间，中油肥 1901、中油肥 1804、中油肥 1907 等 3 个绿肥处理增幅最大 [8]。此外，不同品系绿肥也不同程度地增加玉米穗行数、行粒数、百粒重 [8]。

表10-22　不同品系春油菜翻压对后茬玉米产量及构成的影响

品系	穗行数 / 行	行粒数 / 个	百粒重 /g	产量 /（kg/ 亩）
CK（休闲处理）	16.5 b	33.5 c	36.91 g	738 c
中油肥 1	16.7 b	33.7 c	42.04 c	803 bc
中油肥 2	17.2 ab	34.2 bc	37.06 g	837 c
中油肥 1802	17.4 ab	34.9 bc	40.36 d	797 bc
中油肥 1804	17.5 ab	38.1 a	44.60 a	1021 a
中油肥 1901	17.9 a	38.3 a	44.81 a	1043 a
中油肥 1903	17.7 ab	36.9 b	38.72 e	851 bc
中油肥 1904	17.3 ab	35.3 b	37.83 f	783 bc
中油肥 1906	16.9 ab	36.9 b	41.85 c	763 bc
中油肥 1907	16.7 ab	37.7 ab	43.69 b	862 ab

注：同一列数据后不同小写字母代表处理间差异显著（$p < 0.05$）。

（2）提高土壤有机质含量

表 10-23 数据显示，供试的 9 个春油菜品系连续 2 年翻压还田，在玉米收获期（2019 年 9 月 29 日）都提高了土壤有机质含量，增量为对照处理的 1.7 ～ 10.4 倍 [9]，以中油肥 1901 和中油肥 1907 增幅最大。与对照相比，土壤易氧化有机质含量均有所提高（图 10-8），以中油肥 1901 增幅最大，显著高于其他处理，其次是中油肥 1907、中油肥 1906，也显著高于其他处理。不同油菜品系做绿肥对土壤难氧化有机质无显著影响 [9]。

表10-23　不同春油菜绿肥翻压对土壤有机质的影响　　单位：g/kg

品系	取样时间				变化量
	2019-05-30	2019-07-05	2019-08-16	2019-09-29	
CK	16.0 bcde	16.2 c	16.4 f	16.7 f	0.7
中油肥 1	15.4 de	17.4 c	19.3 c	19.7 de	4.3
中油肥 2	16.5 abcde	17.7 c	20.9 b	19.5 e	3.0
中油肥 1802	15.4 e	21.8 b	17.0 ef	19.9 de	4.5
中油肥 1804	16.9 abc	18.9 c	21.2 b	21.3 c	4.4
中油肥 1901	17.5 a	26.9 a	26.3 a	24.7 a	7.2
中油肥 1903	15.9 cde	17.3 c	17.9 d	17.1 f	1.2
中油肥 1904	15.6 e	16.3 c	17.6 de	20.5 cd	4.9
中油肥 1906	17.3 ab	19.1 c	21.3 b	23.3 b	6.0
中油肥 1907	16.7 abcd	18.0 c	17.3 ef	24.0 ab	7.3

注：同一列数据后不同小写字母代表处理间差异显著（$p < 0.05$）。

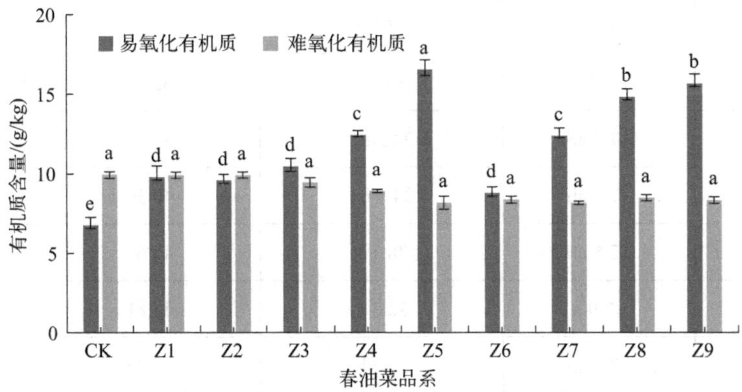

图 10-8　不同油菜绿肥对土壤易氧化有机质和难氧化有机质的影响

Z1 ～ Z9 分别代表中油肥 1、中油肥 2、中油肥 1802、中油肥 1804、中油肥 1901、中油肥 1903、中油肥 1904、中油肥 1906、中油肥 1907。图柱上不同小写字母表示处理间差异显著（$p < 0.05$）

（3）增加土壤全氮含量

连续 2 年种植并翻压不同品系春油菜做绿肥后，玉米田间土壤全氮含量在 1.0 ～ 1.3g/kg 之间（图 10-9）。与其对玉米产量影响相似，提高土壤全氮含量幅度最大的 3 个绿肥油菜品系为中油肥 1901、中油肥 1804、中油肥 1907，分别比对照高 19.2%、15.9%、13.1%[9]。

（4）提高土壤有效磷含量

绿肥油菜能够活化土壤难溶性磷，翻压还田后提高土壤供磷能力（图 10-10）。在宁河的试验结果显示，从绿肥翻压前到玉米成熟期，不同春油菜翻压后均不同程度地提高土壤有效磷含量，其中中油肥1901、中油肥1804和中油肥1907表现出的优势更明显，排在前3位[10]。

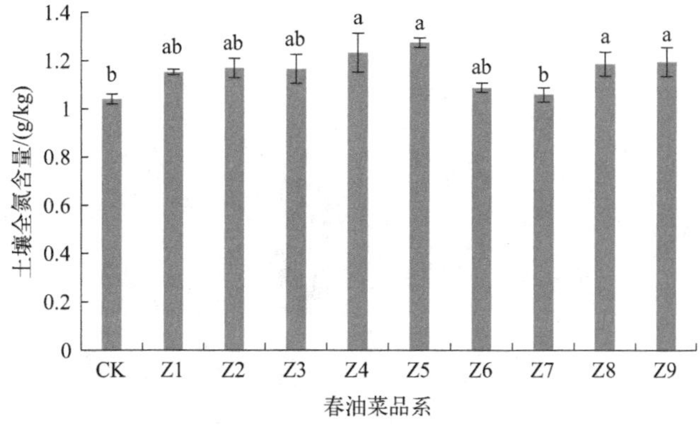

图 10-9 不同油菜绿肥对土壤全氮含量的影响

图柱上不同小写字母表示处理间差异显著（$p < 0.05$）

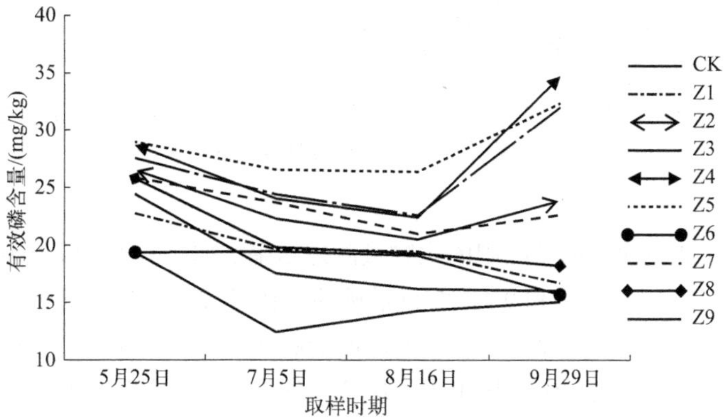

图 10-10 不同油菜绿肥对土壤有效磷的影响

10.5 华北地区棉花-冬绿肥复种

10.5.1 绿肥种植与管理

棉花-冬绿肥复种的绿肥选择及绿肥种植管理，可以参考华北地区冬绿肥-玉米轮作模式进行。

需要注意的是，华北棉区相当一部分处于盐碱地地区，在绿肥选择时应适当注意。在山东中低产田区域，冬绿肥种类选择毛叶苕子、二月兰、冬牧 70 黑麦、冬油菜均可（图 10-11）。考虑土壤条件，轻度盐碱以下土壤宜选择二月兰和毛叶苕子；中度盐碱地可选择二月兰和冬油菜；冬牧 70 黑麦不耐盐碱，可在非盐碱地种植，翻压时应配施适宜的氮肥。

图 10-11 华北地区冬绿肥-棉花复种（左上：复种二月兰，右上：复种毛叶苕子，左下：复种黑麦草，右下：毛叶苕子翻压作业）

在鲁西北盐碱地不同播期冬绿肥的生物量测定结果表明，4 种冬绿肥不同播期的生物量积累规律基本相同，9 月 10 日和 9 月 20 日播种的生物量最大，随着播种时间的后延，生物量呈递减趋势（图 10-12）。可见，在鲁西北轻度盐碱地，二月兰和毛叶苕子的播期在 9 月上旬为佳。根据三年来的结果，考虑棉田土壤墒情与气候条件，在鲁西北地区棉田套作冬绿肥的适宜播期最好在雨季末期的 9 月上旬，不应晚于 9 月中旬。

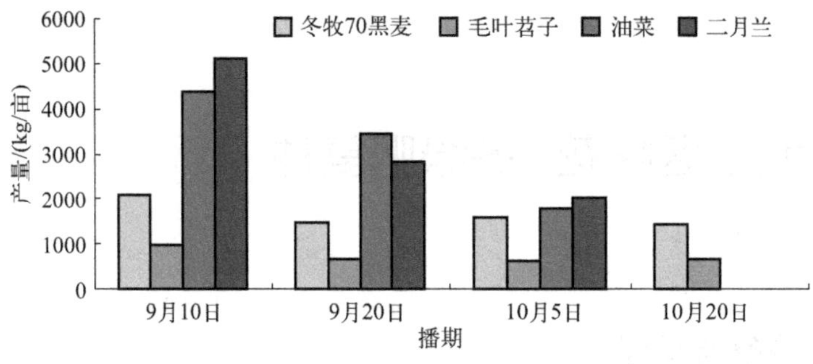

图 10-12 播期对不同绿肥品种鲜草量的影响（山东德州，2011 年）

实践中，8 月下旬～9 月上旬处在雨季后期，土壤湿度较大，土壤返潮强烈，采用直接撒播效果最好，幼苗分布较好，利于生长发育，且省工易操作。覆膜的棉田，一般情况下，地膜经过自然风刮、老化、踩踏后，会有明显的破损和缝隙，这些缝隙可接纳种子出苗，只要适时播种，就能保证基本苗。

10.5.2　绿肥种植利用效应

（1）对棉花产量及农艺性状的效应

山东棉花复种冬绿肥二月兰、毛叶苕子均有明显的增产效应。2010 ～ 2014 年连续观测，棉花复种二月兰模式的 4 年平均增产籽棉 7.7%，棉花复种毛叶苕子模式 4 年平均增产籽棉 6.5%（表 10-24）。

表10-24　棉田套种绿肥对籽棉产量的影响

年份	冬闲	二月兰		毛叶苕子	
	产量 /（kg/ 亩）	产量 /（kg/ 亩）	相对于冬闲增产 /%	产量 /（kg/ 亩）	相对于冬闲增产 /%
2011 年	168	174	3.6	182	8.3
2012 年	163	181	11.0	176	8.0
2013 年	172	182	5.8	182	5.8
2014 年	172	189	9.9	182	5.8
平均	169	182	7.7	180	6.5

山东 2011 ～ 2015 年连续 5 年定位研究表明（表 10-25），在不同施肥水平条件下，种植翻压绿肥比冬闲田棉花籽棉分别增产 8% ～ 22%。种植翻压冬绿肥条件下，配施 70% 的常规化肥用量与常规化肥用量的籽棉产量基本相当；配施 85%、100% 化肥，可显著提高籽棉产量，5 年平均增产分别达到 10%、8% 以上，表明棉花复种冬绿肥，能减少棉花 30% 左右的化肥施用量，为棉花化肥减量增效及高产稳产提供了条件。

表10-25　棉田套作冬绿肥及不同施肥水平对籽棉产量的影响（山东，2011～2015年）

施肥处理	绿肥处理	5 年平均籽棉产量 /（kg/ 亩）	相对冬闲 /%	相对冬闲 +100% 化肥 /%
不施化肥	冬闲	123 d	—	—
	二月兰	151 bc	122.5	86.6
	毛叶苕子	149 c	121.0	85.5
70% 化肥	冬闲	158 bc	—	—
	二月兰	179 ab	113.1	102.3
	毛叶苕子	174 ab	110.3	99.8
85% 化肥	冬闲	166 b	—	—
	二月兰	181 a	109.6	103.7
	毛叶苕子	183 a	110.4	104.6

续表

施肥处理	绿肥处理	5 年平均籽棉产量 /（kg/ 亩）	相对冬闲 /%	相对冬闲 +100% 化肥 /%
100% 化肥	冬闲	175 ab	—	—
	二月兰	189 a	108.0	108.0
	毛叶苕子	190 a	108.6	108.6

注：所产绿肥全部翻压，鲜草产量约 1500kg/ 亩。100% 化肥处理为 N-P_2O_5-K_2O=12.0-6.0-6.0kg/ 亩。

翻压绿肥条件下配施化肥对棉花农艺性状的影响研究表明（表 10-26），翻压绿肥处理的成桃数高于不翻压绿肥处理，70%、85%、100% 3 个化肥配施比例之间没有显著差异。二月兰相对毛叶苕子，成桃数更高。

表10-26　不同处理棉花成桃数（山东德州，2013 ~ 2015年）　单位：个/株

化肥比例	翻压二月兰	翻压毛叶苕子	不翻压绿肥	均值
100%	27.36	23.63	20.38	23.79 A
85%	25.68	22.48	18.63	22.26 A
70%	24.42	21.74	16.75	20.97 A
0%	16.48	18.25	13.68	16.14 B
均值	23.49 a	21.53 a	17.36 b	

注：同一行均值后的不同小写字母表示翻压方式间差异显著（$p < 0.05$），同一列均值后的不同大写字母表示施肥量间差异显著（$p < 0.05$）。

（2）对棉花养分吸收利用的效应

翻压绿肥后，棉花植株的氮、磷、钾总积累量均显著高于不翻压绿肥的处理（表 10-27），表明翻压绿肥和化肥配施有助于棉花氮、磷、钾素的积累。不翻压绿肥处理，施用 100% 化肥其磷和钾的积累量均显著高于 70% 的处理；而翻压绿肥后，100% 和 70% 化肥比例处理的氮、磷、钾的积累量没有表现出显著差异。

表10-27　不同处理棉花植株氮、磷、钾积累量（山东德州，2012 ~ 2014年）　单位：g/株

化肥比例	氮素积累量			磷素积累量			钾素积累量		
	二月兰	毛叶苕子	无绿肥	二月兰	毛叶苕子	无绿肥	二月兰	毛叶苕子	无绿肥
100%	7.70	7.10	6.60	1.14	1.11	0.97	2.04	1.87	1.82
85%	7.25	6.88	6.11	1.13	1.06	0.87	2.00	1.82	1.72
70%	7.03	6.82	5.67	1.09	1.00	0.82	1.87	1.76	1.46
0%	6.28	5.62	4.49	1.03	0.88	0.69	1.71	1.41	1.10
均值	7.07	6.61	5.72	1.10	1.01	0.84	1.90	1.71	1.52

（3）对棉田土壤肥力的效应

与常规种植棉田比较，翻压利用绿肥处理的棉田土壤有机质、全氮、有效磷、速效钾的含量增加 5% ～ 15%。不施肥、70% 化肥、85% 化肥、100% 化肥时，翻压绿肥的各处理对比相应的冬闲处理有机质平均分别提高 7.8%、7.3%、7.8%、5.2%。不施化肥、70% 化肥、85% 化肥、100% 化肥，翻压绿肥处理与对应冬闲处理比较，土壤全氮分别增加 16.2%、11.8%、3.6%、3.1%，土壤速效磷分别增加 15.8%、19.7%、17.8%、13.6%，表明棉花复种绿肥能显著改善棉田土壤肥力状况。

10.6　华北地区花生（大豆）-冬绿肥复种

10.6.1　绿肥种植与管理

花生（大豆）-绿肥种植主要是轮作复种冬季绿肥，绿肥选择及绿肥种植，可以参考华北地区冬绿肥-玉米轮作模式进行。

考虑到花生、大豆自身为豆科，建议采用禾本科绿肥黑麦、小黑麦以及十字花科绿肥冬油菜、二月兰、肥田萝卜等非豆科绿肥。从播期看，黑麦、小黑麦在河北石家庄，早播（9月）有利于高产（表 10-28）。随着播期推迟，黑麦和小黑麦生物量均呈降低趋势；相同播期下小黑麦生物量都大幅度低于黑麦生物量。不同播种方式下，黑麦和小黑麦生物量均是条播方式高于撒播方式，但考虑到播种成本和效率，撒播也是可以采用的轻简化播种方式。

表10-28　黑麦、小黑麦不同播期的生物产量（河北石家庄，2011～2013年）　单位：kg/亩

播种日期	黑麦生物量		小黑麦生物量	
	2012 年	2013 年	2012 年	2013 年
9 月 20 日	2233 a	2144 a	1862 a	1400 a
9 月 25 日	2307 a	1814 a	1684 ab	1372 a
10 月 1 日	2013 b	1575 a	1631 ab	1158 a
10 月 10 日	2000 b	1351 b	1382 b	941 b

注：同一列后不同小写字母表示播期间差异显著（$p < 0.05$）。

10.6.2　绿肥种植利用效应

（1）春花生-套播冬绿肥的花生养分运筹

河北 2014 ～ 2015 年花生套播冬绿肥黑麦田间定位试验结果表明（表 10-29），在黑麦全量还田条件下，配施 75% 化肥与花生连作施 100% 化肥的荚果产量基本相当，表明黑麦

全量还田，可减少花生 25% 的化肥用量。黑麦根茬还田并配施 75% 化肥时，花生荚果产量高于花生连作施 100% 化肥处理；配施 125% 化肥比对照增产 11.7%，表明黑麦作为饲草刈割后，根茬还田配施适量的化肥仍能实现花生高产。

花生品质分析结果表明（表 10-29），黑麦全量还田、黑麦根茬还田配施不同量化肥，花生籽粒油脂含量均高于花生连作配施 100% 化肥处理，表明黑麦全量还田和根茬还田均有助于提高花生籽粒油脂含量。与对照花生连作不施化肥处理相比，黑麦全量还田、根茬还田各处理油酸含量均下降，而亚油酸含量均上升，表明黑麦全量还田和根茬还田有利于亚油酸含量的增加，改善花生营养品质。

表10-29　花生黑麦轮作下化肥减量对花生荚果产量及花生品质的影响（河北，2015年）

处理	荚果产量 /（kg/ 亩）	较对照增加 /%	蛋白质 /%	油脂 /%	C18:1（油酸）	C18:2（亚油酸）
花生连作 + 不施化肥	272 b	—	21.17	54.60	47.67 a	32.67 c
花生连作 +100% 化肥	288 ab	5.7	22.40	53.53	46.30	33.57 abc
轮作 + 全量 +100% 化肥	298 ab	9.5	21.93	53.83	45.93	34.10 abc
轮作 + 根茬 +100% 化肥	292 ab	7.2	21.87	54.37	45.20 c	34.37 a
轮作 + 全量 +75% 化肥	287 ab	5.4	21.37	54.50	46.60	33.27 abc
轮作 + 全量 +50% 化肥	283 ab	3.9	22.63 a	53.60	45.63	34.23 ab
轮作 + 根茬 +75% 化肥	289 ab	6.1	21.63	54.57	47.00	33.10 abc
轮作 + 根茬 +50% 化肥	287 ab	5.3	20.83 c	54.60	47.30 a	33.13 abc
轮作 + 根茬 +125% 化肥	304 a	11.7	21.73	54.43	46.30	33.37 abc
轮作 + 全量 + 无化肥	283 ab	4.1	21.40	54.57	46.83	33.17 abc
轮作 + 根茬 + 无化肥	273 b	0.3	20.97	55.03	46.60	33.43 abc

注：全量指全量还田，根茬指根茬还田。同列数据后不同小写字母代表处理间差异显著（$p < 0.05$）。

由表 10-30 可知，花生-二月兰轮作种植模式下，二月兰绿肥配施 80% 和 100% 化肥，与 100% 化肥处理比较，花生荚果数和饱果率有所提高，产量也有所增加。其中，二月兰翻压配合 80% 化肥产量最高，两年度的花生荚果产量平均增加 6kg/ 亩，经济效益提高 33 元 / 亩。

表10-30　不同配肥处理对花生产量构成因素的影响（山东泰安，2013～2014年）

年份	处理	荚果数 / 个	饱果率 /%	百仁重 /g	产量 /（kg/ 亩）
2013 年	CK	6.5 c	66.3 b	69.2	164 d
	100% 化肥	9.4 ab	69.2 a	65.8	178 bc
	40% 化肥 + 二月兰	8.5 ab	68.8 a	66.5	175 c
	60% 化肥 + 二月兰	8.9 ab	69.0 a	66.0	180 b
	80% 化肥 + 二月兰	9.8 a	70.2 a	66.3	184 a
	100% 化肥 + 二月兰	9.6 ab	69.5 a	65.4	179 bc

续表

年份	处理	荚果数 / 个	饱果率 /%	百仁重 /g	产量 / (kg/ 亩)
2014 年	CK	7.9 c	67.3 b	75.9 a	181 c
	100% 化肥	10.1 ab	70.4 a	68.7 d	204 a
	40% 化肥 + 二月兰	9.4 b	69.5 a	70.3 c	185 c
	60% 化肥 + 二月兰	9.8 ab	71.2 a	74.5 ab	203 b
	80% 化肥 + 二月兰	10.4 a	70.1 a	72.8 b	210 a
	100% 化肥 + 二月兰	10.2 a	69.6 a	73.7 ab	206 a

注：同一列后不同小写字母表示相应年份的处理间差异显著（$p < 0.05$）。

（2）春花生-套播冬绿肥的培肥效应

在山东泰安的三年研究结果表明（表 10-31），采用花生二月兰套播翻压种植模式，耕层土壤的容重持续降低，0 ～ 20cm 土层的有机质、全量氮磷钾和有效氮磷钾含量与花生单作模式相比均有不同程度的提高，虽然多种养分的增加作用不明显，但二月兰作绿肥对土壤的改良作用不可忽略。

从表 10-32 中也可看出，花生套播翻压二月兰，土壤细菌、真菌和放线菌数量较花生单作模式均有明显提高，特别是真菌和放线菌数量。说明通过种植翻压二月兰可以明显增加花生根区土壤微生物群落，且这种影响随着种植年度的增加有增加趋势。

表10-31 花生套播翻压冬绿肥对耕层土壤（0 ~ 20cm）养分含量的影响（泰安，2012 ~ 2014年）

年份	处理	容重 / (g/cm^3)	有机质 / (g/kg)	全氮 / (g/kg)	碱解氮 / (mg/kg)	速效磷 / (mg/kg)	速效钾 / (mg/kg)
2012 年	花生单作	1.75	13.5	1.10	105	31.5	110
	花生-二月兰	1.78	13.5	1.13	106	31.5	111
2013 年	花生单作	1.73	13.0	1.12	103	35.6	113
	花生-二月兰	1.71	13.1	1.11	105	35.1	115
2014 年	花生单作	1.72	12.8	1.08	97	33.1	103
	花生-二月兰	1.68	13.3	1.12	106	36.3	114

注：2012 年、2013 年、2014 年二月兰翻压量为 2000、1800、2100kg/ 亩。

表10-32 不同处理对耕层土壤微生物的数量和代谢活性的影响（山东泰安，2013 ~ 2014年）

年份	项目	处理	苗期	开花期	结荚期	饱果期
2013 年	细菌数量 / ($\times 10^6$cfu/g)	花生单作	15.00	10.00	9.67	11.66
		花生-二月兰	15.33	18.67*	15.32*	15.56*

续表

年份	项目	处理	苗期	开花期	结荚期	饱果期
2013 年	真菌数量 / （×10^5cfu/g）	花生单作	12.33	6.58	5.67	8.71
		花生-二月兰	14.00	11.31*	13.25*	11.65*
	放线菌数量 / （×10^5cfu/g）	花生单作	3.54	1.27	1.77	1.45
		花生-二月兰	3.77	2.53*	3.57*	2.67*
2014 年	细菌数量 / （×10^6cfu/g）	花生单作	15.34	14.22	9.56	12.23
		花生-二月兰	15.56	19.76*	15.44*	15.77*
	真菌数量 / （×10^5cfu/g）	花生单作	13.22	8.45	7.45	7.34
		花生-二月兰	14.41	15.34*	13.21*	10.56*
	放线菌数量 / （×10^5cfu/g）	花生单作	3.43	1.13	2.10	1.93
		花生-二月兰	3.32	4.52*	4.65*	2.15

注：* 表示 t 检验差异显著。

10.7 华北地区特色作物复种绿肥

山西、内蒙古等地，马铃薯、莜麦、油葵、谷子、高粱、胡麻和高原夏菜等是常见的农作物。这些作物耗地作用较大，长期种植导致土壤质量不佳，影响作物产出特别是品质形成。适度引入绿肥，适当调整种植结构，有利于粮经作物的可持续发展。

10.7.1 绿肥与经济作物多年轮作

上述地区相对冷凉，绿肥作物以豆科绿肥毛叶苕子、箭筈豌豆为主。而且，这些地区也是传统的绿肥繁种区域，在多年的粮经作物中插入一年毛叶苕子、箭筈豌豆，作为饲草补充或者生产绿肥种子，既可以有一定的经济效益，又能实现耕地的用养结合。

毛叶苕子、箭筈豌豆一般在马铃薯、莜麦的播种时期种植即可，也可在早春土壤开始解冻时“顶凌播种”。试验表明，1 年绿肥（毛叶苕子）1 年马铃薯轮作或者马铃薯与绿肥（毛叶苕子、箭筈豌豆）间作，有比较好的经济效益。

从表 10-33 连续 8 年定位试验的生物产量结果可以看出，1 年草 2 年薯的轮作模式生物产量最高，8 年总生物量达到 2740kg/ 亩；莜麦 / 苕子间作模式次之，8 年总生物量达到 2733kg/ 亩。一直种草模式产量最低，与粮薯间作轮作的各个模式都有显著差异。但从效益看，马铃薯间作绿肥、马铃薯连作、薯肥轮作 3 种模式分列前三位（表 10-34）。

表10-33 绿肥作物与粮薯作物不同轮作模式的生物产量变化（内蒙古，2008～2015年）

单位：kg/亩

处理	2008年	2009年	2010年	2011年	2012年	2013年	2014年	2015年	合计
苕子连作	290	124	251	251	185	270	199	113	1680 c
莜麦连作	251	299	317	377	433	346	286	275	2587 a
马铃薯连作	260	260	364	312	465	339	209	262	2473 ab
莜麦 / 苕子	321	281	357	427	515	326	301	207	2733 a
马铃薯 / 苕子	304	329	378	405	431	319	241	165	2573 a
1年草1年薯	229	247	352	311	365	276	299	222	2300 ab
2年草1年薯	247	233	388	288	352	410	276	186	2380 ab
3年草1年薯	213	259	359	342	200	252	223	257	2107 b
1年草2年薯	317	300	334	416	516	278	324	254	2740 a
1年草3年薯	309	265	377	411	389	337	223	260	2573 a

注：同列数据后不同小写字母表示差异显著（$p < 0.05$）。

表10-34 绿肥作物与粮薯作物不同轮作模式的收益变化（内蒙古，2008～2015年）

单位：元/亩

处理	2008年	2009年	2010年	2011年	2012年	2013年	2014年	2015年	合计
苕子连作	468	484	553	456	332	265	293	166	3016 d
莜麦连作	493	393	537	483	614	480	376	123	3498 bcd
莜麦 / 苕子	480	388	525	505	471	362	216	207	3155 cd
马铃薯连作	776	504	811	786	363	430	464	405	4538 ab
马铃薯 / 苕子	620	648	840	626	597	484	709	475	5000 a
1年草1年薯	468	608	553	786	332	697	431	588	4461 ab
2年草1年薯	468	484	1082	466	332	746	424	269	4272 abc
3年草1年薯	468	484	553	786	332	265	357	695	3939 abcd
1年草2年薯	468	560	860	445	452	610	510	567	4471 ab
1年草3年薯	468	592	871	466	332	512	603	589	4434 ab

注：同列数据后不同小写字母表示差异显著（$p < 0.05$）。

从表10-35可以看出，马铃薯连作模式的土壤有机质含量最低，其次是1年草3年薯模式和莜麦连作，其余处理均高于16g/kg。一直种草有机质含量最高，依次为3年草1年薯，2年草1年薯，莜麦 / 苕子和1年草2年薯。绿肥纳入轮作周期，土壤有机质有所提高，培肥土壤作用明显。土壤碱解氮含量方面，马铃薯连作模式的含量最低，其次低的是莜麦 / 苕子间作模式，一直种草最高，马铃薯与绿肥作物间作轮作居间，2年草1年薯、3年草1年薯、1年草2年薯和1年草3年薯模式的土壤碱解氮含量基本相近，说明绿肥与马铃薯轮作有很好的供应氮素能力。

表10-35　绿肥作物与粮薯作物间作轮作模式的有机质含量变化（内蒙古，2008～2014年）

处理	有机质 / (g/kg)					土壤碱解氮 / (mg/kg)				
	2008年	2010年	2011年	2013年	2014年	2008年	2010年	2011年	2013年	2014年
苕子连作	7.7	9.0	8.6	18.1	16.8	28.1	20.7	39.9	65	105
莜麦 / 苕子间作	7.7	7.7	10.5	14.9	16.4	28.1	38.0	14.6	61	68
莜麦（莜麦连作）	7.7	8.0	9.5	16.0	15.4	28.1	32.6	14.4	71	74
马铃薯连作	7.7	8.5	9.3	15.5	14.7	28.1	40.8	35.25	45	56
马铃薯 / 苕子间作	7.7	7.0	10.6	16.2	15.9	28.1	31.3	30.75	62	82
1 年草 1 年薯	7.7	8.7	9.8	17.7	16.1	28.1	33.8	23.35	64	88
2 年草 1 年薯	7.7	8.1	10.3	15.9	16.5	28.1	72.6	24.6	58	90
3 年草 1 年薯	7.7	8.4	9.6	16.7	16.7	28.1	53.2	27.2	70	90
1 年草 2 年薯	7.7	8.95	10.0	16.6	16.4	28.1	38.2	30.95	63	94
1 年草 3 年薯	7.7	8.45	9.1	16.3	15.4	28.1	34.8	27.25	64	94

10.7.2　绿肥-油葵复种

向日葵是内蒙古河套灌区的主要作物。向日葵一般在 5 月底播种，播种之前有 2 个多月的空余时间，充分利用这一时期及向日葵苗期的空余时间种植绿肥，既可充分利用土地资源，也可增加农民收入。

绿肥采用毛叶苕子、箭筈豌豆、针叶豌豆等。3 月中旬～ 4 月上旬在向日葵大行间条播，行距 30cm（图 10-13）。毛叶苕子播种量为 3.0 ～ 5.0kg/ 亩，箭筈豌豆播种量为 7.0 ～ 8.0kg/ 亩，针叶豌豆播种量为 14.0 ～ 15.0kg/ 亩。6 月上旬结合向日葵中耕除草进行豆科绿肥翻压。收鲜草刈割应在向日葵幼苗期进行，以种植毛叶苕子和箭筈豌豆较好（表 10-36）。针叶豌豆、蚕豆、山黧豆等可以收豆，也是不错的选择。

图 10-13　豌豆-向日葵间作模式

表10-36　向日葵播前复种绿肥对向日葵产量的影响（内蒙古，2012～2013年）

处理	向日葵产量/（kg/亩）			相比CK增产/（kg/亩）	盛花期鲜草/（kg/亩）			收益/（元/亩）
	2012年	2013年	平均		2012年	2013年	平均	
单作向日葵（CK）	197	198	197	—	—	—	—	1677
毛叶苕子复种向日葵	171	142	157	−20.6	1401	3073	2237	2449
箭筈豌豆复种向日葵	166	143	155	−21.7	1264	2653	1959	2293
针叶豌豆复种向日葵	187	176	182	−7.8	1032	515	774	1932
山黧豆复种向日葵	171	173	172	−12.9	1152	1759	1455	2188
蚕豆复种向日葵	178	183	181	−8.3	1096	1143	1119	2097

10.7.3　绿肥-燕麦“一季两收”种植

绿肥与燕麦混种的“一季两收”模式在提高产量、增加经济效益、改善土壤肥力等方面均表现出良好效果[11-12]。

毛叶苕子、箭筈豌豆与燕麦混匀后同行播种即可。毛叶苕子与燕麦混播时（图10-14），毛叶苕子播量为1.2kg/亩、燕麦播量为4kg/亩。箭筈豌豆与燕麦混播时，箭筈豌豆播量为4kg/亩、燕麦播量为4kg/亩。随播种施用磷酸二铵10kg/亩。

图10-14　毛叶苕子-燕麦混播“一季两收”模式

试验结果表明，在一定范围内单位面积的毛叶苕子和燕麦随着播种比例的降低籽粒产量逐渐减少。毛叶苕子播量为1.5kg/亩，燕麦播量为4kg/亩时相对籽粒产量最高（表10-37）。

表10-37 不同混播比例对作物籽粒产量的影响（内蒙古，2020～2021年）

年份	处理	籽粒产量/(kg/亩)		相对籽粒产量		相对籽粒产量（综合）
		毛叶苕子	燕麦	毛叶苕子	燕麦	
2020年	100% 燕麦	—	152.7	—	1.00 c	—
	20% 毛苕 +80% 燕麦	12.2	120.8	0.95 d	0.99 c	0.98 c
	40% 毛苕 +60% 燕麦	26.8	105.6	1.05 b	1.15 b	1.11 a
	60% 毛苕 +40% 燕麦	41.6	73.7	1.09 a	1.21 a	1.14 a
	80% 毛苕 +20% 燕麦	52.8	31.4	1.03 b	1.03 c	1.03 b
	100% 毛苕	63.8	—	1.00 c	—	—
2021年	100% 燕麦	—	153.4	—	1.00 c	—
	20% 毛苕 +80% 燕麦	11.7	122.3	0.92 e	1.00 c	0.98 d
	40% 毛苕 +60% 燕麦	27.1	99.1	1.06 b	1.08 b	1.07 b
	60% 毛苕 +40% 燕麦	42.6	75.8	1.11 a	1.23 a	1.16 a
	80% 毛苕 +20% 燕麦	52.0	31.6	1.01 c	1.03 b	1.02 c
	100% 毛苕	64.1	—	1.00 d	—	—

注：毛苕指毛叶苕子，燕麦 100% 播种量为 10.0kg/ 亩，毛叶苕子 100% 播种量为 2.0kg/ 亩。同一列后不同小写字母表示相应年份的处理间差异显著（$p < 0.05$）。

10.7.4 绿肥-胡麻“一季两收”种植

胡麻作为内蒙古特色油料作物，具有茬口特性差、忌连作的生产特点，引入毛叶苕子后不仅可以改善以上问题，并且可以实现一季双收，促进农民增收、农田增效[13]。

5 月 10 日前，采用毛叶苕子与胡麻等行距 25cm 混播，胡麻播种量为 3.0 ～ 3.5kg/ 亩，毛叶苕子播种量为 1.5 ～ 2.0kg/ 亩，10 月初成熟后机械化收获（图 10-15）。

图 10-15 毛叶苕子与胡麻混播模式下机械化收获

毛叶苕子胡麻混播与单播胡麻、毛叶苕子相比，胡麻、毛叶苕子的相对产量分别增加 1.0%～18.0% 和 4.0%～20.0%、1.0%～20.0% 和 3.0%～21.0%，其中以胡麻和毛叶苕子以 3.0kg/ 亩和 2.0kg/ 亩播种时处理表现最优，纯收入最高达 997 元 / 亩，较单播胡麻纯收入高 749 元 / 亩（表 10-38）。

表10-38　毛叶苕子不同比例混播对产量的影响（内蒙古，2023年）

处理	籽粒产量 /（kg/ 亩）		相对籽粒产量		籽粒收入 /（元 / 亩）	干草收入 /（元 / 亩）	成本 /（元 / 亩）	纯收入 /（元 / 亩）
	胡麻	毛叶苕子	胡麻	毛叶苕子				
S_1	782.4	—	1.00 f	—	423	41	216	248
V_1	—	1009.3	—	1.00 g	1110	204	218	1096
S_1V_1	585.4	299.8	1.04 e	1.03 f	706	258	221	743
S_1V_2	526.3	406.6	1.07 d	1.07 e	809	262	226	858
S_1V_3	486.2	485.8	1.11 c	1.08 e	894	262	231	926
S_2V_1	638.5	279.5	1.08 d	1.11 d	708	266	223	751
S_2V_2	602.3	392.6	1.15 b	1.15 c	836	269	228	876
S_2V_3	565.5	489.8	1.20 a	1.21 a	942	288	233	997
S_3V_1	668.2	259.6	1.09 c	1.12 d	705	266	226	746
S_3V_2	634.3	355.2	1.15 b	1.17 bc	804	259	231	833
S_3V_3	586.4	436.7	1.17 b	1.18 b	884	257	236	906

注：S 代表胡麻，S_1、S_2、S_3 代表胡麻播种量分别为 2.5kg/ 亩、3.0kg/ 亩、3.5kg/ 亩；V 代表毛叶苕子，V_1、V_2、V_3 代表毛叶苕子播种量分别为 1.0kg/ 亩、1.5kg/ 亩、2.0kg/ 亩。同列数据后不同小写字母代表处理间差异显著（$p < 0.05$）。

10.7.5 冬绿肥-高原菜复种

张家口坝上地区冬季温度较低、春季温度较低且时间短。本地区是甘蓝等夏菜生产的重要基地，甘蓝在 7 月底 8 月初收获后，9 月中下旬进入霜期。研究发现 [14]，可以在甘蓝收获后抢时种植二月兰，二月兰在次年 5 月进入花期，翻压还田，对甘蓝生产有良好的丰产提质效应。

7 月底～8 月初，甘蓝收获后即刻旋耕整地，旋耕深度 15cm。二月兰条播，播量 2～2.5kg/ 亩。行距 20～25cm，播深 1～2cm，播后镇压。次年春季二月兰盛花期粉碎还田（图 10-16 左），5～7d 后起垄移栽甘蓝。

10.7.6 滨海盐碱地绿肥-旱碱麦

在河北沧州等地的盐分含量不超过 0.7% 的区域可以采用此模式。

绿肥选用田菁。田菁于 6 月播种，在旱碱麦收获后接茬播种或灭茬旋耕播种，旋耕深度 15cm 以上。机械条播，播量 2.5 ～ 3.5kg/ 亩，行距 30 ～ 35cm，播深 2 ～ 3cm，播后镇压。8 月中下旬～ 9 月上中旬盛花期作绿肥翻压还田（图 10-16 右），翻耕深度 15 ～ 25cm ；或 10 月收获种子。

图 10-16　河北坝上地区甘蓝-二月兰模式（左）、沧州绿肥-旱碱麦模式（右）

旱碱麦适宜播期为 9 月 30 日～ 10 月 7 日；亩播量 12.5kg，每推迟 1d，播量增加 0.5kg，最大播量 22.5kg/ 亩。机播行距 15 ～ 20cm，播深 3 ～ 5cm ；播后及时镇压。

10.7.7　绿肥-谷子复种

山西 7 ～ 8 月播种绿肥。绿肥选择冬油菜、二月兰。利用无人机撒播，二月兰播量 1.5 ～ 2.0kg/ 亩，冬油菜播量 1.0 ～ 1.5kg/ 亩。绿肥于 9 月初进入生长期，冰霜期后绿肥地上部枯萎，覆盖地表。翌年地温升高绿肥返青继续生长，于 5 月上中旬进入盛花期（图 10-17），此时用绿肥还田旋耕一体机粉碎、翻压还田，翻压深度 15 ～ 20cm。约 15d 后整地播种谷子。施肥及田间管理与常规耕种方式相同。

图 10-17　谷子地种植二月兰、油菜景观（山西长治，2024 年）

10.7.8 山西盐碱地青贮玉米-绿肥带状轮作

绿肥采用拉巴豆、饲用大豆、毛叶苕子等，种植带总带宽2m，其中种植2行玉米、行距50cm，种植2～4行绿肥、行距25～50cm。青贮玉米和绿肥在5月上中旬同期播种。各绿肥的播种量约为单作绿肥播种量的50%，即拉巴豆1.0kg/亩，饲用大豆2.5～3.0kg/亩，毛叶苕子1.5～2.0kg/亩，田菁1.0～2.0kg/亩。第二年玉米带和绿肥带轮换倒茬种植（图10-18）。

图10-18　玉米-绿肥带状轮作模式（山西山阴，2023年）

在山西朔州，与单作玉米处理相比，间作绿肥处理玉米三年平均产量可提高6.8%以上（表10-39）。与单作玉米相比，不同间作绿肥处理的土壤有机质、全氮、碱解氮、有效磷和速效养分含量三年平均分别提高2.3%～4.5%、22.5%～33.8%、20.6%～25.7%、29.7%～51.8%和16.7%～28.5%。间作绿肥并翻压还田能够显著抑制土壤盐分向上移动。在0～20cm土层，与CK处理相比，间作处理的土壤含盐量三年平均降幅超过37.5%，与单作玉米相比平均降幅在17.4%以上。

表10-39　绿肥翻压对0～20cm土壤养分的影响（山西朔州，2019～2021年）

年份	处理	有机质/(g/kg)	全氮/(g/kg)	碱解氮/(mg/kg)	速效磷/(mg/kg)	速效钾/(mg/kg)
2019年	CK	5.89 c	0.20 b	16.9 c	6.9 c	68 c
	L	6.04 bc	0.25 a	23.7 bc	10.2 bc	107 b
	LC1	6.18 ab	0.27 a	31.6 a	13.3 ab	117 ab
	LC2	6.29 a	0.28 a	36.8 a	15.1 a	126 a
	LC3	6.24 ab	0.28 a	31.0 ab	14.2 ab	126 a

续表

年份	处理	有机质/(g/kg)	全氮/(g/kg)	碱解氮/(mg/kg)	速效磷/(mg/kg)	速效钾/(mg/kg)
2020年	CK	5.94 c	0.22 b	21.4 c	8.6 d	63 d
	L	6.13 bc	0.27 ab	29.4 b	14.8 c	95 c
	LC1	6.27 ab	0.30 a	38.2 a	23.1 b	125 b
	LC2	6.38 ab	0.32 a	39.7 a	31.3 a	145 a
	LC3	6.45 a	0.30 a	39.0 a	26.1 b	138 a
2021年	CK	6.02 d	0.20 c	23.0 c	11.2 d	63 d
	L	6.27 c	0.29 b	35.8 b	21.2 c	139 c
	LC1	6.52 b	0.41 a	41.7 a	27.0 b	158 b
	LC2	6.77 a	0.43 a	42.3 a	33.4 a	171 a
	LC3	6.64 ab	0.41 a	41.6 a	29.0 b	158 b

注：CK为单作玉米，LC1、LC2、LC3为玉米：毛叶苕子的比例分别为2行：2行、2行：3行、2行：4行间作。各L处理均结合改良剂。同一列后不同小写字母表示相应年份的处理间差异显著（$p < 0.05$）。

10.7.9 严寒地区马铃薯-黑麦-豆科绿肥轮作

以两年为一个轮作周期，春季至秋季种植早熟马铃薯获得较高经济收益；冬末春初采用黑麦覆盖降低农田风蚀，缓解夏初饲草短缺；夏末种植绿肥培肥地力。

第一年5月采用马铃薯播种机种植早熟马铃薯，9月初收获。同年9月20日前，采用小麦播种机等行距20cm播种黑麦，播种量为12.0～15.0kg/亩。次年6月15日前可作为饲草利用（图10-19左），7月15～31日可收获黑麦种子。黑麦收获后采用播种机等行距30cm播种绿肥毛叶苕子、箭筈豌豆。在霜降前采用翻耕机将绿肥翻压还田，以不露出绿肥残体为宜（图10-19右）。

图10-19 黑麦播种与长势

10.8　东北地区绿肥种植与利用

东北地区主栽农作物包括玉米、大豆、水稻、小麦、马铃薯等。历史上，东北农区常采用粮肥（草）轮作、春麦复种绿肥等方式发展绿肥，对东北地区耕地培肥和粮食生产有良好的促进作用。近些年的实践表明，东北地区农田可以采用玉米套种绿肥、鲜食玉米复种绿肥、玉米-大豆带状轮种、小麦复种绿肥等方式，也可以参考西北地区较为成熟的玉米-小麦复种秋绿肥带状复合种植。

10.8.1　东北地区主要绿肥生产制度及绿肥选择

表 10-40 是东北农区黑龙江、吉林、辽宁，以及与内蒙古交界地区的主要绿肥种植制度及绿肥种类推荐表。具体的绿肥种类，除了表中推荐的之外，适宜当地主作物制度、能作为绿肥种植利用的作物种类，大多也可以采用。

表10-40　东北农区主要绿肥生产制度及绿肥选择

绿肥生产制度（模式）	绿肥种类选择	适宜的主要区域
玉米-绿肥套作	苜蓿、毛叶苕子、箭筈豌豆、豌豆、秣食豆、一年生草木樨、春油菜	黑龙江、吉林、辽宁、内蒙古东部地区
鲜食玉米复种绿肥	毛叶苕子、箭筈豌豆、油用萝卜、白芥、羽扇豆、豌豆、春油菜、艾菊叶法色草	黑龙江南部、吉林、辽宁、内蒙古东南部地区
麦后复种绿肥	毛叶苕子、箭筈豌豆、油用萝卜、白芥、春油菜、艾菊叶法色草	黑龙江南部、吉林、辽宁、内蒙古东南部地区
玉米-大豆带状轮种	大豆	黑龙江、吉林、辽宁、内蒙古东部地区
青贮玉米-冬黑麦-大豆两年三收栽培模式	冬黑麦、大豆	黑龙江南部、吉林、辽宁、内蒙古东南部地区

10.8.2　东北地区玉米绿肥间套作

（1）绿肥种类选择

东北与西北地区不同，东北地区的玉米一般不采用覆膜种植，多在 5 月播种、10 月收获。由于气候冷凉，玉米前期生长较缓慢，行间有较大空间，7 月玉米才陆续封垄。从 3 月土壤融冻到 5 月玉米播种，有一个多月的春季冷凉时间适合喜冷凉作物生长。利用上述特点，在玉米播种前及生长前期，通过合理间套作，将适宜的豆科作物纳入玉米种植系统，能够充分利用 3 ～ 4 个月的光、热、水和土地资源，通过绿肥技术实现玉米生产系统的生物耕作和大量的有机物料投入。

在绿肥作物种类的选择上，以苜蓿、豌豆为主，同时可以选择适宜春季生长的短期、速生豆科绿肥，包括毛叶苕子、箭筈豌豆、一年生草木樨等。在西北地区的试验表明，这些绿肥不仅能共生固氮，而且与其他作物间作高效兼容，耐凉、耗水量相对较小。如果考虑综合利用，豌豆是玉米配置的良好绿肥种类。玉米间作豌豆能够提高作物氮素利用效率，并可以增收豌豆青豆或籽粒，大幅增加农田产出。

（2）绿肥种植与利用

前茬作物收获后整地，第二年 3 月中下旬顶凌播种绿肥，露地种植。5 月上旬，土壤温度稳定在 10℃时，露地播种玉米。

玉米绿肥间套作采用宽窄行种植，宽行种植绿肥 3 ～ 4 行（实际占地宽约 60cm），预留 70cm 种植玉米（玉米行距 40cm），玉米与绿肥间距约 15cm。种植绿肥时，绿肥条播，行距 15 ～ 20cm。种植玉米时，穴距 18cm，穴深 3 ～ 4cm，每穴播 2 粒种子。此方式下，玉米与绿肥总幅宽约 130cm，玉米基本苗保证 5300 株 / 亩（图 10-20）。

图 10-20　苜蓿套种玉米

由于间作时绿肥占地空间减少，各种绿肥作物的播种量应相应降低。其中，苜蓿播种量为 0.5 ～ 1.0kg/ 亩，一年生草木樨播种量为 0.5 ～ 1.0kg/ 亩，豌豆播种量为 5.0 ～ 7.5kg/ 亩，毛叶苕子播种量为 1.5 ～ 2.5kg/ 亩，箭筈豌豆播种量为 3.0 ～ 4 .0kg/ 亩，春油菜播种量为 0.5 ～ 0.75kg/ 亩。

播种后 7 ～ 10d 绿肥基本出苗。在苜蓿、一年生草木樨、箭筈豌豆、毛叶苕子、春油菜苗高 5 ～ 7cm 时，豌豆封垄前中耕除草 1 次。各类绿肥不需单独灌水，利用玉米灌水即可。

苜蓿、一年生草木樨在 7 月中旬刈割作饲草或者直接田间覆盖。豌豆在 6 月可以采摘青豆菜用，亦可在籽粒成熟时收籽，豆秸留田；其他类绿肥作物可以结合中耕、就地翻压还田或者自然覆盖还田。

10.8.3 东北地区绿肥-鲜食玉米复种

（1）绿肥种类选择

鲜食玉米是东北地区近些年发展起来的高效生产模式。鲜食玉米一般为6月播种，9月收获，因此3～6月有较长的时间适宜喜冷凉作物生长，进而可以通过绿肥技术为鲜食玉米单作系统引入养地措施（图10-21）。

图10-21　绿肥及鲜食玉米田间景观

在绿肥作物种类选择上，主要有毛叶苕子、箭筈豌豆、油用萝卜、白芥、羽扇豆、豌豆、春油菜、艾菊叶法色草等。

（2）绿肥种植与利用

前茬作物收获后整地，第二年3月中下旬～4月上旬顶凌播种绿肥，露地种植。采用机械化条播，或者撒播后浅旋3～5cm。条播时，绿肥行距15～20cm。播种量为豌豆12.0～15.0kg/亩，毛叶苕子4.0～5.0kg/亩，箭筈豌豆8.0～10.0kg/亩，羽扇豆7.0～8.0kg/亩，春油菜0.8～1.0kg/亩，艾菊叶法色草0.5～0.7kg/亩。撒播时播种量增加20%左右。豌豆、羽扇豆不宜撒播。

播种后7～10d绿肥基本出苗。箭筈豌豆或毛叶苕子苗高5～7cm时，豌豆封垄前中耕除草1次。各类绿肥不需单独灌水，利用玉米灌水即可。

豌豆类在6月可以采摘青豆菜用，亦可在籽粒成熟时收籽，豆秸留田；其他类绿肥作物在玉米播种前7～10d旋耕还田。

鲜食玉米一般在6月种植，按照常规方式进行管理、收获即可。

10.8.4 东北地区小麦复种绿肥

东北地区尚有一定面积的春小麦。春小麦一般于3月末4月初播种，7月末8月初收获。在春小麦生长后期，抢时套种绿肥，是麦田用养结合的重要方法（图10-22）。

小麦复种绿肥主要品种包括毛叶苕子、箭筈豌豆、油用萝卜、白芥、春油菜、艾菊叶法色草。套种绿肥时，小麦最好宽窄行种植，大行40cm，窄行20cm，通过窄行增密播种保证基本苗数。

在6月底～7月初撒播绿肥。播种量为毛叶苕子5～6kg/亩，箭筈豌豆10～12kg/亩、油用萝卜2～3kg/亩，白芥1.5～2kg/亩，春油菜1～1.5kg/亩，艾菊叶法色草0.5～1kg/亩。9月末～10月初霜冻前翻压或者自然覆盖。

图 10-22　麦后复种绿肥花期田间景观

10.8.5　东北地区青贮玉米-冬黑麦-大豆两年三收

黑龙江省春秋季较短、冬季漫长，传统单一作物种植模式利用率低。青贮玉米-冬黑麦-大豆两年三收栽培模式可以充分利用土地资源，实现一年内最大化生产效益，提高农田的经济效益和生产效率。

青贮玉米一般在 5 月上旬播种，播种深度以 3 ～ 5cm 为宜。种植密度比当地普通玉米高 10% ～ 20%，一般为 4500 ～ 5000 株 / 亩。9 月初采用玉米青贮收获机收获。冬黑麦播期在 9 月 15 ～ 20 日，保证入冬前冬黑麦达到分蘖期，播种密度每亩保苗 36.7 万～ 40 万株。次年 6 月上旬刈割，收获后，需深翻、深松起垄或耙茬深松起垄。大豆选择早熟品种，生育期一般在 90d 左右，在 6 月中旬完成播种，采用机械垄上双行精量点播，每亩播种量 4kg 左右，每亩保苗 1.7 万株左右，大豆完熟期及时收获，9 月末～ 10 月初收获。其间按照常规方式进行田间管理。

10.8.6　东北地区玉米-大豆带状轮种

采用当地常用的玉米、大豆品种即可。种植时，结合当地的玉米、大豆播种、收获机械的幅宽确定玉米带宽、大豆带宽。与平作相比，玉米适度增密 10% ～ 20%（图 10-23）。第二年，玉米、大豆带状轮种。具体种植及利用等内容，可参考本章 10.3 节。

图 10-23　东北玉米-大豆带状轮种田间试验

参考文献

[1] 赵秋，张新建，宁晓光，等．华北农田冬绿肥覆盖的抗风蚀研究．干旱区资源与环境，2016, 30(8): 120-124.
[2] 赵秋，张新建，宁晓光．华北冬绿肥作物养分累积特征及对翻压前土壤养分的影响．中国土壤与肥料 2022,5:61-67.
[3] 刘佳，张杰，秦文婧，等．不同播期对华北地区二月兰生长及养分吸收的影响．中国土壤与肥料 . 2015 (4):118-122.
[4] 刘佳，张杰，徐昌旭，等．氮肥用量对诸葛菜产量及氮素吸收利用的影响．中国油料作物学报，2013,35 (2): 185-189.
[5] 杨璐，曹卫东，白金顺，等．翻压二月兰对玉米干物质积累和养分吸收及土壤养分的影响．华北农学报，2014, 29(1):183-189.
[6] 谭英爱，赵秋，田秀平，等．冬绿肥覆盖翻压对土壤碳、氮含量的影响．河南农业科学，2020，49(5) : 81-87.
[7] 熊静，王改兰，曹卫东，等．华北二月兰-春玉米轮作体系中土壤硝态氮的时空变化特征．应用生态学报，2014, 25(2): 467-473.
[8] 董家僖，田秀平，赵秋，等．翻压春油菜对土壤钾素及后茬玉米氮代谢的影响．华北农学报，2021, 36(5): 148-156.
[9] 袁苗苗，向春阳，赵秋，等．翻压 9 种春油菜对潮土有机质及其氧化稳定性的影响．干旱地区农业研究，2022, 40(1): 213-220.
[10] 史昕倩，向春阳，赵秋，等．翻压春油菜对土壤磷素及玉米磷吸收的影响．华北农学报，2021,36(3):166-173.
[11] 刘小月．毛叶苕子混播燕麦对作物生长发育及产量、品质的影响．呼和浩特：内蒙古农业大学，2022.
[12] 王宣茗．毛叶苕子与燕麦混播对旱作农田土壤特性及作物产量的影响．呼和浩特：内蒙古农业大学，2023.
[13] 何蒙晰．毛叶苕子与胡麻混播对作物产量和品质及土壤性状的影响．呼和浩特：内蒙古农业大学，2024.
[14] 冯伟，胡文娟，刘振宇，等．甘蓝—二月兰轮作模式下化肥减施对甘蓝产量和经济效益的影响．河北农业科学，2021, 25 (2) : 61-67.

参考文献

[illegible]